# ZAUBERSTOFF PAPIER

PHB

# ZAUBERSTOFF PAPIER

## SECHS JAHRHUNDERTE PAPIER IN DEUTSCHLAND

Jürgen Franzke
Wolfgang von Stromer
(Herausgeber)

## Das Buch

CIP-Titelaufnahme der Deutschen Bibliothek:

Zauberstoff Papier: Begleitbuch zur gleichnamigen Ausstellung im Schloß Faber-Castell in Stein bei Nürnberg anläßlich des 600jährigen Jubiläums der Papierherstellung in Deutschland/ hrsg. von Jürgen Franzke. – München: Hugendubel, 1990

ISBN 3-88034-478-7
NE: Franzke, Jürgen [Hrsg.]

Idee und Konzept: Jürgen Franzke
Redaktion: Jürgen Franzke, Peter Gössel, Isolde M. Th. Kohl
Gestaltung und Herstellung: Peter Gössel, Nürnberg
Satz und Druck: W. Tümmels Buchdruckerei, Nürnberg
Lithos: Reprotechnik Staudacher GmbH, Nürnberg
Bindung: Buchbinderei Gassenmeier, Nürnberg

Umschlag Vorderseite: Papierlager der Papierfabrik Scheufelen in Lenningen.

Umschlag Rückseite: Die Hadermühle aus der Schedelschen Weltchronik von 1493 (Ausschnitt). Stadtgeschichtliche Museen Nürnberg.

Frontispiz: Computergesteuertes Zwischenlager für Farbreaktionspapiere im Feldmühle-Werk Flensburg. Feldmühle-Foto Gert Körner.

## Die Ausstellung

Veranstalter: Förderkreis des Faber-Castellschen Schlosses in Stein e. V.
Konzept und Ausstellungsleitung: Jürgen Franzke
Ausstellungssekretariat: Isolde M. Th. Kohl
Mitarbeit: Eva Schickler
Gestaltung: Barbara Graber, Joachim Sator, Klaus Zasibniak

Die Ausstellung wird vom 19. 5.–19. 8. 1990 im Schloß Faber-Castell in Stein gezeigt.
Sie wandert im September/Oktober 1990 nach Ravensburg.

# INHALT

Varianten des Spezialpapiers Pergamyn, das vor allem zur Verpackung von Lebens- und Genußmitteln verwendet wird.
Papierfabrik Oberschmitten, Nidda.

## SPONSOREN

**Graf von Faber-Castell, Stein**
**Verband Deutscher Papierfabriken, Bonn**
**Haindl Papier GmbH, Augsburg**
**VP-Schickedanz AG, Nürnberg**
**Nürnberger Nachrichten, Nürnberg**
**Sebaldus Druck und Verlag GmbH, Nürnberg**
**MD Papierfabriken Heinrich Nicolaus GmbH, Dachau**
**Nordland Papier GmbH, Dörpen/Ems**
**Stadt Nürnberg, Kulturreferat**
**Verband Bayerischer Papierfabriken, München**
**Sulzer-Escher Wyss GmbH, Maschinenfabriken, Ravensburg**
**Verband Deutscher Zeitschriften-Verleger e.V., Bonn**

## WEITERE FINANZIELLE FÖRDERUNG

Papierfabrik Oberschmitten W. & J. Moufang GmbH, Nidda
Herbert H. Bernhardt, Hamburg
Dresdner Bank AG, Nürnberg
Igepa GmbH & Co. KG, Reinbek bei Hamburg
Vereinigte Sparkasse im Landkreis Fürth, Fürth

## PAPIERSPONSOREN DER AUSSTELLUNG

Europa Carton Aktiengesellschaft, Hamburg
Europa Carton Aktiengesellschaft, Neuburg/D.
Wellpappe Forchheim GmbH & Co. der Papierfabrik Palm KG
Japico Drissler GmbH & Co. KG, Frankfurt/Main
2H-Papier GmbH & Co. KG, Garching bei München
Franz Hubert Lott GmbH & Co. KG, Achern-Oberachern

Herstellung des Schöpfsiebes für die Ausstellung:
Andreas Kufferath GmbH & Co. KG, Düren

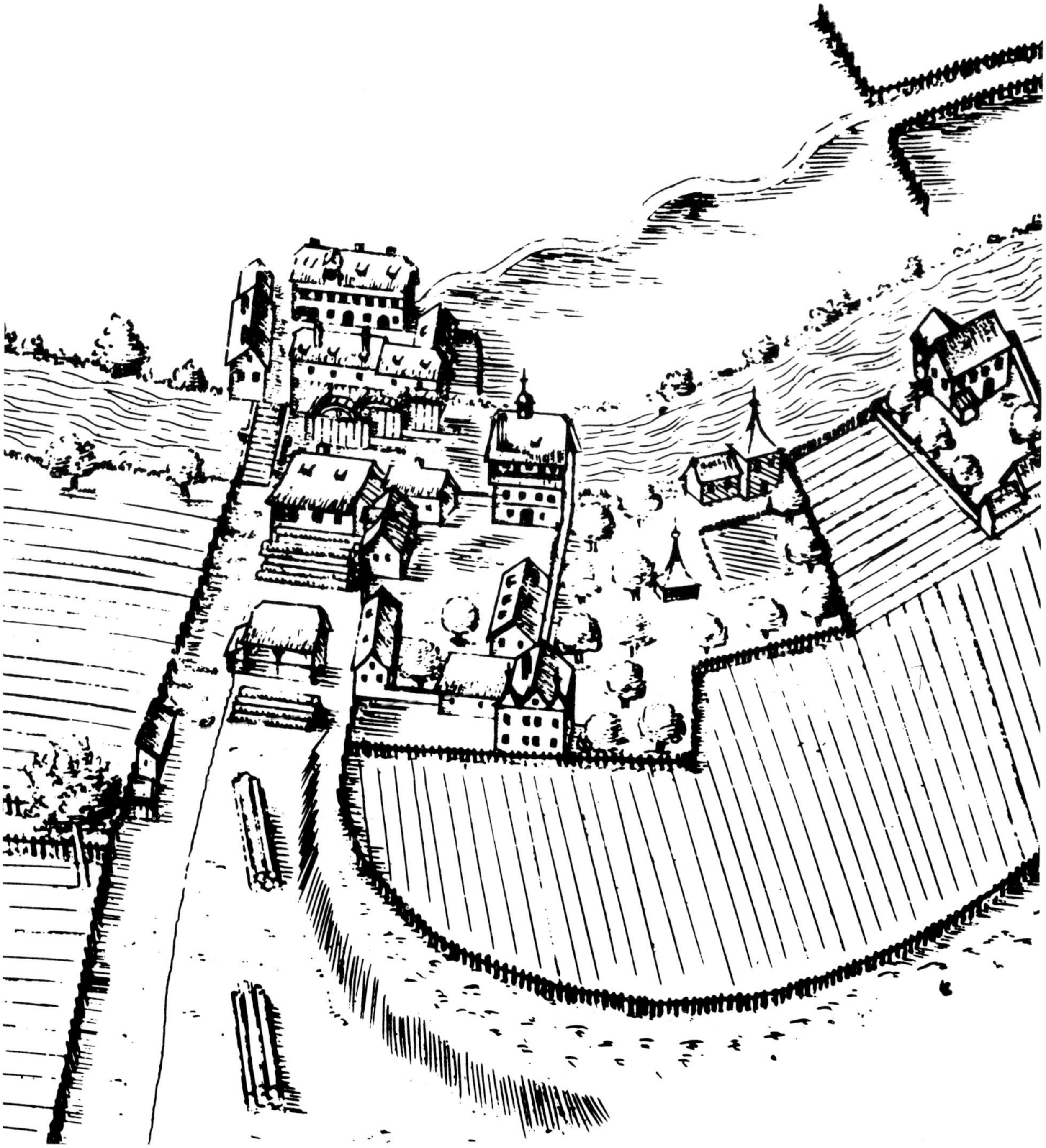

Die Hadermühle und das Turmhaus von Süden gesehen, aus der Stadtkarte des Hans Bien, 1625. Staatsarchiv Nürnberg.

# GRUSSWORT
# DES BAYERISCHEN MINISTERPRÄDISENTEN
# DR. H. C. MAX STREIBL

Ausstellung „Zauberstoff Papier"
Stein/Nürnberg, 19. 05.–19. 08. 1990

Zur Bezeichnung der vorgeschichtlichen Epochen der Menschheit bedient sich die Forschung der Begriffe für jene Materialien, aus denen vornehmlich Werkzeug und Gerät gefertigt wurden. Der Stein, das Kupfer, die Bronze und das Eisen gelangten so zu historischen Ehren.

Mit dem Aufkommen der Schriftlichkeit setzt Geschichte im engeren Sinne ein. Erstaunlicherweise orientieren sich nun die Epochenbezeichnungen nicht mehr an den eigentlich kulturmächtigen Werkstoffen. Wachs, Papyrus, Pergament und schließlich Papier, die Informationsträger der geschichtlichen Hochkulturen, fanden nur am Rande Beachtung.

Ich begrüße es daher, daß die Ausstellung „Zauberstoff Papier" hier eine Bewußtseinslücke schließt.

Die Entfaltung moderner Staatlichkeit in Europa seit dem Spätmittelalter, die Entwicklung einer Fernhandelswirtschaft, das Entstehen eines Nachrichten- und Pressewesens, breite Laienbildung und vieles mehr, all dies ist aufs engste mit der Erfindung und Verbreitung des Zauberstoffs Papier verknüpft. Trotz des Aufkommens neuer Informationsträger leben wir im wahrsten Sinne des Wortes in einem Papierzeitalter. Daß dieses Zeitalter, zumindest was den deutschen Raum betrifft, vor 600 Jahren in Nürnberg seinen Ausgang nahm, darauf sind wir Bayern stolz.

Als Schirmherr wünsche ich der Ausstellung „Zauberstoff Papier", daß sie sich eines regen Zuspruchs erfreut, den Besuchern aufschlußreiche Einblicke in die Geschichte der Papierherstellung.

Max Streibl

Japanisches Papiermuster.
Germanisches Nationalmuseum, Nürnberg.

## AN STELLE EINER EINLEITUNG: ERFAHRUNGEN

Der Anlaß war gegeben: 600 Jahre Papierherstellung in Deutschland, ein Jubiläum, das unzweifelhaft in Nürnberg zu feiern war. Denn nachweislich hatte hier 1390 der Kaufmann und Handelsherr Ulman Stromer die erste Papiermühle auf deutschem Boden gegründet: die Gleißmühle, später Hadermühle genannt, nach den Hadern, den Lumpen, aus denen einst Papier gemacht wurde. Noch heute existiert dieser Ort dem Namen nach am östlichen Einfluß der Pegnitz in die Stadt, vor dem Stadtmauerring.

Die Absicht des Verbandes Deutscher Papierfabriken aus Bonn, dieses wirtschafts- und kulturgeschichtliche Ereignis in Form einer Ausstellung zu würdigen, schien zunächst nicht realisierbar zu sein, denn es war kaum möglich, einen geeigneten Raum zu finden. Doch die Bereitschaft von Graf Faber-Castell, sein Schloß hierfür zur Verfügung zu stellen, ebnete den Weg. Allerdings mußten nun die Finanzmittel, die ein solches Projekt verlangt, zusammengetragen werden. Hier gab es nur eine Lösung: die Sponsorenschaft. Der Verband Deutscher Papierfabriken machte den Anfang und öffnete auch manche Tür. Doch es mußte von unserer Seite noch kräftige Überzeugungsarbeit geleistet werden. War die Idee erst einmal übergesprungen, erfolgte die Entscheidung schnell. Das hat uns immer wieder ermutigt. Daher gehört diese Erfahrung, daß es möglich war, für Wirtschafts- und Kulturschaffende eine gemeinsame Sprache zu finden, zu den interessantesten und wertvollsten dieses Projekts. Es muß nicht mehr erwähnt werden, daß Ausstellung und Buch nahezu ausschließlich durch Sponsorenmittel möglich wurden.

Unser Anspruch war, dem Thema weitestgehend gerecht zu werden. Daher hieß das Motto für Ausstellung und Buch: Alles aus Papier. Daher sind die Ausstellungswände aus Wellpappe. Dieses so vielfältig verwendbare Material faszinierte uns wegen seiner Einfachheit: Es ist ein geradezu ideales Ausstellungsmaterial. Für das Buch entstand die Idee, verschiedene Papiere zu verwenden. Alle, die Drucker, die Buchbinder und die Papierunternehmen haben uns vor den Schwierigkeiten gewarnt. Natürlich wurde das Projekt dadurch erst recht reizvoll. Wir traten mit allen, dem Verband angeschlossenen Papierunternehmen in Kontakt – mehr als 130 Firmen – und erhielten viele, viele Papiermuster. So erschloß sich uns die Faszination des „ZAUBERSTOFFS", wir erlagen seiner Verführung.

Trotz unserer vielen Bitten und Wünsche an die Unternehmen, begegneten uns immer sehr höfliche und wirklich freundliche Gesprächspartner. Es war eine oft streßbeladene Atmosphäre, in der dieses Projekt in so kurzer Zeit realisiert werden mußte, doch das Entgegenkommen war erstaunlich, wohl getragen von der gegenseitigen Hoffnung auf einen Erfolg, doch sicher sein konnten wir darin nie.

Wir bitten alle, die wir mit unserer zuweilen heftigen Art erschreckt haben, um Nachsicht. Und wir bedanken uns ganz herzlich bei allen, die mitgemacht haben, besonders bei den Autoren, die in kürzester Zeit ihre Beiträge fertiggestellt haben.

*Jürgen Franzke*

Das Buch und die Ausstellung „Zauberstoff Papier" konnten nur gelingen durch die Unterstützung vieler. Allen, die geholfen haben, sei an dieser Stelle herzlich gedankt. Gemeint sind damit nicht allein die Sponsoren, die diese Ausstellung erst möglich gemacht haben, sondern die vielen Menschen in den Unternehmen, den Museen, den Institutionen und anderswo. Ohne ihre geduldige Hilfe, ohne ihre Bereitschaft, auch unmögliche Wünsche schnellstens zu erfüllen, wäre diese umfangreiche Arbeit nicht erfolgreich gewesen. Mancher Tiefpunkt wurde überwunden, weil plötzlich die Botschaft kam: wir helfen. Der Dank gilt daher folgenden Personen und Leihgebern:

Anton Wolfgang Graf von Faber-Castell, Stein
Herrn Dr. Haus, Verband Deutscher Papierfabriken, Bonn
Herrn Lorenz, Verband Deutscher Papierfabriken, Bonn

Museen und Archive:

Frau Godefroid, Archiv für Kunst und Geschichte, Berlin
Dr. Tschudin, Basler Papiermühle, Basel
Herrn Meier, Basler Papiermühle, Basel
Frau Klein, Bildarchiv Preußischer Kulturbesitz, Berlin
Herrn Dr. Kühn, Deutsches Museum, München
Herrn Michel, Deutsches Museum, München
Herrn Dr. Berninger, Deutsches Museum, München
Herrn Dr. Janeck, Germanisches Nationalmuseum, Nürnberg
Frau Dr. Kurras, Germanisches Nationalmuseum, Nürnberg
Herrn Dr. Schoch, Germanisches Nationalmuseum, Nürnberg
Herrn Dr. Slenczka, Germanisches Nationalmuseum, Nürnberg
Herrn Neidel, Institut für Moderne Kunst e.V., Nürnberg
Herrn Dr. Griesebach, Kunsthalle Nürnberg
Frau Mißbach und Frau Teumer, Bibliothek der Landesgewerbeanstalt, Nürnberg
Herrn Frieder Schmidt, Landesmuseum für Technik und Arbeit, Mannheim
Herrn Dr. Vanja, Museum für Deutsche Volkskunde, Berlin
Herrn Dr. Kohlmann, Museum für Deutsche Volkskunde, Berlin
Frau Kahler, Nationale Forschungs- und Gedenkstätten der klassischen Literatur in Weimar, Weimar
Herrn Professor Dr. Dückers, SMPK Kupferstichkabinett, Berlin
Frau Dr. Bayer, Spielzeugmuseum, Nürnberg
Herrn Dr. Fleischmann, Staatsarchiv Nürnberg
Stadtarchiv Dresden
Stadtarchiv Magdeburg
Herrn Dr. Ulshöfer, Stadtarchiv Nürnberg
Herrn Dr. Beyerstedt, Stadtarchiv Nürnberg
Herrn Dr. Thomann, Stadtbibliothek Nürnberg
Herrn Hofmann, Stadtbibliothek Nürnberg
Herrn Dr. Eitel, Stadtarchiv Ravensburg
Herrn Dr. Schreyl, Stadtgeschichtliche Museen, Nürnberg
Herrn Dr. Mende, Stadtgeschichtliche Museen, Nürnberg
Frau Christ, Stiftung Zanders, Papiergeschichtliche Sammlung, Bergisch-Gladbach
Herrn Henning, Württembergische Landesbibliothek, Stuttgart

Unternehmen:

Herrn Kirch, A. T. Cross, Mainz
Herrn Eschbach, Gebr. Buhl Papierfabriken GmbH & Co. KG, Ettlingen
Herrn Then, Callwey Verlag, München
Herrn Grimaccia, Cartiere Miliani Fabriano Spa, Italien
Herrn Scortichini, Cartiere Miliani Fabriano Spa, Italien
Herrn Ribbentrop, Castell-Bank, Nürnberg
Herrn Sackmann, comicplus, Hamburg
Herrn Bartholomäus, Deutsche Bundesbank, Frankfurt
Herrn Burmester, Europa Carton AG, Hamburg
Herrn Greve, Europa Carton AG, Lauenburg
Frau Harms, Europa Carton AG, Lauenburg
Herrn Immler, Europa Carton AG, Neuburg/Donau
Herrn Römer, Europa Carton AG, Augsburg
Herrn Hartung von Lipski, Europa Carton AG, Hamburg
Herrn Lepka, Faber-Castell GmbH & Co., Stein
Frau Egner-Zink, Faber-Castell GmbH & Co., Stein
Herrn Schafhauser, Faber-Castell GmbH & Co., Stein
Frau Röder, Schloß Faber-Castell, Stein
Herrn Pascha, Feldmühle Aktiengesellschaft, Düsseldorf
Herrn Böttcher, Feldmühle Aktiengesellschaft, Düsseldorf
Frau Balle, Feldmühle Aktiengesellschaft, Düsseldorf
Herrn Kohler, Büttenpapierfabrik Gmund, Tegernsee
Herrn Dannenberg, Büttenpapierfabrik Hahnemühle, Dassel
Herrn Schwerdtfeger, Büttenpapierfabrik Hahnemühle, Dassel
Herrn Dr. Scholz, Haindl Papier GmbH, Augsburg
Herrn Kretschmer, Haindl Papier GmbH, Augsburg
Frau Unsicker, Haindl Papier GmbH, Augsburg
C. D. Haupt, Papier- und Pappenfabrik, Diemelstadt-Wrexen
Herrn Farrenkopf, Gebr. Hoesch GmbH & Co. KG, Kreuzau
Herrn Arndt, Igepa GmbH & Co. KG, Reinbek bei Hamburg
Herrn Flügel, Japico Drissler Feinpapiere, Frankfurt
Herrn Oetke, Papierfabrik Adolf Jass GmbH & Co. KG, Fulda
Herrn Klein, Knoeckel, Schmidt & Cie. Papierfabriken AG, Lambrecht (Pfalz)
Frau Miserre, Papierfabrik August Koehler AG, Oberkirch
Herrn Dr. Holle, Andreas Kufferath GmbH, Düren
Frau Mann, Andreas Kufferath GmbH, Düren
Herrn Heid, Andreas Kufferath GmbH, Düren
Frau Eva-Maria Mandel, Mandel Papierhandlung, Nürnberg
Herrn Dr. Möller, MD Papierfabriken, Dachau
Frau Schafflik, MD Papierfabriken, Dachau
Herrn Stibi, MD Papierfabriken, Dachau
Herrn Polenz, Montblanc-Simplo, Hamburg
Montel Bürobedarf, Duisburg

Herrn Rieß, Nordland Papier GmbH, Dörpen/Ems
Frau Töller, Nordland Papier GmbH, Dörpen/Ems
Herrn Schnell, Nürnberger Nachrichten
Frau Brenner, Nürnberger Nachrichten
Carl Ludwig Graf von Deym, Papierfabrik Oberschmitten, Nidda
Herrn Müller, Papierfabrik Oberschmitten, Nidda
Herrn Dr. Haible, Papiermacherzentrum Gernsbach
Herrn Feyerabend, Papier Union, Frankfurt
Herrn Weber, Parker Pen GmbH, Baden-Baden
Herrn Geyer, Pelikan Vertriebsgesellschaft GmbH & Co. KG, Hannover
Herrn Frey, Papierfabrik Salach GmbH, Salach
Herrn Grupp, Papierfabrik Scheufelen GmbH & Co. KG, Lenningen
Herrn Garke, Papierfabrik Scheufelen GmbH & Co. KG, Lenningen
Herrn Geiger, Papierfabrik Scheufelen GmbH & Co. KG, Lenningen
Schleicher und Schuell GmbH, Dassel
Papierfabrik Schoeller & Hoesch GmbH, Gernsbach
Herrn Schoenen, Papierfabrik Schoellershammer GmbH & Co. KG, Düren
Herrn Berg, Verlag J. F. Schreiber, Esslingen
Herrn Küber, Sebaldus-Verlag, Nürnberg
Frau Härtel, Sebaldus-Verlag, Nürnberg
Herrn Dr. Pototzky, Sebaldus-Verlag, Nürnberg
Herrn Weis, Sheaffer Pen Vertriebs GmbH
Frau Dr. Lehner, Stadtsparkasse Nürnberg
Herrn Dr. Möhle, Sulzer-Escher Wyss GmbH, Ravensburg
Frau Mertens, Technocell AG, München
Frau Briegmann, Technocell AG, München
Herrn Söcker, Tümmels Verlag, Nürnberg
Herrn Niebauer, Tümmels Verlag, Nürnberg
Herrn Felsensteiner, Verband Bayerische Druckindustrie, Nürnberg
Herrn Kornetzky, Verband Bayerische Druckindustrie, München
Herrn Dr. Zahn, Verband Bayerischer Papierfabriken, München
Herrn Fürstner, Verband Deutscher Zeitschriften Verleger, Bonn
Herrn Leonhardi, Vereinigte Pinselfabriken, Nürnberg
Herrn Weber, Verkehrsverein Nürnberg
J. M. Voith GmbH, Heidenheim
Herrn Fischer, VP-Schickedanz AG, Nürnberg
Frau Zink, VP-Schickedanz AG, Nürnberg
Herrn Vogel, VP-Schickedanz AG, Nürnberg
Herrn Flick, Wellpappe Forchheim
Herrn Bittel, Wellpappe Forchheim
Frau Hamacher-Linnenberg, Zanders Feinpapiere AG, Bergisch-Gladbach
Herrn Heuwinkel, Zanders Feinpapiere AG, Bergisch-Gladbach
Frau Müller-Fauré, Zanders Feinpapiere AG, Bergisch-Gladbach
Herrn Döppengießer, Papierfabrik Zerkall Renker, Hürtgenwald-Zerkall
Herrn Zimmerlin, Waterman, Kronberg
Herrn Gentsch, 2-H Papier, Garching
Herrn Glasneck, 2-H Papier, Garching

Stadt Nürnberg

Herrn Bürgermeister Prölß
Herrn Kulturreferent Professor Dr. Glaser
Herrn Wirtschaftsreferent Dr. Doni
Frau Bauriedel

Landkreis Fürth

Herrn Landrat Dr. Sommerschuh

Privat

Eva Maria Andresen, Niederlande
Lore Bert, Mainz
Petra Beutl, Nürnberg
Marnie Burns, Toronto
Pini Brokmann, Bielefeld
Helmut Frerick, Nideggen-Berg
John Gerard, Berlin
Herrn Hager, Nürnberg
Professor Hörmann, Nürnberg
Ritzi Jacobi, Neubärental
Elisabeth Krampe, Nürnberg
Ulrich Mazurowicz, Mainz
Ludwig Niebling, Nürnberg
Norbert Pfeiffer, Nürnberg
Dr. Christa Pieske, Lübeck
Ursula Sax, Berlin
Professor Dr. Burghard Schellmann, Erlangen
Fred Siegenthaler, Schweiz
Harald Stecker, Duisburg
Gerd O. Stegner, Mainz
Josua Reichert, Stephanskirchen/Simssee
Heiko Tappenbeck, Wolfsburg
Hermann Waibel, Ravensburg
Andreas von Weizsäcker, München

Der Dank gilt außerdem allen Autoren, die trotz knapper Zeit sehr sorgfältig mitgearbeitet haben.
Mein ganz persönlicher Dank gilt dem Team, das dieses „unmögliche" Projekt realisiert hat: Isolde M. Th. Kohl, Peter Gössel, Eva Schickler, Heidrun Krug sowie den Ausstellungsgestaltern Werner Geissler, Barbara Graber, Joachim Sator, Klaus Zasibniak und Christine Klement.

*Jürgen Franzke*

Oben: Die älteste bekannte Darstellung der Hadermühle aus der Schedelschen Weltchronik von 1493, am rechten unteren Bildrand. Das prominente Gebäude im Vordergrund der Anlage stellt das Turmhaus des Herrensitzes neben der eigentlichen Mühle dar. Holzschnitt von Michael Wolgemut. Stadtgeschichtliche Museen Nürnberg.

Wappen von Ulman Stromer und seinen Frauen Anna Hegnein und Agnes Groland. Wappenbuch des Andreas Stromer, auf Hadermühlpapier von 1434.
Privatbesitz.

Wolfgang von Stromer

# ULMAN STROMER, 1329–1407 DAS HANDELSHAUS STROMER UND DIE PAPIERMÜHLE.

Die Gründung der ersten deutschen Papiermühle in Nürnberg am Johannistag, 24. Juni 1390 war ein Paukenschlag in der Symphonie der abendländischen Zivilisation. Zwar gingen der „Hadermühle" schon rund dreißig Papiermühlen im christlichen Europa voraus, beginnend mit Fabriano und Foligno in der Mitte des dreizehnten Jahrhunderts in Italien. Von diesen allen unterschied sich Ulmans Gründung in der bisherigen Gleißmühle – am südlichen Arm der Pegnitz vor deren Einfluß in die Stadt – durch ihre Konzeption, Begleitumstände und Erfolge. Erstmals überhaupt ist die volle Gründungsgeschichte verzeichnet, dazu von ihrem Unternehmer selbst, während wir von den Vorläufern meist nur gelegentliche Erwähnungen haben. Dies ist kein Zufall der Überlieferung. Ansiedlung und Betrieb seiner Papiermühle bildeten vielmehr Kernstück eines viel größeren Gesamtkonzepts Ulman Stromers und des Handelshauses seiner Familie.

Ulman Stromer selbst nämlich war nicht nur ein kaufmännischer Unternehmer, der sich mit der neuen Produktion in einer Wachstumsbranche gute Geschäfte versprach. Dank zunehmender Verbreitung von Schreib-, Lese- und Rechenkünsten, mit dichter Vernetzung des europäischen Handels und mit Rechnungsführung an Fürstenhöfen, in Städten und bei den Handelsfirmen wuchs der Bedarf an einem preiswerten und standardisierten Beschreibstoff explosiv. Ulman Stromer aber war nicht nur seit etwa 1360 Mitregierer des den Kontinent überspannenden Handelshauses seiner Familie. Seit dem großen Städtekrieg von 1388–89 war er der führende Politiker seiner Heimatstadt, der er bis zu seinem Tode 1407 im höchsten Rang als der Vorderste der drei Obersten Hauptleute vorstand. Nürnberg aber, das sich zur freien Reichstadt emanzipierte, war unter den deutschen Königen und Kaisern aus den Häusern Luxemburg und Wittelsbach die ungekrönte Reichshauptstadt. Es hatte Regensburg um 1340 als Wirtschaftsmetropole überflügelt. Fortan war Nürnberg das Oberdeutsche Zentrum für Handel, Gewerbe und Finanz Alteuropas. Dies hatte sich schon unter den Stauferkaisern angebahnt, deren Wirtschaftspolitik Nürnberg den Kern seiner ungewöhnlichen Handelsfreiheiten verdankte.

Die führenden Geschlechter der Stadt, die bis zum Ende der reichsstädtischen Freiheit 1806 die Ratsherrschaft ausübten, entstammten der staufischen Reichsministerialität. Unter ihnen standen die Stromer an einer der ersten Stellen. Sie gehörten von Anfang an den Gremien der je dreizehn Schöffen und Ratsherren an, die gemeinsam den regierenden Inneren Rat der Stadt bildeten, und sie waren meist gleichzeitig in beiden vertreten. Mehrfach zwischen 1348 und 1426 stellten sie sogar drei Ratsherren zugleich, wie neben ihnen nur die Geschlechter der Haller und Pfinzing.

Mit diesen gehörten sie zu dem Clan, der seit dem Ende der Staufer das Amt des Reichsschultheißen innehatte, des Repräsentanten des Kaisers in der Reichsstadt. Schon dadurch genossen sie dauernden Kontakt zum Kaiserhof und Herrscherhaus. Dies führte zu einem wechselseitigen Nehmen und Geben, geölt durch Informationen, Geld und Privilegien.

Rechte Seite: Aus dem „Püchel von mein geslecht und von abentewr": „Ich Ulman Stromer hub an mit dem ersten papir zu machen zu sant johanns tag zu sunbenten und hub an der Gleßmul an ayn rad zu richten und der Clos Obsser war der erst der zu der arbait kam."
Originalhandschrift Ulman Stromers von 1390–1405.
Germanisches Nationalmuseum Nürnberg.

Ulrich Stromer vor Karl IV., ehemaliges Chorfenster der Frauenkirche. Kopie von 1730.
Privatbesitz.

Darin wurzelte vermutlich die Entwicklung der Nürnberger Familienfirma zum europäischen Handelshaus, das schließlich den ganzen Kontinent vom Schwarzmeer bis zum Atlantik, vom Mittelmeer bis zur Nord- und Ostsee mit einem dichten Netz von Stationen überspannte. Diplomatische Missionen für die Stadt, für Kaiser und Reich ermöglichten Angehörigen der Familie und des Handelshauses, das berühmte System der in 70 Städten geltenden Nürnberger Handelsfreiheiten auf ganze Länder auszuweiten, teils für die Firma selbst, teils für ganz Nürnberg: nach Österreich, Steiermark und Kärnten, Ungarn, Böhmen, Polen und Galizien, nach Genua mit seinen Kolonien, und in die Spanischen Königreiche. Die Stromersche Handelsgesellschaft ist als solche zwar erst seit 1341 urkundlich bezeugt. Jedoch schon um die Jahrhundertwende gab es Geschäftsbeziehungen mit Bamberg, Eger und Prag, denen Eheverbindungen mit den führenden Familien jener Städte Dauer gewährten. Das Fragment eines Handelsbuchs aus Venedig vom Jahr 1337 führt gut zwanzig Geschäftsvorfälle mit einem Dutzend deutscher Kaufleute auf. Je einer stammt aus Salzburg, Marburg (Maribor) und Wien, keiner mehr aus Regensburg, dagegen neun aus Nürnberg, davon aber fünf aus der Stromerfirma.

Aus dem Vorjahr 1336 stammt das erste sichere Zeugnis eines schon länger bestehenden industriellen Betriebs des Handelshauses: Konrad, der „lange Stromer", Ulmans Vatersbruder ist als der überhaupt erste Unternehmer eines Hammerwerks im Nürnberger Revier genannt und Ulman Stromers späterer Schwiegervater Ulrich Hegnein aus der Bergstadt Sulzbach war 1348 der erste namentlich faßbare Hammerherr des Oberpfälzer Montanreviers, dieses „Ruhrgebiets des Mittelalters". Die montanistischen Interessen des Handelshauses der Stromer dehnten sich unter Ulmans Führung auf den Erzbergbau auf Bunt- und Edelmetalle in Sachsen, Böhmen und Ungarn aus. Den Schlüssel dazu lieferten Erfindungen aus dem Kreis der Firmen- und Familienangehörigen selbst und Innovationen, wofür man Experten anwarb. Mittels neuer Wasserkünste konnten fündige aber ertrunkene oder von Wassersnot bedrohte Bergwerke gesümpft und in Betrieb gehalten werden. Neue Techniken der Erzverhüttung und Metallbearbeitung steigerten Ausbeute und Qualität in hohem Maß. Dadurch erreichte das Handelshaus eine führende Stellung auf den europäischen Märkten für Buntmetalle und eine Schlüsselstellung auf denen für Edelmetalle. Mit diesen Grundstoffen der Münzprägung und gestützt auf ihre politischen Kontakte und das Informationsnetz der Firma gewannen sie Einfluß auf die Geld- und Finanzmärkte. Ihre Kontrolle über die Metallproduktion prädestinierte sie zum größten Rüstungskonzern Mitteleuropas. Das Oberpfälzer Revier war die Rüstungsschmiede Oberdeutschlands. Im Verlagssystem organisierte die Stromerfirma die erfindungsreichen Handwerker Nürnbergs zur standardisierten Massenproduktion von Hieb-, Stich- und Schußwaffen. Aus dem von Ulman Stromer gelieferten Karpatenkupfer goß man in Nürnberg, Frankfurt und Eger riesige Kanonen.

Die wirksamsten Waffen aber waren die goldenen Kugeln der Hochfinanz! Ulman war zu seiner Zeit der Hochmeister dieser Gruppe gro-

In nomine domini amen. Anno domini M°
CCC° lxxxxiiij°

Ich Vlreich Swenmen hab an mit dem
vesten Pettzen zu Metthers zu sant Johans
tag zu Sunwenten vnd hab im der slosz
mul an ayn vrtt zu richten vnd den
Clar absser mitz dl [illegible] der dl zu der
arbeitt komen.

It Clar absser schain den ayt er gesworen sein
sein trew daz er mir vnd mein erblich
trew sol sein vnd vnsern frumen werben
vnd vnsern schaden wenden vnd di weil er
lebt so sol er nymant kain arbait zu
pettzen [illegible] denn mir oder mein erben
den ich daz mulwerk zu Pettzen verschikt oder
verschafft vnd sol auch daz nymant lern
noch vnterweisen noch rat noch hilff
noch steuer dar zu geben daz nymant
kain mulwerk zu Pettzen mach in kainer
lay weis an alle geuerd daz
hat er mit auf gerekten fingern zu
den heyligen ayn ait gesworen gantz
stet zu halden an alles geuerd daz
geschach an dem nechsten suntag vor sant
Laurenczentag anno domini M° CCC° lxxxxiiij°
zu vesperzeit in meinem lande [illegible] witz
mein [illegible] Jorg

[illegible]

ßer oberdeutscher Unternehmer, die mit ihrer Wirtschaftsmacht, ihrem Informationssystem und vor allem durch ihre unentbehrlichen Lieferungen und Kredite gezielt enormen Einfluß auf die Politik der Fürsten und Städte ihrer Zeit nahm. Über ihren Einfluß auf die Münzmetallversorgung hinaus verstand sich die Hochfinanz auf das neue Hexen-Einmaleins der Geldvermehrung durch Schriftgeldschöpfung: Gerade von der Stromerfirma unter Ulman haben wir früheste Zeugnisse für Giralgeld in Form von Wechselbriefen und Buchkredit. Buchführung, Korrespondenzen und Depeschen steigerten den Papierbedarf. Systematische Anlage von Geschäftsbüchern – zu denen in weiteren Sinn auch Ulmans Püchel gehört – verbesserte die innerbetrieblichen Dispositionen und ermöglichte zuverlässige Abschätzung der Rentabilität von Geschäften und der Bonität von Kunden. Wechselbriefe und Depeschen wiederum gewährten den Einstieg in das riskanteste, jedoch gewinnträchtigste Geschäft, die internationale Gewürz- und Währungsspekulation. Durch Eil- und Insiderinformationen ließen sich enorme Vorteile aus Preis- und Kursdifferenzen und Wechselarbitragen ziehen. Dem Handelshaus Stromer bot sich dadurch und dank der geschilderten Machtposition die Chance zur Währungsmanipulation, die nicht nur im wirtschaftlichen Konkurrenzkampf, sondern für wirtschafts- und machtpolitische Ziele eingesetzt wurde, zum Beispiel gegen das Bleimonopol des Königreichs Polen und sein Embargo gegen das Ungarnkupfer. Die Deutschen Kaiser Ludwig der Bayer, Karl IV. und Sigismund spielten in machtpolitischen Auseinandersetzungen mit Venedig mit dem Nürnberger Handelshaus zusammen, das mit den härtesten Waffen des Konkurrenzkampfs – Boykott, Embargo, Blockade und Kaperkrieg – die politisch-militärischen Maßnahmen wirksam unterstützte.

Das Handelshaus war ein Zusammenschluß unterschiedlicher Unternehmen und Unternehmer meist verwandter Familien in Art eines horizontalen und vertikalen Konzerns. Sein Zentrum bildeten große Kauffahrtei-Höfe im Zentrum Nürnbergs, die generationenlang im Besitz von Angehörigen der Familie Stromer waren. Diese Häuserkomplexe bargen zugleich die Firmenkontore, Warenlager und Weinkeller, Ladengeschäfte, Stallungen für die Gespanne des Waren-Ferntransports, entsprachen also Karawansereien. Mit luxuriös ausgestatteten Räumen dienten sie aber zugleich als Wohnungen der Firmenchefs und als Herberge von Fürsten, Prälaten, Diplomaten und prominenten Geschäftspartnern. Ulmans Kauffahrteihof neben der Frauenkirche am Hauptmarkt Nürnbergs vis-à-vis zweier weiterer Stromerhöfe, und das Haus der Stromer „zur Goldenen Rose“ bilden dafür Musterbeispiele. Beide dienten später den Welsern als Nürnberger Hauptniederlassung. Viele Geschäfte des Handelshauses liefen unter dem Namen der Konzerntöchter und deren Chefs, oder im Ausland den Leitern der Faktoreien, wie zum Beispiel Mendel, Haug, Imhoff, Aislinger oder Gruber. Sie dienten aber dem Gesamtinteresse des Großkonzerns. Wie schon an Beispielen gezeigt, handelte es sich dabei um ein Gebilde von außergewöhnlichem innovatorischen Impetus auf unterschiedlichsten intellektuellen und technischen Bereichen. Man könnte durchaus von einem Brain-Trust sprechen, wie er

Brief an Ulman Stromer und seine Brüder Peter und Andreas aus Mailand vom 21. 10. 1383, mit Handelsmarke der Firma Stromer.
Staatsarchiv Nürnberg.

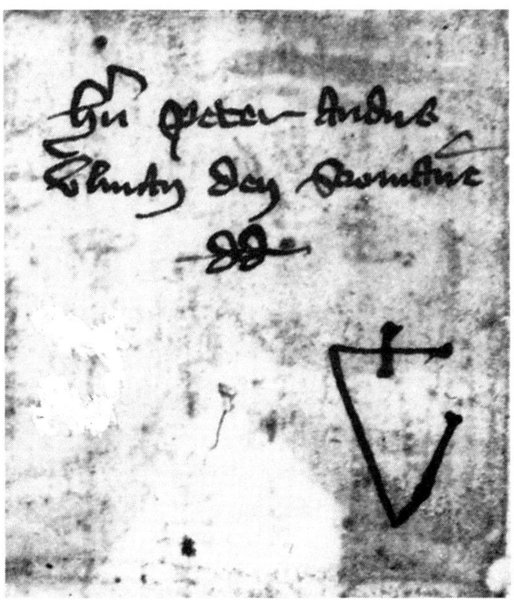

Ulman Stromer und seine Frauen Anna Hegnein und Agnes Groland aus Konrad Hallers Buch von 1526. Staatsarchiv Nürnberg.

zusammen mit der Machtposition des Handelshauses in Wirtschaft und Politik den Vergleich mit Krupp, Siemens und der Deutschen Bank nicht scheuen müßte.

Ulman Stromer ist erst im einunddreißigsten Lebensjahr, im Dezember 1360 urkundlich bezeugt, jedoch schon gleich in der Leitung des Handelshauses und in politischen Diensten für Kaiser Karl IV. Dieser nämlich hatte das Vermögen von Ulmans Schwiegervater, des Sulzbacher Montanunternehmers Ulrich Hegnein beschlagnahmen lassen, vermutlich weil er Parteigänger der Wittelsbacher um die Herrschaft über das Oberpfälzer Montanrevier war. Als Sequester bestellte Karl IV. die Stromerfirma. Ulman und seine Brüder Peter und Andreas jedoch lösten das Vermögen mit dem damals enormen Betrag von 2500 Gulden zu Gunsten der unmündigen Kinder des inzwischen gestorbenen Ulrich Hegnein aus. Sie waren Ulmans Schwäger und Mündel, in dessen Haus sie aufwuchsen. Bis zu ihrer Volljährigkeit verwaltete er ihr Vermögen – schließlich fünf Hammerwerke und sieben Hochöfen an der oberen Pegnitz und Vils. Vor 1360 weilte Ulman jedoch an Hauptniederlassungen im Ausland, von denen er in seinem Püchel ausführlicher berichtet: Barcelona, Genua, Mailand und Krakau.

Ulman wurde am 6. Januar 1329 in der zweiten Ehe seines Vaters Heinrich „am Salzmarkt“ geboren. Seine Mutter Margareta war die Tochter des Reichsschultheißes Heinrich Geusmid. Kaiser Ludwigs des Bayern Kanzler Ulrich Hagenor hob ihn aus der Taufe. Der Vater muß also sehr prominent gewesen sein, wofür auch sein ungewöhnlich schönes Wappensiegel von 1318 spricht mit der Umschrift „S(igillum) Heinrici Stromairi de Nuerenberch“. Dies macht ein hohes Amt in der Stadt wahrscheinlich, doch er ist dort und in der Firmenleitung bisher nicht nachzuweisen. In erster Ehe war er verheiratet mit Kunigunde, Tochter des Glashüttenunternehmers Kunz Glasnapf. Achtzehn Kinder aus beiden Ehen Heinrichs überlebten 1347 den Vater. Die Söhne standen meist im Dienst der Firma weit um in der Welt – einer zum Beispiel wurde 1346 auf dem Maloia-Paß ermordet und in Como begraben, ein anderer starb 1357 in Mailand an der Pest. Der wesentlich ältere Halbbruder Peter und die Brüder Ulman und Andreas stiegen zu Regierern des Handelshauses und an die Spitze der reichsstädtischen Hierarchie auf. Von den Schwestern dagegen wurde nur Margarete mit dem Patrizier und Großkaufmann Albrecht Behaim verheiratet, die anderen steckte man ins Kloster. Ulmans Schwester Gerhaus stand dem durch besondere Leistungen in Kunst und Kunstgewerbe ausgezeichneten Katharinenkloster als Priorin vor, wie eine ungewöhnlich schön illuminierte Urkunde von 1362 zeigt.

1358 heiratete Ulman Ulrich Hegneins Tochter Anna, die nach der Geburt zweier Kinder schon am 20. Oktober 1365 starb. Schon ein halbes Jahr darauf, am 20. April 1366 heiratete Ulman die knapp fünfzehnjährige Agnes, Tochter seines Gesellschafters Ulrich Groland, vermutlich um das verwaiste, erst einjährige Töchterchen Anna zu betreuen. Anna heiratete selbst mit vierzehn und gebar ihrem Mann Sebald Vorchtel in zehn Ehejahren acht Kinder. Als Vorchtel

Wappen von Jörg Stromer und seinen Frauen Martha Aislinger und Else Streber. Wappenbuch des Andreas Stromer, auf Hadermühlpapier von 1434. Privatbesitz.

im Städtekrieg 1388 fiel, lebten allerdings davon nur noch drei, die auch im Haus ihres Großvaters Ulman und als dessen Mündel aufwuchsen. Agnes gebar ihm zwischen 1372 und 1383 sieben Kinder. Von ihnen starb das letzte, Jakob kurz nach der Geburt und Ulman II., dreißigjährig, aber noch unverheiratet, wenige Wochen vor seinem Vater an der Pest, die zugleich mit acht weiteren Familienmitgliedern auch Ulman „den gar alten", achtundsiebzigjährigen am 3. April 1407 dahinraffte. Ihn überlebten der 1375 geborene Jörg und vier Töchter, die an dynamische Unternehmer aus Nürnbergs Ober- und Aufsteigerschicht verheiratet wurden. Von ihnen war Fritz Ammann an leitender Stelle in der Stromerfirma tätig und lebte mit seiner Familie in Ulmans Haus. Im Februar 1401, als König Ruprecht dort zu Gast war, hob die Königin Ammanns Tochter Else aus der Taufe. Die Eheschließungen waren zugleich wirtschaftliche Transaktionen. Mitgift und Morgengabe standen regelmäßig eins zu eins und ihre Höhe entsprach dem sozialen Status der Familien, bei den Stromern damals regelmäßig der Spitzenbetrag von 1000 Gulden. Der Aufsteiger Hans Rieter jedoch mußte 2000 Gulden erlegen, um 1382 Ulmans Tochter Else mit 300 Gulden und eine Stellung in der Firma zu erheiraten.

Die Urschrift von Ulmans „Püchel" beginnt mit dem Satz „Anno domini 1360, do hub ich an zu disem puchel zu schreiben von meim geslecht, als ich ez gehort und ervaren hab". Anlaß dafür war vermutlich die Geburt seines ersten Söhnleins Ulrich, das schon bald starb. Ausweislich seiner Papiermarken, der Datierung der Ereignisse und der Schriftzüge ist das Püchel jedoch erst ab 1385 niedergeschrieben. Die ersten 45 von insgesamt 206 Seiten sind mit komprimierten Nachrichten über die Familie gefüllt, beginnend mit dem Urahnen Gerhard von Reichenbach 1205, über die Oheime, Brüder und Vettern bis zu den Enkeln Ulmans, dazu die jeweiligen Ehepartner. Sehr lakonisch werden gelegentlich Geburtsdaten, meist nur Heirats- und Sterbedaten aufgeführt: „die Frau, die starb, da nahm der die . . ." Weit hinten im Püchel folgt noch ein Nekrolog der zu Ulmans Zeit Verstorbenen aus der eigenen Familie und der „Ehrbarkeit". Er listet Hunderte von Namen aus fünfzig Rats- und Unternehmerfamilien auf. Ulmans Püchel ist damit die erste Familienchronik in deutscher Sprache und die erste aus dem gehobenen Bürgertum.

Gleichwohl ist dies nicht ihr wesentlichster und überwiegender Charakter. Zwar sind die Verwandtschaftsgrade meist exakt angeführt. Nur in ganz wenigen Fällen jedoch teilt uns Ulman etwas über persönliche Verhältnisse, Status und Leistungen seiner Verwandten mit, ja noch nicht mal von sich selbst. Im Telegrammstil sind manchmal den Namen beigefügt, „den man nannt den guten richter" . . . „der sultheis hi waz". Nur überhaupt dreimal sind Gefühle angedeutet, beim Kriegstod des Schwiegersohns Vorchtel „dem Gott genedig sei" und ebenso beim frühen Tod der ersten Frau. Bei der Erfindung der Waldsaat schreibt er voll Stolz „davon nu gross vil weld kumen sein" . . .„und dez waz alles anheber und der den funt mit dem ersten fand Peter Stromeir mein bruder, dem got genedig sey." Von sich selbst jedoch erwähnt Ulman weder, daß er zunächst mit Oheimen,

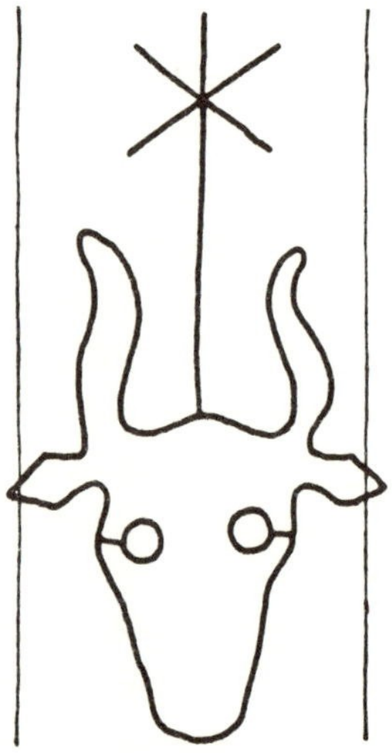

Ochsenkopf-Wasserzeichen der Hadermühle von 1434, aus Andreas Stromers Wappenbuch.

Ochsenkopf mit Blume aus Ulman Stromers Püchel, nachgewiesen für 1398 und 1399.

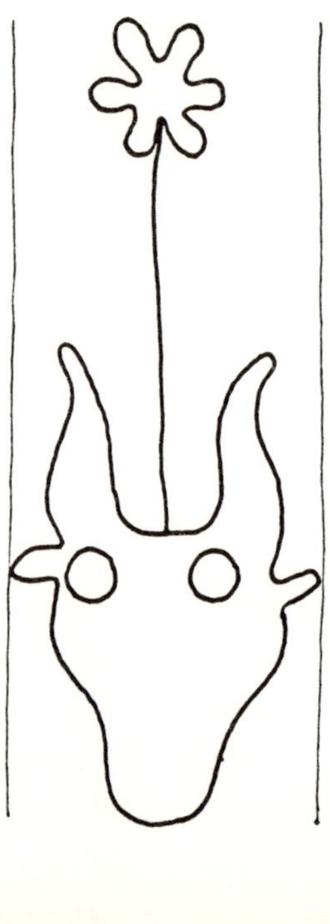

Brudern und Vettern, schließlich allein Chef des Handelshauses war, noch daß er als Oberster Hauptmann viele Jahre bis zu seinem Tode das höchste Amt der Reichstadt innehatte. Von seiner außerordentlichen Rolle in der Politik des Reiches ist nur lakonisch seine Mitwirkung beim Beitritt Nürnbergs zum Großen Städtebund erwähnt. Daß er Finanzier und Ratgeber vieler Prälaten, Fürsten und dreier Könige war und zum Sturz König Wenzels und zur Thronerhebung Ruprechts von der Pfalz beitrug, haben erst seit der Edition des Püchels der Fleiß und die Findigkeit der Historiker ermittelt. Ulman beschränkt sich auf die Notiz, daß erstmals 1374 Herzog Ruprecht in seinem Haus abstieg, und er erwähnt von seinen zahlreichen Ehrenämtern einzig, daß er von 1372 bis 1390 Pfleger des Klaraklosters war. Von seinen Unternehmerleistungen und seiner den ganzen Kontinent überspannenden Firma ist allein die Gründungsgeschichte der Papiermühle und ihr Schicksal im ersten Jahrzehnt des Betriebs aufgezeichnet – zum Glück für uns äußerst gründlich. Kann man dies demnach als Autobiographie einschätzen?

Angesichts des allgemeinen Bildes von dem jenseits zugewandten Mittelalter, wie es uns Ecos „Der Name der Rose" besonders drastisch suggerierte, muß es befremden, daß Ulman weder in seinem Püchel noch in seinem Testament oder sonst von ihm erhaltenen Schriftstücken irgend ein auf Kirche, Glauben, Frömmigkeit oder Jenseits bezogene Äußerung machte. Er, seine Brüder und Vettern, seine Witwe Agnes errichteten zwar Stiftungen, jedoch nur zur Sicherung der eigenen Familie und für soziale, caritative Zwecke, nichts jedoch für Kirchen, Klöster und nur selten für das eigene Seelenheil. Anders als bei den meisten der übrigen Ratsgeschlechter gab es kaum Stromer- Altäre aus Ulmans Zeit. Bei den Hunderten von Verstorbenen, die er im Püchel aufführt, setzte er nur bei Frau, Schwiegersohn und dem Bruder Peter das „Gott genad" hinzu, jedoch weder bei den Eltern, den übrigen Brüdern, noch nicht einmal bei den drei vor ihm verstorbenen Söhnen! Ulmans religiöse Indifferenz steht im Gegensatz zu seinem hohen Verantwortungsgefühl für seine Familie, seine Unternehmen, für seine Stadt, für König und Reich.

Die Mehrzahl der Seiten des Püchel ist mit wichtigen Nachrichten der letzten fünfzig Jahre der Reichsgeschichte und der in sie eingebetteten Geschichte Nürnbergs gefüllt. Dies veranlaßte den Historiker Karl Hegel, das Püchel 1862 als ersten Band der langen Serien der deutschen Städtechroniken herauszugeben und dabei die Reihenfolge von Ulmans Aufzeichnungen völlig umzugruppieren. Kritische Forschung hat manches davon benörgelt, bis sich ergab, daß es sich um die subjektiven Aufzeichnungen des Mannes handelte, der selbst oder dessen nächste Angehörige als Ratgeber, Finanziers und Drahtzieher an den mitgeteilten Ereignissen maßgeblich beteiligt waren. Durch ihre Verbindungen bis zur Reichsspitze, einer Lobby dort und an Fürstenhöfen, und dank des Informationsnetzes des Handelshauses besaß Ulman ein intimes Insiderwissen, dessen Niederschrift natürlich subjektiv gefärbt war. Erstaunlich ist, wie emotionslos distanziert er Ereignisse schildert, die ihn eigentlich stärkstens betrafen. Dies beginnt mit der Vernichtung der Nürnberger Juden 1349 im

Turnier auf dem Nürnberger Hauptmarkt, 1560, vor dem Geschäfts- und Bankhaus der Stromer und der Frauenkirche. Ausschnitt eines Ölgemäldes von Jost Amman. Bayerisches Nationalmuseum, München.

grausigen Zusammenspiel zwischen Kaiser Karl IV. und Ulmans Vatersbruder Ulrich „bei unserer Lieben Frau". Es führt über die Kriege zwischen Fürsten und Städten bis zu König Ruprechts Thronerhebung und Italienzug, zu dessen Finanziers Ulman selbst gehörte. Diese Ereignisse gingen Ulman nicht nur als Person an, sondern ganz massiv die Geschäftsinteressen der Firma. Ihnen gelten weitere Passagen des Püchels, wiederum oft ohne daß dies ausdrücklich erwähnt ist: Angaben über Preise und Geldkurse, Handelsbräuche in Katalonien, der Lombardei und Polen, Aufzählung der über siebzig Orte und Territorien, wo die Nürnberger Zollfreiheit genossen, neben der Gründung der Papiermühle auch der Erwerb und Ausbau von Häusern am Hauptmarkt zu Ulmans Karawanserei und Stadtpalais. Daneben findet seine Rolle als feudaler Gutsherr im Streit mit seinen Bauern Niederschlag, die seinen Wald völlig abgeholzt hatten, um daraus Holzkohle zu machen. Die komplizierte Beschreibung der „Visierrute" galt einem Instrument zum Messen und Berechnen des Inhalts von Weinfässern. Es war ein schwieriges Problem, um dessen mathematische Lösung sich Regiomontan und Keppler bemühten, Ulman aber wegen seines Großhandels mit Weinen. Die Visierrute gilt in der Geschichte der Naturwissenschaften und Technik als eine der beachtlichen Erfindungen des Mittelalters, und zwar durchaus als Erfindung Ulmans. Nicht anders als die Papiermühle und die Erfindung der Nadelwaldsaat durch Peter Stromer aber diente sie unmittelbar den Interessen des Handelshauses. Papier für die Verpackung von Gewürzen, Textilien und des „Nürnberger Tands", Holz für Fässer, Kisten, Fahrzeuge, Mühlräder und Grubenholz, und Holzkohle für Schmelzhütten, Hammerwerke und die Essen der Waffenschmiede waren gesuchte Mangelware. Selbst die von Ulman so minutiös aufgeschlüsselten Verwandschaftsgrade zwischen seiner Familie und Nürnbergs Oberschicht waren wirtschaftlich bedeutsam. Nach ihnen richtete sich nämlich, mit wem man sich vergesellschaftete und wie man sich wechselseitig als Treuhänder, Vormund und Bürge zu dienen hatte. Ulmans Püchel war somit zugleich Chronik der Familie und Firma, der Stadt- und Reichsgeschichte und ein Verzeichnis von Geschäftsgeheimnissen, genau wie sein Titel „von geslecht und von abenteuer" besagt. (Abenteuer, mittelhochdeutsch = unternehmerisches Wagnis.) Auf jeden Fall ist das Püchel das Selbstzeugnis einer außerordentlichen Persönlichkeit, die man kaum mehr zutreffend nur als Großbürger werten kann, sondern vielleicht mit dem modernen Begriff Wirtschaftsführer.

Erst die Kombination der so verstandenen Nachrichten aus dem Püchel und aus Hunderten über Archive ganz Europas verstreuten Dokumenten erlaubt es, Ulmans Lebensbahn und Leistungen zu verfolgen. Nach einer Jugend mit kaufmännischer Ausbildung und erster Bewährung im Ausland, durfte man sich mit der Heirat zu Hause niederlassen und öffentliche Ämter übernehmen. Seit 1371, zunächst wechselnd mit Brüdern und Vettern, dann ununterbrochen bis zum Tode gehörte Ulman dem regierenden Inneren Rat der Reichstadt an. Mit dem Tode seines Oheims Ulrich und des Halbbruders Peter übernahm er 1388 das Amt des ersten Obersten Hauptmanns. Jedoch

Bildnis des Peter Stromer, „Vater der Forstkultur" und Oberst-hauptmann Nürnbergs
Privatbesitz.

schon seit 1384 mit dem von ihm bewirkten Beitritt zum Großen Rheinisch-Schwäbischen Städtebund, erwies er sich nicht nur als der führende Politiker der Reichstadt, sondern sogar als die maßgebliche Schlüsselfigur in den großen Spannungen zwischen König, Fürsten und Städten, die zu gewaltsamer Entladung drängten. Gleichzeitig mit Nürnberg trat Basel dem Städtebund bei, um einen Kompromiß in einem Zollkrieg mit Nürnberg zu finden, den es zum Aufbau einer eigenen Barchentindustrie gegen den Handel der Stromerfirma mit lombardischem Barchent über die Schweizer Alpenpässe in die Rheinlande geführt hatte. In den Metropolen am Oberrhein und in Köln war das Handelshaus Stromer laufend vertreten, in Mainz schon seit 1351, in Straßburg seit 1377 bis in die dreißiger Jahre des fünfzehnten Jahrhunderts. Die Gesellen der Firma, häufig Ulmans Bruder Andreas, überreichten dort jährlich im Zollhaus ein riesiges Zeremonienschwert, um Nürnbergs Zollfreiheit zu bestätigen. In Mainz dagegen zahlte man Nürnberger Leibrenten an Familien aus dem Verwandtenkreis der Gutenberg.

Der Städtebund bereitete den Krieg gegen Fürsten und Adel mit einem Geniestreich vor, den man auch als Gangsterstreich betrachten muß: Im Stromerhaus wird er mit den Räten König Wenzels ausgeheckt. In einer einzigen Nacht werden in allen Reichstädten die Juden verhaftet und ihnen – immerhin ohne Blutvergießen – ihre Schuldscheine abgepreßt. Die Oberdeutsche Hochfinanz entledigt sich damit ihrer Konkurrenz und verstopft zugleich ihren politisch-militärischen Gegnern ihre wesentliche Kreditquelle. König Wenzel tarnt diesen Gangsterstreich durch ein Reichsgesetz: „Die Große Judenschuldentilgung". Dabei werden dem bis über den Ohren verschuldeten Adel zwar die Wucherzinsen und ein Viertel der Hauptschuld erlassen. Die restlichen Dreiviertel sind jedoch binnen drei Jahren zurück zu zahlen, und zwar an die nunmehrigen Inhaber der Schuldscheine, den König, seine Räte und die Städte, die sich die Beute teilen. Die Fürstenpartei, die nicht zugleich die Kriegsrüstung und die Schuldentilgung zahlen kann, muß Land- und Herrschaftsrechte veräußern. Die Nürnberger können dabei den Burggrafen über die konfiszierten Judenschulden ihre letzten Hoheitsrechte in der Reichsstadt abdrücken. Ulman Stromer muß als ein Hauptverantwortlicher dieses Streichs gelten, den er mit drei Sätzen in seinem Püchel – ohne sich zu nennen – erwähnt. Sein trickreicher Kampf mit dem Burggrafen machte ihn jüngst zum Helden des Comics „Vasco – die Herren von Nürnberg".

Der Schießkrieg des Bundes sollte nach Plan am Stichtag dieser makabren Entschuldungsaktion losbrechen. Nürnberg unter der Führung Ulmans zögerte jedoch die bewaffnete Auseinandersetzung mit dem Burggrafen mit Rücksicht auf die unterwegs befindlichen Handelskarawanen so lange wie möglich hinaus. Dann schlägt man umso energischer los. Nach einigen erfolgreichen Scharmützeln und wüsten Streifzügen, bei denen man sich wechselseitig die Bauerndörfer niederbrennt, beendet Nürnberg den Kampf mit einem erträglichen Sonderfrieden. Die übrigen Bundesstädte aber verloren Schlachten und Krieg.

** 1348/49 hatten die Handwerker die Patrizier aus dem Rat vertrieben*   *** Karl IV., 1355 zum Kaiser gekrönt*

Die Bildgeschichte „Vasco. Die Herren von Nürnberg“ von Gilles Chaillet behandelt die Intrigen und Machtkämpfe im Streit zwischen den Nürnberger Burggrafen und den Stromer vor dem Hintergrund des Handwerkeraufstands. Abdruck mit freundlicher Genehmigung des Verlages Sackmann und Hörndl.

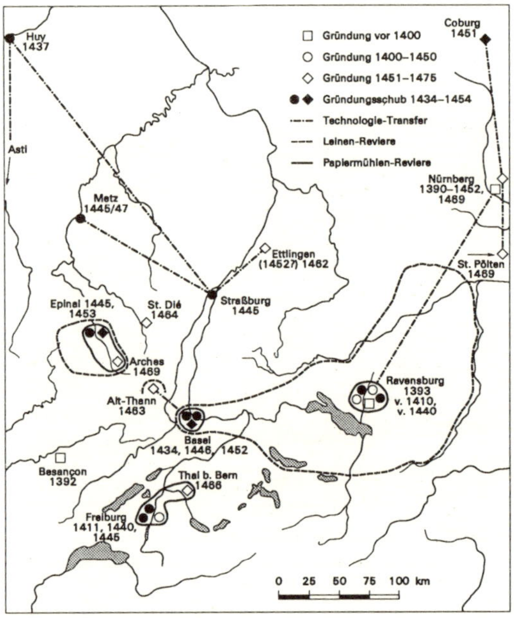


Die oberdeutschen Papiermühlenreviere vor der Ausbreitung des Buchdrucks.



Mit der Gründung der Papiermühle zog Ulman 1390 die Konsequenz aus den politischen und wirtschaftlichen Entwicklungen der letzten Jahrzehnte, die wohl nur jemand in seiner Position voll überschauen konnte, und aus der künftigen Entwicklung, die vermutlich nur er richtig einschätzen konnte. Die neue abscheuliche Art der Kriegsführung mit Flächenbrand der Dörfer und Überfällen auf die Handelszüge längst tausender Straßenmeilen erforderte ein dichtes Informations- und Depeschensystem. Die Logistik von Politik, Krieg und Wirtschaft steigerte den Bedarf an Schreibstoff aufs Vielfache. Die Spielkartensucht breitete sich seit ihrer ersten Erwähnung, Florenz 1377, wie eine Seuche über Europa aus und Nürnberg war schon seit 1380 einer ihrer Brennpunkte. Die Pappen der Spielkarten aber konnten damals nur aus verleimtem Papierschichten gefertigt werden. Der Nürnberger Tand, das heißt die kleinen Drahtwaren wie Nadeln, Häkchen und Ösen, eroberten die europäischen und mediterranen Märkte und benötigten eine für den Vertrieb geeignete Verpackung (Nadelbriefchen). Anders als bei den schon bestehenden Papiermühlen Italiens und Westeuropas lag damit der Schwerpunkt der Produktion der Hadermühle auf gewerblichem Papier. Die Verbreitung ihres Schreibpapiers aber läßt sich anhand der charakteristischen Wasserzeichen verfolgen und zeigen, daß sie über das Vertriebsnetz des Handelshauses erfolgte. Dies gilt auch für das Papier der zwei Jahre nach Nürnberg in Ravensburg gegründeten Papiermühle, eines der Indizien für nähere Zusammenhänge zwischen beiden Neugründungen. Manches spricht sogar dafür, daß Papier aus Ulmans Hadermühle von vorneherein einer Massenkommunikation in Bild und Text dienen sollte. Die akribischen Notizen über die Gründungsgeschichte und insbesondere die Anwerbung des Fachpersonals mit ihren Geheimhaltungseiden waren ersichtlich durch den fehlenden gewerblichen Rechtsschutz von Erfindungen und Innovationen veranlaßt und durch die neuartige Organisation von Produktion und Vertrieb. Ulmans Vertrag mit dem als Betriebsleiter eingesetzten Papierfachmann Jörg Tyrman ist nämlich überhaupt der erste überlieferte Verlagsvertrag. Die Aufschreibungen erwiesen sich als Beweismittel nützlich, als es mit Tyrman 1398 zum Prozeß kam. Gleichzeitig mit den vielen Anforderungen der Weltfirma, der Papiermühle und der Reichspolitik fand Ulman eben in jenen Jahren 1390–1397 noch Zeit, seiner Vaterstadt als der verantwortliche Baureferent des Rates für den Bau des Schönen Brunnens zu dienen, des ersten profanen Denkmals zur Feier von Nürnbergs Glanz und Gloria.

Die Reichspolitik erforderte allerdings höchste Wachsamkeit Ulmans, der inzwischen die Schlüsselfigur der politischen Finanz geworden war. Durch einen noch unerklärten Verfall im Charakter König Wenzels waren das Reich und Böhmen ins Chaos geraten. Wenzels Sturz war nicht mehr aufzuhalten, als sich seine Bankiers und Ratgeber reihenweise von ihm abwandten, als erster von ihnen Ulman Stromer, und zum Gegenprätendenten Ruprecht von der Pfalz übergingen. In geheimer, anonymer und verschlüsselter Korrespondenz, die durch die charakteristische Handschrift eindeutig Ulman Stromer zuzuweisen ist, bereitete er den Thronwechsel vor, der schließlich von vier

KOPENHAGEN 1428
1428
RIGA 1401
BRÜGGE 1399
KÖNIGSBERG 1432
DANZIG 1399
MARIENBURG 1432
STRALSUND 1444
LÜBECK 1381
LONDON 1426
LISSABON 1490
THORN 1369
SOLDIN 1404
WARSCHAU 1399
BERLIN 1444
FRANKFURT 1444
POSEN 1438
BRAUNSCHWG 1374
MAGDEBURG 1390
GOSLAR
XANTEN 1398
1369
BRÜGGE 1362, U
GENT 1362 U
MECHELN 1423
FLANDERN 1359
MAASTRICHT 1382
DÜSSELDORF 1398
KÖLN 1377 1398
HALLE 1444 1428
LEIPZIG 1409
ERFURT 1401
MEISSEN 1375
GÖRLITZ 1444
BRESLAU 1348
LUBLIN 1442
GREIZ 1414
NEISSE 1427
EHRENBREITSTEIN 1381
FRIEDBG 1407
FRANKFURT 1360 1399
LOHR 1378
MAINZ 1351 1397
WÜRZBURG 1392
BAMBERG 1312 1437
EGER 1313
PRAG 1357
PILSEN 1412
KRAKAU U, 1376
LEMBERG (1365) U, 1425
TANA (ASOW) U ca. 1385
KAFFA 1412
AUERBACH 1358
HEIDELBERG 1377
SPEYER 1378
NÜRNBERG
AMBERG 1358
KUTTENBERG 1385
BRÜNN 1318
CHAM 1305
ROTHENBG 1383 1396
HEILBRONN 1382
HALL 1430
REGENSBURG 1328 1393
ZIPS W 1406
KASCHAU W 1406
NEUSOHL 1387
AALEN 1378
NÖRDLINGEN 1384
STRAUBING 1390
ESSLINGEN 1428
STRASSBURG 1377
INGOLSTADT 1414 1399
LANDSHUT 1328
PASSAU 1401
ULM 1376
AUGSBURG 1379
MÜNCHEN 1398
WIEN 1358, U.
PRESSBURG 1408
COLMAR 1422
1423
RAVENSBURG 1423
BASEL 1372
LAUFENB 1380
KONSTANZ 1383
SALZBURG 1409
OFEN 1357
HERMANNSTADT 1470
LUZERN 1371
URI 1371
ZÜCZ 1372
BRENNER 1401
STEIERMARK 1358
W 1406
CHILIA
PERA
KÄRNTEN 1356
GENF U, 1422
GOTTHART 1371
MALOJA 1346
CHIAVENNA 1378
FÜNFKIRCHEN W 1408
COMO 1346
MAILAND 1357
VENEDIG 1375
PAVIA 1375
AVIGNON
BARCELONA U, 1390
GENUA 1383, U
BRÜGGE U
PERA
NEAPEL U
ROM 1355
0 50 100 150 200 250 300 KM.

Wasserzeichen „Lilie mit Stern“ der Hadermühle von 1408.

Linke Seite: Vertrieb des Hadermühlpapiers durch das Handelshaus Stromer. U = Nachweis durch Ulman Stromers Püchel, W = Nachweis durch Eberhard Windeckes Denkwürdigkeiten. Kursive Daten bezeichnen Beschreib-Orte von Hadermühlpapier.

Wasserzeichen „Lilie mit Sternblume“ von 1422.

der sieben Kurfürsten vollzogen wurde. Ulman als regierender Bürgermeister öffnete dem neuen König Ruprecht die Tore der ungekrönten Reichshauptstadt und löste damit den Dammbruch zur allgemeinen Anerkennung aus. Ulmans Stadtpalais am Hauptmarkt diente dem Herrscherpaar viele Monate als Residenz und Zentrum der politischen Aktivitäten: Krieg gegen Wenzel in Böhmen und um das Oberpfälzische Neuböhmen, Krieg mit dem Visconti von Mailand um die Lombardei. Ulmans Sohn und Erbe Jörg begleitete König Ruprechts Heer nach Oberitalien und sein Vater vermittelte die Kriegskredite. Er war aber vorsichtig genug, nicht allzuviel eigenes Kapital in solche Abenteuer zu stecken, und ließ sich zur Sicherheit für seine hohen Forderungen die Städte Amberg, Neumarkt, Sulzbach und Hersbruck zu Bürgen setzen.

Das Alter hatte die dynamische Persönlichkeit Ulman, der alle seine Zeitgenossen und Geschwister um Jahrzehnte überlebte, gewandelt. Seine letzte große Tat führte ihn 1405 nochmals in einen Krieg. Diesmal galt es jedoch dem verzweifelten Versuch, die befreundete Reichsstadt Rothenburg, die sein Freund König Ruprecht mit der Reichsacht belegt hatte, aus dieser und der Belagerung des Königs und des Zollerschen Burggrafen zu lösen. Ulman scheiterte jedoch als Friedensvermittler. Der Achtundsiebzigjährige fand zu Ostern 1407 den Tod durch eine Pest, die auch seinen zweiten gleichnamigen Sohn mit weiteren acht Familienmitgliedern und vielen leitenden Personen der Firma dahinraffte.

Die Papiermühle mit allem gemachten Papier fiel dank Ulmans Testament vom 28. August 1406 an seine Frau Agnes als Vorerbin, während der Sohn Jörg erst als Nacherbe eingesetzt war. Die geborene Groland hatte schon vierzig Jahre dem riesigen Haushalt ersichtlich erfolgreich vorgestanden, hatte die vielen Umbauten erduldet, sieben Kinder geboren, Fürsten, Prälaten und schließlich den ganzen königlichen Hofstaat beherbergt und bewirtet. Außer der Papiermühle, die sie nun bis zu ihrem Tode fünf Jahre leitete, fiel ihr durch Ulmans Testament die ganze Schafhaltung seiner Latifundien zu, die mit ihrer Wolle die Tuchmacherei als zweitgrößtes Gewerbe der Reichsstadt versorgte. Dazu trieb sie Bankgeschäfte und Fernhandel nach Böhmen und Köln und erwarb das Rittergut Kalbensteinberg, das sie schließlich einer der Töchter vermachte. Als Unternehmerin zeigte sich Agnes allen Männern ebenbürtig.

Jörg Stromer mußte nach dem ungeheueren Verlust in der Führungsmannschaft der Firma, der zweifellos vergleichbar hart das unentbehrliche Fachpersonal in ihren Produktionsbetrieben und auf den transkontinentalen Fernhandelsrouten traf, neu aufbauen. Er nahm in die Gesellschaft den Familienclan seines Schwiegervaters Hans Aislinger aus Lauingen auf, der als Großverleger eines damals neumodischen und sehr begehrten Produkts, des Baumwoll-Barchents, reich geworden war. Am Nürnberger Hauptmarkt richtete er sich ein gotisches Palais und Warenhaus ein, vis-à-vis dem von Ulman und Jörg Stromer. Sein Wappen mit der Schildkröte und seine Initiale A traten neben das Liliendreieck der Stromer und Ulmans Zeichen als Symbole des Handelshauses. Neue Gesellschafter wurden aus

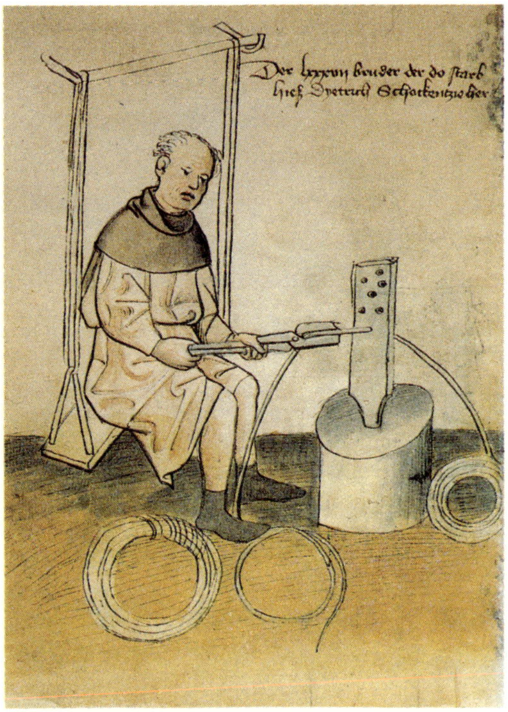

Dietrich Schockenzieher an der Arbeit in der Stromerschen Drahtmühle am Sand. Aus dem Hausbuch der Mendelschen Zwölf-Brüder-Stiftung.
Stadtbibliothek Nürnberg.

Nürnberg Aislingers Schwiegersöhne und Enkel aus den alten patrizischen Oberschichtfamilien der Ortlieb und Haller. Aus Lauingen übernahmen Angehörige der dort führenden Familien leitende Posten an den Außenstationen als Faktoren, „Diener und Gesellen" und stille Teilhaber, die Imhoff, Gruber, Scheurl, Roßhaupter und Aislinger selbst. Das Handelsnetz der Firma dehnte sich weiter aus und erreichte London, Kopenhagen und Südschweden, Preußen, das Baltikum und „Reußen" (Galizien). Jakob Haug aus einer der Stromerschen Tochterfirmen machte sich sogar 1410 auf den Weg in Handelsmission und zugleich als Gesandter des neugewählten Königs Sigismund nach Zentralasien zu den Timuriden und nach „Kathay", das heißt China.

Neben dem Barchent-Großverlag entfaltete die Firma erneut einen großartigen innovatorischen Impuls. Schon in Ulmans letzten Lebens- und Amtsjahren hatten Nürnbergs Unternehmer des Metallgewerbes, gefördert durch die Wirtschaftspolitik des Rates, große Anstrengungen gemacht, einen Engpaß in der Versorgung mit einer der wichtigsten Halbfertigwaren, nämlich mit Draht, mit neuen technischen Entwicklungen zu überwinden. Erst nach mehr als einem Jahrzehnt hatten sie damit Erfolg mit einer neuen Maschinerie, dem vollmechanisch-halbautomatischen Drahtzug. Die ersten namentlich faßbaren Betriebsleiter der Drahtmühle „am Sand", wo dieser Durchbruch gelang, waren der Drahtziehermeister Gwichtmacher und der Kaufmann und Fabrikant Rudolf Steiner, Sohn des bisherigen Stromeragenten in Mailand. Zusätzlich zu den drei von ihr verlegten Drahtziehrädern der Sandmühle gründete die Stromerfirma unter Jörg und seinem Sohn Andreas ein halbes Dutzend weiterer Drahtmühlen in Nürnberg und seinem Umland, so in der Weidenmühle, in Reichelsdorf und sogar bei Forchheim. Um Nürnberg im Gewässersystem von Pegnitz und Regnitz entstand innerhalb einer Generation ein ganzes Drahtindustrie-Revier, in dem die Stromerfirma die Führungsposition einnahm. Die drahtverarbeitenden Gewerbe der Stadt, die ohnehin schon in der ganzen damaligen Wirtschaftswelt einen hohen Ruf genossen, erlebten einen ungeheuren Boom und ihre Waren, verlegt und vertrieben von den großen Fernhandelsfirmen, eroberten die Weltmärkte. Die Gesellschaft Stromer-Gruber tauschte in Venedig mit dem Handelshaus Barbarigo deren syrische Baumwolle, um damit in Oberfranken Dependancen der Barchentindustrie zu gründen, gegen Nürnberger Draht, den die Barbarigo in der Levante und den Häfen am Schwarzen Meer vertrieben.

Die steil anwachsende Nürnberger Produktion an Nadeln und anderen kleinen Gebrauchsgegenständen aus Draht erforderte entsprechende Mengen an Packpapier, offenbar die wesentlichste Produktion der Gleißmühle. Die vielfache Verbesserung und Steigerung der Drahtherstellung aber war zugleich für solche Gewerbebetriebe, wie Erz- und Farbstampfe, Lohe- und Pulvermühlen und gerade für Papiermühlen ein entscheidender Faktor, um die Betriebskosten zu senken und zugleich die Produktion nach Menge und Qualität erheblich zu erhöhen. Außer dem Mühlrad als Motor waren die entscheidenden Maschinenelemente dieser Kleinfabriken die Trennsiebe, die durch

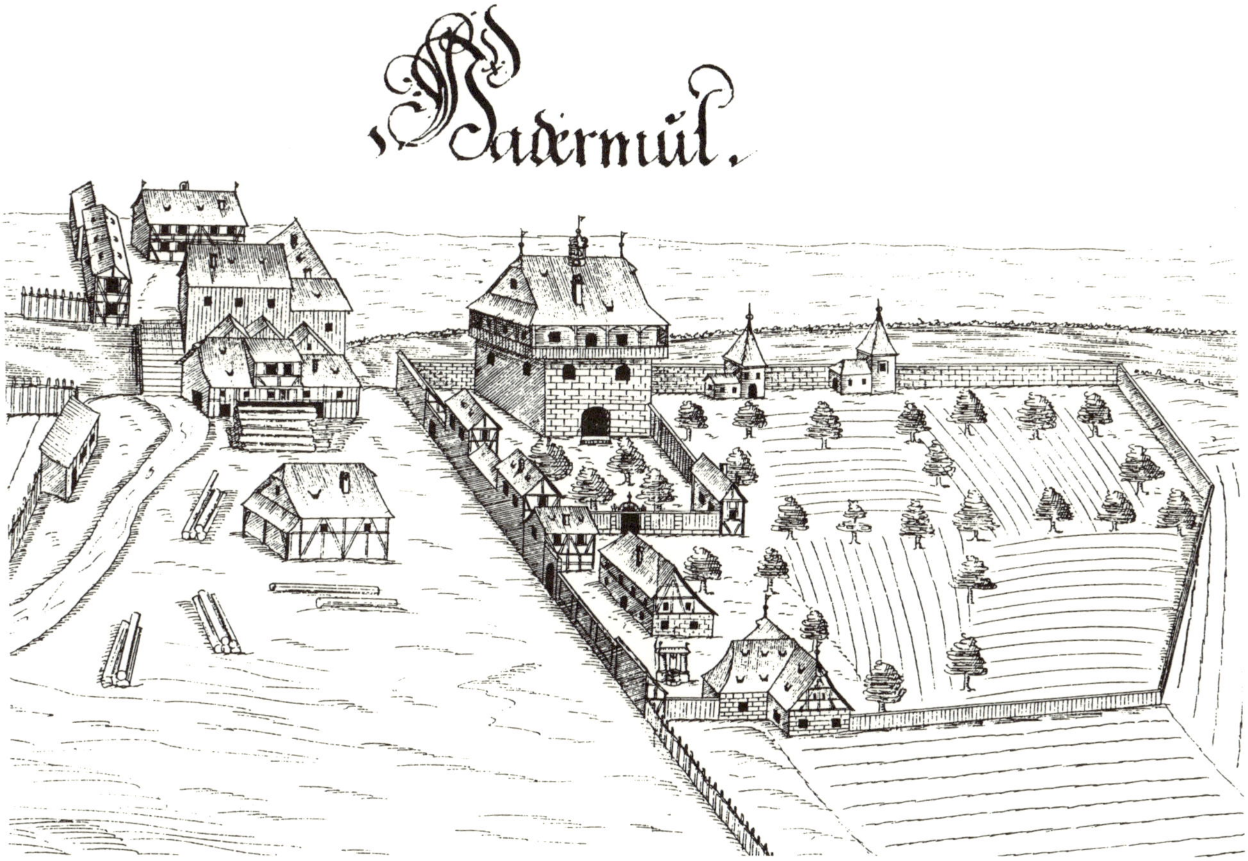


Hadermühle. Aus dem Baumeisterbuch IV des Wolf Jacob Stromer von 1613.
Privatbesitz.

Die Mühlenanlage der Hadermühle im südlichen Flußarm der Pegnitz in einer Darstellung um 1750.
Privatbesitz.

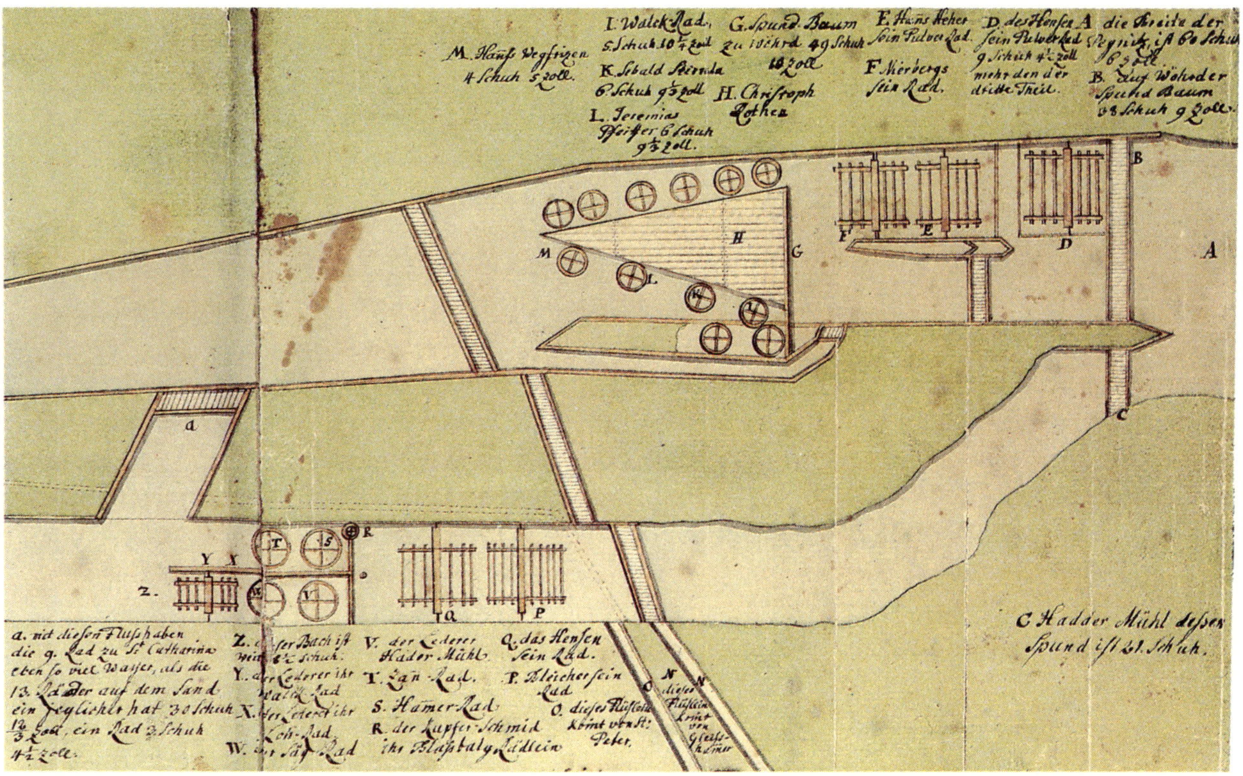

Zwei Wasserzeichen aus einem Formenpaar der Hadermühle von 1398. Ochse (oben) und Stier (unten), jeweils mit Sternblumen.

das Rütteln enorm beansprucht waren. Ein Siebgeflecht aus handgezogenem Draht oder Roßhaar war teuer und verschliß sich schnell. Beim Papiermachen kam hinzu, daß das Drahtsieb mit der daraufgesetzten Drahtfigur des Wasserzeichens ein wesentliches formgebendes und werbendes Element des Endprodukts darstellte. Die Erfindungen und Innovationen des Handelshauses Stromer schaukelten sich gegenseitig in geradezu modellhafter Weise hoch.

Wie einst Ulman in die Politik der Könige Wenzel und Ruprecht, verstrickte sich nun sein Sohn Jörg in die gewagte Politik von König Sigismund. Dichte Kontakte bahnten sich schon bei Sigismunds Zug nach Aachen zur Krönung an, bei dem er zehn Tage in Nürnberg verweilte. Er besichtigte nämlich die Stromersche Papiermühle und Jörg war auf Bitte des Königs bereit, ihm sonst strengst gewahrte Betriebsgeheimnisse zu offenbaren. Er stellte ihm seinen „Diener" Hans Geyger zur Verfügung „der sich in einer pappirmüle verwiße und berichten kunne, pappir ze machen" und ließ Geyger dazu extra aus Venedig kommen, wo er vermutlich die Filiale leitete. Das für einen mittelalterlichen Herrscher seltsame Interesse Sigismunds an der Papierfabrikation erklärt sich aus den Autarkieplänen im Krieg gegen Venedig, den er im Zusammenspiel mit den führenden oberdeutschen Unternehmern als Wirtschaftskrieg mit ähnlichen Maßnahmen wie später Napoleon mit seiner Kontinentalsperre führte. Unter seinen Ratgebern und Experten spielten dabei gerade die Nürnberger Sebald Pfinzing, Stefan Coler und Sigmund Stromer zur Goldenen Rose – Schwäger und Vettern Jörgs – die maßgebliche Rolle. Pfinzing und Sigmund Stromer erwirkten beim König auch die Heimführung der Reichskleinodien und Reichsreliquien, unter anderem die vermeintliche Krone Karls des Großen und die Heilige Lanze, von Ungarn nach Nürnberg und erwarben für ihre Stadt das Privileg für die Abhaltung der Heiltumsmesse. Die Rolle der Stromerschen Papiermühle in der Planung des Wirtschaftskriegs liefert ein Indiz für entsprechende Absichten, die Ulman schon mit der Gründung 1390 verfolgte. Ein weiterer Hauptzweck wird offenkundig mit dem Druck von Holzschnitten auf Stromerpapier, die aus der Zeit Jörgs erhalten sind und zu den frühesten überhaupt erhaltenen europäischen Bilddrucken gehören. Auch Spielkarten, deren Verbreitung in Europa seit 1380 dokumentiert ist, sind in plausibel datierbaren Originalen erst aus dem dritten Jahrzehnt des fünfzehnten Jahrhunderts erhalten. Die frühesten gedruckten Spielkarten, die überkommen sind, sind ein Holzschnitt-Probedruck der Farb- und Zählkarten „Vogel vier, fünf, acht und neun", auf einem Blatt Papier, das ausweislich seines Wasserzeichens „Hifthorn" in einer Ravensburger Papiermühle um 1435 gefertigt wurde. Da der Druck offenbar nicht zufriedenstellend geglückt war und Papier nicht billig, ist die Rückseite bezeichnenderweise mit einem frommen Bildchen bedruckt worden, Christus am Kreuz mit Maria und Johannes, den Umständen nach fast sicher vom selben „Kartenmaler und Heiligendrucker".

Der langjährige Wirtschaftskrieg mit Venedig, der Verlust der Märkte Böhmens und die Verwüstungen der Hussitenkriege trafen Nürn-

Marientod, Holzschnitt auf Hadermühlpapier von 1422.
Germanisches Nationalmuseum, Nürnberg.

Spielkarten Vogel 4, 5, 8 und 9 auf Ravensburger Papier von 1436.
Staatliche graphische Sammlung, München.

bergs Wirtschaft schwer. Eine Serie von Insolvenzen und Bankrotten fügte auch der Stromerfirma schwere Verluste zu. Jörgs Hauptgesellschafter Hans Ortlieb flüchtete und hinterließ ihm 20 000 Dukaten Schulden, ein monströser Betrag! Gläubiger und Stille Teilhaber der Firma forderten ihr Geld zurück. Jörgs Schwiegersohn aus der Bankierfamilie Rummel verschwand spurlos und beging vermutlich Selbstmord. In einer Reihe von verschleierten Vermögenstransaktionen verschob Jörg seine Liegenschaften und Lehen in Stadt und Land, Bergwerke und Industriebetriebe, darunter die Papier- und Drahtmühlen und die beiden großen Karawansereien am Hauptmarkt an seine beiden Söhne Peter und Andreas, an leitende Angestellte der Firma und Betriebsleiter der Drahtfabriken. Bei diesem Karussell wirkte nicht nur der ganze Familienclan und Nürnbergs Führungsschicht in Wirtschaft und Rat mit, sondern auch der Reichskanzler Kaspar Schlick, dessen Vater einst im Dienst der Stromerfirma stand, Kurfürst Ludwig von der Pfalz und sogar Kaiser Sigismund selbst. Um nicht selbst alsbald seine Schulden an Jörg Stromer begleichen und damit praktisch in die Konkursmasse werfen zu müssen, gewährte er Jörg ein mehrjähriges Moratorium. Beim Versuch, in dieser Frist seine Guthaben beizutreiben, fand Jörg in Koblenz 1437 den Tod. Einer der Hauptgläubiger der Firma, Werner Roßhaupter aus Lauingen fand sich mit diesen Machenschaften, die man heute betrügerischen Bankrott nennen würde, nicht ab. Er entfachte eine fünfjährige Fehde, bei der er, mit Hilfe einiger adeliger Schnapphähne ganz Oberdeutschland überzog, und in seinen Fehdebriefen drohte er, die Papier- und Drahtmühlen der Nürnberger anzuzünden, wofür ihn die Nürnberger in die Reichsacht brachten.

Inzwischen hatte sich das Vermögenskarussell nach Plan gedreht und die aus dem Bankrott hervorgegangenen Tarn- und Tochterfirmen hatten erfolgreich wirtschaften können. Dadurch konnte man sich schließlich mit Roßhaupter und den übrigen Gläubigern vergleichen und sie abfinden. Die ehemaligen Faktoren Gruber, Reutheimer und Imhoff rangierten nun als Firmenchefs, und die Söhne der einstigen Chefs und Hauptgesellschafter, Andreas Stromer, Hans d. J. Ortlieb und Hans d. J. Aislinger spielten nunmehr „Diener und Gesellen". In dieser Rolle finden wir auch die fähigsten aus dem Nachwuchs der Großfirma, Albrecht und Bartholomeus Scheurl aus Lauingen und die Nürnberger Drahtexperten Steiner, Scheffein und Rudolf. Die Imhoffs übernahmen die Handelsmarke ꟷ und führten sie noch über drei Jahrhunderte als eines der Großunternehmen der frühneuzeitlichen Weltwirtschaft. Die Gesellschaft Reutheimers spannte ihr Handelsnetz wie einst die Stromerfirma über den ganzen Kontinent von Meer zu Meer aus, von Konstantinopel bis Perpignan, von Genua bis Danzig und Antwerpen. Sie und die Gesellschaft Gruber-Stromer handelten mit Nürnberger Draht und mit Papier „mit dem Ochsenkopf", das man jedoch aus Venedig bezog. Die Drahtmühlen jedoch, die Papiermühle und Ulmans Karawanserei am Hauptmarkt hatte sein Enkel Andreas für sich selbst aus dem Konkurs retten können. Aus einem Streit, den er erfolgreich vor dem Rat mit den Hutmachern führte, erfahren wir, daß er die Filze, die er zum Gautschen des Papiers benö-

Christopherus aus dem Kloster Wienhausen, kolorierter Holzschnitt auf Hadermühlpapier von 1422.
Privatbesitz.

tigte, im eigenen Betrieb herstellen ließ. Zum erstenmal in der Geschichte der Papiermacherei sind damit Gautschfilze überhaupt erwähnt.

Im Markgrafenkrieg von 1449–50 ging die Papiermühle in Flammen auf und Andreas, der nochmals den Rang seines Großvaters Ulman als Obersthauptmann erreicht hatte, fand den Tod auf dem Schlachtfeld. Er hinterließ seine Witwe Else, geborene Schnöd, mit sechs kleinen Kindern, so daß wiederum notgedrungen eine Frau Chefin der ganzen Unternehmen war. Sie baute die Gleißmühle und die Drahtmühlen wieder auf. Bald jedoch mußte sie feststellen, daß es „mit dem Papier unendlich", das heißt unlohnend, geworden war. Mit einem Vetter ihres Mannes, dem Metallurgen Sebald Groland widmete sie daher die Mühlwerke um in Klingenschmieden, Drahtzüge und eine Schmelzhütte. In dieser sollte nach dem neuesten metallurgischen Verfahren, der Saigerhüttentechnik, das im Kupfer erhaltene Silber mittels Blei herausgelöst werden. Jedoch schon 1463 übte die Stadt ein Vorkaufsrecht gegenüber der Stromerin und Groland aus und richtete in der Hadernmühle ein Hammerwerk ein, das schon 1472 Opfer eines Brandes wurde. Die berühmte Abbildung Nürnbergs in Hartmann Schedels Weltchronik von 1493 von der Meisterhand Michael Wolgemuts zeigt am rechten Bildrand den Gebäudekomplex der Hadermühle, angesichts der mehrfachen Brände und Kriegsschäden wohl nicht mehr im Urzustand der Gründungszeit von Ulmans Papiermühle ein Jahrhundert zuvor. Doch hatten die Brände und Scharmützel vor der Stadtmauer Nürnbergs sicher nur die Holzteile der Bauten, wie Dächer und Treppen zerstören können, kaum jedoch die Steinmauern und die Mühlwehre. Ganz deutlich zeigt sich dies am Herrenhaus der Gleiß- und Hadermühle, einem mehrstöckigen Turmhaus mit im Obergeschoß auskragendem Umgang und Satteldach, das 1493 und auf allen folgenden Abbildungen durch die Jahrhunderte in gleicher Gestalt erscheint. Ein stark abstrahierter Plan der Pegnitz und ihrer damals 131 gewerblichen Wasserkrafträder in der Bannmeile Nürnbergs, den 1601 der Erfinder-Ingenieur und Ratsbaumeister Wolf Jacob Stromer aufnehmen ließ, zeigt die Wasserrechte der Hadermühle genau so, wie sie 1397 und 1445 Ulman und Andreas Stromer feststellen ließen.

Noch bevor Else Stromer 1452/53 die Papierfabrikation in der Hadermühle als unrentabel aufgab, erwarb 1451 ein Papiermacher Hans Steinmetz am 16. März 1451 von Landgraf Wilhelm III, Thüringen das Recht, bei Coburg eine Papiermühle zu errichten. Fast sicher stammte er aus dem Nürnberger Betrieb. Ein Dutzend Jahre später nämlich erwarb 1464 vom gleichen Fürsten ein Consortium Nürnberger Bürger, Heinrich Steinmetz, Hermann Preutigam und Hermann Hildprant das Recht, am selben Gewässer eine Saigerhütte zu gründen. Preutigam stammte aus der Stromerschen Tochterfirma Reutheimer und ein Fritz Hiltprand hatte im Gespann der Gesellschaft Gruber-Stromer mit Venedig gehandelt. Wie bei der Papiermühle handelte es sich auch bei der Saigerhütte um eine Betriebsverlegung aus Nürnberg. Dort war die Wasserkraft und die Holzkohle zu teuer geworden, die für die Schmelzhütten in ungeheurer Menge benötigt

Waldbuch des Paulus Stromer von 1425, bedruckt von Conrad Forster 1440.
Staatsarchiv Nürnberg.

wurden, am Rand des Thüringer Walds aber gab es beides noch preiswert und scheinbar in unerschöpflicher Menge. 1469 erwarb Hermann Hiltprand das Recht, zwei Mühlräder der Mühle an der Pegnitz bei Schniegling zwischen Nürnberg und Fürth als Papiermühle aufzubauen. In eben diesem Jahr 1469 begann in Nürnberg der Buchdruck, wie schon 1460 in Bamberg. Noch wissen wir nicht, ob in den frühesten Nürnberger und Bamberger Drucken – darunter mit der „B.36" die zweitälteste gedruckte Bibel – Schnieglinger oder Coburger Papier verwandt wurde, da deren Wasserzeichen noch nicht identifiziert sind.

Jedoch schon seit 1433 druckte im Nürnberger Predigerkloster, dem Hauskloster der Familie Stromer, der Sakristan Konrad Forster in Blinddruck mit Letternstempel wunderbare Ornamente und lange Texte auf Bucheinbände seines Klosters und des befreundeten Katharinenklosters und für Brüder und Schwestern aus beiden. Als einzigem Laien aber bedruckte er das Waldbuch des Paulus Stromer, damals Oberster Forstmeister des Nürnberger Reichswaldes und Amtmann der Kaiserburg mit folgenden Worten: „Paulus Stromer Oberster amptman des reyches zu Nuremberg Nach Crist gepurt MCCCCXL (= 1440) von Conrad Forster & Peter Hausen." Gutenberg kannte diese Drucktechnik und ließ sie verwenden. Zwei von fünf der Gutenberg-Bibeln, die noch ihre originalen Einbände haben, und gerade die zu seiner Zeit in Mainz gebundenen, tragen Buchstabenstempel in Forsters Manier: „c, e, i, o, l". Bis 1463 wurde dieser Stempeldruck nur in Nürnberg und Mainz angewandt. Als Vermittler kommt die Stromerfirma und aus ihr Paulus Stromer in erster Linie in Betracht, da sie ständig am Oberrhein und gerade in Straßburg und Mainz vertreten waren und Paulus zunächst Hauptgesellschafter der Firma und dann Teilhaber einer ihrer Töchter war. Vielleicht hatte schon Ulman mit der Gründung der Papiermühle die Möglichkeit von Text- und Bilddruck ins Auge gefaßt, man denke nur an den massenhaften Bedarf für Spielkarten. Dank der Beziehungen der Firma nach Asien konnte man hier eher als andere Informationen über den in China und in den Oasenstädten an der Seidenstraße seit langen praktizierten Bild- und Textdruck haben. Eigentümlicherweise tragen zwei Stromerurkunden von 1376 und 1386 – und unter zehntausenden daraufhin untersuchten Urkunden nur sie – einen derartigen Blindstempel!

Die Gründung der Hadermühle galt also nicht nur wie die übrigen ihr vorausgehenden europäischen Papiermühlen der Produktion eines praktischen und im Unterschied zum Pergament normierten und in beliebiger Menge und Format herstellbaren Beschreibstoffs. Von Anfang an wurde hier, überhaupt erstmals, gewerbliches Papier hergestellt, als Packpapier für die Nürnberger Draht- und anderen Kleinmetallwaren. Damit bestand eine Wechselbeziehung zwischen den Gewerben, die sich innovativ gegenseitig anregten. Auf Stromerpapier entstanden die frühesten Zeugnisse europäischer Druckgraphik und es gibt triftige Indizien für eine Beteiligung an den ersten Schritten zur Entwicklung des Textdrucks mit beweglichen Lettern. Die Hadermühle war also eine Wiege der Massenmedien.

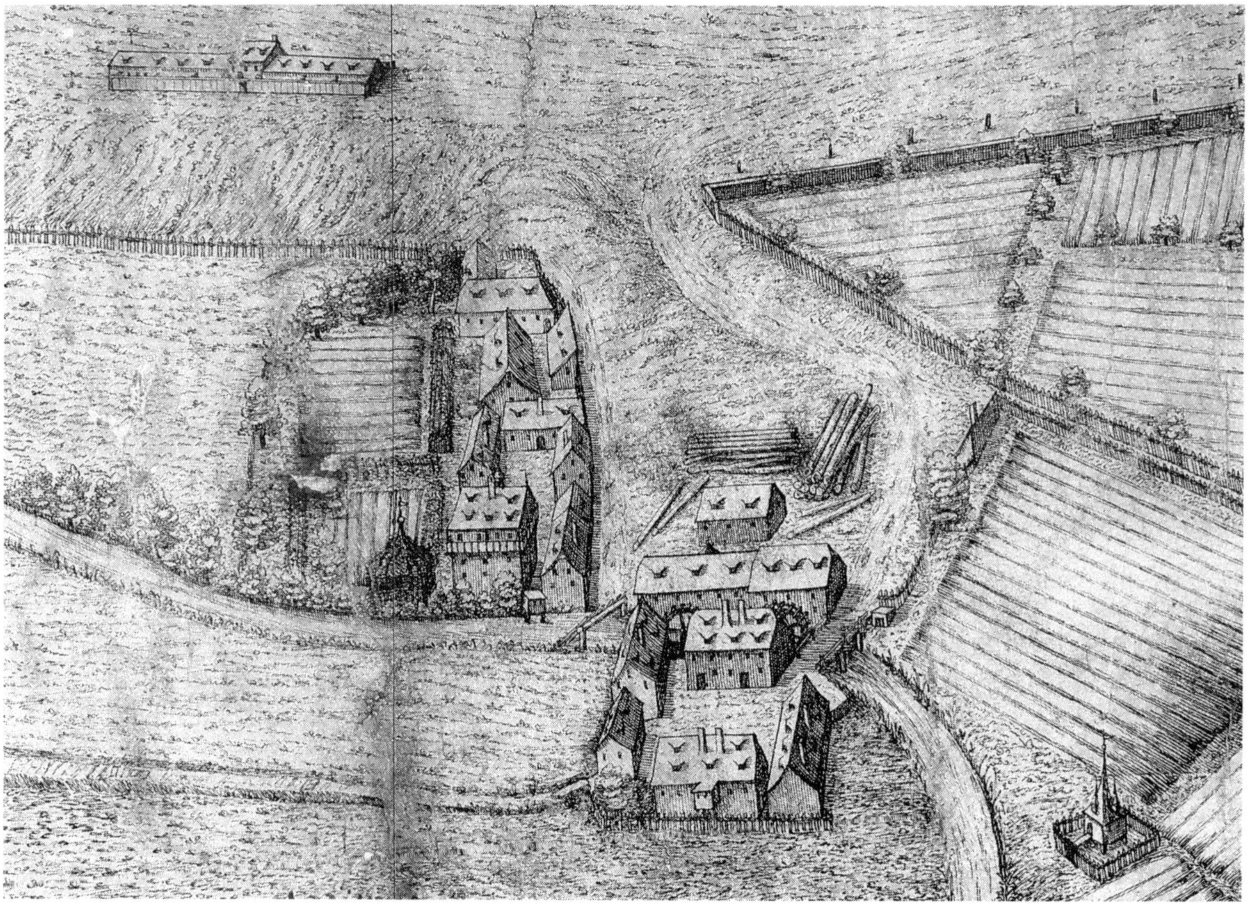

Die Hadermühle und das Turmhaus von Norden gesehen, aus dem Braunschen Prospekt von 1608.
Staatsarchiv Nürnberg.

Die rechtlich, wirtschaftlich und technisch Verantwortlichen für den Betrieb der Stromerschen Papiermühle 1374–1467.

| | LEHNS- UND EIGENHERR<br>(Obereigentümer) | ERBMANN UND MÜHLENHERR<br>(Nutzungseigentümer und/oder Verleger) | BETRIEBSLEITER | PAPIERFACHMANN | |
|---|---|---|---|---|---|
| 1374 | Burggraf von Nürnberg<br>–1 414 (1427) | Mühle (Hammerwerk?)<br>Leupold Schürstab<br>1374–1390 | Fritz Tailer<br>? – 1390 | | 1374 |
| 1380 | | | | | 1380 |
| 1390 | | **Papiermühle**<br>(1390–1453)<br>Ulman Stromeir<br>1390–1407 | (angeblich<br>Franciscus de Marchia 1390)<br>Jörg Tirmann<br>1394–1398<br>Ulman Stromeir (?)<br>1398–1400 (–1407?) | Clos Obsser<br>1390–1394<br>Jörg Tirmann<br>1390–1398<br>Erh. Zimmermann<br>1392–1400 (–?) | 1390 |
| 1400 | | | | | 1400 |
| | | Agnes Stromeir-Groland<br>1407–1413 | ? | ? | |
| 1410 | P. Volkmair 1/3<br>1414–1427<br>Ulr. Haller 2/3<br>1414–1416 | Georg Stromeir<br>1413–1431 (1433) | | Hans Geiger<br>1414 | 1410 |
| 1420 | Georg Stromeir 2/3<br>1416–1427 | | Engelhard vom Wald (?)<br>(?–) 1417 (–?) | | 1420 |
| | | | Fritz Heuß<br>1424–1448 | Fritz Heuß (?) | |
| 1430 | Stadt Nürnberg<br>ab 1427 | Peter und Andreas Stromeir<br>1431 (?)<br>Andreas Stromeir<br>1433–1449 | | | 1430 |
| 1440 | | | Andreas Stromeir<br>1446 | C. Katzentaler<br>1441–1449 | 1440 |
| 1450 | | Els Stromeir-Schnöd<br>1449–1453 | | H. Steinmetz<br>–1451 (?) | 1450 |
| 1460 | | Hammerwerk ab 1456<br>Schmelzhütte mit Papierrecht<br>1457–1463<br>Els Stromeir-Schnöd<br>1449–1463<br>Stadt Nürnberg ab 1463 | Sebald Groland<br>1457–1467 | | 1460 |

**Lore Sporhan-Krempel**

## ULMAN STROMERS GLEISSMÜHLE ZU NÜRNBERG

Am St. Johannestag 1390 brach für Deutschland quasi ein neues Zeitalter an: Das Zeitalter der eigenen deutschen Papiererzeugung. An diesem Tag begann der Nürnberger Ratsherr, Fernhändler und Patrizier Ulman Stromer (Stromeir) vor dem Wörther Tor mit dem Umbau einer Mühle zu einer Papiermühle. Diese Mühle war früher burggräfliches Lehen gewesen und erst am Tag vor dem Beginn des Umbaus hatte sie Ulman in seinen Besitz gebracht.
Dieses bedeutsame Ereignis hielt Stromer in seinem berühmten „Püchel von mein geslecht und von abentewer" fest, und er berichtet auch in den folgenden Jahren weiter von dem Ausbau der Papiermühle, von seinem Mühlenpersonal, von Wasserbau und anderem mehr. Freilich steht im „Püchel" nicht nur diese erste „Industriegeschichte" Deutschlands, sondern es enthält auch viele Nachrichten über die Geschichte des Stromerschen Geschlechts, über seine Welthandelsfirma, es wird von Reisewegen, von Zöllen, Münzwerten, Handelsniederlassungen berichtet, eigentlich von allem, womit diese Firma der Stromer zu tun hatte.

### Anfertigung des Handpapiers

Erinnern wir uns einen Augenblick daran, wie zu jenen Zeiten das Papier hergestellt wurde. Die Technik der Herstellung des Papiers beruht darauf, daß ein organischer Stoff – einst alte Leinenlumpen, heute Holz – aufgeschlossen und zu einem neuen Stoff zusammengefügt wird. Die Lumpen wurden früher in einem „Stampfwerk" oder „Löcherbaum" zerfasert. Ein solcher Löcherbaum bestand aus einem dicken Stamm, in den einige mit Eisenplatten ausgelegten Tröge gehauen wurden. Diese Stampfwerke wurden über ein Räderwerk mit Wasserkraft bewegt. Das ist der Grund, weshalb man eine Papierwerkstätte für gewöhnlich eine „Papiermühle" nannte. Wenn die Lumpen fein zerstampft waren, kamen sie mit Wasser vermengt in die „Bütte", eine hölzerne oder steinerne Wanne, sodann wurden sie mit Hilfe eines engmaschigen Drahtsiebs, auf das ein Rahmen gesetzt war, „geschöpft". Das Wasser floß durch die Siebmaschen ab, die Leinenfasern blieben liegen, verfilzten sich und bildeten den Papierbogen. War das Wasser abgetropft, wurde das Papierblatt vorsichtig vom Sieb „abgegautscht" und zwischen zwei Filze gelegt. Wenn der Stapel von Papierbogen und Filzen eine bestimmte Höhe erreicht hatte, so kam er unter die Presse. Anschließend wurden die Filze weggenommen, die Papierbogen abermals gepreßt, um dann wie Wäschestücke über Haarseile zum Trocknen aufgehängt zu werden. Dafür gab es eigene Hängböden, die entweder unter dem Dach der Mühle selbst oder in besonderen Hänghäusern untergebracht waren. Da Wind und Luft zum Trocknen der feuchten Papierbogen ungehindert Zutritt haben mußten, waren die Dächer über den Hängböden mit vielen Luken versehen, wie man sie auch bei Hopfendarren findet.
Nach dem Trocknen glichen die Papierbogen verschrumpelten Löschpapieren und waren weder glatt genug zum Beschriften noch dicht und fest genug gegen das Durchfeuchten der Tinte. Tintenfest machte man sie durch Leimen. Den Leim gewann man durch Auskochen von Schaffüßen oder Lederabfällen. Da diese Arbeit eine

Der Papierer, aus: Christoph Weigel, Abbildung der gemeinnützlichen Hauptstände, Regensburg 1698.
Centrum Industriekultur, Nürnberg.

ziemlich stinkende Angelegenheit war, befand sich die Leimküche oft in einiger Entfernung vom Haus. Durch die Leimbrühe wurden die Papierbogen nun durchgezogen, gut geschwenkt, abermals gepreßt und danach wieder aufgehängt. Anschließend wurden sie zur Erzielung der Schreibglätte entweder einzeln mit einem Achatstein gerieben oder stapelweise mit einem schweren Hammer geschlagen. Nachdem der Ausschuß ausgelesen war, wurden jeweils fünfhundert Bogen – ein „Ries" – zusammengepackt und konnten nun versandt werden. Es war ein mühsamer Arbeitsgang, bis ein solches Schreibpapier entstand und in Hofstetters „Reutlinger Chronik" aus der Mitte des siebzehnten Jahrhunderts heißt es nicht umsonst: „Es muß auch ein jeder Bogen, ehe man darauf schreiben kann, 33 Mal den Papierern durch die Hand gehen."

## Die Wasserzeichen der Gleißmühle

Die abendländischen Papiere trugen – im Gegensatz zu den ostasiatischen – seit jeher in ihrem Inneren ein „Wasserzeichen" oder besser: ein Papierzeichen. Auf dem Sieb der Schöpfform wurde eine aus Draht gebogene Figur befestigt. Über diesem Draht lagerte sich beim Schöpfvorgang weniger Papiermasse ab, das Blatt wurde an dieser Stelle dünner und damit durchsichtiger. Hält man einen handgeschöpften Papierbogen gegen das Licht, so zeichnet sich diese Figur in hellen Umrißlinien im Papier ab. Diese Papierzeichen galten als Handelsmarken, und Papier wurde nach diesen Marken gekauft. Ebenso diente das Papierzeichen als Qualitäts-, als Formats- und auch als Herkunftsbezeichnung.
Es war in Italien längst Usus geworden, ein Papierzeichen für das feine Schreibpapier und ein anderes für die geringere Sorte zu verwenden. Die feine Qualität wurde mit dem verschieden ausgeformten Zeichen des Ochsenkopfs versehen. Ulman Stromer übernahm dieses Zeichen für das gute Papier aus seiner Werkstätte. Der Ochsenkopf seiner Papiere war ohne Nüstern und besaß eine darauf gestielte fünfblättrige Blume. Die schlechtere Papierqualität hatte als Marke eine heraldische Lilie, die aus dem Stromerischen Familienwappen abgeleitet war und auch an das Handelszeichen der alten Stromer-Firma erinnerte.

## Die Papierwerkstätte – eine Manufaktur

Die Papierherstellung hatte in Europa von Anfang an den Charakter einer Manufaktur. An der Bütte arbeiteten stets zwei Mann, einer schöpfte den Papierbogen, der andere gautschte ihn ab, weshalb sie auch folgerichtig als „Schöpfer" und „Gautscher" bezeichnet wurden. Der „Leger" legte den Bogen für die Presse um. Zumindest bestand die Belegschaft einer Werkstätte mit einer Bütte aus drei Mann, meist aus dem Meister und zwei Gesellen, aber an der Stelle des zweiten Gesellen konnte auch ein Lehrling arbeiten. Sie bildeten die Mannschaft der „Gelernten", der Facharbeiter. Daneben beschäftigte der Papierer noch einige andere Mitarbeiter, häufig auch Frauen; als Hilfspersonal. Diese mußten das Verlesen und Schneiden der Lumpen, das Aufhängen der Papierbogen und das Sortieren und Verpacken der fertigen Ware besorgen. In vielen Fällen stellte die Familie des Papierers dieses Hilfspersonal.

Der Papiermacher, kolorierter Holzschnitt von E. A. Endter, Nürnberg 1698.
Germanisches Nationalmuseum, Nürnberg.

Im „Püchel" gibt Ulman genau Bericht von seinem Mühlenpersonal. Der erste, den er einstellte, war Clos Obsser, der fast unmittelbar nach dem Erwerb der Mühle durch Ulman in dessen Dienste trat. Stromer ließ sich schwören, ihm getreu zu sein und für niemand anderes „ein werk zum papiermachen" anzufangen. In Obsser dürfen wir wohl den Mühlenbauer sehen. Er war also fürs erste der wichtigste Arbeiter für Ulman.

Bald nach Obsser nahm Stromer den Jorg Tierman in Vertrag. Auch der mußte ihm einen Eid leisten, daß er zehn Jahre lang nur für Ulman Papier machen werde. Nach Ablauf dieser Frist sollte ihm erlaubt sein, für sich selbst Papier anzufertigen, aber für keinen andern, und auch niemandem von der Kunst des Papiermachens etwas beizubringen. Tierman war mit größter Wahrscheinlichkeit derjenige, der die „Kunst" der Papierherstellung beherrschte, einer, der das Papiermachen als Handwerk gelernt hatte. Einige Jahre danach gab Stromer Tierman die größere Gleißmühle in Pacht, und er hielt auch den darüber schriftlich aufgesetzten Vertrag im „Püchel" fest.

Es kommt auch bei späteren Papiermühlengründungen immer wieder vor, daß der Papierermeister gleichzeitig mit dem Baubeginn der Papiermühle eingestellt wurde. Er hatte dafür zu sorgen, daß zu Beginn der Schöpfarbeit genügend Lumpen vorrätig waren, daß auch die Siebe zum Schöpfen des Papiers bereit standen, daß die Stricke zum Aufhängen der Bogen vorrätig waren und vieles mehr.

Die Belegschaft auf der Papiermühle formierte sich in Nürnberg zu einer Zeit, als in der Reichsstadt die Zünfte politisch abgeschafft waren. Es gab also in Nürnberg – wie auch später in anderen Reichsstädten – keine „Papiererzunft". Aber es gab über die eigenen und auch weiteren Landesgrenzen hinaus eine Vereinigung der Papierer, die man als einer Innung ähnlich bezeichnen könnte. So konnte zum Beispiel ein Papierergeselle auf Wanderschaft die politischen Grenzen des damaligen Deutschlands überschreiten und doch in einer Papiermühle des fremden Landes Unterkunft und Arbeit finden „von wegen des Handwerks".

## Die Legende von den aufständischen Welschen

Lange Zeit ging durch die papiergeschichtliche Literatur der Bericht von den zwei aufständischen Welschen, die Ulman den Gehorsam verweigerten und ihm nicht das zweite Rad an seiner Papiermühle bauen wollten und „die Stämpfel tüchtig feiern ließen". Im Original des „Püchel" ist von diesen Welschen und ihren Machenschaften keine Rede. Hätte sich diese Geschichte tatsächlich ereignet, so dürften wir sicher sein, daß Ulman sie auch erwähnt hätte. Wie aber konnte diese Legende entstanden sein?

Zweierlei mag dazu beigetragen haben: Viele der Nachschriften und Bearbeitungen des „Püchel" sind ohne Jahreszahl und konnten über manche Jahrzehnte hin zeitlich nicht richtig eingeordnet werden. Es gibt nur eine Handschrift, in welcher diese Geschichte von den Welschen lang und breit berichtet wird. Hegel, Professor am Egidien-Gymnasium in Nürnberg, gab das „Püchel" innerhalb der „Städte-

Chroniken" heraus und brachte mitten im Text Ulmans diese Geschichte mit den Welschen unter. Er hat diesen Text freilich abgehoben vom Original, aber sehr undeutlich, so daß er ohne weiteres für Ulmans eigenen gehalten werden konnte. Hegel selbst war der Meinung, Ulman habe sozusagen eine zweite Bearbeitung des „Püchel" geschrieben und sei darin ausführlicher geworden als in der ersten Fassung. Was der Professor freilich nicht gewußt hat und zu seiner Zeit auch garnicht wissen konnte, war die Tatsache, daß die Handschrift, welche die Welschen erwähnt, in den Jahren 1550 bis 1560 abgefaßt worden ist, also anderthalb Jahrhunderte später als das „Püchel" selbst. Erst durch die Methode, die Piccard in seiner Schrift „Die Wasserzeichenkunde als historische Hilfswissenschaft" entwickelte, gelingt es uns heute, ein sicheres Datum anhand der Wasserzeichen zu gewinnen.
Zum zweiten war man bis vor wenigen Jahren betreffs der Geschichte der Gleißmühle fast nur auf die Aufzeichnung im „Püchel" angewiesen. Es ist aber in letzter Zeit gelungen, durch genaue Nachforschungen in zeitgenössischen Dokumenten im Nürnberger Staats- und Stadtarchiv und besonders durch Beiziehung der Dokumente aus dem Stromerschen Familienarchiv das Schicksal der Gleißmühle bis zur Mitte des fünfzehnten Jahrhunderts aufzuhellen.
Im Februar des Jahres 1394 schloß Ulman mit Jorg Tierman einen Pachtvertrag über die größere Gleißmühle „mit den drei Rädern" auf vier Jahre ab, samt einem damit verbundenen Papierpachtvertrag – dem ersten solchen Vertrag in Deutschland. Tierman mußte das Papier auf seine eigenen Kosten herstellen und bereit halten. „Den Zeug", das heißt die Lumpen mußte Stromer herbeischaffen, ebenso mußte er auch für die Instandhaltung der Mühlräder sorgen. Ulman sollte dem Pächter für jedes Ries Papier „ein Ort eins Guldens", also einen Viertelgulden bezahlen. Dieses Papier mußte „prima sors", also bester Sorte sein, ferner sollte der Pachtherr dreißig Ries Groß-Papier erhalten. Im Februar 1398 sollte der Pachtvertrag auslaufen.
Tierman hielt sich aber nicht an seine gegebenen Versprechen. Die Pachtzeit ging nicht friedlich zu Ende. In einer Klage beim kaiserlichen Landgericht in Nürnberg im Jahr 1398 bringt Ulman gegen Jorg Tierman vor, dieser habe ihn und die Seinen bedroht, außerdem habe er die Arbeit liegen lassen und sei aus der Mühle entwichen ohne seinen Vorschuß abzuarbeiten. Eine weitere Klage brachte Ulman beim Landgericht Hirschberg gegen Tierman vor, was vielleicht darauf zurückzuführen ist, daß der Pächter sich selbständig machen oder von einem Konkurrenten anwerben lassen wollte.

## Die kleine und die größere Gleißmühle

Was die beiden Mühlen anbelangt, so erwähnte Ulman 1392, daß Hans Matthes „in der kleinen Mühle hinter dem Haus" geschworen hat. Im selben Jahr schwor Klein Heintzel „in der klein mühl in der kuchen". 1394 erhielt Jorg Tierman die größere Mühle mit den drei Rädern in Pacht. Dabei ist zu beachten, daß Ulman die Mühle nicht ganz neu erbauen ließ, sondern sie aus einem schon bestehenden

Mühlwerk einrichtete. Nun waren die Mühlen in und um Nürnberg herum schon von altersher „Mühlkomplexe", deren Räder für verschiedenartige Mühlenbetriebe eingerichtet waren.
Im Jahr 1458 wird die Mühle zu Schniegling beschrieben: „Und die muhle schal haben 8 reder, nemlich 3 mal reder, 3 newreder, 1 drotrad und 1 segrad als das von altersher kommen ist." Die Gleißmühle dürfen wir uns wohl als ein ähnliches Werk vorstellen.

## Die Inneneinrichtung

Leider gibt es vom Inneren der Gleißmühle weder bildliche Wiedergaben noch wörtliche Beschreibungen. Da sowohl Arbeitsmaterial (Lumpen) wie auch Arbeitsgang feststanden, wäre ein Blick auf die „technischen Einrichtungen" wichtig. War das Stampfwerk nach dem Prinzip der Erzstampfe angelegt oder nach dem der Leinwandwalke? Beides wäre technisch möglich gewesen. Abbildungen aus der Zeit zwischen dem sechzehnten und achtzehnten Jahrhundert zeigen Stampfwerke – Löcherbäume – nach Art der Leinwandwalke, und auch die von dem schwäbischen Baumeister Heinrich Schickhardt angefertigte Werkzeichnung für den Bau der Papiermühle zu Mömpelgard aus dem letzten Jahrzehnt des sechzehnten Jahrhunderts, ein sehr ausgereiftes Werk, bildet das Stampfwerk nach Art der Leinwandwalke ab.
Die Abbildung eines Stampfwerkes in einer Papiermühle nach dem Prinzip der Erzstampfe ist mir als bildliche Darstellung nur einmal begegnet. Eine Fensterglastafel, die zu den Kunstbeständen des Augustiner-Herrenstifts Herzogenburg (Niederösterreich) gehört, hat uns ein solches Bild bewahrt. Es zeigt eine Papierwerkstätte, in der man den Papierer mit seinen Gesellen bei der Arbeit an Bütte und Presse sieht, man beobachtet, wie im Hintergrund die Papierbogen aufgehängt werden, und man sieht auch ein Stampfwerk, das nach dem Prinzip der Erz- oder Pulverstampfe aufgebaut ist. Auch ein Inschriftenfragment ist erhalten, das uns den Namen des Stifters nennt: Hanns Perkhofer, Handelsmann zu Schwatz, 1647. Eine interessante Darstellung, die aber auch viele Fragen und zweifelnde Überlegungen aufwirft. Man kann nur hoffen, daß doch noch einmal die eine oder andere Abbildung einer Papiermacherwerkstätte gefunden wird, auf der ein Stampfwerk nach dem Muster der Erzstampfe festgehalten ist. Vielleicht sind einst beide Systeme nebeneinander gebaut worden. Es mag jedoch auch sein, daß die Stampfwerke in den verschiedenen Landschaften verschieden gestaltet gewesen sind.
Aus der innerbetrieblichen Arbeit in der Gleißmühle ist noch eine interessante Nachricht auf uns gekommen. Sie stammt nicht aus Ulmans Zeit, sondern aus den Jahren, als schon sein Enkel Andreas Besitzer des Mühlwerks war. Unter dem 14. November 1446 wird in dem Nürnberger Ratsbuch I b erwähnt, daß Andreas Stromer sich beim Rat über das Handwerk der Huter (Hutmacher) beklagte, das ihm vorwarf, Filze zu machen. Diese Filze, ließ Andreas Stromer wissen, brauche er zu seiner besonderen Arbeit für das Papier und sie seien nur dazu und sonst zu nichts nütze. Er bat den Rat, ihn

Papiermühle, Kupferstich vom Ende des sechzehnten Jahrhunderts, aus: G. Strada, Künstlicher Abriß allerhand Mühlen, Frankfurt/Main 1618.
Deutsches Museum, München.

gegen die Huter zu unterstützen. Nach sorgfältigen Nachforschungen und Diskussionen mit den Hutern entschieden die Nürnberger Ratsherren, daß Andreas Stromer ungehindert von den Hutern seine Arbeit fortsetzen dürfe.

## Die Gleißmühle unter Georg Stromer

Ulman Stromer hielt viel von seiner Gleißmühle. Er erwähnte sie ausdrücklich in seinem Testament von 1406 und bestimmte sie zum Vorausvermächtnis für seine beiden Söhne Ulman und Georg. Die Pestwelle, die in den Jahren nach 1405 über Nürnberg wegrollte, raffte den Seniorchef und seinen Sohn Ulman d. J. dahin, und so fiel die Gleißmühle nach dem Tod von Ulmans Witwe, die das Werk einige Jahre selbständig geführt hatte, 1407 an Georg allein. Als die Nürnberger die burggräfliche Veste von den Hohenzollern – mitsamt den vier burggräflichen Mühlen – 1427 erkauften, verblieb den Stromern das „Erbrecht“ an der Gleißmühle, das heißt das Nutzungsrecht. Die Stadt aber besaß die „Eigenschaft“, das heißt das Grundrecht.
Georg Stromer, von dem man lange Zeit nur wenig gewußt hat, ging eine Geschäftspartnerschaft mit dem Ratsherrn Hans Ortlieb ein, einem Enkel seines Schwiegervaters Aislinger aus Lauingen an der Donau, dessen Tochter seine Ehefrau war. Ortlieb war also Georgs angeheirateter Neffe. Auf Grund verwandtschaftlicher Verbindungen zu den Aislingern oder auch nur auf Grund freundschaftlicher Beziehungen steckte der Ulmer Kaufmann Werner Roßhaupter 4000 Dukaten in die Gesellschaft Stromer-Ortlieb. Die Roßhaupter waren eine Lauinger Familie, in welcher der Vorname Werner traditionell war. Der Ulmer Roßhaupter war mit ziemlicher Sicherheit ein Verwandter der Lauinger Roßhaupter; ein Angehöriger dieser Sippe war schon etliche Jahrzehnte vor den nachstehenden Ereignissen nach Ulm gezogen und betrieb dort ein Handelsgeschäft.
Die Pestepidemie hatte nicht nur die führenden Männer der Stromerfamilie dahingerafft, sondern auch viele der wichtigsten Mitarbeiter und Verbindungsleute. So geschah es, daß die altangesehene Firma mit Schwierigkeiten zu kämpfen hatte. Hans Ortlieb lieh sich von seinem Partner Georg Stromer 4000 Gulden aus und machte auch weiter hohe Schulden bei Dritten. Als Roßhaupter merkte, daß die Firma nicht mehr auf festen Füßen stand, verlangte er seine Einlage zurück. Tausend Dukaten wurden ihm zurückbezahlt, dreitausend blieben offen. Inzwischen war Ortlieb aus Nürnberg geflohen und hinterließ seinem Partner mehr als dreißigtausend Gulden Schulden. Georg sah keinen Weg, Roßhaupter seine ausgelegte Summe völlig wieder zu erstatten, zumal er ja auch noch andere eigene Gläubiger hatte, denen er Rückzahlungen machen mußte. Roßhaupter bestand jedoch auf seinem Recht. Darüber brach ein langer Streit aus zwischen Stromer – und später auch der Reichsstadt selbst – und Werner Roßhaupter. Verschiedentlich wurden Rechtstage abgehalten, die jedoch zu keinem Ergebnis führten. Schließlich mußte Georg Stromer sein Nürnberger Bürgerrecht aufgeben und seine Heimat verlassen. Auf die einfachste Formel gebracht, könnte man sagen: So lange Georg Stromer noch Nürnberger Bürger war, hatte

Schöpfen von Papier. Holzschnitt.
Papierfabrik Schoellershammer, Düren.

auch die Stadt eine gewisse Verpflichtung, ihn zu unterstützen. War er jedoch aus dem Bürgerrecht ausgetreten, so war auch die Verpflichtung der Stadt erloschen, und die Nürnberger konnten sich darauf berufen, daß ja Stromer nicht mehr Bürger war bei ihnen und daß daher Roßhaupter auch keine Ansprüche bezüglich seines Darlehens an die Stadt stellen konnte. Bestand vielleicht sogar zwischen Stromer und der Stadt Nürnberg eine geheime Absprache seine Ausbürgerung betreffend?

Weiterhin wurden mehrere Rechtstage in Roßhaupters Angelegenheit durchgeführt, aber alle ohne Ergebnis. Georg Stromer starb im Exil und wurde bei den Barfüßern in Koblenz 1437 begraben. Roßhaupter blieb auch der Stadt Nürnberg gegenüber zäh bei seinen Forderungen. Schließlich brachte die Reichsstadt den Ulmer in die Acht, der dies dadurch beantwortete, daß er sich Helfer anwarb und gegen die Nürnberger zu Felde zog. Er forderte seine Kumpane auf, das Gebiet der Reichsstadt zu verheeren. Sein „Fehdebrief" ermuntert sie, im nürnbergischen Gebiet Brände zu legen und Zerstörungen herbeizuführen, wofür er sie belohnen wolle. Wörtlich heißt es in diesem Fehdebrief: „. . . und welcher ihnen auch ein mühlin verbrennte, es wäre eine drahtmühle oder eine eisenmühle oder eine papiermühle oder wie die mühle genannt wäre, dem wollte ich geben sechs gulden und drei gulden für einen rock." Von diesem Brief schickten sowohl Donauwörth wie auch Nördlingen ein Exemplar nach Nürnberg. Die in Nördlingen gefundene Absage liegt den Akten im Staatsarchiv Nürnberg über die Roßhaupter Fehde bei. Das Papier zeigt noch die Löcher von den Nägeln, mit denen es an der Kirchentür angenagelt worden war und ist wie zum Hohn auf ein Blatt mit dem Wasserzeichen der Lilie geschriebenen – also dem geringerwertigen Papier aus der Stromerschen Papiermühle.

Die Fehde zog sich nicht nur zeitlich, sondern auch räumlich hin, ergriff bald auch das ganze Gebiet zwischen Frankenalb und Bodensee und brachte überall Unruhe und Zerstörung. Schließlich waren aber beide Parteien des Kampfes müde. Roßhaupter erklärte immer wieder er wolle lediglich sein Geld zurück, aber die Stadt Nürnberg ließ sich darauf nicht ein. Auch die letzten Rechtstage anno 1439 brachten keine klare Entscheidung. Zwar wurde Roßhaupters Anspruch auf die Rückzahlung des Geldes rechtlich anerkannt. Aber man hört nie etwas davon, daß er sein Geld auch wirklich wieder zurück erhalten hat.

Ob die Papiermühle tatsächlich im Verlauf dieser Fehde Schaden erlitten hat, kann nicht nachgewiesen werden. Es ist aber sehr wohl möglich, daß dies der Fall war. Ein Beweis dafür könnte sein, daß Schreibpapier mit den Stromerschen Wasserzeichen nach dieser Zeit immer seltener wurde und zum Schluß ganz verschwand. Daß trotzdem auf der Mühle gearbeitet wurde, wissen wir ja aus Andreas Stromers Streit mit den Hutern. Vermutlich stellte die Papiermühle jetzt fast ausschließlich gewerbliches Papier her, Verpackungsmaterial, das in Nürnberg von den vielen Handwerkern des Kleinmetallgewerbes in großen Mengen gebraucht wurde. Dies waren vor allem Nadler, Heftelmacher, Ringmacher, Fingerhüter, und andere. Solche Papiere sind natürlich kaum einmal auf die Nachwelt „vererbt“ worden, weil das Verpackungsmaterial als „wertlos“ vernichtet wurde. Man darf übrigens annehmen, daß in der Gleißmühle von Anfang an auch gewerbliches Papier erzeugt worden ist.

## Andreas Stromer, Ulmans Enkel, der letzte Erbe der Gleißmühle

Andreas Stromer, der noch vor seines Vaters Abreise aus Nürnberg und vor dem eigentlichen Zusammenbruch der Firma, zusammen mit seinem Bruder die Gleißmühle erhalten hatte, war ein umsichtiger und wagemutiger Kaufmann. Nach dem Tod seines Bruders war er allein für das Papierwerk verantwortlich. Vielleicht hätte er es wieder zu einem rentablen Betrieb ausbauen können, aber er starb leider viel zu früh. Als nämlich der benachbarte Markgraf Albrecht Achilles von Brandenburg-Ansbach Lust auf die reiche Stadt Nürnberg bekam und den sogenannten ersten Markgrafenkrieg begann, setzten sich die Nürnberger entschlossen zur Wehr. Andreas Stromer wurde als Hauptmann mit seiner Schar zum Sturm auf Altdorf angesetzt, dabei wurde er schwer verwundet und erlag diesen Verletzungen. Er hatte kaum die Mitte des vierten Lebensjahrzehnts erreicht. Nach seinem Tod führte seine Witwe Elsbeth, eine geborene Schnöd, den Betrieb in der Papiermühle allein weiter. Eine schwere Aufgabe für sie, da sieben unmündige Kinder noch versorgt werden mußten. Es ist daher kein Wunder, daß sie ernstlich an den Abstoß der Gleißmühle dachte und diese einem weitläufigen Verwandten, dem Goldschmied Sebold Groland, verpachtete. Dabei verpflichtete sie sich, ihm ein Gerinn zu einer Bütte herzurichten, und Groland ließ sich ausdrücklich das Recht zusichern, Papier zu machen. In erster Linie betrieb er aber zunächst einmal eine Schmelzhütte. Als er 1463 die Mühle von Elsbeth Stromer mit dem Papierrecht kaufen wollte, übte der Rat als „Eigenherr“ sein gesetzliches Vorkaufsrecht aus und erwarb die Mühle für 1300 fl. Jetzt war an die Weiterführung der Papiermacherei nicht mehr zu denken. 1479 brannte der Mühlenkomplex nieder.
So zeigen spätere Bilder – auch das aus der Schedelschen Weltchronik – die Gleiß- oder Hadermühle nur nach dem Wiederaufbau, wenn auch ein großer Teil des Mauerwerks die alten Formen und Umrisse bewahrte.
Die Papiermacherei im Pegnitztal hat einen poetischen Niederschlag gefunden. Freilich galt die Laudatio nicht mehr der Gleißmühle, die war zu dieser Zeit schon lange in den „Ruhestand“ getreten. Das Loblied galt der Weidenmühle, und ihr Verfasser ist der bekannte Nürnberger Dichter Philipp Harsdörffer, aus der Mitte des siebzehnten Jahrhunderts. Er schildert in seinem „Pegnesischen Schäfergedicht“ anschaulich einen Spaziergang durch das Pegnitztal auf die große und kleine Weidenmühle. Neben der Papiermühle und der Mahlmühle gab es dort auch noch Werke des Metallgewerbes. Da das Gedicht des Themas wegen Seltenheitswert besitzt, sei es hier wiedergegeben, soweit es die Papiermacherei betrifft:
„Was jedermann verwirfft, halt ich mit Recht für mein,
Höret den Hammer die Lumpen zerklopffen,
Und durch den Pegnitztrieb zerstampffen auf dem Stein,

Sehet, was brudelt und wudelt im Stopffen,
(Hier schaltet der Verfasser ein: Sind Kunstwörter in Papiermühlen bräuchlich)
Der Flächsin Lumpenbrey will Zeug genennet seyn,
Pantschet die Formen und lasset sie tropffen,
Filzt jeden Bogen wol und streichte ihn Schlittenrein,
Diesem Nichts soll man das Wissen einpfroffen . . .
(Nachdem sie nun die Papiermüle durchschauet, lasen sie im Herausgehen unter einem Bogen Papyr diesen Lobspruch:)
die lufftflüchtigen Reden aller Weisen
Weren immerfort in Vergess geblieben,
Wann die Musen nicht das auf mich geschrieben,
Was man ewiglich pfleget zu preisen.
Seht das nichtige, das die Stämpfel pumpen!
Ist es Silberschnee? Eine Nebelwolkken?
Eine Wolle, nein! Milch? nein! weisser Molkken?
Nein, der keines nicht, es sind alte Lumpen."

Wasserrad einer Papiermühle mit Lumpenstampfwerk, aus:
Johann Heinrich Gottlob von Justi, Schauplatz der Künste und Handwerke, 1762.
Centrum Industriekultur, Nürnberg.

Ausschnitt aus der „Designation“ der Reichsstadt Ravensburg von Andreas Rauch (1622) mit Darstellung der Papiermühlen. Die Karte ist „gesüdet“, am rechten Rand ist die Stadt erkennbar. 1–4: Papiermühlen zu Schornreute, 5–7: Papiermühlen in der Vorstadt Ölschwang. Öl auf Leinwand. Städt. Museum Ravensburg.

**Peter Eitel**

## RAVENSBURG – EIN FRÜHES ZENTRUM DER PAPIERMACHEREI

Nürnberg gilt zu Recht als die Wiege der deutschen Papiermacherei, wenigstens nach dem jetzigen Stand der Forschung, aber Ravensburg darf für sich in Anspruch nehmen, im späten Mittelalter und zu Beginn der Neuzeit die wichtigste Produktionsstätte für diesen neuen „Zauberstoff" gewesen zu sein, und zwar über Deutschland hinaus. Die Papiermacherei erlangte hier unmittelbar nach ihren ersten Anfängen eine Bedeutung und einen Aufschwung wie gleichzeitig in keiner anderen Stadt Mitteleuropas.

Gerhard Piccard, der große Wasserzeichenforscher, hat durch den Nachweis der Verwendung von Ravensburger Papier in Köln und Xanten seit Herbst 1393 den Beleg dafür erbracht, daß die erste Ravensburger Papiermühle spätestens 1392 oder Anfang 1393 ihren Betrieb aufgenommen haben muß.[1] Es ist nicht auszuschließen, daß weitere Papierforschungen, vor allem in den jetzt leichter zugänglichen Archiven der DDR und Osteuropas, noch ältere Belege zutage fördern werden.

1395–1399 läßt sich Ravensburger Papier außer in Köln und Xanten in Ulm, Ellwangen, Nördlingen, Nürnberg, Mainz, Frankfurt am Main, Kronberg, Magdeburg, Prag und Schweidnitz in Schlesien nachweisen[2], ein Beweis für die frühe und kräftige Expansion des neuen Exportgewerbes. Die genannten Orte legen die Vermutung nahe, daß die Frankfurter und Nördlinger Messen wichtige Absatzmärkte für Ravensburger Papier waren.

Als erste Ravensburger Wasserzeichen hat Piccard den aus dem Stadtwappen abgeleiteten Doppelturm, den aus Oberitalien übernommenen Ochsenkopf (seit 1395) und das Hifthorn (seit 1397) nachgewiesen, und auf diese drei Symbole beschränkten sich die Ravensburger Papiermacher bis tief ins siebzehnte Jahrhundert hinein.

In der oberschwäbischen Reichsstadt selbst stammt der erste Beleg für den neuen Produktionsbereich aus dem Jahr 1402. Damals wurde der Papierer „Staengly" in das Bürgerrecht der Stadt aufgenommen.[3] 1406 taucht ein Meister Dietrich als Papiermacher auf, 1411 ist erstmals von „Papierhäusern" die Rede[4], ein Beweis dafür, daß zu diesem Zeitpunkt mindestens zwei Papiermühlen bestanden.

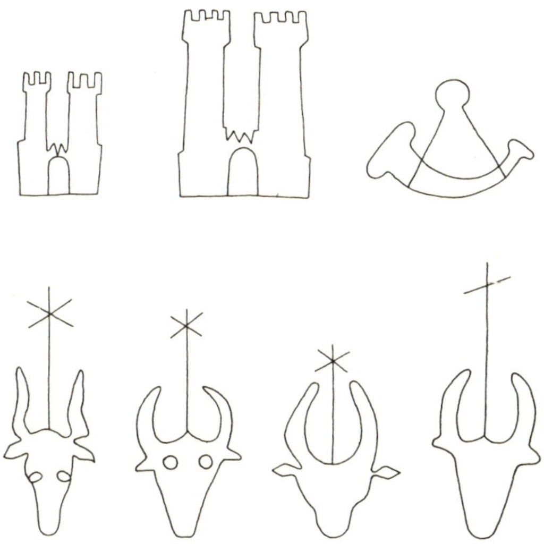

Frühe Ravensburger Wasserzeichen, v. l. o. nach r. u.: 1395, 1393, 1397, 1395, 1402, 1403, 1432, nach Gerhard Piccard, Zur Geschichte der Papiermacherei in Ravensburg, in: Neue Beiträge zur südwestdeutschen Landesgeschichte. Festschrift für Max Miller. Stuttgart 1962.

Lange wurde die Frage diskutiert, wer diese bedeutende Innovation in Ravensburg begründet habe. Dabei ging es vor allem um die Rolle der Familie Holbein, die in der Vorstadt Ölschwang, im Flappachtal östlich von Ravensburg, Mühlen und Grundbesitz hatte. Inzwischen gilt der Kaufmann Konrad Wirt zusammen mit den Brüdern Hans und Konrad Segelbach als derjenige, der das neue Gewerbe in Ravensburg ansässig gemacht hat, auch wenn er sicher nur als Vermittler und Investor und nicht als aktiv arbeitender Papiermacher tätig wurde.[5]

Das frühe Aufkommen der Papiermacherei in dem vergleichsweise kleinen Ravensburg – die Stadt hatte um 1400 etwa 4000–4500 Einwohner – hängt sicher mit den engen kommerziellen Beziehungen zusammen, die zwischen den Ravensburger Fernkaufleuten und Oberitalien bestanden. Hinzu kam, daß in der „Textillandschaft" Oberschwaben mit ihrer starken Verarbeitung von Leinwand und Baumwolle Leinenlumpen, der wichtigste Rohstoff für die Papierherstellung, reichlicher vorhanden waren als anderswo. Außerdem hatte

Ehemalige Papiermühle in der Vorstadt Schornreute. Aufnahme um 1900.
Stadtarchiv Ravensburg.

Ravensburg den Vorteil, einen wasserreichen Bach zu besitzen. An diesem Bach, dem bereits erwähnten Flappach, beziehungsweise an einem wohl schon im dreizehnten Jahrhundert angelegten Kanal oberhalb des Talgrundes, der das Gefälle verstärkte, entstanden sämtliche Papiermühlen, deren Zahl bis zur Mitte des fünfzehnten Jahrhunderts vermutlich bereits auf fünf angewachsen war.[6] Ein sechstes Werk wurde um 1560/70 gebaut, kurz vor 1600 sogar noch ein siebtes, das allerdings klein und unbedeutend blieb und während des Dreißigjährigen Krieges wieder verschwand.[7]
In einer Mühle waren in der Regel drei bis vier Personen tätig: zwei Gesellen und ein bis zwei Lehrlinge. Einer der Gesellen stand dem Betrieb vor und nannte sich „Meister", obwohl er nicht das bei anderen Handwerken übliche Meisterstück gemacht hatte.[8] Wie die Rebleute spielten die Papierer, die zur Schneiderzunft gehörten, innerhalb des reichsstädtischen Zunfthandwerkertums eine Sonderrolle. Im Gegensatz zu den anderen Handwerkern waren sie in der Regel nicht Eigentümer ihrer Produktionsmittel, sondern finanziell von den Mühlenbesitzern, meist Kaufleuten, abhängig. Seit dem sechzehnten Jahrhundert sind uns Verträge überliefert, die zeigen, daß die Mühlen entweder verpachtet oder auf Verlagsbasis betrieben wurden.[9]
Der Umfang der Ravensburger Papierproduktion läßt sich nur grob schätzen. Für die Blütezeit im fünfzehnten und sechzehnten Jahrhundert gibt Lore Sporhan-Krempel die ungefähre Jahresproduktion mit etwa 9000 Ries an, was etwa 4,5 Millionen Bogen entspricht.[10] Diese gewaltige Menge wurde in der Regel offenbar mühelos abgesetzt. Piccard hat ungefähr 6000 Belege für die Verbreitung von Ravensburger Papier bis 1470 zusammengetragen. Auffallend ist, daß sich nach dem Aufschwung der allerersten Jahre die Verbreitung des Ravensburger Papiers seit etwa 1405 auf Süddeutschland und das Gebiet der Eidgenossenschaft konzentrierte. Konstanz, Ulm und die benachbarten Klöster, vor allem Weingarten, Weißenau und Salem, ragen im fünfzehnten Jahrhundert unter den Abnehmern der Ravensburger Papiermühlen heraus. Mit dem Aufkommen konkurrierender Betriebe in der Nachbarschaft, in Kempten, Memmingen, Kaufbeuren, Wangen und vor allem Basel, sahen sich seit etwa 1460 die Ravensburger veranlaßt, wieder verstärkt nach entfernteren Absatzgebieten zu suchen. Jetzt wurden, nicht zuletzt über die Große Ravensburger Handelsgesellschaft, wichtige Messe- und Marktorte wie Frankfurt und Nürnberg mit großen Mengen von Papier beliefert.[11]
Das Absatzgebiet reichte im sechzehnten und siebzehnten Jahrhundert im Südwesten bis Bern, im Westen bis Straßburg und Luxemburg, im Norden bis nach Skandinavien, im Nordosten bis Estland, Lettland und Litauen, im Osten bis Schlesien, Polen und Niederösterreich und im Süden bis in den Alpenraum nach Innsbruck und Chur. Zu den Orten, in denen Ravensburger Papier nachgewiesen werden konnte, gehörten etwa Kopenhagen, Danzig, Reval, Wilna, Warschau, Thorn, Leipzig, Berlin und Stralsund.[12]
Mit dem allmählichen Niedergang der oberschwäbischen Leinwand- und Barchentproduktion im Lauf des sechzehnten Jahrhunderts und

Der „Obere Hammer" in der Vorstadt Ölschwang, eines der erhaltenen spätmittelalterlichen Papiermühlengebäude. Aufnahme um 1900.
Stadtarchiv Ravensburg.

mit der Entstehung von immer neuen Papiermühlen, zum Beispiel auch im Herzogtum Württemberg, entstand für die Ravensburger Papiermacherei allmählich eine neue Situation. Es ging nicht mehr nur darum, die alten Absatzgebiete zu halten und womöglich neue zu erschließen, es scheint in Ravensburg vor allem auch an Kapital für notwendige Investitionen gefehlt zu haben. So lassen sich an der Wende zum siebzehnten Jahrhundert auswärtige – und zwar Nürnberger – Unternehmer beobachten, die nun in das Ravensburger „Geschäft" einstiegen. Zwischen beiden Städten hatte sich schon seit der Mitte des fünfzehnten Jahrhunderts ein lebhafter Papierhandel entwickelt.

Die Nürnberger waren vor allem an gutem Ravensburger Schreibpapier interessiert, von dem Nürnberg selbst nur wenig produzierte.[13] Welch guten Ruf das Ravensburger Papier in Nürnberg besaß, geht aus der Tatsache hervor, daß 1630 in der Nürnberger Weidenmühle offenbar das ureigene Ravensburger Wasserzeichen des Doppelturms illegal kopiert wurde.[14] 1602 taucht der Nürnberger Unternehmer Wolf Lanzinger als Geldgeber für Ravensburger Papiermacher auf, seit 1636 dann Mitglieder der Familie Endter.[15] Wolf Endter, der große Buchdrucker, Buch- und Papierhändler, erlangte in den vierziger Jahren durch Verlagsverträge und die damit verbundenen Darlehen praktisch über alle Ravensburger Mühlen Verfügungsgewalt. Der größte Teil der Ravensburger Produktion ging damals nach Nürnberg. Noch 1679 fand man im Nachlaß der Anna Maria Endter 623 Ries Ravensburger Papier (also mehr als 300 000 Bogen), ein Beweis für die große Bedeutung, welche die Endter bis tief ins späte siebzehnte Jahrhundert für den Absatz der Ravensburger Produkte besaßen.[16]

Nach dem kriegsbedingten Niedergang der Ravensburger Papiermacherei in den Jahren 1646–1648 wurden im Zug des Wiederaufbaus auch technische Neuerungen wie der Schlaghammer, der „Stampf", eingeführt. Der „Holländer", eine Schneidewalze, taucht seit etwa 1720 in Ravensburg auf.[17]

Solche Verbesserungen zeigen zwar, daß man nach dem großen Krieg durchaus in der Lage war, weiterzumachen und sich der Konkurrenz zu stellen, sie änderten aber nichts an der Tatsache, daß die Ravensburger Papiermacherei zunehmend an Bedeutung verlor. Vor allem tauchten nun immer häufiger Klagen über einen Verlust an Qualität, über „fließendes" Papier auf, das als Schreibpapier viele Wünsche offen ließ. Mit dem Verschwinden des Doppelturms als Wasserzeichen seit Anfang des achtzehnten Jahrhunderts verzichtete der reichsstädtische Rat auf die „Schau", die bis dahin übliche Qualitätskontrolle.[18] Die Berechtigung und Notwendigkeit dieser Schau leitete sich offensichtlich aus der Verwendung des Ravensburger Hoheitszeichens als Qualitätssymbol ab. Der Wegfall dieses Wasserzeichens ließ die obrigkeitliche Kontrolle überflüssig erscheinen.

Was im siebzehnten Jahrhundert die Endter für die Ravensburger Papiermacherei gewesen waren, wurde im achtzehnten Jahrhundert die einheimische Familie Kutter. 1741 kaufte Elias Kutter die

Riesumschlag des frühen neunzehnten Jahrhunderts mit Ravensburger Stadtansicht. Holzschnitt.
Städt. Museum Ravensburg.

Portrait des Papierfabrikanten Johann Elias Kutter (1736–1798). In der Hand hält er ein Ries Ravensburger Papier mit bedrucktem Umschlag. Öl auf Leinwand.
Städt. Museum Ravensburg.

Ansicht des „Unteren Hammers“ in der Vorstadt Ölschwang. Diese älteste Papiermühle der Stadt Ravensburg war von 1393 bis 1876 in Betrieb. Lithographie um 1850.
Privatbesitz.

erste Papiermühle, bis 1760 drei weitere, und seit 1777 waren fünf Mühlen, also alle bis auf eine, im Besitz der Kutter, und zwar bis um 1800.[19]

Das Ende der reichsstädtischen Zeit, die vorübergehende Zugehörigkeit Ravensburgs zu Bayern (1802–1810) und dann seit 1810 zum Königreich Württemberg, brachte der Ravensburger Papiermacherei neue Probleme. Die politische Unsicherheit während langer Jahre, die Unklarheit über das endgültige politische Schicksal Ravensburgs, hatten die ohnehin schon vorhandenen Schwierigkeiten bei der Rohstoffbeschaffung und beim Absatz noch vergrößert. Zwar entstand im Königreich Württemberg ein neuer und interessanter Markt – unter anderen gehörten nun vorübergehend der Cotta'sche Verlag und die Württembergische Bibelanstalt in Stuttgart zu den Abnehmern von Ravensburger Papier –, aber der Standort Ravensburgs nahe der Landesgrenze, fernab von den Wirtschaftszentren, war alles andere als günstig. Um 1830 wurde Ravensburger Papier nur noch in Württemberg, Baden und in der Schweiz verkauft, unbedeutende Mengen auch noch in Frankfurt und in Sachsen.[20] Als mit dem Anschluß Ravensburgs an das württembergische Eisenbahnnetz im Jahr 1850 wieder bessere Bedingungen entstanden, war es bereits zu spät. Kapital- und Rohstoffmangel bewirkten ein übriges. Der Niedergang der Textilproduktion hatte ja schon weit früher das Reservoir an Haderlumpen im Umland von Ravensburg stark reduziert. Um mit der Konkurrenz mithalten zu können, waren technische Verbesserungen an den Anlagen und auch bei der Wasserversorgung notwendig, und diese kosteten wiederum viel Geld. So war der Zusammenbruch der Papiermacherei letzten Endes unausweichlich.

Nur ein Unternehmer versuchte, den veralteten technischen Betrieb zu modernisieren: 1832 schaffte der Inhaber der unteren Papiermühle in Schornreute, Wilhelm Brielmayer, eine Papiermaschine für die Herstellung von „endlosem Papier“ auf einem Band an[21], wozu allerdings eine größere Wassermenge benötigt wurde, als sie der Flappachkanal liefern konnte. Mit einiger Mühe kam 1843 eine private Wasserwerksgesellschaft zustande, die es durch Anlegung eines Stausees und andere Maßnahmen tatsächlich erreichte, daß von 1846 an vor allem in kritischen Zeiten mehr Wasser als bisher zur Verfügung stand[22], aber dieser Kraftakt kam zu spät.

Bereits 1833 war die erste Papiermühle geschlossen worden, 1847 eine weitere. Aus dem Tagebuch des Papiermühlenbesitzers Ulrich Christoph Gradmann wissen wir, mit welchen Mühen und Schwierigkeiten die letzten Ravensburger Papiermacher kämpfen mußten.[23]

Die schlechten Arbeitsbedingungen führten 1838 sogar zu einem Arbeitsstreik der Papierergesellen, einem der ersten bekannten Streiks in der Geschichte der Stadt.[24]

1847 mußte Wilhelm Brielmayer Konkurs anmelden, 1853 wurde seine Papiermühle verkauft und stillgelegt, er selbst wanderte nach Amerika aus.[25] 1857 und 1869 schlossen zwei weitere Betriebe und 1876 schließlich auch der letzte, der „Untere Hammer“, jene Papiermühle, in der um 1390 die Papiermacherei im Flappachtal begonnen hatte.[26]

„Stubenzeichen“ der Ravensburger Papierer mit verkleinerter
Nachbildung eines Schöpfsiebes, 1827.
Städt. Museum Ravensburg.

Damit fand dieses wichtige Kapitel der Ravensburger Wirtschaftsgeschichte ein stilles Ende. Im Umland allerdings wurden neue und günstigere Standorte gefunden, und zwar am Rande des großen Altdorfer Waldes, in Mochenwangen und Baienfurt. Dort war nicht nur die Wasserkraft mit der Wolfegger Ach und den Schussen größer, durch die Erfindung neuer Technologien, die Holz als Rohstoff nutzbar machten, besaßen diese neuen Fabriken auch eine günstige Rohstoffbasis.

Ravensburg selbst blieb mit der Papiermacherei insofern verbunden, als sich die schweizerische Maschinenfabrik Escher-Wyss, die hier 1856 eine Filiale gegründet hatte, zu einem bedeutenden Produzenten von Papiermaschinen entwickelte, und zwar bis zum heutigen Tage. Im Stadtbild von Ravensburg erinnern noch vier alte, unter Denkmalschutz stehende Mühlengebäude in den Vorstädten Ölschwang und Schornreute an das nach der Leinwand- und Barchentproduktion bedeutendste Exportgewerbe der Reichsstadt. Ihre mächtigen Dachstühle, in denen das Papier zum Trocknen aufgehängt wurde, sind eindrucksvolle Zeugen eines großen und interessanten Kapitels schwäbischer Wirtschaftsgeschichte.

1 Gerhard Piccard, Zur Geschichte der Papiermacherei in Ravensburg, in: Neue Beiträge zur südwestdeutschen Landesgeschichte. Festschrift für Max Miller, Stuttgart 1962, S. 88–102.
2 Ebenda S. 97 u. 102; Lore Sporhan-Krempel, Papier als Handelsware – dargestellt am Beispiel der Reichsstadt Ravensburg zwischen 1400 und 1730, in: Exportgewerbe und Außenhandel vor der Industrialisierung. Festschrift für G. Zwanowetz, Innsbruck 1984, S. 36 f.
3 Alfons Dreher, Geschichte der Reichsstadt Ravensburg, Band 1, Weißenhorn u. Ravensburg 1972, S. 127.
4 Stadtarchiv Ravensburg, Urkunden Nr. 1208 u. 613.
5 Dreher, 1972, S. 126. Vgl. auch Piccard, 1962, S. 98.
6 Lore Sporhan-Krempel, Ochsenkopf und Doppelturm. Die Geschichte der Papiermacherei in Ravensburg, Stuttgart o. J. (1952), S. 24.
7 Ebenda S. 33 f. und, darüber hinausführend, Max Preger, Die Ravensburger Papiermacher (Ravensburger Stadtgeschichte, hrsg. von der Ulmer Volksbank Heft 9). Ravensburg 1979, S. 8. Dazu steht allerdings eine Quelle aus dem Jahr 1614 im Widerspruch, die davon spricht, es laufe „durch die Stadt ein lustiger Bach, so oberhalb sechs Papiermühlen treibt" (zitiert bei Peter Eitel, Ravensburg und das Schussental in Ansichten und Schilderungen aus fünf Jahrhunderten, Sigmaringen 1977, S. 26). Nach den neuesten Forschungen von Max Preger (Zur Geschichte der Papiermühlen in Ravensburg-Schornreute zwischen 1550 und 1650. Maschinenschrift 1988, S. 20 ff.) ging die 1598 gegründete Papiermühle bald wieder ein, dafür entstand 1625 eine neue Papiermühle in Schornreute. Demnach bestanden nur zwischen 1625 und ca. 1632 sieben Papiermühlen.
8 Dreher, 1972, Band 2, S. 511 und Sporhan-Krempel, 1952, S. 75.
9 Ebenda S. 31.
10 Sporhan-Krempel, 1984, S. 42.
11 Piccard, 1962, S. 100–102.
12 Sporhan-Krempel, 1984, S. 36 f., 39 u. 44.
13 Ebenda S. 44.
14 Ebenda S. 35.
15 Ebenda S. 40 u. Max Preger, Ravensburger Wasserzeichen, in: Schwäbische Heimat 33, 1982, S. 28.
16 Sporhan-Krempel, 1984, S. 39.
17 Ebenda S. 34 u. Preger, 1979, S. 9.
18 Sporhan-Krempel, 1984, S. 34 u. 36.
19 Sporhan-Krempel, 1952, S. 54 ff.; Preger, 1979, S. 11; ders., 1982, S. 30.
20 Lore Sporhan-Krempel, Das Ende der Ravensburger Papiermacherei, in: Wochenblatt für Papierfabrikation 4, 1958, S. 126–128.
21 Max Preger, Wilhelm Brielmayer und die erste Papiermaschine in Oberschwaben, in: Schwäbische Heimat 29, 1978, S. 234–242, bes. S. 235 u. 238.
22 Ebenda S. 238 u. 241.
23 Aus dem Leben eines oberschwäbischen Kaufmanns. Das Tagebuch des Ulrich Christoph Gradmann von Ravensburg aus den Jahren 1796–1845, bearb. v. Peter Eitel, Stuttgart 1982, bes. S. 112–114, 121–126.
24 Ebenda S. 121 f.
25 Preger, 1978, S. 242.
26 Preger, 1982, S. 33; ders., 1979, S. 12.

**Wisso Weiß**

# ENTSTEHUNG UND ENTWICKLUNG DER HANDPAPIERMACHEREI IM GEBIET DER DEUTSCHEN DEMOKRATISCHEN REPUBLIK

Privileg der „Pappermol" zu Chemnitz vom 10. März 1398. Stadtarchiv Dresden.

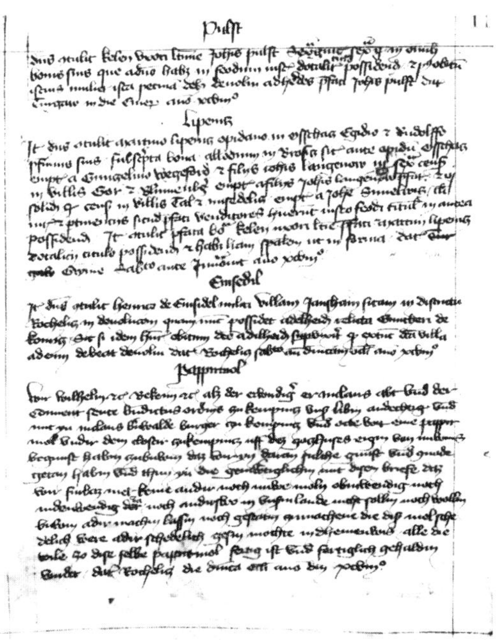

Schon wenige Jahre nach der Gründung der ersten urkundlich nachweisbaren Papiermühle auf deutschem Boden durch Ulman Stromer in Nürnberg ist nördlich des Maingebiets ein Privileg zur Errichtung einer Papierwerkstätte erteilt worden. Im Jahre 1398 genehmigte Markgraf Wilhelm von Meißen dem Benediktinerkloster zu Chemnitz (heute Karl-Marx-Stadt) und zwei dortigen Bürgern die Errichtung einer Papiermühle. Das Original der am 10. März zu Rochlitz ausgestellten Urkunde befindet sich im Staatsarchiv Dresden.[1]

Zwar heißt es in dem Privileg, daß die Bürger Nicolaus Berwalde und Otto Veit „auf des Gottes Hauses Eigen" eine Papiermühle „zu bauen begonnen haben". Bis jetzt sind jedoch keinerlei Belege dafür gefunden worden, daß dieses Privileg ausgenutzt wurde und die Papiermühle überhaupt bestanden hat. Es gibt weder schriftliche Aufzeichnungen noch Sachzeugen, auch nicht solche in Gestalt von Papieren mit Wasserzeichen, die der fraglichen Papiermühle zugewiesen werden könnten. Somit wissen wir nicht sicher, ob sie bereits 1398 existierte. Über hundert Jahre vergingen, bis es in Thüringen, dem Nürnberg nächstliegenden Gebiet der heutigen DDR, zur Gründung einer Papierproduktionsstätte kam. Die in Erfurt oberhalb der Stadt an der Gera gelegene Waweitmühle wird in der Engelmann'schen Wasserordnung von 1497 erstmals als Papiermühle erwähnt.[2]

In anderen Regionen des DDR-Gebietes hat die Papiermacherei etwas früher Eingang gefunden, nämlich vor 1485 in Dresden und 1492 in Leipzig in der Angermühle. Als älteste,.im fünfzehnten Jahrhundert erfolgte Papiermühlengründung auf dem Gebiet der heutigen DDR dürfte jedoch die zu Bautzen anzusehen sein, wenn auch die in der Literatur genannten Daten 1443 und 1471 nicht genügend belegt erscheinen. Aus diesem Handbüttenbetrieb ist die spätere Papierfabrik Bautzen hervorgegangen. Hier wirkte Heinrich Voelter (1817–1887), der im Jahre 1846 von Gottlob Keller (1816–1895) die Erfindung des Holzschliffs übernahm, um sie in Heidenheim weiter zu entwickeln.

Wir müssen zunächst feststellen, daß die ersten Papiermühlengründungen an zentralen Orten mit großem Papierbedarf erfolgten. In Bautzen und Erfurt war dies durch die kirchliche, in Dresden durch die weltliche Verwaltung, in Leipzig durch die Universität bedingt. Zum Aufbau einer Papierproduktion genügte nicht der Bedarf allein, Voraussetzung war eine gründliche Kenntnis der Herstellungstechnik. Diese konnte auf Grund alten Brauchtums nicht durch schriftliche Aufzeichnungen, sondern nur durch praktische Anleitung, also durch Papiermacher, die auf Wanderschaft gingen, übertragen werden. Noch 1753, als am 30. August im Rugamt zu Nürnberg Papiermacher des Nürnberger Gebiets „umständlich vernommen" wurden, sagten diese aus, „das Herkommen auf ihrer Profession würde, wie bey ihnen so auch bey allen Papirmachern im ganzen Römischen Reich, durch mündliche Unterricht- und Anweisung fortgepflanzet und durchgängig beobachtet".[3] Weshalb nun ein Papiermacher an diesem oder jenem Ort seine Wanderschaft abbrach und zum Gründer und Besitzer beziehungsweise Beständer oder Pächter einer Papiermühle wurde, kann die verschiedensten Gründe persönlicher

Papier- und Pappenfabriken,
die auf ehemalige Papiermühlen zurückgehen,
bestehen in folgenden Orten:

1537 Penig
1549 Weddersleben
vor 1569 Königstein
1589 Greiz
1589 Zwönitz
1597 Blankenburg/Thür.
1604 Heiligenstadt
vor 1645 Köbeln-Muskau
1671 Crossen
1680 Herpf
1680 Ilfeld
1683 Lunzenau
1692 Fockendorf
1735 Seega
1759 Blankenstein/Saale
1765 Wolfswinkel
1805 Bernburg
1811 Neu-Kaliss
1828 Tennstedt
1836 Golzern
1854 Niederschlag

Ein deutsches Geschirr in der Haynsburger Papiermühle.
Stiftung Zanders, Papiergeschichtliche Sammlung.

oder wirtschaftlicher Art gehabt haben. Bei den Nachrichten über Papiermühlengründungen werden zwar gelegentlich Namen von Papiermachern genannt. Woher die Fachleute kamen, erfährt man jedoch meist nicht. Damit fehlen wesentliche Forschungsunterlagen zur Ausbreitung der Papiermacherei. Sichere Kunde über einen aus Nürnberg stammenden Papiermacher haben wir erst aus dem siebzehnten Jahrhundert, nämlich 1655 aus Stützerbach. Wir sehen, wie wichtig genealogische Forschungen für die Papiergeschichte sind.[4] Nur für einige wenige Papiermühlen ist die Herkunft der ersten oder frühen Papiermacher bekannt.[5]

In fast allen Gebieten der DDR sind kurz nach 1500 weitere Papierwerkstätten entstanden, wie die nachstehende Übersicht zeigt.[6] Die Lebensdauer der Betriebe war, wie auch in anderen europäischen Ländern, recht unterschiedlich. Viele Papiermühlen sind aus verschiedenen Gründen nach relativ kurzer Zeit wieder eingegangen, nur einige haben die Jahrhunderte überstanden. Heute bestehen gerade noch 21 Mühlen als Papier- oder Pappenfabriken fort.

In der Regel arbeiteten die Papiermühlen mit einer Bütte. Jedoch schon die erste thüringische Papiermühle in Erfurt muß zwei Bütten gehabt haben, wie aus Papieruntersuchungen von Büchern, in denen gleichzeitig Varianten von Wasserzeichen erscheinen, zu schließen ist. Gelegentlich ist die Existenz von zwei Bütten exakt belegt, so in einer sehr spät, nämlich 1854 in Niederschlag/Sachsen entstandenen Papiermühle. Die Kefersteinsche Papiermanufaktur in Cröllwitz bei Halle/Saale arbeitete allerdings bei der Einrichtung 1716 schon mit drei Bütten, und um 1800 waren vier Bütten vorhanden. Als ein weiterer Ausnahmefall sei die Papiermanufaktur Spechthausen genannt, die nach den Intentionen König Friedrichs II. als Musterbetrieb für Preußen gelten sollte. Sie wurde 1781 von Anfang an mit sechs Bütten ausgestattet.[7]

Als Antriebskraft für die Mühlräder diente im allgemeinen das Wasser, daher sind die meisten Papierwerke in den Gebirgsgegenden, im Thüringer Wald, im Erzgebirge und im Harz anzutreffen. Aber auch drei Windpapiermühlen sind in unserem Gebiet zu finden. Sie wurden in Dresden (1759 abgebrannt), in Leipzig (1801–1808) und 1829 in Stralsund errichtet.[8]

Das zur Bearbeitung des Rohstoffes wohl jahrhundertelang verwendete sogenannte „Deutsche Geschirr", das Lumpenstampfwerk, wurde bald nach der um 1672 in Holland erfolgten Erfindung der Lumpenmahlmaschine, dem sogenannten „Holländer", abgelöst oder zunächst teilweise ersetzt. Diese Neuerung war vor 1709 bekannt und angewendet worden, denn aus Zittau wurde für die in diesem Jahre zerstörte und wieder aufgebaute böhmische Papiermühle Bensen (Benešow/nad Ploucnici) ein Holländer beschafft. Er leistete „soviel wie acht Stampflöcher in acht Tagen".[9] Zu Schönebeck in der Mark soll angeblich schon 1716 ein „Holländer" in Betrieb gewesen sein. In Cröllwitz wurde von Johann Christian Keferstein 1722 jedenfalls eine solche Maschine aufgestellt.[10] Dort wurde bald mit zwei und um 1800 mit vier Holländern gearbeitet. 1726 wurde in der königlichen Papiermühle am Finowkanal, in der Hegermühle, neben zwei deut-

Holländer der Maschinenfabrik Germania in Chemnitz. Centrum Industriekultur, Nürnberg.

Ein Drahtwebstuhl zur Herstellung von Schöpfsieben. Stiftung Zanders, Papiergeschichtliche Sammlung.

schen Geschirren ebenfalls ein Holländer in Betrieb genommen. In Spechthausen begann man 1781 mit drei Holländern.[11]
Zu den kleinen Teil-Mechanisierungen der handwerklichen Herstellungstechnik am Ende der Handpapierzeit in Europa gehört die Lumpenwaschmaschine. Sie brachte eine wesentliche Arbeitserleichterung beim Waschen der Lumpen, der Filze und der zur Leimbereitung erforderlichen Schafsfüße. Sie wurde 1795 von Heinrich Wilhelm Ludemann (1754–1803), dem Pächter der Papiermühle Heiligenstadt/Eichsfeld erfunden. Sein Bruder Johann Friedrich Ludemann (1752–1813), der 1781 die Untere Papiermühle zu Ilversgehofen bei Erfurt erwarb, hat sie ebenfalls in Gebrauch gehabt. 1797 gelang dem Papiermacher Johann Christian Stoß auf der Papiermühle Neukirchen bei Crimmitschau eine Verbesserung des Verfahrens.[12] Leopold August Francke (1793–1845), Papiermüller in Weddersleben bei Quedlinburg, ist durch zwei Erfindungen bekannt geworden, die zwar zur Qualitätssteigerung der Handpapierherstellung gedacht waren, aber erst in der industriellen Papierproduktion wesentliche Bedeutung erlangt haben: der Knotenfänger und der Formenstuhl, ein Drahtwebstuhl zur Herstellung von Velin-Schöpfformen.
Da und dort sind in der DDR Gegenstände der technischen Einrichtung erhalten, mitunter solche, die der Mechanisierung des weitgehend handwerklichen Arbeitsprozesses dienten. Der Hadernschneider ersetzte seit den zwanziger Jahren des achtzehnten Jahrhunderts oft das mühsame Zerkleinern der Lumpen auf dem Hackklotz oder mit einer am Lumpensortiertisch befestigten Sense. In Dietzhausen war ein solcher Hadernschneider noch in jüngerer Zeit vorhanden, er wurde mit dem Papiermühlengebäude auf Veranlassung des Autors unter Denkmalschutz gestellt und kam später in die papiergeschichtliche Abteilung des Heimatmuseums Schleusingen.
In diesem Zusammenhang mag von Interesse sein, daß an verschiedenen Orten Versuche mit Lumpen-Ersatzstoffen unternommen wurden. Bevor Gottlob Keller aus Heinichen in Sachsen den Holzschliff erfand, hatte schon 1777 der Papiermacher Stoß in Arnstadt Versuche durchgeführt, aus dem bastartigen Stamm der Pisangpflanze (Musa fructu cucumerino longiori) Papier herzustellen.[13] In Erfurt hatte bereits 1765 Professor Sigmund Leberecht Hadelich aus Torf Papier gefertigt, und 1800 unterstützte die Preußische Regierung Experimente mit vegetabilischen Stoffen, insbesondere mit Torf, für die auch der Kurländische Legationsrat Karl Martin Plümicke 1791 Vorschläge unterbreitet hatte. Plümicke hatte sich auf seiner 1791 ausgeführten Deutschland-Reise, worüber er 1793 ausführlich berichtete, unter anderem in Erfurt über die Versuche mit Kohlstrünken und anderen Pflanzenstoffen unterrichtet. Von 1805 datieren Torfpapiere von Eiselen, Berlin. Der Papiermacher Ludemann in Ilversgehofen fertigte auch ein brauchbares Packpapier aus Gerstenstroh mit Zusatz von Lumpenfasern.
An dieser Stelle mag noch erwähnt werden, daß der Regensburger Superintendent Jacob Christian Schäffer (1718–1790), der durch seine frühen Versuche, ohne Lumpen Papier herzustellen, bekannt geworden ist, aus dem Pfarrhaus in Querfurt bei Halle/Saale stamm-

te, in Greiz das Gymnasium besuchte und 1737 in Halle/Saale sein Studium begann.

Die meisten der im Deutschen Papiermuseum[14] vorhandenen Papier-Schöpfformen stammen aus Papiermühlen des Nürnberger Gebiets und aus Hessen. Sie wurden von Karl Theodor Weiß gesammelt. Der Autor konnte nach dem Krieg weitere Formen aus Geraberg, Greiz, Leutenberg und Schweina bei Bad Liebenstein hinzufügen. Als Besonderheit sei eine Form erwähnt, an der man erkennen kann, wie das Format geändert wurde.

Zum Trocknen des Papiers auf dem Dachboden der Papiermühle hat man in Thüringen nicht Hanfstricke, sondern meist Holzstangen benutzt. Solche Gestänge sind in Dietzhausen und Schweina erhalten geblieben. Aus Schweina gelangten mehrere Aufhängekreuze in das Deutsche Papiermuseum Greiz, sie befinden sich jetzt in der Deutschen Bücherei Leipzig.

Die Mechanisierung des Glättens von Papier und Pappe fand nach der Zwischenlösung des Problems durch den sogenannten Glätthammer verhältnismäßig spät Eingang in das Papiergewerbe. Vor Abbruch eines Stangenglättwerks aus einem sächsischen Papierwerk konnte mit finanzieller Unterstützung durch das zuständige Ministerium der DDR für das Deutsche Papiermuseum ein Funktionsmodell angefertigt werden.[15]

Nun zurück zur ersten Papiermühle in Thüringen. Die Erfurter Waweitmühle dürftc schon vor 1497 gearbeitet haben. Sachzeugen in Form von Wasserzeichenpapier sind jedoch erst aus der Zeit nach 1500 bekannt. Die Frage, ob das einstrichig gezeichnete, sechsspeichige Kurmainzer Rad[16] als ältestes Wasserzeichen dieser Papiermühle und damit Thüringens anzusehen ist, unterliegt erneut weiteren Forschungen.

Bald nach 1500 entsteht in dem nahe gelegenen, heute eingemeindeten Ilversgehofen eine weitere Papiermühle im Gebiet Erfurt, der 1610 eine zweite im Ort folgte. Die erste Papiermühlengründung im sechzehnten Jahrhundert erfolgte jedoch 1502 zu Wernigerode. In der Folgezeit trieb das Wasser der Holtemme in Wernigerode und Hasserode die Räder zahlreicher Papiermühlen. 1544 entstand zu Wernigerode das Werk vor dem Westtor, in Hasserode die Vordermühle, später ergänzten noch weitere Papierwerkstätten die Wernigeroder „Papierlandschaft".[17]

Nicht nur in Gebirgstälern der Südbezirke haben sich im sechzehnten Jahrhundert Papiermacher angesiedelt, auch in den nördlichen Bezirken der DDR sind frühe Papiermühlengründungen zu verzeichnen, im Bezirk Potsdam in Belzig (1516), im Spreewald in Alt-Döbern bei Cottbus (1539), im Bezirk Schwerin in Neustadt und Sternberg (1519).

Ohne auf Einzelheiten zum Werdegang der einzelnen Papiermühlen eingehen zu können, soll – soweit möglich – doch über Gründer und Umstände der Gründung berichtet werden. Während die Waweitmühle in Erfurt eine Gründung des Mainzer Erzbischofs war, trat in Oberweimar 1546 ein kapitalkräftiger sächsischer Staatsmann, der Magister Franz Burkhard als Gründer auf.[18] Seit 1573 war dann die Papier-

Gebäude der ehemaligen Papiermühle Veckenstedt, im Kreis Wernigerode.
Privatfoto.

Roland mit dem reichsstädtischen Adler-Schild. Dieses Wasserzeichen der Papiermühle Nordhausen an der Salza wurde im siebzehnten Jahrhundert verwendet.

mühle für sechzig Jahre fürstlich sächsisches Eigentum. Auch das Papierwerk Königstein, das 1669 erstmals erwähnt wurde, verdankt einem städtischen Kapitalbesitzer namens Georg Schwarz aus Dresden seine Existenz. Nach dem in der Feudalzeit geltenden Lehensrecht wurden die Papiermühlengründer privilegiert, so auch bei der Errichtung der Papiermühle in Greiz 1589, aus der eine der bedeutendsten Papierfabriken der DDR hervorgegangen ist. Eine herausragende frühe Gründung in Sachsen ist 1537 die Papiermühle Penig, zumal der heutige Betrieb als das älteste noch bestehende Papierwerk Sachsens anzusehen ist. Schon früh werden die Peniger Qualitätspapiere erwähnt. Im Jahr 1546 schreibt Sebastian Meyer in der Stadtchronik, daß es nur wenig Papiermühlen gebe, „darin solch papyr gemacht wirdt, damitt es diesem Stettlein auch rumlich sein kann“[19].

In Thüringen gründeten die Reichsstädte Mühlhausen (1510) und Nordhausen (1581) Papiermühlen, an der Ostsee entstand 1581 auf Betreiben der Universität Greifswald die Kemnitzerhagener Mühle. Die meisten Papiermühlengründungen erfolgten im siebzehnten Jahrhundert, etwa vier Fünftel davon in der zweiten Hälfte. Das dürfte darauf zurückzuführen sein, daß nach den Zerstörungen des dreißigjährigen Krieges ein großer Nachholbedarf bestand. Die Liste beginnt mit der am Harz gelegenen Abbenroder Papiermühle, die auf Veranlassung des Domstiftes Halberstadt 1607 gegründet und als stiftseigenes Werk verpachtet wurde. Vielleicht ist auch das Papierwerk in Heiligenstadt/Eichsfeld auf Grund kirchlicher Intentionen entstanden, worauf das älteste Wasserzeichen von 1604 – die älteste schriftliche Urkunde datiert erst von 1621 –, das Wappen des Mainzer Erzbischofs Johann Schweikhardt, deuten könnte.[20] Zu den interessantesten Gründungen gehören die der Universität Greifswald mit der zweiten Papiermühle zu Hanshagen 1654 und Jena mit der Papiermühle Remda 1689.[21]

In der 1655 durch Umwandlung einer Mahlmühle entstandenen Papiermühle Stützerbach im Thüringer Wald arbeitete der Papiermacher Hans Meißner aus Ilmenau, Gründer und erster Besitzer, mit seinen zwei Söhnen und einem Gesellen bis etwa 1690. Der Geselle hieß Bartholomäus Silberschmidt. Er war als Sohn von Jörg Sigmund Silberschmidt in Nürnberg geboren worden und Papiermacher auf der Nürnberger Weidenmühle gewesen.[22] Er wurde Meißners Schwiegersohn und bis 1722 Nachfolger auf der Papiermühle. Dessen Sohn Johann Friedrich Silberschmidt wirkte als Papiermüller und Schultheiß des Dorfes von 1722 bis 1759. In Stützerbach haben nach Silberschmidt die Papiermacher der Familie Holzhauer gewirkt, deren tadellose Papiere heute noch von jedermann in der Zentralbibliothek der Deutschen Klassik in Weimar besichtigt werden können. Die noch in Benutzung befindlichen alten Bandkataloge zeigen im Wasserzeichenbild das sächsische Rautenkranzwappen und die monogrammartig verschlungenen J G H-Initialen Johann Georg Holzhauers. Letzter Besitzer der Papiermühle Stützerbach war Hans Bahmann, Kupferstecher beim Bibliographischen Institut Hildburghausen. Vielleicht bestehen ähnliche Beziehungen wie bei Stützer-

Intelligenz- und Wochenblatt
für
Frankenberg mit Sachsenburg
und Umgegend.

Mit Königl. Sächs. Allergnädigster Concession.

№ 41. Sonnabends, den 11. Octbr. 1845.

Jeden Sonnabend erscheint eine, 1 Bogen starke, Nummer dieses Blattes. Preis: jährlich 1 Thlr., vierteljährlich 7 Ngr. 5 Pf., wöchentlich 6 Pf., wofür es auch durch sämmtliche Königl. Sächs. Post-Expeditionen zu erhalten ist. Anzeigen aller Art werden in demselben gegen die Gebühr von 5 Pf. für die gespaltene Corpuszeile oder deren Raum aufgenommen und Beilagen möglichst billig berechnet.

Aufruf.

Da die sämmtlichen Folien des Grund- und Hypothekenbuches des Dorfes

Neudörfchen

in Gemäßheit der diesfallsigen gesetzlichen Bestimmungen vorbereitet, auch von den Grundbesitzern anerkannt sind, und der Entwurf dieses Grund- und Hypothekenbuches für Alle, die daran ein Interesse haben, an Amtsstelle zu Sachsenburg zur Einsicht bereit liegt, so werden hiermit Diejenigen, welche gegen den Inhalt des gedachten Grund- und Hypothekenbuches wegen der ihnen an Grundstücken des Ortes zustehenden dinglichen Rechte etwas einzuwenden haben sollten, aufgefordert, diese Einwendungen binnen einer Frist von sechs Monaten, längstens aber bis zum

31. December 1845

bei dem hiesigen Justiz-Amte anzuzeigen, widrigenfalls sie dieser Einwendungen dergestalt verlustig gehen, daß denselben gegen dritte Besitzer und andere Realberechtigte, welche als solche in das Grund- und Hypothekenbuch eingetragen werden, keinerlei Wirkung beizulegen ist.

Sachsenburg, den 12. Juni 1845.

Königliches Justiz-Amt Frankenberg mit Sachsenburg.
Gensel.

Erler.

Bekanntmachung.

Künftigen Sonnabend,

den 18. October d. J.,

sollen diejenigen Wiesen und Grasplätze, deren Zeitpacht jetzt zu Michael abgelaufen, ist unter den vor der Licitation bekannt zu machenden Bedingungen anderweit auf 4 hinter einander folgende Jahre gegen Meistgebot verpachtet werden.

Die zu verpachtenden Grundstücke liegen größtentheils hinter der Schießmauer an den ehemaligen Communteichen und am Pulverthurme und sind auf dem im hiesigen Rathhause ausgehangenen Verzeichnisse speciell einzusehen.

Alle Pachtlustigen werden hierdurch eingeladen, obgedachten Tages nach 11 Uhr auf hiesigem Rath-

Titelseite des „Intelligenz- und Wochenblattes für Frankenberg mit Sachsenburg und Umgebung“, Nr. 41 vom 11. 10. 1845, der ersten auf Holzschliffpapier gedruckten Zeitung.

bach zwischen Nürnberg und der Papiermühle Sachsendorf/Kreis Hildburghausen, die 1712 gegründet worden war. Die Nachforschungen haben hier jedoch noch keine konkreten Ergebnisse gebracht. Bekannter ist gewiß, daß das Papiergroßhandelshaus Flinsch einen aus Nürnberg ausgewanderten Papiermacher namens Adam Erdmann Flinsch zum Ahnherrn hat. Adam Erdmann Flinsch war auf der Papiermühle Leubnitz bei Plauen und Blankenstein/Saale tätig. Dem frühesten Hinweis auf Nürnberger Herkunft eines Papiermachers begegnen wir bei der Papiermühle Bautzen. Valtin Oechsel, der 1511 sein Werk an Michael Schaffhirt übergab und 1515 gestorben ist, soll ein Nürnberger Papiermacher gewesen sein.

1725 wurde die Papiermühle Chemnitz durch den Papiermacher Kühn nach Alt-Chemnitz verlegt. In dieser Papierwerkstätte wurde für Friedrich Gottlob Keller das Papier für das „Intelligenz- und Wochenblatt für Frankenberg mit Sachsenburg und Umgegend“ hergestellt. Die Ausgabe Nr. 41 vom 11. Oktober 1845 war die erste Zeitung, die auf Papier aus Holzschliff gedruckt wurde.[23] In der Papiermühle Kühnheide, gegründet 1730, versuchte Keller seine Erfindung praktisch auszuwerten und fabrikmäßig Holzschliff zu erzeugen. Die Zerstörung der ganzen Anlage durch eine Naturkatastrophe und sein Konkurs machten seine Pläne zunichte.

Bemerkenswert waren im achtzehnten Jahrhundert vor allem die Gründungen von zwei Papiermanufakturen, die große Bedeutung erlangt und sich in mancherlei Weise hervorgetan haben. Beide bemühten sich, ungerippte Papiere – sogenannte Velinpapiere – herzustellen, auch haben sich beide durch die Erprobung von Ersatzstoffen für Lumpen Verdienste erworben: die eine war die Papiermanufaktur Cröllwitz, die 1714 nach dem Eingehen der in Halle gelegenen, 1691 privilegierten Denner'schen Papiermühle gegründet wurde und erst während des Zweiten Weltkrieges stillgelegt wurde. Die zweite wurde 1781 auf Betreiben König Friedrichs II. von Preußen in Spechthausen errichtet. Im Jahre 1794 gelang in Spechthausen erstmals in Deutschland die Herstellung von ungeripptem Papier.[24] Bis in die Nachkriegszeit hat man dort Papier mit der Hand geschöpft. Damals waren noch die unzähligen Formen, mit denen in Spechthausen jemals geschöpft worden war, vorhanden.[25] Sie waren eng gedrängt an der Decke des Geräteraumes aufgehängt. Eines Tages jedoch waren sie verschwunden: sie waren einer Altmetall-Sammelaktion zum Opfer gefallen. Ein unermeßlicher Schatz an Formen ist damit unwiederbringlich verloren gegangen, man hat die Formen vor ihrer Ablieferung nicht einmal fotografiert. 1955 wurde die Handschöpferei in die nahe gelegene 1765 gegründete Papierfabrik Wolfswinkel verlegt, wo die Spechthausener Tradition noch heute fortgeführt wird. Es ist der einzige Betrieb in der DDR, in dem eine Handschöpferei betrieben wird.

Die verhältnismäßig große Anzahl von Papiermühlen-Neugründungen im neunzehnten Jahrhundert in fast allen Bezirken des Landes mag erstaunlich erscheinen, denn 1798 wurde die Papiermaschine erfunden und in der Folgezeit so verbessert, daß im Jahre 1808 in England die erste Papiermaschine für Dauerproduktion in Betrieb ge-

Donkins Maschine zur Herstellung „endlosen" Papiers.
Aus: Bossange und Vater, Berlin um 1820.

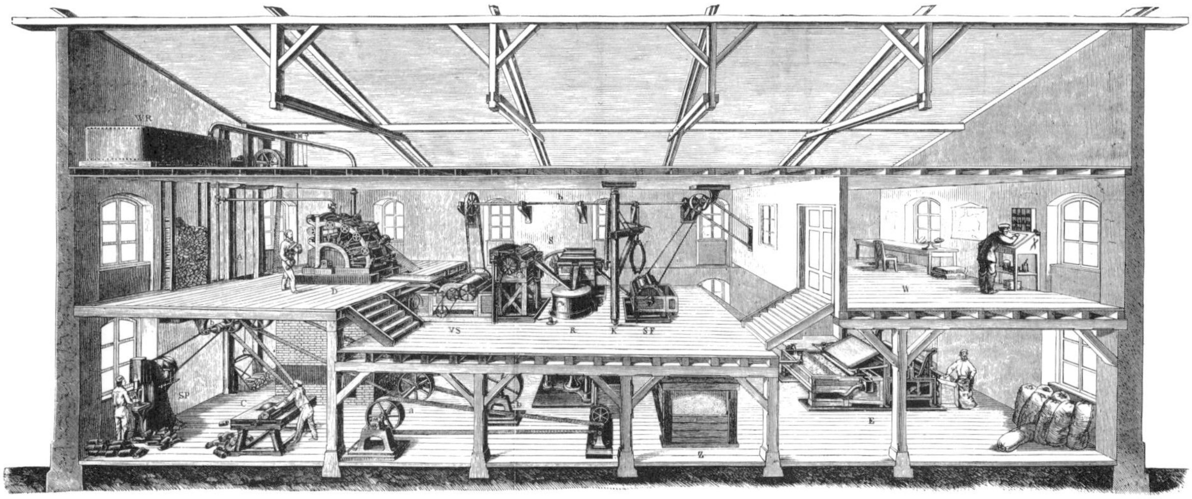

Darstellung einer Holzschliff-Fabrik. Das Holz wird geschält, dann auf der Kreissäge C geschnitten und anschließend auf der Spaltmaschine SP gespaltet. Nach dem Mahlstein D folgen der Vorsortierer VS, Sortierzylinder, eine Feinmühle R und der Entwässerungszylinder SF. Bei E steht eine Pappenmaschine zum Zwecke des Versands zur Weiterverarbeitung.
Aus: Carl Hofmann, Handbuch der Papierfabrikation, 1875.

setzt werden konnte. Aber erst 1819 wurde in Berlin erstmals in Deutschland eine Langsieb-Papiermaschine aufgestellt, 1828 zu Sebnitz die erste in Sachsen. Einigen der spät gegründeten Papierwerke ist die Umstellung auf maschinelle Herstellungsweise gelungen: Sie konnten ihre Kapazitäten der Gesamtentwicklung der Papierindustrie entsprechend erweitern.

Die zu Beginn des Jahrhunderts in Stötteritz mit viel Aufwand errichtete Windpapiermühle, deren Plan 1820 zum zweiten Mal veröffentlicht wurde, hatte nur kurze Lebensdauer.[26] Nicht anders erging es der von Rechtsanwalt Dr. Richter 1829 gegründeten Windpapiermühle zu Stralsund. Sie war für Zeiten der Windflaute mit einem Pferdegöpelantrieb verbunden.[27] Der Papiermacher Lemelson auf der 1747 gegründeten Papiermühle Wanzka ist zur Zeit der Befreiungskriege mit patriotischen Wasserzeichen hervorgetreten, zum Beispiel einem Eisernen Kreuz von 1813. Krüger in Neubrandenburg, gegründet 1760, fertigte Papier mit dem Wasserzeichen-Bildnis des Marschalls Blücher, des Siegers in der Schlacht von Belle-Alliance. Während in Spechthausen die preußischen Könige filigran porträtiert wurden, setzte eine kleine Thüringer Papiermühle nach 1828 in ihr Velinpapier das Bildnis des Landesherrn, des Großherzogs Carl Friedrich von Sachsen-Weimar.[28]

Mitunter haben Papiermacher nicht nur Experimente mit Ersatzstoffen für Lumpen durchgeführt, manche sind auch durch Veröffentlichungen hervorgetreten. 1740 erschien in Erfurt eine „Beschreibung der Papiermacherei . . .", die erstmals von einem Papiermacher, nämlich Johann Andreas Becker aus Ilversgehofen geschrieben worden war – eine literarische Seltenheit. Doch Franz Henning Schaden, der die Schrift mit einer gelehrten Einleitung versah, wurde als Autor angegeben.[29]

Georg Christoph Keferstein (1723–1802) aus Cröllwitz publizierte 1766 seinen „Unterricht an meine Söhne". Zu den Söhnen gehörte Adolph Keferstein, er war Meister und Besitzer der Papiermühle Weida, bekannt als Erfinder einer Art Rundsiebmaschine.[30]

Und als im Jahre 1676 der Arnstädter Papiermachermeister Johann Keyßner beschuldigt wurde, durch die Lumpen in der Stadt die Pest eingeführt und verbreitet zu haben, wandte er sich mit einem ausführlichen Epigramm an den Rat der Stadt.[31]

Aus Papiermacherfamilien sind manche Gelehrte und kluge Köpfe hervorgegangen. Der Entdecker des Sinai-Codexes, Professor Konstantin Tischendorf (1815–1874) stammte aus dem Greizer Papiermachergeschlecht gleichen Namens. Der Mineraloge und Ethnograf Christian Keferstein (1784–1866)[32] war ein Sohn des oben genannten Georg Christoph Keferstein in Cröllwitz. Verschiedene Papiermühlen sind auch durch die aus ihnen hervorgegangenen Erfindungen bekannt und berühmt geworden, manche aber auch durch die erzeugten Qualitätspapiere, die von bedeutenden Persönlichkeiten, von Komponisten und Schriftstellern beschrieben und zum Druck für hervorragende Werkausgaben verwendet wurden. Auf Papier der 1680 gegründeten Papierwerkstätte in Herpf bei Meiningen hat Friedrich Schiller (1759–1805) nach seiner Flucht aus Stutt-

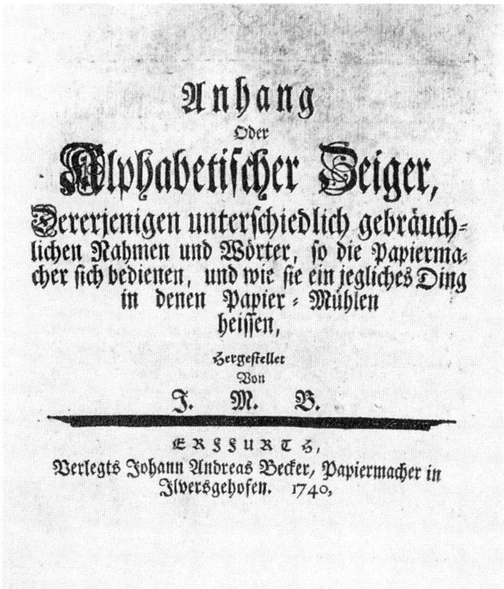
Anhang
oder
Alphabetischer Zeiger,
Dererjenigen unterschiedlich gebräuch-
lichen Rahmen und Wörter, so die Papierma-
cher sich bedienen, und wie sie ein jegliches Ding
in denen Papier-Mühlen
heissen,
Hergestellet
Von
J. M. B.
ERFFURTH,
Verlegts Johann Andreas Becker, Papiermacher in
Ilversgehofen. 1740,

Titel des wichtigsten Teils der Schrift von F. H. Schaden, Entwurff und Beschreibung der Papiermacherey, Erfurt 1740.

1 Staatsarchiv Dresden, Copial 30, fol. 14. Faksimile und Übertragung in modernes Deutsch. Vgl. Ernst Kirchner, Das Papier. Erster Teil: Die Papierindustrie und Allgemeines über Papier. Bilder der Vergangenheit, Biberach/Riss 1879, S. 80–81.
2 Stadtarchiv Erfurt 2/111–9 (zeitgenössische Kopie). Die Angaben, nach denen in Erfurt eine Papiermühle schon im vierzehnten Jahrhundert bestanden haben soll, sind bis jetzt nicht belegt. Vgl. dazu: Wisso Weiß, Zur Frage nach der ältesten Urkunde über die Papiermacherei in Erfurt, in: Börsenblatt für den Deutschen Buchhandel, Frankfurt/Main, 1949, Heft 80/81, Beilage: Aus dem Antiquariat, S. 621–622.
3 Siehe dazu den Beitrag von Kuno Ulshöfer in diesem Band.
4 Die von Karl Theodor Weiß angelegte genealogische Papiermacherkartei (Quellen waren insbesondere Kirchenbücher und Archivalien) umfaßte 1964 bei Übernahme des Deutschen Papiermuseums durch die Deutsche Bücherei schätzungsweise 7000 Namen. Nach 1969 wurde sie nicht fortgeführt, sondern ab- und umgeschrieben zu einem, hauptsächlich auf Literatur beruhenden, Namenkatalog.
5 Hannes Frey zum Beispiel kam aus Reutlingen nach Prag, er besaß 1534 die Papiermühle in Stein bei Prag, baute in diesem Jahr eine weitere Papiermühle in Liben bei Prag und errichtete 1540 ein Papierwerk in Iglau/Mähren. Nach Hans H. Bockwitz, Zur Kulturgeschichte des Papiers, in: Die Chronik der Feldmühle, Stettin 1935, S. 92.
6 Die angegebenen Jahre sind Daten der Privilegierung, der Errichtung, der ersten Erwähnung oder der erstmaligen Verwendung von Wasserzeichen der betreffenden Papiermühle. Mitunter sind Papiermühlenorte eingemeindet worden, ihre Namen sind in neueren Ortsverzeichnissen nicht mehr zu finden. Für jeden Hinweis auf etwaige Lücken in dieser erstmaligen Erfassung aller Papiermühlengründungen im Gebiet der DDR bin ich dankbar.
7 Vgl. Fr. von Hößle, Alte Papiermühlen der Provinz Brandenburg, in: Der Papier-Fabrikant, Jg. 31, 1933, S. 511.
8 Abbildungen der drei Windpapiermühlen bei Wilhelm Claas, Von Windpapiermühlen der Vergangenheit, in: Papiergeschichte, Jg. 5, 1955, S. 1–15. Vgl. ferner: Hermann Gleisberg, Von der ehemaligen Windpapiermühle zu Stötteritz bei Leipzig, (1801) in: Papiergeschichte Jg. 19, 1969, S. 30–36.

gart seinen ersten Brief in Thüringen geschrieben. Als Johann Sebastian Bach in Köthen Hofkapellmeister des Fürsten Leopold von Anhalt-Köthen war, benutzte er Papier der Papiermühle Jeßnitz als Notenschreibpapier. Das Notenbüchlein für Anna Magdalena Bach von 1722 beispielsweise ist auf Jeßnitzer Papier mit dem Wasserzeichen „Wilder Mann“ geschrieben.[33]
Die Wasserzeichen dieser Papiere dienen in zunehmenden Maße in der historischen Forschung als wertvolle zusätzliche, mitunter ausschlaggebende Indizien bei der Zeit- und Herkunftsbestimmung. Durch die geheimnisvollen Zeichen im Papier wissen wir, daß Goethe, Schiller und andere Vertreter der Weimarer Klassik ausgesuchte Papiere Thüringer Papiermühlen benutzt haben. Goethe, der sich in Stützerbach im Papierschöpfen versucht haben soll[34], hat die tadellosen Erzeugnisse der Stützerbacher Papiermühle auch als Zeichenpapier benutzt.

Wasserzeichen „Wilder Mann“ mit Baumast, daran drei Blätter auf Sockelleiste. Abgebildet ist eine Form des Formenpaares – nach einer Handpause von Wisso Weiß aus der Handschrift des Klavierbüchleins für Anna Magdalena Bach von 1722 – Original in der Deutschen Staatsbibliothek Berlin. Vermutlich Papiermühle Jeßnitz, Kreis Bitterfeld, Bezirk Halle, Papiermacher Johann Thomas Borchardt. Die sagenhafte Gestalt des „Wilden Mannes“ kommt vielfach in Gebirgsgegenden (Harz, Thüringer Wald, Erzgebirge, Österreichische Alpen) als Wasserzeichen vor. In allen vier Bach-Handschriften mit diesem Zeichentyp erscheint nur ein und dasselbe Formenpaar. Dieses Formenpaar ist nachweislich von Mai 1720–März 1723 in Köthen verwendet worden.
Privatbesitz.

9 Wisso Weiß, Zeittafel zur Papiergeschichte, Leipzig 1983, S. 157.

10 Bernhard Weissenborn, Die Cröllwitzer Papierfabrik in den 200 Jahren ihres Bestehens, Halle an der Saale, 1914, S. 28.

11 Vgl. Fr. von Hößle, a. a. O..

12 Vgl. Almanach der Fortschritte 1796, S. 285 und 1797, S. 64.

13 Christoph Gottlieb von Murr, Beschreibung der vornehmsten Merkwürdigkeiten in der H. R. Reichs freyen Stadt Nürnberg und der Hohen Schule zu Altdorf . . ., Nürnberg 1778, S. 743.

14 Unter den über dreißig alten Formen (davon fünf Formenpaare) des Deutschen Papiermuseums befinden sich neunzehn „Velinformen“.

15 Erich Blechschmidt, Das Stangenglättwerk Untersachsenfeld – ein technisches Denkmal der Papiermacherei, in: Papiergeschichte Jg. 11, 1961, S. 3–5.

16 Wisso Weiß, Thüringer Papiermühlen und ihre Wasserzeichen, Weimar 1953, Nr. 1.

17 Ein Ausdruck, den Alma Langenbach in ihrer Arbeit „Westfälische Papiermühlen und ihre Wasserzeichen“ (Witten a. d. Ruhr, 1932) prägte.

18 Gerhard Buchmann, Geschichte der Papiermacherei zu Oberweimar, Weimar 1936, S. 12–18.

19 425 Jahre Peniger Papiermacher 1537–1962, Penig 1962. Vgl. auch: Die Peniger Papiermühlen 1537–1835, in: Casdorf, Die Patentpapierfabrik zu Penig, Penig 1897, S. 13–31.

20 Wisso Weiß, Die ältesten Quellen zur Geschichte des Papierwerks Heiligenstadt, in: Thüringer Heimat, Jg. 1, 1956, H. 1, S. 48–53.

21 Gerhardt Buchmann: Die Remdaer Papiermühle, in: Das Thüringer Fähnlein, 1939, H. 7. Schon die Gründung der Papiermühle Jena im Jahre 1657 erfolgte mit Rücksicht auf den Papierverbrauch der Studenten. Vgl. Wisso Weiß, Zu den Wasserzeichen der Papiermühle Jena, Manuskript im Heimatmuseum der Stadt Jena.

22 Gertrud Hesse, Meine Ahnen auf dem Thüringer Wald, Döbeln Selbstverlag, 1938, Druckerei Heinrich Kröner, S. 6.

23 Wisso Weiß, Die erste Zeitung auf Holzschliffpapier, in: Neue Deutsche Presse, Berlin, Jg. 1970, H. 20, S. 15–16.

24 Karl Theodor Weiß, Vom Velin- und Kupferdruckpapier, in: Wochenblatt für Papierfabrikation, Jg. 77, 1949, H. 17, S. 483–486.

25 Im Jahre 1781 begann man in Spechthausen mit vierzig Formen. Vgl. Hößle a. a. O., S. 511.

26 Johann Christoph Ludwig, Papierfabrikant und Kartenhändler zu Leipzig. Beschreibung und Abbildung meiner unweit Leipzig im Jahre 1801 durch den Zimmermeister Lüders erbauten Windpapiermühle nach holländischer Art, 2. Aufl. Leipzig 1820.

27 Vgl. Hermann Gleisberg a. a. O.

28 Wisso Weiß, Thüringer Papiermühlen a. a. O., Nr. 41.

29 Franz Henning Schaden, Entwurff und Beschreibung von der Papiermacherey . . ., Erffurth Verlegts Johann Andreas Becker, Papiermacher zu Inversgehofen 1740. Neudruck von 1962, Original in der Landesbibliothek Darmstadt.

30 Vgl. Neue deutsche Biographie XI, 1977, S. 392.

31 Vgl. Wortlaut IPH-Jahrbuch, Bd. 5, 1984, S. 200–201.

32 Vgl. Neue Deutsche Biographie XI, 1977, S. 392–393.

33 Wisso Weiß, Katalog der Wasserzeichen in Bachs Original-Handschriften, Serie IX, Addenda, Bd. 1, Kassel und Leipzig 1985, Nr. 1, Unter anderem hat Johann Sebastian Bach außerdem die Erzeugnisse mehrerer thüringischer und sächsischer Papiermühlen als Notenschreibpapier benutzt.

34 Gertrud Hesse a. a. O. S. 34.

Frontispiz aus J. C. Schäffers Schrift „Sämtliche Papierversuche“ von 1772. Einige Engel fabrizieren gerade hölzern Papier: Der in dem kleinen Stampfwerk I mit Handbetrieb hergestellte Papierbrei wird in der Bütte II geschöpft und bei III zum Trocknen aufgehängt. In IV wird das Papier geglättet.
Bibliothek der Landesgewerbeanstalt Nürnberg.

**Papiermühlen-Gründungen im Gebiet der DDR**

| Jahrhunderte | Thüringen Erfurt, Gera, Suhl | Sachsen Dresden, Leipzig, Karl-Marx-Stadt | Sachsen-Anhalt Halle/S., Magdeburg | Brandenburg Berlin, Cottbus, Frankfurt, Potsdam | Mecklenburg Neubrandenburg Rostock, Schwerin | |
|---|---|---|---|---|---|---|
| 15. Jh. | 1 | 3 | – | – | – | 4 |
| 16. Jh. | 16 | 39 | 14 | 6 | 7 | 82 |
| 17. Jh. | 36 | 50 | 19 | 8 | 15 | 128 |
| 18. Jh. | 23 | 29 | 21 | 19 | 11 | 103 |
| 19. Jh. | 6 | 14 | 13 | 6 | 8 | 47 |
| | 82 | 135 | 67 | 39 | 41 | 364 |

**15. Jahrhundert**
1443 (1447) Bautzen
1485 Dresden
1492 Leipzig, Angermühle
1497 Erfurt, Waweitmühle

**16. Jahrhundert**
1502 Wernigerode, Gemeinschaftsmühle, Bezirk Magdeburg
1506 Plauen, Karl-Marx-Stadt (Chemnitz)
1510 Dittersbach, Bezirk Dresden
1510 Glauchau, Bezirk Karl-Marx-Stadt
1510 Ilversgehofen, Untere Papiermühle, Bezirk Erfurt
1510 Mühlhausen, Wenigenmühle, Bezirk Erfurt
1510 Waldenburg, Bezirk Karl-Marx-Stadt
1510 Zittau, Bezirk Dresden
1511 Bautzen, Bezirk Dresden
1516 Belzig, Bezirk Potsdam
1516 Niederlungwitz, Bezirk Karl-Marx-Stadt
1518 Schleusingen, Bezirk Suhl, Papiermühle am Galgenrain
1519 Neustadt-Cleve, Bezirk Schwerin
1519 Sternberg, Bezirk Schwerin
1523 Zwickau, Bezirk Karl-Marx-Stadt
1524 Grabow, Bezirk Schwerin
1524 Schleusingen, Kartenmühle, Bezirk Suhl
1525 Glauchau, Bezirk Schwerin
1527 Glauchau bei Meißen
1532 Neustadt/Eberswalde, Bezirk Frankfurt/Oder
1532 Schwarzbach, Bezirk Suhl
1533 (Görlitz, Bezirk Dresden)
1535 Obergurig, Bezirk Dresden
1537 Penig, Bezirk Karl-Marx-Stadt
1539 (Frankfurt/Oder)
1540 Freiberg, Bezirk Karl-Marx-Stadt
1543 Colditz, Bezirk Leipzig
1544 Hasserode, Vordermühle, Bezirk Magdeburg
1544 Wernigerode, vor dem Westtor, Bezirk Magdeburg
1545 Zwönitz, Bezirk Karl-Marx-Stadt
1546 Oberweimar, Bezirk Erfurt
1549 Weddersleben, Bezirk Halle
1550 Dittersbach, Bezirk Dresden
vor 1551 Tornau, Untere Papiermühle, Bezirk Halle
1553 Leipzig, Papiermühle Lindenau, Bezirk Leipzig
1554 Wittenberg, Papiermühle vor dem Elbtor, Bezirk Halle
1555 Cottbus, Bezirk Cottbus
1557 Hermsdorf, Bezirk Dresden
1558 Neustadt, Bezirk Schwerin
vor 1560 Langensalza, Bezirk Erfurt
1560 Neusalza-Spremberg, Bezirk Dresden
1563 Schedewitz, Bezirk Karl-Marx-Stadt
1565 Wernigerode, unter der Burg, Bezirk Magdeburg
1566 Wittenberg, in der Klaußstraße, Bezirk Halle
1569 Königstein, Bezirk Dresden
1572 Chemnitz, Bezirk Karl-Marx-Stadt (verlegt 1725 nach Alt-Chemnitz)
1572 Fambach, Bezirk Suhl
1572 Glauchau, Bezirk Karl-Marx-Stadt
1572 Oberschlemar, Bezirk Karl-Marx-Stadt
1573 Kirchberg, Bezirk Karl-Marx-Stadt
1573 Zittau, Bezirk Dresden
1574 Crottendorf, Bezirk Karl-Marx-Stadt
1574 Lohmen, Bezirk Dresden
1575 Cospuden, Bezirk Leipzig
1575 Weida, Obere Papiermühle, Bezirk Gera
1576 Heiligenthal, Bezirk Halle
1577 Schwarbach, Bezirk Karl-Marx-Stadt
1578 Nudersdorf, Bezirk Halle
1579 Reiser, Bezirk Erfurt
1580 Steinpleis, Bezirk Karl-Marx-Stadt
1581 Khemnitzerhagen, Bezirk Rostock
1581 Nordhausen, Papiermühle an der Zorge, Bezirk Erfurt
1581 Quedlinburg, Bezirk Halle
1581 Seidau, Bezirk Dresden
1581 Spremberg, Bezirk Cottbus
vor 1582 Sillstedt, Bezirk Magdeburg
1584 Niederlösnitz, Bezirk Karl-Marx-Stadt
1584 Niederzwönitz, Bezirk Karl-Marx-Stadt
1585 Arnstadt, Bezirk Erfurt
1586 Bützow, Bezirk Schwerin
1586 Machnow, am Machnower See
1587 Wilthen, Bezirk Dresden
1589 Gadebusch, Bezirk Schwerin
1589 Greiz, Bezirk Gera
1589 Zwönitz, Bezirk Karl-Marx-Stadt
1590 Schleusingen, am Kalkrain, Bezirk Suhl
1594 Rodewisch-Untergöltsch, Bezirk Karl-Marx-Stadt
1595 Wasserleben, Bezirk Magdeburg
1597 Blankenburg, Bezirk Gera
1599 Roßlau, Bezirk Halle
1599 Wittenberg, zweite Papiermühle in der Klaußstraße, Bezirk Halle
1600 Zittau, Bezirk Dresden
nach 1600 Schedewitz bei Zwickau, Bezirk Karl-Marx-Stadt

**17. Jahrhundert**
1601 Boitzenburg, Bezirk Schwerin
1604 Heiligenstadt, Bezirk Erfurt
1606 Treuenbritzen, Bezirk Potsdam
1607 Abbenrode, Bezirk Magdeburg
1608 Ohrdruf, Bezirk Erfurt
1610 Ilversgehofen, untere Papiermühle, Bezirk Erfurt
1614 Bürgel, Bezirk Gera
1618 Kirchberg, Bezirk Karl-Marx-Stadt

vor 1618 Zehdenick, Bezirk Potsdam
1619 Hohenspring, Bezirk Potsdam
1620 Piesteritz, Bezirk Halle
1620 Prühlitz, Bezirk Halle
1621 Zielow, Bezirk Neubrandenburg
vor 1627 Werbig, Bezirk Potsdam
1628 Auerbach, Bezirk Karl-Marx-Stadt
1630 Hohenkirchen, Bezirk Erfurt
nach 1630 Siebenbrunn, Bezirk Karl-Marx-Stadt
1633 Gielo, Bezirk Neubrandenburg, Kreis Stavenhagen
vor 1636 Sternberg, Bezirk Schwerin
vor 1637 Mannhagen, Bezirk Rostock
1642 Breitenbrunn, Bezirk Karl-Marx-Stadt
1643 Annaberg, Bezirk Karl-Marx-Stadt
vor 1645 Köbeln-Muskau, Bezirk Cottbus
1647 Ziesar, Bezirk Potsdam
1648 Laußnitz, Bezirk Gera
1649 (1656) Mönchhagen, Bezirk Rostock
1650 Netzschkau, Bezirk Karl-Marx-Stadt
1652 Ilmenau, Bezirk Suhl
1653 Möhla, Bezirk Leipzig
vor 1654 Elterlein, Bezirk Karl-Marx-Stadt
1654 Hanshagen, Bezirk Rostock
1654 Grüna, Bezirk Karl-Marx-Stadt
1654 Hartmannsdorf, Bezirk Karl-Marx-Stadt
1654 Planitz bei Zwickau, Bezirk Karl-Marx-Stadt
1655 Stützerbach, Bezirk Suhl
vor 1656 Georgenthal, Bezirk Erfurt
1657 Jena, Bezirk Gera
1657 Loßnitz, Bezirk Karl-Marx-Stadt
1657 Wichmar, Bezirk Gera
1658 Lehesten, Bezirk Gera
1659 Bräunsdorf, Bezirk Karl-Marx-Stadt
1660 Nordhausen, Papiermühle an der Salza, Bezirk Erfurt
1660 Schulpforte, Bezirk Halle
1660 Tambach, Bezirk Erfurt
1663 Kaltensundheim, Bezirk Suhl
um 1663 Prühlitz, zweite Papiermühle, Bezirk Halle
1664 Bollberg, Bezirk Gera
1664 Schleifreisen, Bezirk Gera
1665 Stadtroda, Bezirk Gera
1665 Wernigerode, Overkampmühle, Bezirk Magdeburg
1665 Weida, untere Papiermühle, Bezirk Gera
1666 Leutenberg, Bezirk Gera
1668 Hermannsdorf, Bezirk Karl-Marx-Stadt
1668 Rappelsdorf, Bezirk Suhl
nach 1669 Maurinmühle, Kreis Güstrow, Bezirk Neubrandenburg
1669 Wismar, Bezirk Rostock
1670 Reitzenheim, Bezirk Karl-Marx-Stadt
1671 Adorf, erste Papiermühle, Bezirk Karl-Marx-Stadt
1672 Vacha, Bezirk Suhl
1672 Waltershausen, Bezirk Erfurt
1673 Hammer, Bezirk Neubrandenburg
1673 Gleina, Bezirk Gera
1673 Jeßnitz, Bezirk Halle
1674 Dietzhausen, Bezirk Suhl
1675 Brambach, erste Papiermühle, Bezirk Karl-Marx-Stadt
1677 Crossen, Bezirk Karl-Marx-Stadt
1679 Menseburg, Papiermühle an der Saale, Bezirk Halle
um 1680 Brambach, zweite Papiermühle, Bezirk Karl-Marx-Stadt
1680 Clingen, Bezirk Erfurt
1680 Herpf, Bezirk Suhl
1680 Ilfeld, Bezirk Erfurt
1680 Ilsenburg, Bezirk Magdeburg
1680 Schwarzach, Bezirk Suhl
1680 Unterwiesenthal, Bezirk Karl-Marx-Stadt
vor 1680 Neukirchen bei Crimmitschau, Bezirk Karl-Marx-Stadt
nach 1680 Leubetha, Bezirk Karl-Marx-Stadt
nach 1680 Siebenbrunn, Bezirk Karl-Marx-Stadt
nach 1680 Weißensand, Bezirk Karl-Marx-Stadt
1680 Wildenfels, Bezirk Karl-Marx-Stadt
1681 Schlalach, Bezirk Potsdam
1683 Grün bei Lengfelden, Bezirk Karl-Marx-Stadt
1683 Lunzenau, Bezirk Karl-Marx-Stadt
1683 Niederlößnitz, Bezirk Karl-Marx-Stadt
1684 Niederlungwitz, Bezirk Karl-Marx-Stadt
1684 Rodewisch, Bezirk Karl-Marx-Stadt
1685 Hummelshain, Bezirk Gera
1686 Hohelborn, Bezirk Suhl
1686 Mönchhagen, Bezirk Rostock
1687 Burgstädl, Bezirk Karl-Marx-Stadt
1688 Burg, Bezirk Neubrandenburg, 1694 verlegt nach Prenzlau
1688 Groß-Stöbnitz, Bezirk Leipzig
1689 Remda, Bezirk Gera
1689 Schirgiswalde, Bezirk Dresden
1689 Woltersdorf, Bezirk Potsdam
1689 Zwickau, Bezirk Karl-Marx-Stadt
vor 1690 Tornau, Bezirk Halle
1690 Oberbarsdorf, Bezirk Dresden
1690 Stolberg, Bezirk Halle
vor 1691 Hasserode, Mittelmühle, Bezirk Magdeburg
1691 Halle, Dennersche Papiermühle
1692 Annaberg, Bezirk Karl-Marx-Stadt
1692 Dörnitz, Bezirk Magdeburg
1692 Fockendorf, Bezirk Leipzig
1692 Laage, Bezirk Schwerin
1692 Schopsdorf, Bezirk Magdeburg
1694 Eisfeld, Bezirk Suhl
1694 Gehren, Bezirk Suhl
1694 Plaue, Bezirk Erfurt
1694 Prenzlau, Bezirk Neubrandenburg
1695 Rammelburg, Bezirk Halle
1695 Wahrenbrück, Bezirk Halle
1696 Wilthen, Bezirk Dresden
1697 Schettwitz, Bezirk Karl-Marx-Stadt
1698 Eibenstock, Bezirk Karl-Marx-Stadt
1698 Emseloh, Kreis Sangerhausen, Bezirk Halle
1698 Themar, erste Papiermühle, Bezirk Suhl
um 1700 Leubnitz, Bezirk Karl-Marx-Stadt
vor 1700 Leistenow, Bezirk Neubrandenburg
1700 Erlbach, Obere Papiermühle, Bezirk Karl-Marx-Stadt
1700 Hartenberg, Sachsen
1700 Remse, Bezirk Karl-Marx-Stadt
1700 Wandersleben, Bezirk Erfurt
1700 Haynsburg bei Zeitz, Bezirk Halle

**18. Jahrhundert**
1701 Frohburg, Bezirk Leipzig
1701 Kohren-Salis, Bezirk Leipzig
1701 Schwallungen, Bezirk Suhl
1702 Geßnitz, Sachsen
1702 Tannenberg, Bezirk Karl-Marx-Stadt
1705 Crimmitschau, Bezirk Karl-Marx-Stadt
1707 Niedersachswerfen, Bezirk Erfurt
1708 Themar, Weißbachmühle, Bezirk Suhl
1709 Erlbach, Obere Papiermühle, Bezirk Karl-Marx-Stadt
1709 Eichhorst, Bezirk Frankfurt
1709 Viernau, Bezirk Suhl
1710 Geraberg, Bezirk Suhl
1710 Kindelbrück, Obere Papiermühle, Bezirk Erfurt

Rieszeichen (Riesaufdruck), verwendet um 1790 in Hanshagen.

1710 Schleiz, Bezirk Gera
1711 Veckenstedt, Bezirk Magdeburg
1712 Friesdorf, Bezirk Potsdam
1712 Sachsendorf, Bezirk Suhl
1713 Brambach, Bezirk Karl-Marx-Stadt
1713 Schirgiswalde, Bezirk Dresden
1714 Cröllwitz, Bezirk Halle
vor 1714 Rodewisch, Bezirk Karl-Marx-Stadt
1715 Weisack, Bezirk Cottbus
1716 Geisa, Bezirk Suhl
1717 Papiermühle am Gotthardsteinteich, Bezirk Halle
1718 Magdeburgforth, Bezirk Magdeburg
1719 Spandau, Bezirk Berlin
1720 Ichtershausen, Bezirk Erfurt
vor 1720 Rosenkrug, Bezirk Magdeburg
1721 Hernsdorf bei Wolkenburg, Bezirk Karl-Marx-Stadt
1721 Wandersleben, zweite Papiermühle, Bezirk Erfurt
1722 Mägdesprung, Bezirk Magdeburg
1724 Bardenitz, Bezirk Potsdam
1725 (Alt-Chemnitz, vgl. Chemnitz)
1725 Kindelbrück, untere Papiermühle, Bezirk Erfurt
1726 Hegermühle, Bezirk Frankfurt
1727 Hermsdorf, Bezirk Karl-Marx-Stadt
1727 Leubnitz, Bezirk Karl-Marx-Stadt
vor 1730 Berlin-Pankow, Bezirk Berlin
1730 Derenburg, erste Papiermühle, Bezirk Magdeburg
1730 Eilsleben, Bezirk Magdeburg
1730 Eisleben, Bezirk Halle
1730 Gadebusch, Bezirk Schwerin
1730 Godendorf, Bezirk Neubrandenburg
1730 Friedrichroda, Bezirk Erfurt
1730 Klingenthal, Bezirk Karl-Marx-Stadt
1730 Kühnheide, Bezirk Karl-Marx-Stadt
1731 Berlin-Wedding, Bezirk Berlin
1733 Effelder, Bezirk Suhl
vor 1733 Meisdorf, Bezirk Halle
1734 Rübeland, Bezirk Magdeburg
1734 Sommersdorf, Bezirk Magdeburg
1735 Drewitz, Bezirk Cottbus
1735 Seega, Bezirk Halle
1736 Eisenach, Bezirk Erfurt
vor 1738 Michaelstein bei Blankenburg, Bezirk Magdeburg
1738 Zwota bei Klingenthal, Bezirk Karl-Marx-Stadt
1739 Alt-Döbern, Bezirk Cottbus
1745 Mehringen, Bezirk Halle
vor 1746 Trebitz, Bezirk Halle
vor 1746 Trotha, Bezirk Halle
1746 Woltersdorf, Bezirk Potsdam
1747 Harbke, Bezirk Magdeburg
1747 Wanzka, Bezirk Neubrandenburg
1748 Luckenwalde, Bezirk Potsdam
1748 Schönlind, Bezirk Karl-Marx-Stadt
1750 Bellin bei Güstrow, Bezirk Schwerin
1750 Grüne Aue bei Friesdorf, Bezirk Potsdam
vor 1750 Langendembach, Bezirk Gera
1751 Mannhagen, Bezirk Rostock
1756 Schweina, Bezirk Suhl
vor 1756 Treptow, Bezirk Neubrandenburg
1757 Blankenberg, Bezirk Gera
1757 Parchim, Bezirk Schwerin (1817 verlegt nach Paarsch)
1759 Lauterbach, Bezirk Schwerin
1760 Neubrandenburg, Bezirk Neubrandenburg
1761 Groß-Schönebeck, Bezirk Magdeburg
1765 Wolfswinkel, Bezirk Frankfurt
1766 Brambach, Bezirk Karl-Marx-Stadt

Werbung der Firma Gerstenberger aus Chemnitz, um 1910.

Rechte Seite: Die alte Haynsburger Papiermühle wurde 1917 auf der BUGRA in Leipzig neu aufgebaut. Oben die Bütte, unten das Stampfgeschirr.
Stiftung Zanders, Papiergeschichtliche Sammlung.

Werbung der Maschinenfabrik „Eisengiesserei & Kesselschmiede" in Koethen mit dem Holzstich eines Hadernkochers aus dem Jahre 1877.

vor 1770 Adorf, Bezirk Karl-Marx-Stadt
1770 Neukirchen, Bezirk Karl-Marx-Stadt
1771 Floh, Bezirk Suhl
vor 1773 Braunsberg bei Güstrow, Bezirk Schwerin
1776 Ellrich, Bezirk Erfurt
1780 Wutha, Bezirk Erfurt
1781 Spechthausen, Bezirk Frankfurt/Oder
1782 Altengrün, Sachsen
1783 Erlbach, Landsgemeinde, Bezirk Karl-Marx-Stadt
1783 Weißbach, Bezirk Karl-Marx-Stadt
1789 Berlin am Schlangengraben, Bezirk Berlin
1795 Adorf, untere Papiermühle, Bezirk Karl-Marx-Stadt
1795 Weilar, Bezirk Suhl
1796 Elster, Bezirk Karl-Marx-Stadt
1796 Grub, Bezirk Suhl
vor 1800 Rambow-Mellen, Bezirk Schwerin
um 1800 Rentschmühle, Bezirk Gera
um 1800 Rodewisch, untere Papiermühle, Bezirk Karl-Marx-Stadt

**19. Jahrhundert**
1801 Falkenberg, Bezirk Frankfurt
1801 Stötteritz, Bezirk Leipzig
1802 Köpenick, Bezirk Berlin
vor 1803 Gröningen, Bezirk Magdeburg
vor 1803 Wernigerode, Jordanmühle, Bezirk Magdeburg
nach 1803 Krappmühle bei Weitin, Bezirk Neubrandenburg
1805 Bernburg, Bezirk Halle
1806 Treuenbritzen, Bezirk Potsdam
1811 Neu-Kaliz, Bezirk Schwerin
1815 Schweinsburg bei Zwickau, Bezirk Karl-Marx-Stadt
1817 Paarsch, vgl. Parchim 1757
1819 Dernsdorf, Kreis Sömmerda, Bezirk Erfurt
1821 Steinförde, Mecklenburg
vor 1824 Bibra, Bezirk Halle
1826 Dömitz, Bezirk Schwerin
1827 Gundorf, Bezirk Leipzig
1827 Rohrberg, Bezirk Magdeburg
1828 Tennstedt, Bezirk Erfurt
1829 Mühlhausen, Bezirk Erfurt
1829 Stralsund, Bezirk Rostock
1829 Wolfsgrün, Bezirk Karl-Marx-Stadt
1830 Rötha bei Borna, Bezirk Leipzig
um 1830 Schönebeck/Elbe, Bezirk Magdeburg
1833 Einsiedel, Bezirk Karl-Marx-Stadt
1833 Pillnitz, Bezirk Dresden
vor 1834 Sievershagen, Bezirk Rostock
1834 Schleitz, zweite Papiermühle, Bezirk Gera
1836 Golzern, Bezirk Leipzig
1837 Angern, Bezirk Magdeburg
1837 Themar, dritte Papiermühle, Bezirk Suhl
1837 Weitlage, Bezirk Frankfurt
1840 Markneukirchen, Bezirk Karl-Marx-Stadt
vor 1841 Ruhland, Bezirk Cottbus
1842 Lichtenstein, Bezirk Karl-Marx-Stadt
1843 Simsleben bei Ermsleben, Bezirk Halle
1844 Alt-Scherbitz, Bezirk Leipzig
1844 Derenburg, zweite Papiermühle, Bezirk Halle
1845 Grimma, Bezirk Leipzig
1846 Leubetha, untere Papiermühle, Bezirk Karl-Marx-Stadt
vor 1850 Rottmanshagen bei Stavenhagen, Bezirk Neubrandenburg
1851 Schweina, zweite Papiermühle, Bezirk Suhl
1853 Potsdam, Bezirk Potsdam
1854 Niederschlag, Bezirk Karl-Marx-Stadt
vor 1855 Thurm, Bezirk Karl-Marx-Stadt
vor 1855 Veckenstedt, zweite Papiermühle, Bezirk Magdeburg

Trockenboden mit handgeschöpften Papieren bei Zanders in Bergisch-Gladbach, um 1930.
Stiftung Zanders, Papiergeschichtliche Sammlung.

Hermann Bannasch

# WASSERZEICHEN ALS DATIERUNGSHILFEN – DIE WASSERZEICHENKARTEI PICCARD IM HAUPTSTAATS-ARCHIV STUTTGART

Wasserzeichen – jene im Durchlicht aufscheinenden Figuren im Papier, wer kennt sie nicht? Heute begegnen sie uns vornehmlich in Spezialpapieren, schützen beispielsweise Geldscheine gegen Fälschungen oder schmücken repräsentative Schreib- und Druckpapiere. Die große Masse der Papiersorten, wie sie in unserer Gegenwart für gewöhnliche Schreib-, Kopier- und Druckarbeiten hergestellt werden, enthält sie indessen nicht. „Nicht mehr" müßte der Papierhistoriker einwenden. Denn in den handgeschöpften Bögen früherer Jahrhunderte erscheinen sie fast regelmäßig als Herkunfts-, Qualitäts- oder Sortenzeichen, bisweilen grob und ungeschlacht, nicht selten aber auch in kunstvoller Gestaltung: Blumen, Früchte, Ochsenköpfe, Hirsche, Bären, Adler, Kronen, Anker, Türme, Waffen, Wappen, Buchstaben oder andere Motive aus der bunten Welt der Pflanzen, Tiere und Menschen oder aus dem vielgestaltigen Reich der Gegenstände, Bauten, Zeichen, Symbole oder Fabelwesen. Erst die maschinelle Fabrikation des Industriezeitalters hat diese alte Tradition des Papiermacherhandwerks zurückgedrängt.

Mit anderen Augen und in anderen Bezügen werden die Wasserzeichen in Fachkreisen gesehen: Wasserzeichen helfen, ja sie können entscheidend dazu beitragen, undatierte Schriftstücke, Handschriften, graphische Blätter, Zeichnungen, Pläne, Karten und Drucke mit einem hohen Grad an Zuverlässigkeit zeitlich zu bestimmen oder falsche Datierungen richtigzustellen. Sie machen so den Weg frei, „vagabundierende" Zeugnisse aus vergangenen Jahrhunderten in das Beziehungsgeflecht der Geschichte wieder einzugliedern, sie ihren Urhebern und Schöpfern, Kanzleien oder Werkstätten zuzuweisen und ihnen damit den vollen Erkenntniswert zurückzugeben. Wasserzeichen haftet diese Eigenschaft nicht von Natur aus an. Viel Scharfsinn und Forscherfleiß waren nötig, um sie in dieser Weise wissenschaftlich nutzbar zu machen.[1]

## Entstehung der Wasserzeichen

Bevor die Maschine zu Beginn des neunzehnten Jahrhunderts auch in der Papierproduktion die körperliche Arbeit zu ersetzen begann, wurde Papier von Hand mit Schöpfsieben (Schöpfformen, Papierformen) gefertigt. Das Schöpfsieb bestand im wesentlichen aus dem Rahmen und dem Siebgeflecht. Parallel verlaufende Stege gaben dem Rahmen Festigkeit und dem Siebgeflecht Halt. Das Siebgeflecht setzte sich aus eng gefügten Bodendrähten (Rippdrähten) und rechtwinklig zu diesen, in der Regel auf der Höhe der Stege darüber verlaufenden Binddrähten (Kettdrähten) zusammen.[2] Um das Wasserzeichen zu erzeugen, wurde auf der Innenseite des Siebgeflechts eine Drahtfigur aufgenäht. Wenn nun das Schöpfsieb in die Bütte eingetaucht und mit Papiermasse gefüllt wieder herausgeführt worden war, zog der Sog des abfließenden Wassers die feinen Leinenfasern (Hadernfasern) auf dem Sieb zum Papierbogen zusammen. Dabei bildete sich unmittelbar über dem erhabenen Drahtzeichen eine dünnere Papierschicht als in den umgebenden Flächen. Die Drahtfigur prägte sich somit in den Papierbogen ein und bewirkte in ihrem Verlauf eine höhere Lichtdurchlässigkeit als in ihrer Umgebung. In gleicher Weise haben auch andere Teile des Siebgeflechts, die die

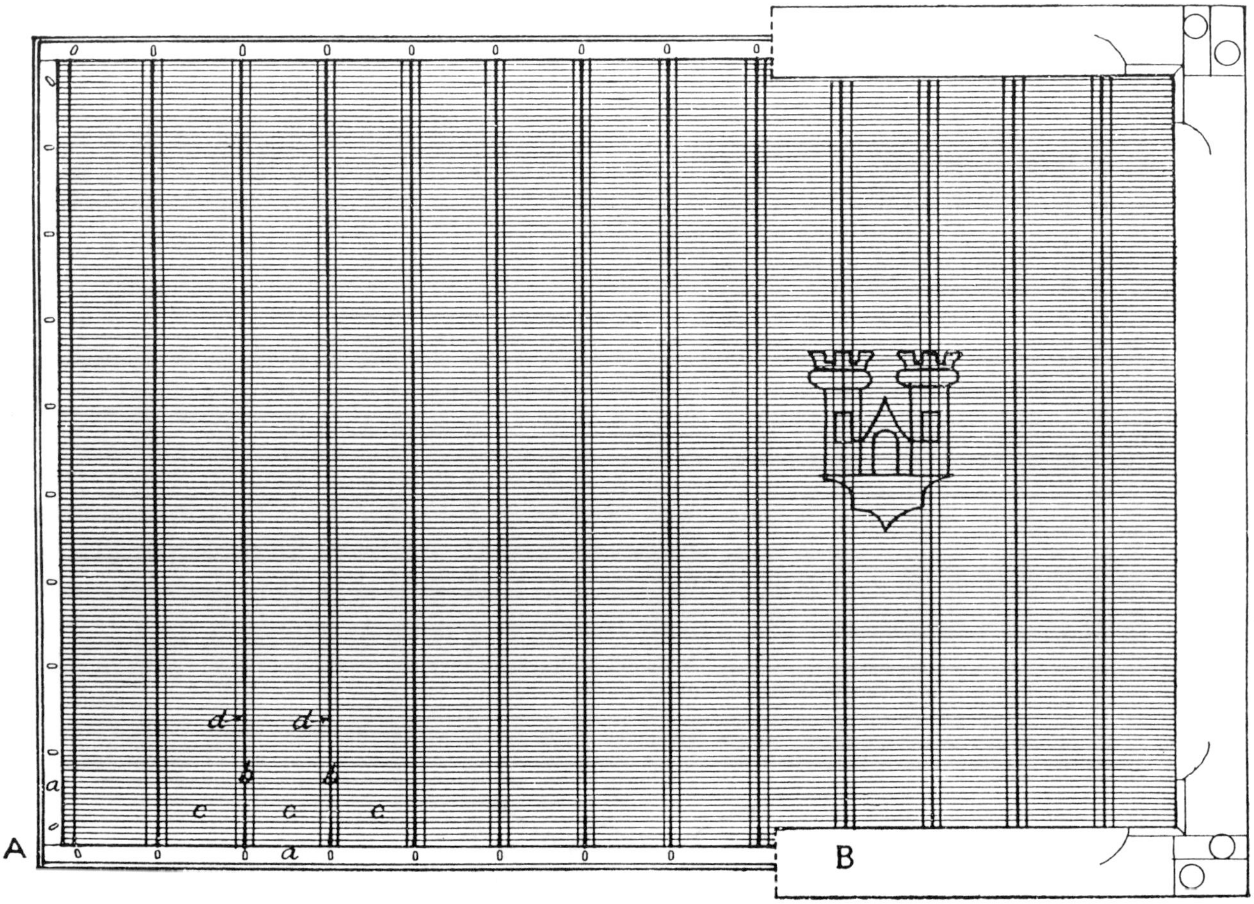
d
d
b
b
a
c
c
c
A
a
B

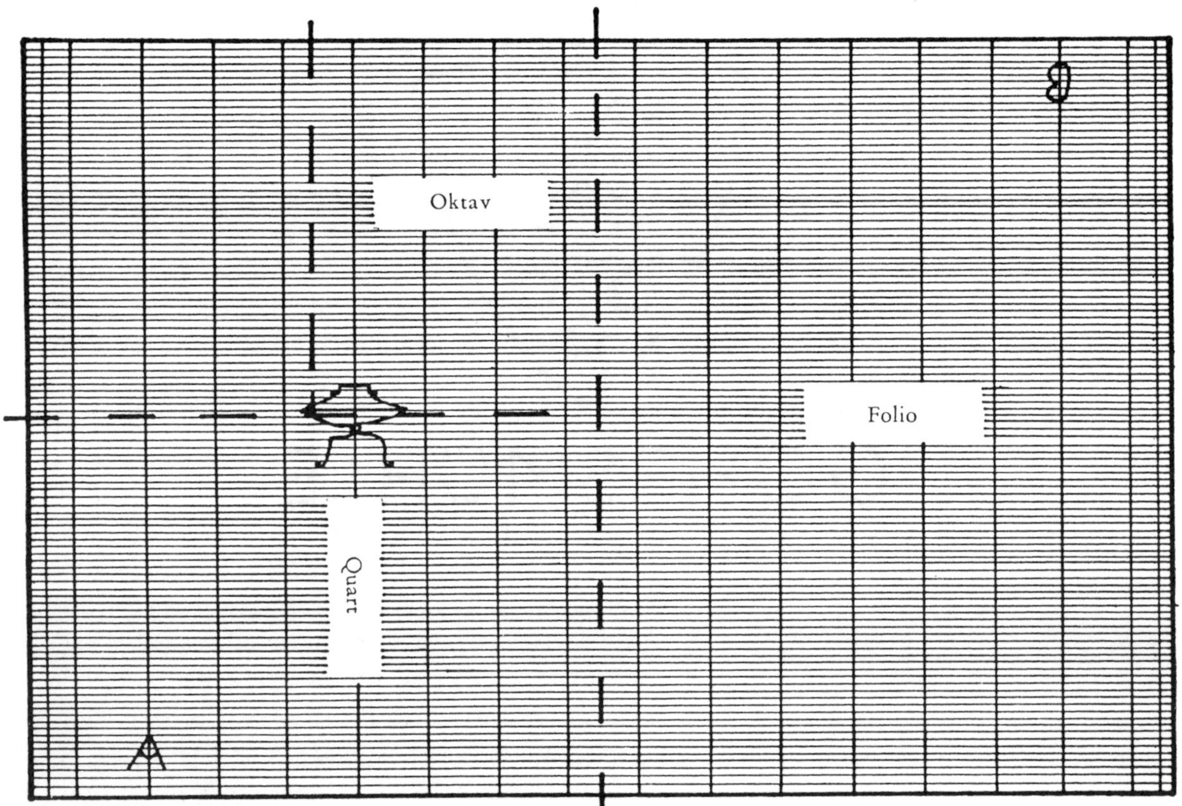
B
Oktav
Folio
Quart
A

Schöpfsieb. Schematische Zeichnung: A Schöpfsieb, a hölzerner Rahmen, b hölzerne Rahmenstützen, c Bodendrähte, d Binddrähte, B hölzerner Deckel.
Aus: Piccard, Wasserzeichenforschung, 1956.

Bodendrähte überragten, auffällige Spuren in der Papierschicht hinterlassen, regelmäßig vor allem die Binddrähte und nicht selten auch Knoten, die beim Aufnähen der Drahtgebilde entstanden waren, insbesondere wenn sich diese ab- und aufzulösen begonnen hatten und wiederholt neu befestigt werden mußten. Alles, was im Durchlicht als transparente Linie oder Punkt sichtbar wird, ist auf der siebzugewandten Seite des Papierbogens als Rille oder punktförmige Vertiefung eingeprägt und kann im Streiflicht bisweilen als Schatten erkannt werden. Die Abdrücke der Binddrähte (Kettdrähte) werden auch Kettlinien, die der Bodendrähte (Rippdrähte) Ripplinien genannt.
Die Bezeichnung Wasserzeichen kann nicht aus dem Verfahren der Papierherstellung hergeleitet werden und ist insoweit mißverständlich. Alternativvorschläge wie Papiermarke oder Papierzeichen scheinen sich aber ebensowenig durchzusetzen wie Filigranologie an Stelle von Wasserzeichenkunde.
Das früheste bislang bekannt gewordene Wasserzeichen ist in einem italienischen Papier enthalten, das wahrscheinlich dem Jahre 1282 entstammt. Es stellt ein griechisches Strichkreuz mit kleinen Kreisen an den Balkenenden dar.[3]
Die Italiener hatten die alte chinesische Kunst, Papier aus zermalmten Leinenlumpen (Hadern) herzustellen, durch Vermittlung der Araber erlernt. Sie waren es wohl, die vermutlich im Laufe des dreizehnten Jahrhunderts flexible Siebe durch starre mit Metallgeflecht ersetzten und damit die Voraussetzung für das Anbringen des Drahtzeichens schufen.[4] Sie führten auch ein, im Wechsel mit paarweisen Schöpfsieben (Schöpfformenpaar) zu arbeiten, so daß der Büttgeselle den folgenden Bogen bereits schöpfen konnte, wenn der Gautscher noch damit beschäftigt war, den vorhergehenden auf einem Filztuch abzudrücken. Der regelmäßige Wechsel der auf diese Weise alternierend geschöpften Papierbogen hat sich oft in ungestörten Lagen von Amtsbüchern, Handschriften und Drucken bis heute erhalten.

## Wasserzeichen in der Forschung

In der schriftlichen Überlieferung finden sich Wasserzeichen erstmals in dem heraldischen Werk eines italienischen Rechtsgelehrten aus Perugia um 1350 erwähnt. Sie gelten dort als Markenzeichen, die die Herkunft des Papiers kennzeichnen.[5]
Versuche, vorherrschend unter ästhetischen Gesichtspunkten, Wasserzeichen für Datierungszwecke zu nutzen, sind seit dem siebzehnten Jahrhundert bekannt. Doch dauerte es noch bis in die zweite Hälfte des neunzehnten Jahrhunderts, bis die ersten stattlichen Sammlungen erschienen und erste Einblicke in die enorme Vielfalt der Wasserzeichen vermittelten.[6] Den entscheidenden Durchbruch erzielte schließlich der Schweizer Papierhistoriker und Wasserzeichenforscher Charles Moise Briquet mit seinem 1907 veröffentlichten vierbändigen Werk „Les filigranes. Dictionnaire historique des marques du papier dès leur apparition vers 1282 jusqu'en 1600“. Er edierte darin 16 112 Wasserzeichenabbildungen und übertraf damit in der Anzahl wie in der Exaktheit ihrer Darstellung alle Arbeiten seiner Vorgänger. Briquets monumentaler Edition stand lange Zeit nichts Gleichwertiges zur Seite, und sie kann noch heute als eine Art

Schematische Darstellung des Schöpfsiebabdrucks im Papierbogen. Die gestrichelten Linien markieren die Begrenzungen der Formate, die durch das Falzen des Bogens gewonnen wurden. Dabei wird auch deutlich, wie das Wasserzeichen im Falz zu liegen kommen kann.
Aus: Horlfinger, Zur Datierung von Handschriften mit Hilfe von Wasserzeichen, 1980.

Die Insignien aus den Schwarzburger Wappen, begleitet von den Initialen des Meisters Johann Keyssner der Papiermühle zu unserer lieben Frau, Arnstadt, 1633 bis 1638 in Gebrauch. Aus: Wisso Weiß, Thüringer Papiermühlen und ihre Wasserzeichen, Weimar 1953.

Musterbuch für die Deutung eines Wasserzeichens nützliche Dienste leisten. Sie ist daher öfter nachgedruckt worden.[7]
Wie auf vielen anderen Gebieten begann auch in der Wasserzeichenforschung nach dem Zweiten Weltkrieg eine neue Ära.[8] Der Anstoß dazu kam von Forschern einer neuen Generation, die sich zunächst ausschließlich mit dem Papier beschäftigten. Sie sind für die methodische Erneuerung und die wissenschaftliche Fundierung der Wasserzeichenforschung leidenschaftlich eingetreten und haben sie, mit- und oft auch gegeneinander wetteifernd, zu einem Wissenschaftszweig weiterentwickelt, der die klassischen historischen Hilfs- oder Grundwissenschaften in einer wichtigen Spezialdisziplin ergänzt. Sie haben ihr wissenschaftliche Anerkennung verschafft, ohne selbst in der universitären Forschung und Lehre tätig zu sein. Mit dieser Leistung sind Namen und Werk des jüngst, kurz nach Vollendung seines achtzigsten Lebensjahres verstorbenen Papier- und Wasserzeichenforschers Gerhard Piccard aufs engste verbunden. Dabei kommt Piccard das Verdienst zu, der Methode, mit Hilfe von Wasserzeichen zu datieren, nicht nur die theoretischen Grundlagen maßgeblich gesichert, sondern auch ein bislang einzigartiges Instrumentarium für ihre praktische Erprobung und Anwendung geschaffen zu haben: die Wasserzeichenkartei im Hauptstaatsarchiv Stuttgart und die dazu veröffentlichten „Findbücher"[9], beide inzwischen weltweit bekannt und konsultiert. Der Ministerpräsident von Baden-Württemberg hat ihm in Würdigung dieser besonderen wissenschaftlichen Leistung im Jahre 1980 den Ehrentitel Professor verliehen.

## Die Datierungsmethode

Nicht datierte oder zweifelhaft datierte ältere Schriftstücke, Zeichnungen oder Drucke können zeitlich näher bestimmt werden, wenn es gelingt nachzuweisen, daß sie aus derselben Schöpfform stammen wie ein Vergleichsbogen, dessen Zeitstellung eindeutig feststeht. Vergleichsmerkmale sind die im Papier hinterlassenen Schöpfsiebabdrücke, insbesondere das Wasserzeichen. Es gilt also festzustellen, ob der datierte und der undatierte Papierbogen oder bestimmte Ausschnitte daraus in ihrer formalen Struktur übereinstimmen.
Die Methode basiert vor allem auf der Beobachtung, daß die Schöpfsiebabdrücke nicht über längere Zeit konstant geblieben sind, ferner auf der Feststellung, daß bis um die Mitte des siebzehnten Jahrhunderts gewöhnliche Schreib- und Druckpapiere rasch abgesetzt und aufgebraucht, also nicht auf Vorrat eingekauft und länger gelagert wurden. Zwischen der Herstellung dieser Papiersorten und ihrem Verbrauch durch Beschriften, Bemalen oder Bedrucken verstrich also nur wenig Zeit. Die Veränderungen der Schöpfsiebabdrücke sind auf Abnutzungen und Ausbesserungen des Drahtnetzes sowie auf den Austausch des Siebes nach ein bis zwei Jahren Gebrauchszeit zurückzuführen.
Piccard hat diese Erkenntnisse schon sehr früh in der kritischen Auseinandersetzung mit Briquet durch Massenuntersuchungen erhärtet und durch schriftliche Zeugnisse gestützt. Er hat dabei auch erkannt, daß die Schöpfsiebabdrücke auf eine gemeinsame Herkunft der Vergleichsbogen nur dann schließen lassen, wenn sich die Merkmale

Beispiel für die Bildung eines Typs in Piccards Findbuch I „Die Kronenwasserzeichen": Typ XIII 6 und zwei zugehörige originalgetreue Papierzeichen aus der Fülle von 105 Einzelmarken dieses Typs.

1501

1524

identisch einander entsprechen. Der Grad der Ähnlichkeit genügt nicht. Auch muß mit präzisen größengetreuen Wiedergaben der Vergleichsmerkmale gearbeitet werden.[10]
Einmütigkeit besteht unter den Papierhistorikern, daß der Nachweis der gemeinsamen Herkunft aus einer bestimmten Schöpfform hauptsächlich mit Hilfe des Wasserzeichens geführt wird. Auch darf nach allgemeiner Überzeugung von Kongruenz oder Identität so lange gesprochen werden, wie die Abweichungen minimal sind und auf die Behandlung des Papierbogens im Herstellungsverfahren (Schöpfen, Gautschen, Pressen, Trocknen, Leimen, Glätten) zurückgeführt werden können. Umstritten ist, welche Merkmale für den Identitätsnachweis unentbehrlich sind und wie diese erfaßt und dargestellt werden sollen. In diesen Meinungsstreit spielen grundsätzliche und praktische Erwägungen hinein, und je nach persönlicher Erfahrung und Geschicklichkeit im Umgang mit den Vorlagen, je nach Aufwand an Apparaturen, Kosten und Zeit oder je nach der Zweckbestimmung der beabsichtigten Sammlung werden unterschiedliche Antworten gefunden.
Daß Wasserzeichen und weitere Merkmale in der für Datierungszwekke benötigten Form und Menge nicht in Gestalt der Originalpapiere, in welchen sie enthalten sind, gesammelt und nutzbar gemacht werden können, versteht sich von selbst. Auch müßte jeder Versuch zum Scheitern verurteilt sein, nicht genormte Bildzeugnisse solcher Art ausschließlich durch Beschreiben und Vermessen darzustellen und vergleichend zu betrachten. Piccard hat daher einen praktikablen Weg eingeschlagen und sich darauf beschränkt, als Hauptkriterium, gleichsam als Fingerabdruck des einzelnen Bogens, das Wasserzeichen und sein unmittelbares Umfeld (Wasserzeichenfeld) zu erfassen. Außer der figürlichen Darstellung des Wasserzeichens berücksichtigt er Beizeichen, durchlaufende und begleitende Binddrähte (Kettlinien) sowie auffällige Bodendrähte (Ripplinien), desgleichen Gegenmarken in der anderen Bogenhälfte. Er steht darin ebenso in der Nachfolge Briquets wie in der Art der Aufnahme und Übertragung mittels Bleistiftpause auf Transparentpapier, doch achtete er mehr als dieser darauf, daß die zu erfassenden Merkmale präzise durchgepaust und größengetreu übertragen wurden.
Das wesentliche Identitätskriterium ist somit das Wasserzeichen und seine Position im Verhältnis zu den durchlaufenden und umgebenden Binddrähten (Kettlinien) im Wasserzeichenfeld. Für den Abgleich der Merkmale und die Feststellung der Identität werden größengetreue und wischfeste Abbildungen auf einem maßhaltigen transparenten Träger (Transparentpapier, Folie, Film) benötigt. Trotz der Beschränkung auf wesentliche Merkmale bleibt diese Form des Identitätsnachweises immer noch verhältnismäßig arbeitsaufwendig. Inwieweit hier einmal technische Hilfsmittel, insbesondere Film oder Computer[11] oder beide in Verbindung miteinander unterstützend eingesetzt werden können, muß die Zukunft weisen. Ohne Begleitung durch den kritischen Verstand eines kundigen Wasserzeichenforschers, der im Gegensatz zu einer vorprogrammierten Maschine fähig ist, spontan und assoziativ zu verknüpfen, wird man jedoch

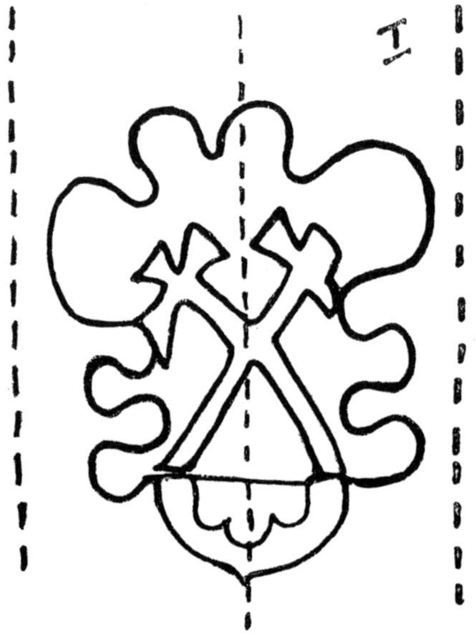


Oben und unten: Gekreuzte Schlägel und Eisen über kleinem Zierstück in Zierschild, auf Steg, nach einer Pause von Wisso Weiß aus: Notenhandschrift der Deutschen Staatsbibliothek Berlin, belegt für 1738 und 1740. Wasserzeichen der Papiermühle Oberschlema, Kreis Aue/Erzgebirge. Papiermacher Ernst Neubert II, Inhaber 1730–1736 oder Christoph Friedrich Schürer, Inhaber seit 1737. Die gekreuzten Schlägel und Eisen, seit alters Bergmanns- und Bergbausymbole, kommen in alten Bergbaugebieten – besonders im Erzgebirge – öfters als Wasserzeichen-Motiv vor.
Privatbesitz.

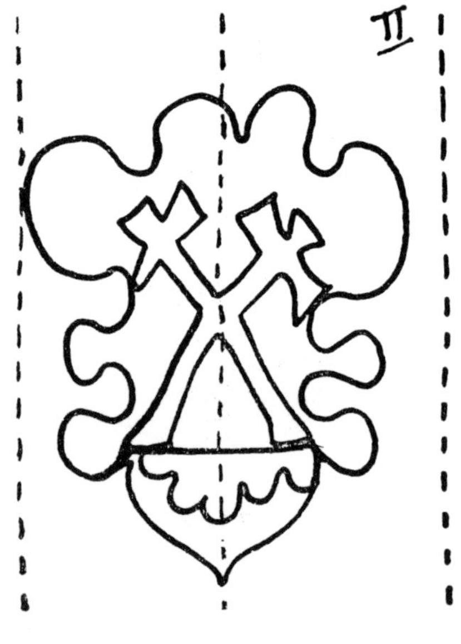

schwerlich auskommen, insbesondere bei der Datierung von besonderen Problemfällen wie Wasserzeichenfragmenten oder nicht sicher gedeuteten Wasserzeichen.

Wie die Praxis zeigt, ist die Datierungsmethode auf der Grundlage der für Piccard maßgeblichen Kriterien recht zuverlässig. Sie verfügt auch über eine sich bestätigende Selbstkontrolle immer dann, wenn die unterschiedlichen Varianten eines oder gar verschiedener Motive aus zusammengehörenden Papierbögen zu denselben Datierungsergebnissen führen. Als Faustregel gilt ±4 Jahre bezogen auf den identischen Datumsträger. Diese Zeitspanne verkürzt sich in dem Maße, in dem identische Wasserzeichen für mehr als ein Jahr bezeugt sind. Liegen zum Beispiel Nachweise für die Jahre 1471 und 1473 vor, ergibt sich der Zeitraum 1469 bis 1475 (1473 – 4 = 1469; 1471 + 4 = 1475).[12] Insoweit ist die Methode den herkömmlichen paläographischen, stilkundlichen oder typographischen Arbeitsweisen weit überlegen.

Im übrigen ist die Methode, mit Hilfe von Wasserzeichen zu datieren, im Einzelfall nicht unfehlbar. Wo immer möglich, sollten auch andere Datierungskriterien und -verfahren herangezogen und die Ergebnisse durch wechselseitige Erhellung abgesichert werden. Die Beschränkung des Erfassungsaufwands auf das Wasserzeichenfeld ist daher im Blick auf den möglichen Erfolg auch aus arbeitsökonomischen Gründen geboten. Sie macht zugleich den Weg frei, möglichst viele sicher datierte Nachweise zu erfassen und die Reihen der Belege möglichst dicht zu schließen.

## Die Wasserzeichenkartei Piccard

Die Wasserzeichenkartei im Hauptstaatsarchiv Stuttgart wurde 1951 begonnen und in den Folgejahren stetig ergänzt. Sie enthält gegenwärtig rund 95 000 Zeichen. Weitere 35 000 sind erfaßt, aber noch nicht in die Kartei übertragen. Piccard hat alle diese Belege aus über achtzig Archiven und fünf Bibliotheken vor allem Süddeutschlands sowie Nord- und Mittelitaliens, ferner Nordwestdeutschlands und der Nachbarländer Niederlande, Belgien, Frankreich, Schweiz und Österreich zusammengetragen. Im ehemaligen staatlichen Archivlager in Göttingen ergänzte er seine Sammlung um Belege aus Beständen der Staatsarchive Königsberg, Schwerin und Zerbst und des Stadtarchivs Reval (heute Geheimes Staatsarchiv Berlin, Stiftung Preußischer Kulturbesitz). Um Zirkelschlüsse zu vermeiden, berücksichtigte er in der Regel nur Zeichen in zweifelsfrei datierten Schriftstücken, Amtsbüchern, Handschriften oder Drucken. Erschlossene Datierungen finden sich in der Kartei nur als seltene Ausnahmen. Weil die Zuverlässigkeit der Methode mit dem Anstieg der Papierproduktion und der Zunahme der Vorratshaltung abnimmt, konzentrierte sich Piccard außerdem auf Nachweise von den Anfängen der europäischen Papierherstellung bis um 1650. Die eindrucksvolle Belegdichte der Stuttgarter Wasserzeichenkartei ist aber nicht nur die Folge dieser zeitlichen Begrenzung und die Frucht kontinuierlich über mehr als drei Jahrzehnte wirkenden Forscherfleißes; sie ist auch das Ergebnis des angewendeten Verfahrens bei der Erfassung und Wiedergabe der Wasserzeichen.

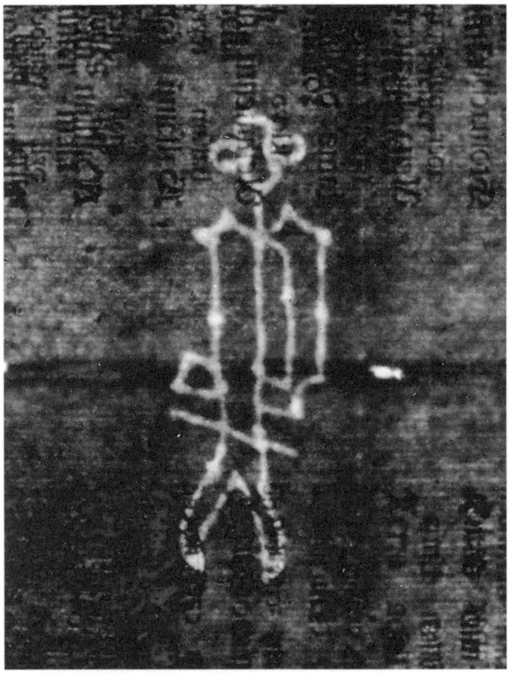

Wasserzeichenaufnahme nach dem Siener-Verfahren. Das Wasserzeichen ist in einem abgelösten Einbandblatt der Württembergischen Landesbibliothek Stuttgart enthalten. Deutlich sind Nähknoten sichtbar.
Aufnahme: Joachim Siener, Württ. Landesbibliothek Stuttgart.

Der Wasserzeichenkartei im Hauptstaatsarchiv Stuttgart liegen ausschließlich originalgetreue Abbildungen in Form von Bleistiftpausen zugrunde. Piccard hat sie mit Sondererlaubnis der Archive und Bibliotheken, in denen er arbeitete, unmittelbar vom Original auf Transparentpapier durchgezeichnet, insgesamt rund 130 000. Diese auf Dauer nicht haltbaren und auch nicht nutzbar zu machenden Pausen dienen jedoch nur als Zwischenträger. Nach der Rückkehr von den Archiv- und Bibliotheksreisen ging Piccard daran, die Durchzeichnungen durch abermaliges Pausen auf maßhaltige säurefreie Karteikarten größengetreu zu übertragen und durch Überzeichnen in schwarzer Ausziehtusche zu fixieren. Wie zahlreiche Kontrollen ergaben, halten sich Abweichungen vom Original, die infolge dieser einfachen Übertragungstechnik auftreten können, in der Regel in den Grenzen einer normalen Strichstärke. Sie überschreiten damit nicht die Toleranzen von Veränderungen, die bei den verschiedenen Arbeitsgängen der Papierherstellung, beispielsweise beim Pressen eintreten konnten. In diesem Sinne darf durchaus von originalgetreuen Abbildungen gesprochen werden.

Um das Wasserzeichenfeld in seiner individuellen Ausprägung zu dokumentieren, werden außer der figürlichen Darstellung des Wasserzeichens auch die Binddrähte (Kettlinien) im engeren Umfeld sowie die Beizeichen und Gegenmarken, beide ihrerseits gemeinsam mit den cntsprechenden Binddrähten (Kettlinien) erfaßt. Dabei werden in bezug auf die Lage des Wasserzeichens und der Binddrähte (Kettlinien) zwei Grundtypen unterschieden: Entweder das Wasserzeichen erscheint über oder zwischen zwei Binddrähten, oder ein Binddraht bildet die Mittelachse und je ein weiterer verläuft rechts und links des Zeichens. Die Bodendrähte (Ripplinien) werden nur markiert, wenn sie besondere Auffälligkeiten zeigen, beispielsweise besonders dick sind oder dünne und dicke einander abwechseln.

Zu jedem Zeichen sind außerdem folgende Angaben über das Papier, in dem es enthalten ist, notiert: Fundstelle (Archiv, Bestand/Archivsignatur) und Datum, gegebenenfalls auch Ausstellungsort, Überlieferungsform (besiegelte Ausfertigung, Kanzleischreiben, Privatschreiben) und Aussteller.

Formenpaare werden nur dann mitgeteilt, wenn beide Zeichen in zweifelsfrei ursprünglicher Folge der Papierbogen, insbesondere in zusammenhängenden Lagen regelmäßig wechselnd festgestellt wurden. Ferner wird auf Gegenmarken verwiesen. Papierformate und Papierqualitäten werden nur vermerkt, wenn es sich nicht um Schreib- oder Druckpapiere in gewöhnlichem Kanzleiformat handelt.

## Klassifizierung und Gliederung

Bei der Klassifizierung der Wasserzeichen und dem Entwurf eines Gliederungsplans für die Kartei suchte Piccard eigene Wege zu gehen. Er ließ sich dabei von praktischen Erwägungen und Erkenntnissen leiten, die er bei der kritischen Auseinandersetzung mit Briquets monumentalem Tafelwerk und ähnlichen Editionen gewonnen hatte. Briquet reiht die Wasserzeichen nach dem Alphabet ihrer Bezeichnung. Eine solche Gliederung setzt voraus, daß die darzustellenden Zeichen in jedem Fall sicher erkannt und benannt werden können.

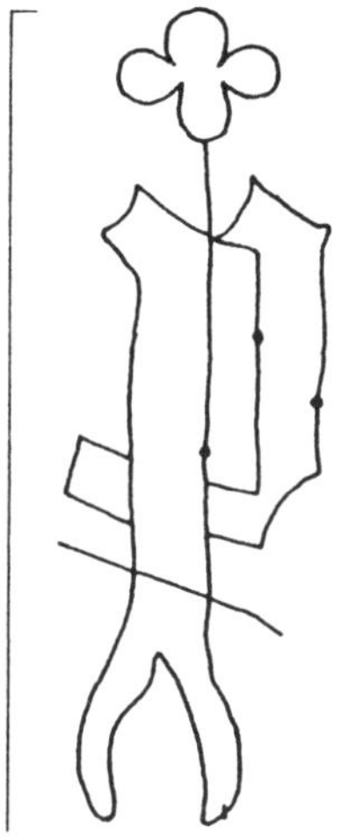

256

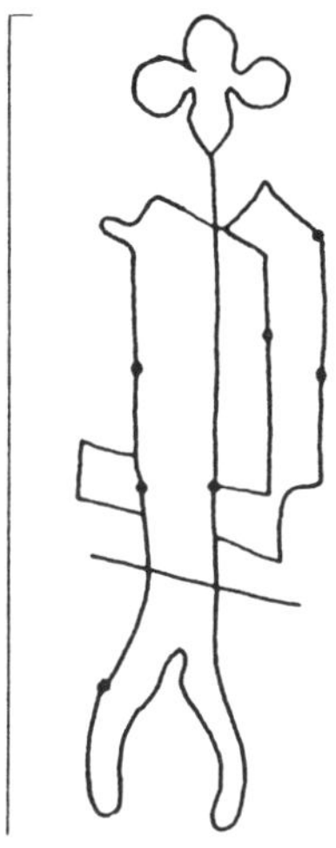

257

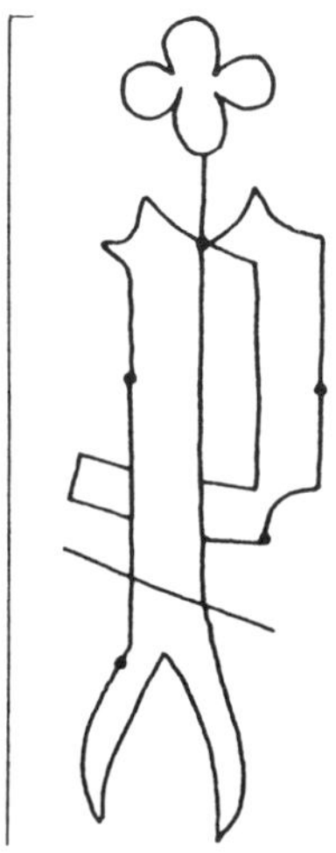

263

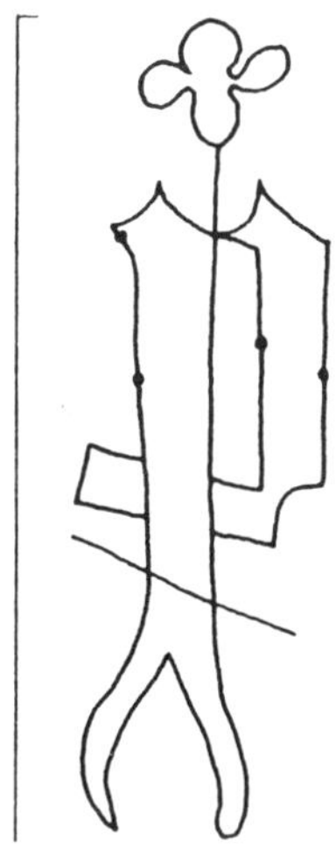

264

| | | | | |
|---|---|---|---|---|
| 256 | ‖ | 26 | Diedenhofen | 1448 |
| 257 | ‖ | 28–29 | Hambach (Jülich) | 1489 |
| 258 | | 29 | } Köln, Speyer | 1487 |
| 259 | ‖ | 29–30 | | |
| 260 | ‖ | 27 | Kl. Siegburg | 1489 |
| 261 | ‖ | 27 | Siegen | 1490 |
| 262 | ‖ | 27 | Frankfurt a. M. | 1491 |
| 263 | ‖ | 28 | Alzey (Rheinhessen) | 1538, 1539 |
| 264 | ‖ | 28 | Hambach (Jülich) | 1488 |

Ausschnitte aus Piccards Findbuch IV „Wasserzeichen Buchstabe P" Abt. XII. Nr. 264 ist identisch mit dem links nach dem Siener-Verfahren dargestellten Wasserzeichen. Für die Feststellung der Identität sind die Nähknoten hilfreich.

Das aber ist nicht immer möglich. Auch müssen komplex zusammengesetzte Zeichen unter einen Begriff gezwungen werden. Und schließlich muß der Nutzer die Bezeichnungen in der Sprache, die der Edition zu Grunde liegt, beherrschen.

Piccard versetzt sich in die Lage des Forschers, der in einem Schriftstück, in einer Zeichnung oder in einem Druck ein bestimmtes Motiv festgestellt hat und dazu, ohne weitere Vorkenntnisse und lediglich im Besitz der figürlichen Abbildung, ein sicher datiertes identisches Zeichen sucht. Um ihm den Weg zu weisen, gibt er ihm Orientierungshilfen zur Hand, die so konsequent wie möglich an der Form gewonnen werden können. Dabei geht auch Piccard zunächst von der inhaltlichen Deutung der einzelnen Bildzeugnisse aus, er gliedert jedoch nicht alphabetisch nach den Bezeichnungen, sondern nach sachlichen Zusammenhängen. Er gelangt dabei zu einer Hierarchie von Hauptgruppen, Gruppen und Abteilungen. Die Hauptgruppen sind:[13]

I Ungegenständliche Zeichen
II Heraldische Zeichen
III Kosmische, geistliche und weltliche Sinnzeichen (außer Wappen), Fabelgestalten
IV Darstellungen aus dem Pflanzenreich
V Darstellungen aus dem Tierreich
VI Mensch und Werk

Die Ordnung innerhalb der Abteilungen richtet sich dann allein nach der formalen Gestaltung der erfaßten Zeichen. Ordnungsgrundsatz ist: Vom Einfachen zum Vielgestaltigen.

Dieser ganz auf die Form bezogene Systematisierungsansatz für die Ordnung innerhalb der Abteilungen ist nicht unumstritten. Er mag in Einzelfällen gewiß zu subjektiven Festlegungen führen. Er kann auch zur Folge haben, daß Zeichen derselben Schöpfform oder desselben Schöpfformenpaares getrennt werden. Die Möglichkeit, daß der bloße Formenvergleich Fehlinterpretationen begünstigt, ist aber sicherlich nicht größer, als daß er den Blick für richtige Deutungen schärft. So wie Piccard Fehldeutungen richtiggestellt hat, ist er seinerseits solchen erlegen.[14] Derartige Sonderfälle halten sich wahrscheinlich in überschaubaren Grenzen. Ihnen ist nur beizukommen, wenn das erforderliche Spezialwissen kooperativ zusammengeführt wird. Aufs ganze gesehen hat die formale Betrachtungsweise den großen praktischen Vorteil, bei der Suche nach identischen Wasserzeichen sich allein von der Form in ihren unterschiedlichen Ausprägungen leiten lassen zu können.

Im übrigen wird ein gewisser Suchaufwand unvermeidlich bleiben. Denn die Massen der Wasserzeichen lassen sich desto schwieriger straff systematisieren, je zahl- und variantenreicher und je vielgestaltiger und komplexer sie sind. Auch Piccard hat sein ursprüngliches Gliederungsschema teilweise modifiziert und aufgrund praktischer Erwägungen geändert. Beispielsweise wurden die zunächst in getrennten Gruppen ausgewiesenen Motive Werkzeug und Waffen inzwischen in einer Gruppe zusammengefaßt. Desgleichen ist die Feingliederung der Kartei nur parallel zu den Findbüchern I–IV konsequent

durchgeführt worden. Doch auch in diesen Abteilungen harren zahlreiche Nachträge, insbesondere bei den Ochsenkopf-Wasserzeichen der exakten Zuordnung. Der Wert der Kartei als Arbeitsinstrument wird dadurch grundsätzlich nicht in Frage gestellt. Die fehlende Feinordnung ist allerdings mit ein Grund dafür, daß die Kartei nicht allgemein zugänglich gemacht werden kann, auch nicht in den Teilen, für die Findbücher noch nicht herausgebracht werden konnten.
Die Frage der Gliederung von Wasserzeichensammlungen und der Klassifizierung der Wasserzeichen wird jüngst wieder intensiv diskutiert und unterschiedlich beantwortet. Anlaß dafür sind Überlegungen, den Computer auch der Wasserzeichenforschung dienstbar zu machen.[15]

## Die Findbücher

Findbücher sind gewöhnlich Archivalienverzeichnisse. Mit ihrer Hilfe werden aus der Fülle des in einem Archiv verwahrten Archivguts diejenigen Unterlagen ermittelt, die für ein bestimmtes Forschungsvorhaben benötigt werden. Die Bezeichnung entstammt also der Welt der Archive. Charakteristisch für Findbücher ist, daß sie das Archivgut nicht in allen Einzelheiten seiner Aussagemöglichkeiten erschließen, sondern den Inhalt der überlieferten Archivguteinheiten, beispielsweise von Urkunden, Akten oder Bänden, mehr oder weniger ausführlich beschreiben und möglichst in der vorgefundenen Ordnung darstellen.
Die Bezeichnung „Findbücher" ist auch auf die Findmittel übergegangen, die archivisches Sammlungsgut erschließen, und so erklärt sich ihre analoge Verwendung, als die baden-württembergische Archivverwaltung vor nunmehr dreißig Jahren den mutigen Entschluß faßte, die seinerzeit auf 50 000 Wasserzeichenbelege angewachsene Kartei durch die Herausgabe gedruckter Verzeichnisse allgemein nutzbar zu machen. Innerhalb der „Veröffentlichungen der staatlichen Archivverwaltung Baden-Württemberg" wurde dafür eigens die Sonderreihe „Die Wasserzeichenkartei Piccard im Hauptstaatsarchiv Stuttgart" begründet. Den Anfang machte 1961 Findbuch I „Die Kronen-Wasserzeichen". Herausgeber wie Bearbeiter erläutern darin ausführlich das Gesamtprojekt sowie das Verhältnis von Findbüchern und Kartei.
Rein äußerlich sind Piccards Findbücher der Wasserzeichenedition von Briquet nachgebildet. Insbesondere wurden das Format der Bände und deren Zweiteilung in einen Textteil mit den Datierungsnachweisen und einen nachfolgenden Abbildungsteil entlehnt. Im übrigen überwiegen jedoch die Unterschiede die Gemeinsamkeiten.
Im Blick auf den Umfang und den beabsichtigten weiteren Auf- und Ausbau der Kartei sowie aus Kostengründen war ursprünglich nicht daran gedacht, sämtliche Einzelbelege als originalgetreue Abbildung zu veröffentlichen. Vielmehr sollten die gedruckten Wasserzeichen-Findbücher, ähnlich wie es Archivalienverzeichnisse für Archivgut leisten, lediglich Auskunft darüber geben, ob zu bestimmten Motiven und Formungen Nachweise in der Kartei enthalten sind. Wird der Forscher fündig, muß anschließend in der Kartei nach dem identischen Beleg recherchiert werden. Um so verfahren zu können, bildete Pic-

Ausschnitt aus der Bildübersicht in Piccards Findbuch XV „Wasserzeichen Vierfüßler", Teil 3, mit den Bildmotiven Affe, Dromedar, Esel (IV), Pferd (V) und Ochse (VI).

478

481

502

506

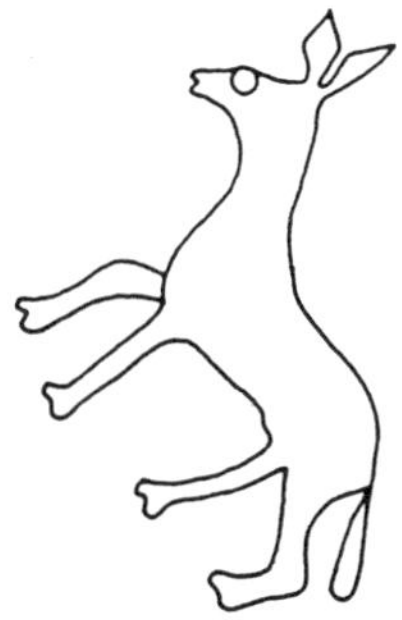
532

534

544

552

566

568

573

588

610

633

657

712

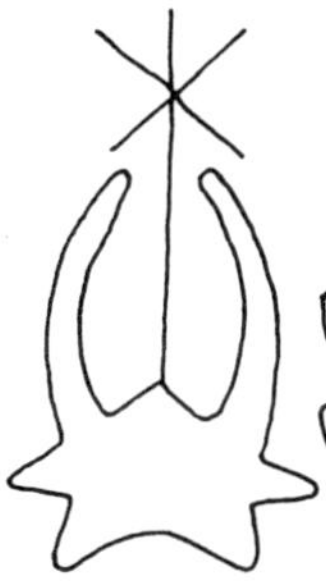
720

726

741

743

759

768

799

832

840

859

899

929

935

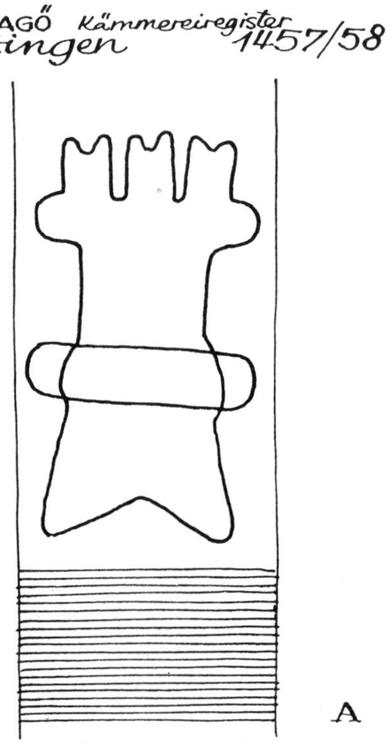


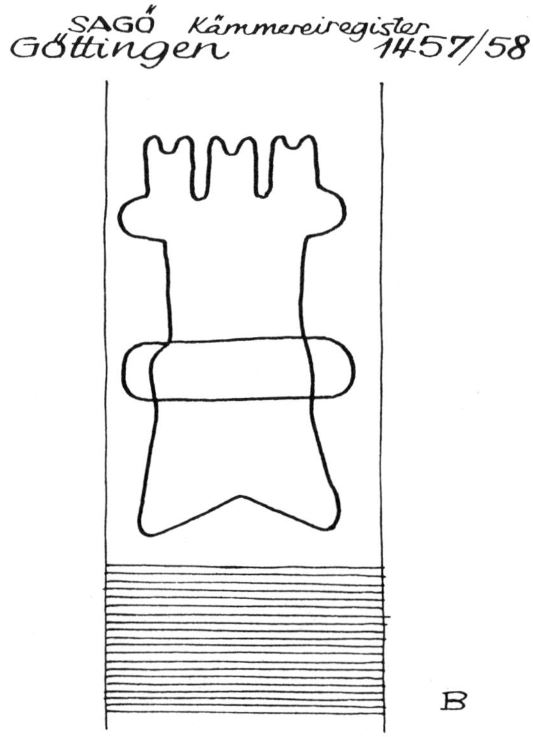


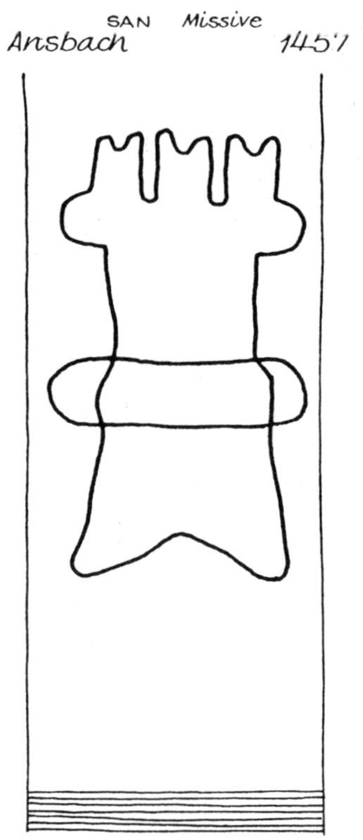


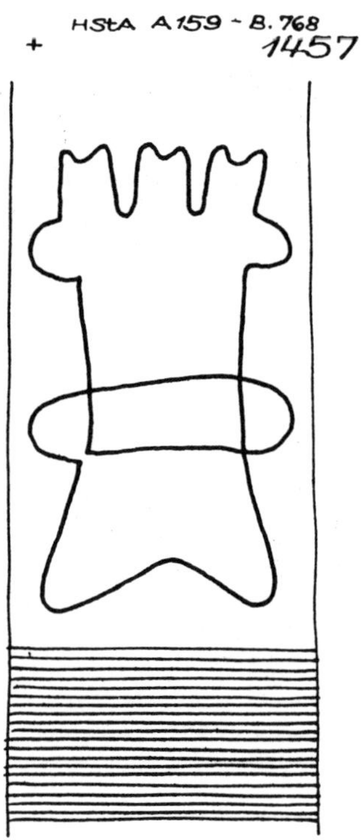


Durchzeichnungen von Turm-Wasserzeichen aus der Wasserzeichenkartei Piccard im Hauptstaatsarchiv Stuttgart. Die Buchstaben A und B weisen darauf hin, daß die betreffenden Wasserzeichen aus einem Schöpfformenpaar stammen. Die für „Ansbach 1457" und „Göttingen 1457/58" belegten Wasserzeichen sind identisch mit dem auf Seite 85 oben dargestellten Zeichen.

Turm-Wasserzeichen des rechts dargestellten Typs. Durchzeichnung. Die leichte Auflösung läßt deutlich erkennen, daß das Zeichen aus einem einzigen Drahtstück geformt worden war.

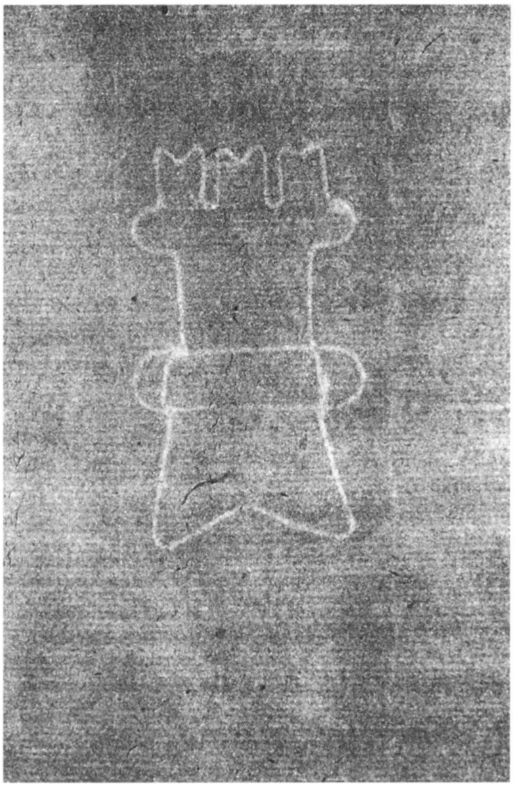

Durchlichtaufnahme eines Turm-Wasserzeichens aus dem Saalbuch des Egidienklosters.
Stadtarchiv Nürnberg.

Turm-Wasserzeichen wie links gezeigt. Wiedergabe durch Abreiben.

card aus den mehr als 5000 Kronen-Wasserzeichen, die er seinerzeit erfaßt und übertragen hatte, 547 Typen und veröffentlichte diese. In gleicher Weise grenzte er wenig später 24 000 Ochsenkopf-Einzelmarken auf 3993 Typen ein und publizierte letztere 1966 in dem dreiteiligen Findbuch II „Die Ochsenkopf-Wasserzeichen". Beim Gebrauch der Findbücher I und II ist daher zu beachten, daß beide ausschließich Typen abbilden, die der Bearbeiter künstlich gebildet hat. Ihre Formungen kommen in Wirklichkeit so nicht vor. Der Identitätsnachweis kann nur über die in der Kartei enthaltenen typzugehörigen Einzelbelege geführt werden.

Von ähnlichem Nutzen ist auch das Findbuch III „Die Turm-Wasserzeichen", das 1970 erschien. Es bleibt ganz dem ursprünglichen Grundgedanken der Findhilfe verhaftet, die den gezielten Zugriff auf die Kartei ermöglicht. Von seinen beiden Vorgängern unterscheidet es sich jedoch dadurch, daß an Stelle von künstlich gebildeten Typen repräsentative Zeichen, wie sie in Wirklichkeit begegnen, ausgewählt und originalgetreu wiedergegeben wurden. Insgesamt werden auf diese Weise über 7000 Einzelmarken durch 2835 „Stellvertreter" erschlossen.

Nachdem sich Piccards Methode, mit Hilfe von Wasserzeichen zu datieren, zunehmend durchgesetzt und praktisch bewährt hatte, wurde die ursprüngliche Findbuchkonzeption ab Band IV „Wasserzeichen Buchstabe P" (1977) aufgegeben. Obwohl dieser wie die Folgebände den Findbüchern I–III in Form und Aufbau weitgehend gleicht, bietet er erstmals sämtliche in der Kartei vereinigten Varianten eines Motivs samt den Einzelbelegen ihrer Datierung. Außerdem werden aus dem unmittelbaren Umfeld eines jeden Zeichens ein benachbarter Binddraht abgebildet und im Textteil die Anzahl der Binddrähte (Kettlinien) sowie ihr Abstand (gemessen in mm) mitgeteilt.

Ab Band IV sind die Findbücher Piccards, im Grunde genommen, Wasserzeicheneditionen. Sie erreichen für Datierungszwecke die Genauigkeit der Kartei und machen den Rückgriff auf sie in der Regel entbehrlich.

Zur Erleichterung der Benutzung enthalten sie als „Vorspann" eine regelmäßig wiederkehrende Standardausstattung, darunter eine Bildübersicht über die Gliederung der in dem jeweiligen Band edierten Abbildungen. Die dort gleichfalls abgedruckten Zusammenstellungen über die Herkunft des Papiers begnügen sich oft mit der räumlichen Zuweisung und nennen die Produktionsstätten nur, wenn diese als gesichert gelten. Spezifische Erläuterungen werden nach Bedarf beigegeben.

Der Entschluß, ab Band IV vom Typen-Verzeichnis zur Wasserzeichen-Edition überzugehen, entspricht der pragmatischen Vorgehensweise, die dem gesamten Unternehmen zugrundeliegt. Denn die Findbücher können und wollen weder Vollständigkeit noch abschließende Systematisierung der Zeichen beanspruchen. Sie sind keine Editionen im Sinne von Quelleneditionen, die die Überlieferung nach den Regeln der Kunst systematisch bearbeiten, sondern Bildverzeichnisse derjenigen Wasserzeichen, die der Bearbeiter in einer andernorts bislang nicht erreichten Dichte in der Stuttgarter Kartei zusammengetragen hat und die der Herausgeber auf diesem Weg allgemein nutzbar macht. Bei der Benutzung der Findbücher ist daher zu beachten: Die zahlreichen, im einzelnen aber sehr unterschiedlich dicht belegten oder erfaßten und übertragenen Motive, Typen und Varianten finden sich innerhalb der Abteilungen nach dem Grundsatz „Vom Einfachen zum Vielgestaltigen" sinnfällig gereiht, nicht streng systematisch geordnet. Die Bildübersichten über die Gliederung zu Beginn der einzelnen Bände leisten nur erste Orientierungshilfe, einen vollständigen Überblick über sämtliche Typen der edierten Abbildungen bieten sie nicht. Der Benutzer sollte daher, wenn die Bildübersichten im Einzelfall nicht weiterhelfen, die einschlägigen Abschnitte der Abbildungsteile durchblättern und sein Augenmerk besonders auf die Schnittstellen und Grenzbereiche der Motivgruppen richten.

Probleme bereitet ferner die Komplexität vieler Wasserzeichen. Sie erschwert nicht nur ihre Systematisierung innerhalb eines Bandes, sie führt auch mit der zunehmenden Menge der Editionen zu Überschneidungen und unscharfen Abgrenzungen der Findbücher untereinander. Solche Nachteile können durch Verweise nur in der Kartei, nicht aber in den Bänden voll ausgeglichen werden.

Die Sonderreihe der Findbücher zur Wasserzeichenkartei Piccard im Hauptstaatsarchiv Stuttgart umfaßt gegenwärtig 15 Bände in 22 Teilbänden. Sie erschließen 72 220 Wasserzeichen, davon die Hälfte als größengetreue Wiedergaben. Im Druck befindet sich zur Zeit das zweibändige Findbuch „Dreiberg" mit weiteren 3 399 Abbildungen. Aus dem Nachlaß Piccards sind ferner für die Edition vorgesehen die Motive Hand, Handschuh, Hut, Schlange, Vogel und Mensch.

## Verfahren zur Abbildung von Wasserzeichen

Das richtige Erkennen, Erfassen und Abbilden der Wasserzeichen ist eine Grundvoraussetzung für ihre sachgerechte Verwendung als Datierungshilfen. Ziel jeder Technik, für die man sich entscheidet, muß sein, präzise größengetreue Abbildungen zu gewinnen. Folgende Verfahren werden heute praktiziert:

**Das Durchzeichnen.** Das verbreitetste Verfahren, Wasserzeichen abzubilden, ist bis heute das Durchzeichnen mit Bleistift auf Transparentpapier.[16] Es ist schnell und preiswert und kann mit höchst einfachen, leicht transportablen technischen Mitteln durchgeführt werden. Die Wasserzeichenkartei Piccard und die zugehörigen Findbücher beruhen, wie oben dargelegt wurde, ausschließlich auf dieser Technik.

Grundvoraussetzung für die Zuverlässigkeit dieses Verfahrens ist, daß mit größtmöglicher Präzision gearbeitet wird. Insbesondere muß darauf geachtet werden, daß sich das glatte Transparentpapier beim Durchzeichnen des Wasserzeichens und der Binddrähte (Kettlinien), Beizeichen und Gegenmarken nicht verschiebt oder verdreht und daß nur Figurenteile und Siebstrukturen erfaßt werden, die eindeutig erkennbar sind. Mutmaßliche Ergänzungen müssen auf alle Fälle unterbleiben, auch wenn die so gewonnene Abbildung das Zeichen offenkundig unvollständig wiedergibt. So wie, um Zirkelschlüsse zu vermeiden, die Daten möglichst nicht erschlossen sein sollen, darf auch das Zeichen selbst keine mutmaßlichen Ergänzungen enthalten. Die Technik des Durchzeichnens setzt außerdem große Erfahrung im Umgang mit Wasserzeichen voraus, sollen nicht wichtige Details, etwa weil die Sicht durch Tinte, Farbe oder Druckerschwärze behindert ist, übersehen werden. Da die Pause auf Transparentpapier überdies nicht haltbar und auch als Sammlung kaum organisierbar ist, muß sie manuell, fotographisch oder elektrographisch auf geeignetere Materialien übertragen werden. Schließlich stehen dem Durchzeichnen von Wasserzeichen in den Archiven, Bibliotheken und graphischen Sammlungen konservatorische Bedenken entgegen, so daß die Anwendung dieser Technik ohne Sondergenehmigung nicht erlaubt ist.

**Das Abreiben.** Als Alternative zum Durchzeichnen im Einzelfall hat sich in jüngster Zeit das Abreiben bewährt.[17] Die technische Ausrüstung dafür und das Verfahren sind sehr einfach: Eine harte Platte, zum Beispiel eine Glasscheibe, mit stumpfen Rändern wird unter die siebabgewandte Seite des Wasserzeichenfeldes geschoben, anschließend wird ein Transparentpapier auf die siebzugewandte Seite gelegt und schließlich wird ein weicher Bleistift diagonal zu den Bodendrähten (Ripplinien) und Binddrähten (Kettlinien) flach darüber geführt. Dabei tritt ähnlich wie beim Abreiben des Reliefs einer Münze Strich um Strich die Struktur des Wasserzeichenfeldes in Erscheinung, auch dort, wo Tinte, Farbe oder Druckerschwärze die Durchsicht behindern. An Stelle des Transparentpapiers können auch andere glatte, nicht zu dicke Papiere verwendet werden.
Wie beim Durchzeichnen muß beim Abreiben sorgfältig darauf geachtet werden, daß das Zeichenpapier nicht verrutscht.
Abreibungen sind außerdem nicht wischfest. Sie müssen daher mit einem Fixiermittel behandelt oder kopiert werden. Doch bilden sie besser als Durchzeichnungen, ähnlich den fotografischen Reproduktionen, die Struktur des Wasserzeichenfeldes umfassend ab. Aus konservatorischen Gründen darf das Abreibeverfahren nur mit Sondergenehmigung angewendet werden.

**Durchlichtaufnahmen, Kontaktkopien, Elektrokopien.** Mit dem Fortschritt der Fototechnik wurden in den letzten 25 Jahren verschiedene Durchlicht- und Kontaktaufnahmeverfahren unterschiedlich erfolgreich erprobt, insbesondere Lichtpause, Durchlichtaufnahme, Kontaktkopie und Elektrokopie.[18] Keines dieser Verfahren befriedigt völlig. Je nach apparativem Aufwand steigen Schwierigkeiten und Kosten. Licht- und Wärmeeinwirkungen auf das Papier rufen die Konservatoren auf den Plan. Allen gemeinsam ist der gravierende Nachteil, Farbstoffe auf der Oberfläche des Papiers wie Tinte oder Druckerschwärze nicht eliminieren zu können. Wenn gleichwohl fotografische Reproduktionen auf dem Umweg über Verkleinerungen hergestellt werden, sollte stets ein Maßstab mit aufgenommen werden.

1 Grundlegend G. Piccard, Die Wasserzeichenforschung als historische Hilfswissenschaft, in: Archivalische Zeitschrift 52, 1956, S. 62–115; ders., Die Wasserzeichenkartei Piccard im Hauptstaatsarchiv Stuttgart (Veröffentlichungen der Staatlichen Archivverwaltung Baden-Württemberg, Sonderreihe), Findbuch

I: Die Kronen-Wasserzeichen, 1961 – Findbuch XV: Wasserzeichen Vierfüßler, 1987; Th. Gerardy, Datieren mit Hilfe von Wasserzeichen (Schaumburger Studien 4), 1964. Zusammenfassende kritische Übersichten aus jüngerer Zeit mit weiterführender Literatur: D. Harlfinger, Zur Datierung von Handschriften mit Hilfe von Wasserzeichen, in: Griechische Kodikologie und Textüberlieferung, 1980, S. 144–169; P. Amelung, Methoden zur Bestimmung und Datierung unfirmierter Inkunabeln, in: Wolfenbütteler Abhandlungen zur Renaissanceforschung 2, 1981, S. 89–128; Th. Gerardy, Aufgaben der Wasserzeichenforschung, in: IPH-Jahrbuch 5, 1984, S. 59–66; P. Needham, The Study of Paper from an Archival Point of View, in: IPH-Jahrbuch 7, 1988, S. 122–136. Einen guten Einblick in den internationalen Forschungsstand vermitteln ferner auch die übrigen Beiträge und Mitteilungen in den IPH-Jahrbüchern.

2 Über die Terminologie herrscht im deutschen Sprachraum noch keine Einigkeit. Vgl. Harlfinger, 1980, S. 147; Gerardy, Aufgaben (wie Anm. 1) S. 60. Der Verfasser folgt im wesentlichen der Begrifflichkeit Piccards.

3 C. M. Briquet, Les filigranes. Dictionnaire historique des marques du papier dès leur apparition vers 1282 jusqu'en 1600, ²1923, Nr. 5410.

4 Th. Gerardy, Wasserzeichen in alten Papieren, in: SPH-Kontakte 16/17, 1978, S. 243.

5 H. B. Kälin-Sautter, Wappen in Schweizer Wasserzeichen, in: IPH-Jahrbuch 6, 1986, S. 72.

6 Harlfinger, 1980, S. 144 f.

7 ²1923; The New Briquet, Jubilee Edition, Amsterdam 1968; verkleinerter Nachdruck 1984.

8 Amelung, Methoden, 1981, S. 107 f.

9 Vgl. Anm. 1.

10 Vgl. Anm. 1.

11 Im Hinblick auf die Einrichtung von Datenbanken: P. F. Tschudin, Zur Typologie der Wasserzeichen, in: IPH-Jahrbuch 6, 1986, S. 141, 149; Ders., Registrierung von Wasserzeichen, in: IPH-Jahrbuch 7, 1988, S. 297–299; W. Weiss, Zur Klassifizierung der Wasserzeichen, in: IPH-Jahrbuch 7, 1988, S. 199. Vorstellung eines konkreten Projekts mit Hinweisen auf weitere Projektentwürfe: H. Wurm, Eine papiergeschichtliche Datensammlung. Italienische Architektur-Zeichnungen als Modell, in: Gutenberg-Jahrbuch 1986, S. 147–154.

12 Faustregel nach Harlfinger 1980, S. 158. Piccard setzt die Zeitspanne mit ±2 Jahren enger an. Für Formate über 350×500mm (Großformate) gelten wesentlich längere, allgemein nicht festlegbare Zeiträume.

13 Findbuch I, Kronen-Wasserzeichen, 1961, S. 12.

14 Tschudin, 1986, S. 148 f.

15 Wie Anm. 11.

16 Harlfinger, 1980, S. 153 f.; P. Amelung, Die Abbildung von Wasserzeichen. Vorbemerkung zur Beschreibung eines neuen Verfahrens, in: Gutenberg-Jahrbuch 1981, S. 97; Needham, 1988, S. 128.

17 W. Haupt, Wasserzeichenwiedergabe in schwierigen Fällen, in: Maltechnik. Restauro 1, 1981, S. 38–43; E. Ziesche und D. Schnitger, Elektronenradiographische Untersuchungen von Wasserzeichen in Inkunabeln, in: IPH-Jahrbuch 7, 1988, S. 210 (nennt das Verfahren „Durchreiben").

18 Vgl. Amelung, Abbildung, 1981, S. 97 f.; Needham, 1988, S. 128.

19 Amelung, Abbildung, 1981, S. 98; Needham, 1988, S. 128; Ziesche-Schnitger, 1988, S. 210.

20 Ziesche-Schnitger, 1988, S. 209–223 mit weiteren Literaturangaben zu ihren Untersuchungen.

21 J. Siener, Ein neues Verfahren zur Abbildung von Wasserzeichen. In: Gutenberg-Jahrbuch 1981, S. 99–102.

**Radiographische Verfahren.** Einen entscheidenden Fortschritt in der exakten Wiedergabe von Wasserzeichen brachte Ende der fünfziger Jahre die Beta-Radiographie.[19] Sie vermag mit Hilfe radioaktiver Isotopen, die von einer entsprechend präparierten Folie abgegeben werden, lichthemmende Zusätze auf der Oberfläche des Papiers zu überwinden und die Struktur des Wasserzeichenfeldes ohne störende Zusätze aufzunehmen. Die Ergebnisse sind hervorragend. Die Beta-Radiographie erfordert jedoch aufwendige stationäre Apparaturen, teure Röntgenfilme und trotz Weiterentwicklung immer noch Belichtungszeiten von rund zehn Minuten pro Aufnahme je eines Blattes rechts und links der radioaktiven Folie.
Wesentlich rationeller arbeitet indessen die Ende der siebziger Jahre von Eva Ziesche und Dirk Schnitger in Berlin entwickelte Elektronenradiographie.[20] Sie benutzt statt einer Folie eine Röntgenröhre als radioaktive Quelle und bewältigt durch deren intensivere Strahlung innerhalb wesentlich kürzerer Belichtungszeiten beliebig viele Blätter. Wasserzeichen und Siebstruktur werden exakt, eindeutig und größengetreu abgebildet, auch wenn sie schwer erkennbar sind und das Wasserzeichen im Falz sitzt. Der apparative Aufwand ist allerdings erheblich. Er kann bei der sogenannten Weichstrahlenradiographie deutlich verringert werden. Die Weichstrahl-Röntgenaufnahmen sind jedoch trotz gleichbleibender Schärfe wesentlich kontrastärmer als elektronenradiographische Reproduktionen.

**Siener-Verfahren.** Auf der Suche nach einem fototechnischen Verfahren, das deutlich bessere Ergebnisse als die bekannten Durchlichtverfahren liefert und zugleich mit wesentlich geringerem technischen und finanziellen Aufwand als die Elektronenradiographie arbeitet, hat um 1980 Joachim Siener, Stuttgart, eine inzwischen nach ihm benannte Methode entwickelt, Wasserzeichen fotografisch abzubilden.[21] Er überträgt das Wasserzeichen samt Siebstruktur mit Hilfe einer speziellen Kombination von kurzwelligen und langwelligen Strahlen (UV, Infrarot) auf eine phosphoreszierende Folie, überspielt damit störende Schichten der Papieroberfläche (Tinte, Farben, Druckerschwärze) und nutzt die auf diese Weise zur Strahlung angeregte phosphoreszierende Schicht anschließend als Lichtquelle für die Herstellung einer Kontaktaufnahme. Die Ergebnisse sind bestechend. Der Aufwand an Technik und Belichtungszeiten hält sich in Grenzen. Das Verfahren ist jedoch noch nicht standardisiert und daher nicht ohne weiteres mit Erfolg nachvollziehbar.

**Kuno Ulshöfer**

## „LEHRBRATEN" UND „HAAR-RUPFEN" – AUS DEM RECHTSBRAUCHTUM DER NÜRNBERGER PAPIERER

Die Geschichte der Nürnberger Papiermacher und Papiermühlen ist durch die Forschungen Edmund Marabinis vor hundert Jahren erstmals in Angriff genommen worden.[1] In unserer Zeit haben Wolfgang von Stromer und vor allem Lore Sporhan-Krempel das Thema erneut aufgegriffen und die reichlich fließenden Quellen weit über Marabini hinaus nahezu erschöpfend ausgewertet.[2] Über einen Teilbereich der Nürnberger Papierergeschichte allerdings erfahren wir so gut wie nichts: über die rechtliche Ordnung und Verfassung des Papiermacherhandwerks.

Nun verfügte die Reichsstadt Nürnberg über ein ungewöhnlich fein differenziertes Handwerkerpotential, gerade im Bereich der technischen Handwerke und der Maschinenanwender, und die meisten Handwerke hatten auch ihre obrigkeitlichen Ordnungen, auf deren Einhaltung streng gesehen wurde. Diese Ordnungen sorgten für feste Strukturen, ein geregeltes Arbeits- und Produktionsleben, sie garantierten auch das soziale Leben des Handwerks im Gesamtgefüge der Stadt. In Nürnberg war der Einfluß der Obrigkeit viel größer als andernorts, da es hier keine Zünfte gab. Ein eigenes städtisches Amt, das Rugamt, war für die Einhaltung der Ordnungen des Handwerks, für die Beaufsichtigung des Handwerks zuständig. Hier wurden die Bücher mit den Handwerkerordnungen geführt, in denen im Bedarfsfall nachgeschlagen werden konnte. Doch die Nürnberger Papierer hatten keine aufgezeichnete oder gar von der Obrigkeit erlassene Ordnung, sie überlieferten ihre Regeln von Generation zu Generation ausschließlich mündlich.

Über das Recht der Papierer wußte man selbst in der reichsstädtischen Ratskanzlei nicht so genau Bescheid, was auf einen hohen Grad handwerksrechtlicher Selbständigkeit dieses Berufsstandes schließen läßt, der seine Profession ja selbst als „Kunst" ansah. Als der Preußenkönig Friedrich der Große im Jahr 1753 in Nürnberg um Mitteilung der Papiermüllerordnung anfragen ließ, herrschte hier erst einmal große Verwirrung. Die Anfrage lautete:

„Von Gottes Gnaden Fridrich König in Preußen etc.
. . . Da Wir aus gewißen Ursachen von der in Nürnberg eingeführten und üblichen Pappier-Müller-Ordnung gerne zuverläßig informieret seyn möchten, So habt Ihr Euch Mühe zu geben, ein Exemplar oder Abschrift davon habhafft zu werden und sodann solches Reglement unter Addresse Unsers General Directorii 5$^{ten}$ Departements sobald als möglich einzusenden . . .
Gegeben Berlin, den 26. Jul. 1753
Auf Seiner Königlichen Mayestät allergnädigsten Special-Befehl
Viereck Happe Boden Blumenthal."[3]

Auf das nicht eben freundliche Reskript aus Berlin ließ sich der Nürnberger Rat vom zuständigen Rugamt berichten, daß in dem „grosen Ordnungs-Buch oder dem sogenannten Springer" keine förmliche Handwerksordnung, sondern nur eine „dem Weyden-Müller Papirer ehedem ertheilte Special-Freyheit wegen des Sammlens der reinen Lumpen"[4] enthalten sei. Wenn man auch „bey denen Papir-Actis" oder in der Kanzlei keine Nachrichten finde, bleibe nichts anderes übrig, als die Nürnberger Papierer selbst einzuberufen und zu befra-

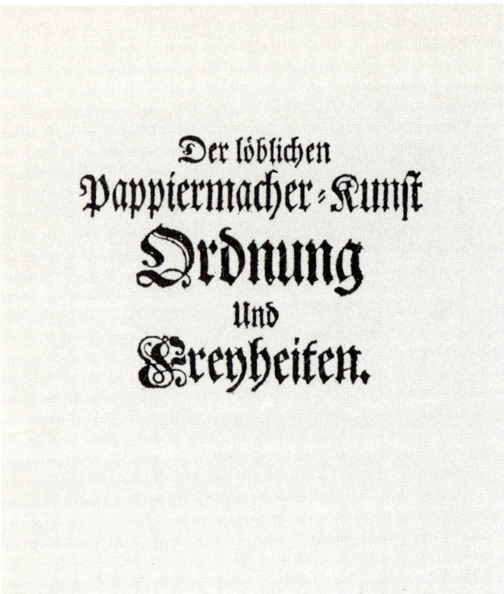
Der löblichen
Pappiermacher-Kunst
Ordnung
Und
Freyheiten.

Paniererordnung Kaiser Ferdinands III., 1753, Titelbild (oben) und Frontispiz (unten).
Stadtarchiv Nürnberg.

gen.[5] Da tatsächlich keine Unterlagen zutage gebracht wurden, verhörte das Rugamt – bestehend aus den Patriziern C. T. Behaim, J. W. Ebner, J. J. Haller und G. C. G. Imhoff – drei Papiermacher darüber, „wie sie es untereinander zu halten pflegen, wenn etwas ihres Handwerks wegen zu tractiren vorkommt und ob sie hierzu keine Ordnung vor sich hätten".[6]

Diese Befragung erfolgte am 21. August 1753 während einer gewöhnlichen Rugamt-Sitzung. Seitens der Papiermacher nahmen daran teil: Nikolaus Meckenhäuser von der Örtelschen oder kleinen Weidenmühle, Johann Bierdümpfel von der Mögeldorfer Papiermühle und Heinrich Knötel, Papiermüller zu Mühlhof. Sie wiesen ihre Befrager gleich zu Beginn der Sitzung auf die in Nürnberg nach wie vor übliche mündliche Tradierung ihres Handwerksrechts hin: „Sie hätten keine Ordnung, welche von Obrigkeits wegen ihnen vorgeschrieben oder ertheilt wäre, sondern das Herkommen auf ihrer Profession würde, wie bey ihnen so auch bey allen Papirmachern im ganzen Römischen Reich, durch mündliche Unterricht- und Anweisung fortgepflanzet und durchgängig beobachtet." Papiermacherrecht war ungeschriebenes Recht: „Von einer eigentlichen schrifftlichen Ordnung hingegen, wie es mit Jungen lehren und in andere Weege zu halten, hätten sie weiter nichtes in Handen oder aufzuweisen, als was Kaysers Ferdinandi III. glorwürdigsten Andenkens der Papirmacher-Kunst allergnädigst ertheilte Ordnung und Freyheit endhielte, wovon sie zugleich beyfolgenden Abdruk produciret, und deme würde allenthalben, sowohl hier als an auswärtigen Orten und Enden bis diese Stunde nachgelebet."[7]

Damit legten die Nürnberger Papiermacher dem Rugamt ein hundert Jahre altes Gesetz auf den Tisch. Diese Ordnung Kaiser Ferdinands III., zu Wien am 27. November 1650 erlassen, gewährte der lokalen Sonderentwicklung einen breiten Spielraum. Sie bestimmte lediglich, daß – wir kennen diese Vorschrift von jedem anderen verfaßten Handwerk auch – ein Papiermacherlehrling „von ehelichen sowohl als ehrlichen Eltern gebohren seye", daß eine vierjährige Lehrzeit zu absolvieren sei und daß es sich bei den Papierern um ein sogenanntes geschenktes Handwerk handle.[8] Im übrigen stellte die Ferdinandeische Ordnung den Papierern – deren Handwerk „wohl für ein kunstreiches Werk zu achten", welches „gleichsam der gantzen Welt nutzbahr und ersprießlich ist" – frei, nach eigenen Regeln zu leben. Nach diesem liberalen Grundgesetz richteten sich auch die Nürnberger Papiermacher, die dabei eine Aufzeichnung ihrer Ordnung freilich nicht für notwendig erachteten und die mündliche Weitergabe für ausreichend hielten. Jetzt, 1753, erklärten sie sich bereit, die bisher „unbeschriebene Observanz" schriftlich zu fassen und dem Rat vorzulegen, damit dieser das Recht der Nürnberger Papierer an Preußen weitergeben konnte, wie es der König erwartete. Sogleich nach ihrer Einvernahme vor dem Rugamt reichten die drei Papiermacher ihre Handwerksregeln ein[9], die sie als „unser Professions Articul" und als „uralte Gebräuch und Gewohnheit" bezeichneten.

Das Rechtsbewußtsein der Zeit wertete also das bisher nur mündlich tradierte Rechtsbrauchtum des Handwerks und sein Gewohnheitsrecht als gleichrangig mit dem gesetzten oder verordneten Recht anderer Handwerke. Dieses Recht bedurfte auch nach der Auffassung des Rates nicht der geschriebenen Form, um gültig zu sein. Erst die Aufklärung und eine von der Aufklärung beeinflußte Gesetzgebung haben bekanntlich die Gültigkeit des althergebrachten mündlichen und gestischen Rechtsrituals wie des Rituals überhaupt in Frage gestellt, haben dieses abgeschafft und damit eine bedeutsame mündliche Tradition unterbrochen, deren Wurzeln im Mythischen und Symbolischen lagen. Dies ist ein Faktum, dessen Folgen bis heute in der vermeintlich aufklärerischen Wissenschaft unterschätzt werden. Erst langsam nimmt auch die Geschichtsschreibung Erkenntnisse an, die die Psychologie aufbereitete, indem sie auf die Wichtigkeit ritualisierter Lebens- und Verhaltensformen hinwies und ernsthafte Kritik übte an einer „Selbstvergessenheit des Denkens, die das Wissen von Jahrhunderten verächtlich gemacht hat".[10]

## Der Lehrbraten

Bis in die Mitte des achtzehnten Jahrhunderts also spielte sich das Rechtsleben der Nürnberger Papierer nach nur mündlich überlieferten und dennoch streng befolgten, weil von der Gemeinschaft der Professionsverwandten kontrollierten Formen ab. Die jetzt erfolgte schriftliche Fixierung ging besonders auf das Lehrlingswesen und das dabei geübte Ritual ein. Wie es die Ferdinandeische Papiererordnung vorschrieb, mußte ein Lehrling eheliche und ehrliche Geburt nachweisen: „Wann ein Jung zur Erlernung der löblichen Pappiermacher-Kunst auf- und angenommen wird, so muß er sattsam und gründlich erweisen können, daß er von ehelich- und ehrlichen Eltern erzeigt und gebohren worden seye." Unterschiede zwischen Meistersöhnen und Söhnen von Vätern, die einer andern Profession nachgingen, gab es nicht, also keinen Herkunftsbonus: „Überdiß soll und muß ein Meistersohn wie ein Frembder ohne einigen Vorzug 4 Jahr völlig auslernen." Um eine Überbesetzung des Handwerks zu steuern und eine qualifizierte Ausbildung zu gewährleisten, war die Zahl der Lehrbuben beschränkt und hing von der Zahl der im Lehrbetrieb beschäftigten Gesellen ab: „. . . wobey aber sogleich und inspecie mit zu erinnern, daß, wann ein Meister ein Jungen lernet, er zwey Gesellen, lernet er aber zwey Jungen auf einmal, so soll er vier Gesellen in der Werckstatt haben." Lehrgeld wurde nicht erhoben.

Hatte ein Lehrjunge ausgelernt – und zwar „ehrlich, redlich und aufrichtig" – wurde er nach hergebrachtem Zeremoniell freigesprochen. Das geschah in einer feierlichen Abfolge von Riten und Rechtsbräuchen, die an Initiationsriten erinnern, ja die zu diesen gerechnet werden können; sie enthalten deren wesentliche Merkmale. Eine gewisse kompetente Öffentlichkeit war dazu erforderlich, die dem Geschehen als Zeugenschaft diente und ihm Verbindlichkeit verlieh. Der feierliche Initiationsakt verlangte eine feste Abfolge des Reglements in folgenden Schritten:

1. Als Voraussetzung für den Akt der Freisprechung war die Anweisung des Lehrmeisters dazu erforderlich.
2. Es mußte die qualifizierte Öffentlichkeit hergestellt werden, indem die Meister und Gesellen aus den benachbarten Papiermühlen

Die fünf Bestimmungen der Ferdinandeischen Papiererordnung.
Stadtarchiv Nürnberg.

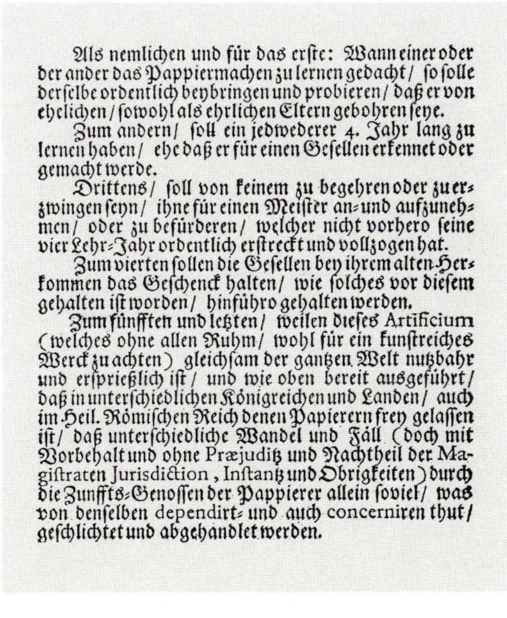

Als nemlichen und für das erste: Wann einer oder der ander das Pappiermachen zu lernen gedacht/ so solle derselbe ordentlich beybringen und probieren/ daß er von ehelichen/ sowohl als ehrlichen Eltern gebohren seye.

Zum andern/ soll ein jedwederer 4. Jahr lang zu lernen haben/ ehe daß er für einen Gesellen erkennet oder gemacht werde.

Drittens/ soll von keinem zu begehren oder zu erzwingen seyn/ ihne für einen Meister an- und aufzunehmen/ oder zu befürderen/ welcher nicht vorhero seine vier Lehr-Jahr ordentlich erstreckt und vollzogen hat.

Zum vierten sollen die Gesellen bey ihrem alten Herkommen das Geschenck halten/ wie solches vor diesem gehalten ist worden/ hinführo gehalten werden.

Zum fünfften und letzten/ weilen dieses Artificium (welches ohne allen Ruhm/ wohl für ein kunstreiches Werck zu achten) gleichsam der gantzen Welt nutzbahr und ersprießlich ist/ und wie oben bereit ausgeführt/ daß in unterschiedlichen Königreichen und Landen/ auch im Heil. Römischen Reich denen Papierern frey gelassen ist/ daß unterschiedliche Wandel und Fäll (doch mit Vorbehalt und ohne Præjuditz und Nachtheil der Magistraten Jurisdiction, Instantz und Obrigkeiten) durch die Zunffts-Genossen der Pappierer allein soviel/ was von denselben dependirt- und auch concerniren thut/ geschlichtet und abgehandlet werden.

„Ein Kartenmacher“ aus Martin Engelbrechts „Neu eröffneter Sammlung ...“, um 1730.
Germanisches Nationalmuseum, Nürnberg.

zu dem Ereignis eingeladen wurden; und zwar hatte der freizusprechende Lehrjunge persönlich bei jedem Papiermacher dieses Kreises vorzusprechen und die Einladung nach bestimmten Formen – „nach Handwercks Gebrauch und Gewohnheit“ – aufzusagen. Bekanntlich gab es derlei ritualisierte Einladungen und Ansagen bis in unsere Tage, etwa durch den „Hochzeitslader“, den „Leichenbitter“ und den „Neujahrsansager“.

3. Eine Mahlzeit mußte ausgerichtet werden, der sogenannte Lehrbraten, auf Kosten des Lehrlings oder seiner Eltern; der Lehrjunge hatte Meister und Gesellen zu bitten, den Braten gemeinsam zu verzehren. Das gemeinsame Essen ist ein besonders verpflichtender und verbindender Akt, der die Aufnahme in eine Gemeinschaft symbolisiert. Da mit der Ausrichtung des Mahles alle Unkosten des Meisters und alle Ansprüche an den Lehrjungen getilgt sein sollten, ist davon auszugehen, daß es nicht allzu spärlich ausgefallen ist.

4. Die eigentliche Freisprechung des Lehrbuben zu einem Gesellen durch die anwesenden Meister und Gesellen erfolgte nach Handwerksbrauch und Gewohnheit beim Essen.

5. Dem ausgelernten jungen Papierer wurden damit alle Rechte des Handwerks ohne Ausnahme zugesprochen, insbesondere das Recht des selbständigen Betriebs einer Papiermühle nach Meisterrecht.

Die nach derzeitigem Wissen 1753 zum erstenmal schriftlich festgelegten diesbezüglichen Passagen lauten im Originaltext wie folgt:
„Wenn nun ein solch- in besagten 4 Jahren ohne einigen Abgang ausgelernter Jung seine Zeit ehrlich, redlich und aufrichtig erstandten (und darf auch kein Lehrgeld zahlen), so wird selbiger von seinem Lehrmeister angewiesen, die in etlich benachbarten Werckstätten befindliche Meister und Gesellen (welchs ohnehin sein Gesetz hat) nach Handwercks Gebrauch und Gewohnheit zu einer dißfallß angestelten Mahlzeit oder sogenandten Lehr-Braten (welchen er oder seine Eltern bezahlen müssen) in eigener Persohn einzuladen und zu bitten, selbigen mit verzehren zu helffen, wobey aber er, als bereits ausgelerneter Jung, von denen anwesenden sämtlichen Meister und Gesellen obenbesagten Handwercks-Gebrauch und Gewohnheit gemäß frey- und zu einem Gesellen gesprochen wird; wobey aber wiederum und hauptsächlich zu erinnern, daß mit besag diesen Lehr-Braten alle Unkosten, was sonsten zu einem Gesellen- und Meisterrecht gehörte oder erfordert werden möchte, getilliget, mithin wann einer oder der andere durch göttliche Vorsehung, entweder durch seine eigene Mittel oder Heurath, eine Pappier-Mühl an sich kauffen oder ihme sonsten ehrlich zufallen solte, derselbe ohne einige Exception noch fernerer Unkosten von Handwercks wegen das Meisterrecht exerciren und in Possess sezen kan.“
Weitere Bestimmungen dieser Rechtsaufzeichnung galten dem Gesellenwesen: Ein Geselle hatte einen Meister formal um Arbeit anzusprechen. Erhielt er sie, wurde der Lohn „nach dem Stück- oder Tagwerck“ vereinbart. Wenn ein Geselle vierzehn Tage in einer Werkstatt beschäftigt war, wurde er von seinem Meister und den mitbeschäftigten Gesellen wiederum in einem besonderen Akt „nach Landes Art und

„Eine Gold und allerley gefärbtes und geprägtes Papiermacherin", aus Martin Engelbrechts „Neu eröffneter Sammlung ..", um 1730.
Bildarchiv Preußischer Kulturbesitz, Berlin.

Gebrauch mit einem Trunk geschencket und beehret". Diese Bestimmung spielt ebenfalls auf einen rituellen rechtsbräuchlichen Vorgang an, der wie das gemeinsame Essen auf uralte Vorstellungen zurückgeht: das gemeinsame Trinken und Zutrinken, durch das dem Aufgenommenen „die Ehre erwiesen" wird. Es ist der „Willkomm" im Kreis der Handwerksgenossen und gleichzeitig die Bestätigung dafür, daß gute Arbeit geleistet wurde. Auch bei der Schilderung dieses Rituals wird expressis verbis auf das alte Herkommen verwiesen. Der Geselle hatte ein – jetzt auch schriftlich fixiertes – Recht auf diesen Akt der Bestätigung des Arbeitsverhältnisses, wie es bei allen nach dem „Geschenk" benannten „geschenkten Handwerken" üblich war.

Als weitere Vorschrift für die Papiermachergesellen ist in der Vorlage der Meister von 1753 nur noch festgehalten, daß „ein Verbrecher dieser Profession" namentlich und unter Angabe des Verstosses angezeigt und, wenn man seiner nicht habhaft würde, von allen wandernden Gesellen in den von ihnen besuchten Werkstätten „aufgetrieben" werden solle. Damit sorgte man innerhalb des Handwerks selbst für Kontrolle und Rufsicherung. Wer einmal „für unredlich erkannt und erkläret" war, hatte es schwer, wieder irgendwo unterzukommen. Bei der Mobilität des Gesellenstandes hätte sich ein schwarzes Schaf unter den Papierern nicht lange verbergen können.

Feste Riten und Normen gab es auch im Meisterrecht. Ein junger Meister der Papiermacherkunst, der zum ersten Mal dem Rechtsbrauch des „Geschenks" nachkam und einen Gesellen einstellte, hatte dies wiederum quasi öffentlich zu tun, indem er dazu „einen Meister benebst dessen Gesellen von einer andern Werkstatt" einladen mußte, die den Vorgang dann nötigenfalls bezeugen konnten. Wieder wird bei der Notierung der Ordnung betont, daß es sich um „alten Gebrauch und Gewohnheit" handle, wenn der Jungmeister bei diesem Akt versprach, „alle handwercksmäßige Articul unverbrüchlich zu halten und in keinen wege davon abzuweigen". Allen geschilderten Handwerksbräuchen kommt also eine starke rechtliche Relevanz zu. Der ständige Hinweis der Papierer auf altes Recht und Gewohnheit läßt jedoch darauf schließen, daß sie eine Änderung befürchteten, jedenfalls einer solchen vorbauen wollten.

Übrigens haben wir es auch bei dem geschilderten Meisterritual um ein Inaugurationsritual zu tun. Der neue Meister wurde auf kollegiales Gruppenverhalten eingeschworen. Dies war bei den Papierern um so nötiger, als es sich bei den Papiermühlwerken um investitionsintensive Einrichtungen handelte, deren Verlust den Ruin eines Papiermüllers, gar eines Pachtmüllers, herbeiführen konnte[11]: „Und ist in specie darunter scharff verbotten, daß ein Meister dem andern, zumalen auf denen Pacht-Mühlen, entweder durch Versteigerung des Pachts oder andere Intrique nicht vertreiben noch ausstechen solle noch darf; massen ein solch zuweilen großes und mit vielen Requisitiis versehenes Werck vieles Geld erfordert, und nachmals nicht sogleich eine andere Werckstatt oder Pappier-Mühl habhafft werden kan, einfolgbar ein solcher boßhafftig herausgetriebener Meister öffters mit Weib und Kindern in den grösten Schaden, ja gänzlichen Ruin gesezet werden müste."

Die drei Nürnberger Papiermacher, die dem Rugamt dieses 1753 erstmals aufgezeichnete Recht ihres Handwerks übergaben, versicherten, daß die Vorschriften von ihren „Professionsverwandten . . . observiret und nach dem uralten Gebrauch und Herkommen steif und fest darob gehalten" würde – noch einmal also der Hinweis auf das „uralte" Gewohnheitsrecht!
Der Nürnberger Rat beschloß, dieses Recht dem preußischen Regierungsvertreter, Geheimrat von Buirette, durch den jüngeren Herrn Bürgermeister Imhoff übermitteln zu lassen, und zwar „in forma Protocolli". Damit war der diplomatischen Mindestform Genüge getan. Dies geschah am 30. August 1753.[12]

**Das Haar-Rupfen**

Von besonderer Bedeutung für die Papiermüller waren die wasserrechtlichen Vorschriften. Das Wasser der Pegnitz und der Seitenbäche war in Nürnberg die einzige Energiequelle für alle Produktionszweige, die sich der „Grundmaschinerie Mühle" bedienten. Windmühlen gab es hier nicht. Der Kampf und Streit um die Teilhabe am Wasser und um die Verteilung dieser Energie durchzieht die Jahrhunderte. Nicht nur die Energienutzer nahmen an ihm teil, sondern auch andere Interessenten, etwa die Uferanrainer, die Wasser zur Bewässerung von Wiesen und Feldern benötigten, oder auch die Berufsgruppen der Bader und Fischer. „Wassergeschichte" ist ein Stück „Umweltgeschichte", zu deren Erhellung, wie Günter Bayerl in seiner Dissertation über die deutschen Papiermühlen[13], im Kapitel „Die Papiermühle und ihr Wasser", ausführt, die Disziplinen der Sozial-, Wirtschafts-, Technik- und Industriegeschichte beitragen. Man kann diesem Katalog getrost noch die Rechtsgeschichte hinzufügen. Das Recht spielte eine hervorragende Rolle bei Einsatz und Verteilung des Wassers und der Wasserenergie und bei der Lösung der Verteilungskämpfe unter den Wasserinteressenten.
„Die Papierproduktion ist abhängig vom Wasser, an das sowohl quantitativ als auch qualitativ erhebliche Anforderungen gestellt werden. Von der qualitativen Anforderung her hat das Wasser für die Papierproduktion vor allem weich und rein zu sein; quantitativ gesehen muß es ausreichend sein sowohl für die Produktion selbst – als Betriebsmittel, das an mehreren Stellen des Produktionsprozesses in erheblicher Quantität benötigt wird – als auch zum Betreiben der Mühlenmaschinerie."[14] Schon Ulman Stromer teilte in seinem „Puechel von meim geslechet und von abentewr" einen wasserrechtlichen Vertrag aus dem Jahr 1397 mit, in dem er sich mit den benachbarten Müllern einigte, „also daz auf die Gleismul daz wasser alle zeit daz drittail gen sol".[15]
Wasserrechtliche Vorschriften regelten die Zuteilung der als Betriebskraft benötigten Wassermengen an die miteinander konkurrierenden Wasserrechtsteilhaber: vor allem die Mahlmüller und neben den Papiermüllern die Pulvermüller, die Walkmüller, die Sägmüller, die Lohmüller, die Inhaber und Betreiber weiterer Wasserräder und Hammerwerke (Schleifräder, Zainräder, Schermesserräder, Draht- und Messingräder, Drechselräder). Mühlen- und wasserrechtlich galten für die Papiermüller die gleichen Regelungen etwa hinsichtlich des

Bettenbaus und Wehrbaus, der Flußreinigung und -räumung, der Enteisung – des „Eisens“ wie man sagte – im Winter und der Flußuferversorgung wie für alle andern Mühleninteressenten auch.[16] Blieben die Wasserräder stehen, so bedeutete das jedesmal große Geldverluste für die Betreiber. Zuviel Wasser beeinträchtigte den Mühlenbetrieb ebenso wie zuwenig. Im Sommer konnten Wolkenbrüche und Hochwasserkatastrophen die Papierherstellung lahmlegen, im Winter und Frühjahr war die Arbeit durch Eisgänge, Schneeschmelze und Hochwässer oft gefährlich lange blockiert, wie 1556, als durch große Kälte und Frost die „Mühl- und Hammerwerck zu der Weidenmühl bey fünff Wochen lang schier gar nichts oder gar wenig arbeitten können“.[17] Die Nürnberger Kleinweidenmühle verfügte damals über neun Räder: ein Papierrad, ein Schermesser-, ein Pallier-, ein Schleif- und ein Zainrad sowie vier Mahlräder.[18]

Eichpfahlkappe aus Messingbronze, 1969 im Pegnitzarm bei Wöhrd aufgefunden, hergestellt 1671.
Stadtarchiv Nürnberg.

Zuständig für die wasserrechtlichen Bestimmungen und Maßnahmen sowie die Schlichtung der Streitigkeiten waren die Mühlendeputierten des Rates der Reichsstadt, ihr Baumeister und als Sachverständige die geschworenen Wasserschauer. 1561 durften zum Beispiel die Mahlmüller, um allzugroßen Wasserverbrauch zu vermeiden, nur tagsüber arbeiten – „von einem Garaus zum andern“ –, doch galt dies nicht für die Walkmühle der Färber und nicht für die Papierer zur Weidenmühle, die sonst um ihr Brot hätten bangen müssen.[19] Zur Regelung derartiger, oft auch mit Gewalt ausgetragener Streitfragen waren jedesmal obrigkeitliche Ortsbesichtigungen, sogenannte Augenscheine, angesagt. Es ist dabei durchaus vorgekommen, daß die offiziellen Wasserschauer von den Papierern und Müllern mit Schlägen bedroht, mit Steinen beworfen oder ins Wasser gestoßen wurden.[20] Einer der damaligen Wasserschauer, Peter Carl, den der Papierer als „unvertreglichen, seltzamen kopff“ bezeichnete, sagte einmal, er sei nun seit zwölf Jahren im Dienst, er habe aber „alle Winter mit den Müllern der Rechen und Eißens halben stritt gehabt“. Es ist in Nürnberg oftmals „hadersüchtig und hitzig“ zugegangen und oft auch hat es „trutzige und ungehorsame, schimpfliche Reden“ gegeben, wenn Mühlwerke, Räder, Wehre, Spundbäume und Eichpfähle oder die Uferbefestigungen besichtigt und in Augenschein genommen wurden.[21]

Das Setzen der Eichpfähle, durch die Pegelhöhe und Wassermenge geregelt wurden, war eine öffentliche Angelegenheit, bei der besonders die benachbarten Interessenten beteiligt waren, deren Zustimmung rechtlich nötig war, bevor die Maßnahmen friedlich zu Ende geführt wurden. Einige Beispiele: 1728 erhielt die Papiermühle zu Mögeldorf ein neues Wasserbett. Ihr Eigentümer war der Nürnberger Bürger und Spezereihändler Joh. Matthäus Meusel. Durch seinen Werkmeister Johann Hirschmann zeigte er den Deputierten zum Pegnitzfluß an, daß er einen neuen Eichpfahl – „weilen der alte ziemlich ausgefressen“ – setzen lassen wollte. Er bat um den in solchen Fällen notwendigen Augenschein, damit die geschworenen Wassermeister den Pfahl „gehörig ajoustiren“ und mit der Platte bedecken lassen konnten; die Eichpfahlkappe diente dem Schutz vor Zerfall, aber auch dem rechtlichen Schutz des Begrenzungszeichens, das heißt des Pfahls: „der Aichpfahl, welcher 7 Schuh 9 Zoll weit von dem Spundbaum stehet, (wurde) gegen diesen waagrecht gemachet und mit der alten vorherigen Platten bedecket." Zum Abschluß des Vorgangs wurden – als unerläßlicher Teil des Rechtsaktes – die anwesenden Interessenten der Mühl- und Hammerwerke zu Wöhrd befragt, ob sie etwas einzuwenden hätten; dies war nicht der Fall, so daß der Augenschein „friedlich geendiget" werden konnte.[22] Spätere Einwendungen waren nicht mehr möglich, da mit der Zustimmung der Beteiligten zu dem Augenschein der Vorgang rechtsverbindlich war. Die metallene Eichpfahlkappe zeigte das Stadtwappen und die Jahreszahl des Rechtsvorgangs. Sie wurde dem Pfahl so aufgesetzt, „daß der Adler gegen die Stadt herein siehet".[23]

Die ausdrückliche Bekundung der Zufriedenheit der benachbarten Anstösser und Wasserrechtsinhaber gehörte zum unverzichtbaren Rechtsritual noch im achtzehnten Jahrhundert. Als 1753 Nikolaus Meckenhäuser, Papierer auf der Örtelschen Weidenmühle, den wir von seinen Aktivitäten bei der schriftlichen Fixierung der Papiererordnung bereits kennen, eine Wasserrinne neu einziehen ließ und diese von den städtischen Sachverständigen abgenommen und für gut befunden wurde, erklärten sich die an diesem Mühlwerk mitbeteiligten Mahlmüller und Zainer „damit zufrieden". Ein andermal hieß es, die Augenscheinnahme erfolgte „ohne einige Contradiction".[24] Die Zustimmung wurde als Rechtsbeweis in das Protokoll aufgenommen. Der genannte Papiermacher Meckenhäuser erbaute 1760 sein als „bußwürdig" bezeichnetes Mühlenbettwerk neu und ließ zwei neue Spundbäume legen, nachdem sich der Zimmer- und Wassermeister Johann Hellfritz beim städtischen Wasseramt „Maaß und Weiten der Räder" besorgt hatte. Das Werk wurde von der Behörde in Augenschein genommen, und die Teilnehmer äußerten sich „allseits zufrieden".[25] Mehrmals notierte der Protokollant, daß die Zufriedenheitsbezeugungen auf ausdrückliches Befragen erfolgt waren. 1784 hatte der Kleinweidenmühler Papierer Georg Wilhelm Bergmann in Anwesenheit der übrigen Werksbesitzer eine neue Wasserrinne „beaugenscheinigen und ausmessen" lassen, worauf alle „auf geschehenes Befragen bestens zufrieden" waren. Und als zwei Jahre später auf der Kleinweidenmühle das baufällige Bettwerk wieder einmal gerichtet, in Augenschein genommen und ausgemessen worden war, nämlich darauf hin, ob alle Maße und Abstände stimmten, und die Anwesenden auf Befragen ihre Zufriedenheit und ihr Einverständnis geäußert hatten, gab die Ratsdeputation „das Wohlgefallen darüber öffentlich zu erkennen". Darauf ist „dieser ganze Actus unter Anwünschung des göttlichen Seegens an sämmtliche Interessenten wieder geendiget worden". Ein anderes Mal schreibt das Protokoll, daß nach der Bezeugung der Zufriedenheit „unter Seegensanwünschung der Actus beendet" wurde.[26]

Der öffentliche Akt setzte sich also aus folgenden Bestandteilen zusammen: Den Wasserbaumaßnahmen an der Papiermühle folgte auf Antrag die öffentliche Inaugenscheinnahme durch eine Ratsdeputation, die Überprüfung der Abmessungen und Abstände der technischen Einrichtungen durch Sachverständige, die Befragung der Beteiligten und Betroffenen, deren Einverständniserklärung, das schließliche Anbringen der Pfahlkappe beim Eichpfahlsetzen und die abschließende Segensformel. Zur Rechtssicherung wurde der jeweilige Vorgang in das offizielle Wasserbuch eingetragen, das neben dem Rechtsinhalt auch die Namen der Beteiligten festhielt. Damit besaß die Maßnahme Rechtskraft.

Hier haben sich bis zum Ende des Alten Reiches langtradiertes Rechtsbrauchtum und alte Rechtssymbolik erhalten. Der folgende Fall aus dem Jahr 1781 zeigt das noch einmal besonders deutlich.[27] Bei der Papiermühle zu Mühlhof war ein neuer Bettwerkbau mit Spundbaum und Eichpfahl fällig. Der Papierer Wolf Heinrich Knötel bat wie üblich um den Augenschein. In Anwesenheit einer großen Deputation – es handelte sich um die Ratsdeputierten zu den beiden Reichswäldern und zum Wasseramt, Angehörige der Patrizierfamilien Haller von Hallerstein, Waldstromer von Reichelsdorf, Harsdörfer von Enderndorf, Behaim von Schwarzbach, Gugel von Brand, Holzschuher von Harrlach, Grundherr von Altenthann, Volkamer von Kirchensittenbach, Kreß von Kressenstein und andere, – erstattete der Waldschreiber Heiden Bericht aus den Akten des Waldamtes. Es wurden „die zu Schlagung des Eichpfahls gehörigen Requisiten herbeigeschaffet und präpariret". Beim Akt der Adjustierung des Eichpfahls kurz darauf waren außerdem die sogenannten Mühlhofinteressenten dabei: neben dem Papierer Knötel der Bestandsmüller Johann Michael Meyer, auch für die Schleifmühle, die „Wässerungsteilhaber" von Reichelsdorf, der Müller Georg Weidner von der Gerasmühle und andere.

Im Beisein aller ist der Eichpfahl „dergestalt ajoustiret worden, daß selbiger mit Innbegriff der wieder aufgesetzten und mit vier neuen kupfernen Nägeln befestigten alten mössernen Platte, welche in der Höhe von außen 4 1/2 und von innen 3 3/4, im Diameter aber 8 3/4 Zoll ausmachet, worauf das Nürnbergische Stadtwappen (welches dem Fluß nach gegen die Mühl zu dergestalt gestellet ist, daß der Adlerskopf gegen die Brücke siehet) mit der Umschrift

Gottl. Volkamer. Ferd. Sig. Kres. Paulus Tucher. 1701

befindlich ist und welcher man auf der Seite der Kappen durch den Schmidt zu Reichelsdorf, Matthäus Geuter, das Ren. 1781 beisezen lassen." Pfahl und Spundbaum wurden vor aller Augen geprüft und vollkommen lotrecht befunden. Alle Teilnehmer waren „bestens zufrieden", und auch die drei anwesenden Wagmeister hatten „nichts dabey zu erinnern gefunden". Sie wünschten den Werksinteressenten „zu Vollführung ihres Baues Glück und Seegen".

Soweit ist uns das Ritual bekannt. Nun folgt aber im Wasserbuch die Beschreibung eines tatsächlich uralten und in Nürnberg „der bisherigen Gewohnheit nach" immer noch geübten Rechtsbrauches: der des Haar-Rupfens und Geschenkgebens. Er stammt aus vorschriftlicher Zeit, als Rechtsgeschäfte in der Öffentlichkeit mit symbolhaften Gesten und Gebärden unter erinnernswerten Begleitumständen vollzogen wurden, indem man zum Beispiel Kinder kräftig an den Haaren zog oder ihnen Backenstreiche verabreichte, ihnen aber auch Geschenke, ein Backwerk (Gebildbrot) oder ein Geldstück gab, damit sie sich später im rechtlichen Bedarfsfall noch an den Rechtsakt, bei dem sie spektakulär beteiligt waren und den sie somit bezeugen konnten, erinnerten. Von Flur- und Waldumgängen ist derlei Rechtsbrauchtum noch am geläufigsten. Bei Grenzmarkierungen – um eine solche ging es ja im vorliegenden Falle eigentlich auch – erhielten die Kinder Püffe und Gaben von den Amtspersonen, die sie ihrer Lebtag nicht vergaßen. Das Ritual diente also der Rechtssicherung. Bei der Nürnberger Eichpfahlbesichtigung zu Mühlhof am 25. Juni 1781 ist der gleiche Brauch durchgeführt worden. Soviel Prominenz – fast ein Dutzend Nürnberger Patrizier hatten sich an der Mühle versammelt – hatte eine große Zuschauermenge, darunter viele Kinder, an das Flußufer der Rednitz, dem Ort des Geschehens, gelockt. Was sich dann abspielte, sagt das ins Wasserbuch aufgenommene Protokoll mit folgenden Worten: „Indeme sich auch bei dieser Solennität viele junge Leute und Kinder als Zuschauer eingefunden, so wurden verschiedene derselben, der bisherigen Gewohnheit nach, auf die Platten des neuen Eichpfahls gestellet und ihnen von dem Anschikker drey Haarrupfen gegeben, auch zum beßern Andenken dieses anheunte verrichteten actus einem jeden ein neuer Groschen behändiget." Eine Mahlzeit beschloß und bekräftigte auch hier den Rechtsvorgang: „Nach Endigung deßen haben des Herrn Waldamtmann von Volkamer Hochwohlgebohrn den obgedachten Schwobacher Amtsschreiber N. Mauritius zum Mittagessen invitiret, welches selbiger auch höflich angenommen und sich somit in das Wirthshauß verfüget hat."

Ein Ritual, das wie so viele Rechtsformen und Rechtsbräuche, durch eine „entmythologisierende" Aufklärung verschüttet wurde, ist am Ende der Reichsstadtzeit und am Ende des alten Reiches in Nürnberg – im Zusammenhang mit dem Rechtsleben der Papierer und Müller – noch greifbar. Die Sinnrichtigkeit des Rituals muß heute wieder neu verstanden und – auf anderen Gebieten, wo es mit dem großen Entmythisieren auch mitausgerottet wurde – mühsam wieder erlernt werden.

1 Edmund Marabini, Die Papiermühlen im Gebiet der weiland freien Reichsstadt Nürnberg, Nürnberg 1894.
2 Siehe dazu die Beiträge von Wolfgang von Stromer und Lore Sporhan-Krempel in diesem Band und die dort angegebene Literatur, besonders Lore Sporhan-Krempel, Papiermühlen auf Nürnberger Territorium, I – IV, in: AGB 18, 1977. – 20, 1979.
3 Stadtarchiv Nürnberg (Stadt AN) E 5, HWA, Papiermacher Nr. 1/1. – Lore Sporhan-Krempel, Vom Papier und seiner Verarbeitung in alter und neuer Zeit, München 1959, S. 63 ff., verweist kurz auf diesen Fall.
4 Siehe dazu den Beitrag von Horst-Dieter Beyerstedt in diesem Band.
5 StadtAN E 5, HWA, Papiermacher Nr. 1/2.
6 Wie Anm. 5, Papiermacher Nr. 1/4.
7 Wie Anm. 5, Papiermacher Nr. 1/5.
8 Wie Anm. 5, Papiermacher Nr. 1/6.
9 Wie Anm. 5, Papiermacher Nr. 1/7: „Extract von der Löblichen Pappiermacher Kunst in sich enthaltenen Handwercks Articuln." – August Jegel, Alt-Nürnberger Handwerksrecht und seine Beziehungen zu anderen, Nürnberg 1965, hat diese Ordnung der Nürnberger Papierer nicht veröffentlicht.
10 In ganz anderem Zusammenhang sprach diesen Gedanken an: Heinrich Dauber, Leib-haftige Bildung, in: Integrative Therapie 4/1986, S. 284 ff., hier S. 285.
11 Frau Sporhan-Krempel hat in ihren Untersuchungen zur Geschichte der Nürnberger Papiermühlen immer wieder auch Beispiele für derart ruinierte Papierer angeführt.
12 StadtAN E 5, HWA, Papiermacher Nr. 1/10.
13 Günter Bayerl, Die Papiermühle. Vorindustrielle Papiermacherei auf dem Gebiet des alten deutschen Reiches. Technologie, Arbeitsverhältnisse, Umwelt (= Europäische Hochschulschriften, Reihe III Bd. 260). Frankfurt 1987, S. 398 ff „Die Papiermühle und ihr Wasser: Energie, Rohstoff, Umweltproblematik".
14 Wie Anm. 13, S. 399.
15 In: Die Chroniken der deutschen Städte I. Nürnberg, Göttingen 1862, S. 83.
16 Siehe dazu K. Ulshöfer, Wer zuerst kommt, mahlt zuerst, in: Centrum Industriekultur (Hrsg.), Räder im Fluß, Nürnberg 1986, S. 23–32.
17 StadtAN B 1/15, Wasserbuch 1476. 1607, S. 118. Lore Sporhan-Krempel berichtet mehrfach von solchen Katastrophen, etwa 1595 als Uferbefestigungen zerstört, Brücken zerbrochen, Gebäude ruiniert wurden und viel fertiges Papier und Halbfertigware und Rohmaterial verdarb; auch 1602 u. ö. (s. Anm. 2, AGB, 18, 1977, Sp. 1501–1504).
18 StadtAN B 1/15, S. 113.
19 Wie Anm. 18, S. 135.
20 Wie Anm. 18, S. 395, 397 (zum Jahr 1590), 401 f.
21 StadtAN B 1/21, S. 33 ff. (1582).
22 StadtAN B 1/19 (Wasserbuch IV), S. 45.
23 Wie Anm. 22, S. 234.
24 Wie Anm. 22, S. 145, S. 166 (1756 –Papiermühle zu Wendelstein).
25 Wie Anm. 22, S. 255.
26 StadtAN B 1/20, S. 121, S. 166, S. 172.
27 Wie Anm. 26, S. 107 ff.. Kurz auf diesen Fall zu sprechen kommt Gerhard Hirschmann, Über ein interessantes Rechtsdenkmal aus der Pegnitz bei Wöhrd, in: Festschrift zum 5. Wöhrder Seefest 11./12. 7. 1981, S. 15–17.

Horst-Dieter Beyerstedt

# „ICH BRAUCH HADERN ZU MEINER MÜHL" – ZUR ROHSTOFF-VERSORGUNG DER NÜRNBERGER PAPIERMÜHLEN

Der Papyrer, aus: Hans Sachs, Jost Amman, Eygentliche Beschreibung aller Stände auff Erden, Frankfurt/Main 1568. Stadtarchiv Nürnberg.

Ich brauch Hadern zu meiner Mül
Dran treibt mirs Rad deß wassers viel/
Daß mir die zschnitn Hadern nelt/
Das zeug wirt in wasser einquelt/
Drauß mach ich Bogn auff dē filtz bring/
Durch preß das wasser darauß zwing.
Denn henck ichs auff/laß drucken wern/
Schneweiß vnd glatt / so hat mans gern.

Knapp und lakonisch spricht Hans Sachs mit der ersten Zeile seines Papiermachergedichts[1] das vielleicht größte Problem der Papierherstellung an: die Aufbringung des Rohstoffs. Der kurze Vers läßt kaum ahnen, vor welche Fülle von Aufgaben die Rohstoffversorgung die Papiermacher stellte und wie unterschiedlich diese im Laufe der Geschichte gelöst wurden. In Europa stellte sich das Rohstoffproblem bis weit ins neunzehnte Jahrhundert hinein in Gestalt der „Lumpennot".

Ursprünglich ging es freilich auch ohne Lumpen: In der Frühzeit der Papierherstellung, in China und im übrigen Süd- und Ostasien wurde Papier weitgehend aus pflanzlichen Rohstoffen hergestellt. Erst die Araber gingen – wohl aus Mangel an geeigneten Pflanzen – zu Lumpen als neuer Rohstoffbasis über, und auf dieser Grundlage erreichte die neue Technik Europa.

Hier machte die Rohstoffaufbringung zunächst keine Schwierigkeiten: Die Gründung der ersten Papiermühlen in den Fernhandelszentren – also in oder nahe den großen Städten – sicherte zugleich eine ausreichend breite Rohstoffbasis, da gerade hier die meisten Lumpen anfielen.[2] Die Situation änderte sich dramatisch, als mit der Zunahme der Papiermühlen[3] die Nachfrage nach Lumpen das Angebot überstieg. Die daraus folgende „Lumpennot" konnte ein solches Ausmaß annehmen, daß manche Papiermühlen aus Mangel an Rohstoff ihre Produktion zeitweilig oder ganz einstellen mußten. So wird über zeitweilige Stillstände von Papiermühlen in Bayern und Anhalt zu Beginn des achtzehnten Jahrhunderts berichtet[4], und der Papierer Martin Katzenwedel zu Stein mußte seine neuerrichtete Papiermühle sogar nach einem Jahr wieder verkaufen, da er nicht genug Lumpen aufbringen konnte.[5] Die Folgen trafen nicht nur den Papierer selbst, sondern – direkt oder indirekt – auch seine Obrigkeit: entgehende Abgaben, Streit zwischen den Papierern um die vorhandenen Lumpen, nicht zuletzt die Gefährdung der Papierversorgung der eigenen Kanzlei.[6] In einer Zeit der umfassenden Reglementierung der Wirtschaft durch obrigkeitliche Maßnahmen mußte dies ihr Eingreifen mit Ge- und Verboten zur Folge haben.

Auf zwei oft miteinander kombinierten Wegen wurde versucht, die Rohstoffbasis der Papiermühlen des eigenen Gebietes zu sichern: durch das Verbot des Lumpenexports und durch die rechtliche Regelung der Lumpenaufbringung.

Ein Exportverbot für Lumpen findet sich in Nürnberg erstmals im Jahre 1490 – genau hundert Jahre nach Gründung der ersten Papiermühle in dieser Stadt.[7] Dieses Verbot mußte 1526 wiederholt werden[8]; 1529 erging schließlich ein Befehl an den Papiermüller auf der Tullnau, Hans Sieber, seinen eventuellen Überschuß zunächst dem Papierer zu Röthenbach an der Pegnitz anzubieten. Erst wenn dieser ihn nicht kaufen wolle, könnten die Lumpen nach auswärts verkauft werden.[9] Dieser Beschluß – nur drei Jahre nach dem völligen Ausfuhrverbot – bedeutet bereits einen Rückzug des Rates und verdeutlicht damit die Schwierigkeit, das Problem der Rohstoffknappheit entgegen den ökonomischen Gegebenheiten auf dem Verordnungswege zu lösen. Zugleich verdeutlicht er aber auch einen

Frauen beim Sortieren und Zerschneiden der Lumpen, aus: Diderot, Encyclopédie, Bd. 5. Deutsches Museum, München.

anderen Aspekt dieses Problems: Das Exportverbot für Lumpen diente nicht nur den Interessen der einheimischen Papiermüller, es konnte sich auch gegen diese richten, wenn sie – aus welchen Gründen auch immer – einen Überschuß an Lumpen besaßen und diesen zu Geld machen wollten. Gerade bei schlechter Geschäftslage konnte der Lumpenverkauf die dringend benötigte finanzielle Entlastung bringen.

Seit dem Beginn des achtzehnten Jahrhunderts folgten sich die Lumpenexportverbote in schneller Folge und auf allen Ebenen der politischen Hierarchie des alten Reiches: Einem Exportverbot des Nürnberger Rates im Jahre 1696[10] folgte ein kaiserliches Mandat vom 3. 6. 1705[11], diesem ein weiteres der Reichsstadt Nürnberg vom 30. 6. 1705[12]; am 9. 6. 1706 zog der fränkische Kreis nach[13], am 4. 9. 1722 erschien abermals ein kaiserliches Mandat [14] und am 15. 7. 1726 eines des fränkischen Kreises[15]. Diese Inflation von Verordnungen zeigt nicht nur ihre Wirkungslosigkeit, sie wirft zugleich ein neues Problem auf: Obwohl etwa das Nürnberger Mandat vom 24. 4. 1782 sich ausdrücklich auf die genannten „oberherrlichen" (kaiserlichen) und Kreispatente als geltendem Recht beruft[16], sind diese Mandate inhaltlich deutlich verschieden, indem sie nicht nur unterschiedliche Strafen festsetzen, sondern auch das durch das Exportverbot jeweils umgrenzte Wirtschaftsgebiet unterschiedlich definieren.[17] Diese Problematik bleibt nach Maßgabe der einschlägigen Mandate ebenso in der Schwebe wie viele andere Fragen der Kreisverfassung.[18]

Offenbar konnte auch diese Fülle von Verboten nur vorübergehend Abhilfe schaffen, denn am 24. 4. 1782 mußte der Nürnberger Rat mittels eines „abermaligen geschärften Mandats"[19] einschreiten, um den Lumpenexport zu unterbinden. Sanktioniert wurde das Verbot „nicht allein bey Confiscation der – solchergestalt wider Verbot an sich gebrachten Lumpen und desgleichen, sondern auch mit einer unablässigen erhöheten Geldbusse von 50. fl., worinnen der Verkäufer und alle diejenigen, welche dergleichen Vorkäufelei Vorschub thun, nicht minder als der Käufer selbst, verfallen seyn . . . "; den eingeschriebenen Lumpensammlerinnen wurde die Einhaltung des Verbots sogar bei „empfindlicher Leibes Strafe" eingeschärft. Interessant ist der Vergleich der Strafandrohung mit den früheren Bestimmungen: 1705 hatte der Nürnberger Rat die Konfiskation der Lumpen und eine Geldbuße von fünfzehn fl. angedroht, der fränkische Kreis hatte sich ein Jahr später wie auch noch 1726 mit der bloßen Konfiskation begnügt; für ungetreue Lumpensammlerinnen war keine Sonderstrafe vorgesehen. Diese Verschärfung der Strafen, die in anderen Territorien ihre Parallele findet[20], ist ein deutlicher Hinweis auf die inzwischen eingetretene Verknappung des Rohstoffs.

Neben dem Verbot des Lumpenexports, also der Ordnung der Verwendung der Lumpen, griff der Rat der Reichsstadt Nürnberg wie alle Obrigkeiten seiner Zeit zu einem weiteren Mittel, um die Rohstoffversorgung zu stabilisieren: einer Regelung bereits bei der Aufbringung der Lumpen. Diese Regelung geschah zunächst in Form der Zuteilung exklusiver Lumpensammelbezirke an einzelne Mühlen.

Das Lumpenweib, aus: Ambros Gabler, Ausruffende Personen in Nürnberg . . ., Nürnberg um 1790.
Stadtgeschichtliche Museen Nürnberg.

Eine solche Privilegierung läßt sich in Europa erstmals für das Jahr 1364 in der Republik Venedig nachweisen[21], im Gebiet des alten Reiches 1499 in Böhmen[22]. Sie erscheint als logische Ergänzung des ebenfalls weit verbreiteten Verbietungsprivilegs, das heißt des Verbots, innerhalb einer bestimmten Entfernung von einer Papiermühle eine weitere Papiermühle zu gründen. Tatsächlich waren beide Privilegien oft miteinander verbunden[23]. In Nürnberg ist eine solche Verbindung nicht nachzuweisen, auch geschah die Erteilung eines Lumpensammelprivilegs erst verhältnismäßig spät: 1566 erhielt der Papierer Eberhardt Pecht auf der Weidenmühle das Privileg, daß kein Papierer einer anderen Mühle bei Strafe von zehn rheinischen Gulden „. . . hinfüro in dieser Statt Nürmberg, Weerdt und Gostenhoff mag reinen hadern im wenigsten etwas bestellen, abkauffen oder samlen lassen“[24]. Der Grund für dieses Privileg läßt sich einer Bestätigung entnehmen, die 1601 für einen Nachfolger Eberhardt Pechts ausgestellt wurde. Dort heißt es: „Weilen dann der Supplicirende Kleber . . . nit weniger alß sein Vorfahrer und desselbigen Vatter eines Ernvesten Rathes Canzley und Ämpter durchs Jar mit Papier Versiehet, also ist verlassen, solche freyheit und vergunst mit den rainen Lumpen auch ihme zuthon, damit Er desto besser Papier machen, Und im fall Er damit unfleissig were, desto weniger entschuldigung fürwenden könne.“[25] Zwei Motive werden hier angesprochen: Qualitätssicherung und Sicherung des eigenen Bedarfs an Schreibpapier (die Weidenmühle war seit 1542 „Hoflieferant“ der Nürnberger Kanzlei). Ein drittes Motiv wird nicht angesprochen, dürfte aber ebenfalls eine Rolle gespielt haben: Die begünstigten Papierer mußten mit Preisnachlässen oder hohen Abgaben für ihre Privilegien bezahlen.

Im Gegensatz zu den Exportverboten, die mit weitgehender Zustimmung der Papierer erlassen wurden[26], mußte die Privilegierung einzelner Mühlen den Widerstand der benachteiligten Papiermacher hervorrufen. So richtete der Papierer Wilhelm Angerer auf der Röthenbacher Mühle bereits im April 1567 – ein halbes Jahr nach der Erteilung des Privilegs für die Weidenmühle – eine Bittschrift an den Rat, auch ihm das Sammeln „reiner“ (das heißt weißer und damit für die Herstellung von Schreibpapier geeigneter) Lumpen zu gestatten, was jedoch abgelehnt wurde.[27] 1666 ersuchte der Papierer auf der Tullnau den Nürnberger Rat, ebenfalls weiße Lumpen sammeln lassen zu dürfen, was ihm nach einem zweiten Gesuch 1668 – nach dem Tode des Papierers auf der Weidenmühle, mit dessen Papier der Rat nicht zufrieden war – erlaubt wurde.[28] Ein weiterer Streit zwischen den beiden Mühlen erfolgte 1696[29], der – nach mehreren Entscheidungen des Rates – im Juli 1697 durch ein vom Rat gebilligtes Abkommen beendet wurde.[30]

Während diese Streitigkeiten in Form von Eingaben an den Rat ausgetragen und von diesem entschieden wurden, ließ ein Lumpensammelstreit zwischen den Papiermühlen zu Hagenhausen und Elsbach – ganz abgesehen von der Verwicklung zweier verschiedener Territorien (Nürnberg und Bayern) – ein neues Element erkennen. Als der Richter zu Gnadenberg (zugleich Eigentümer der Papier-

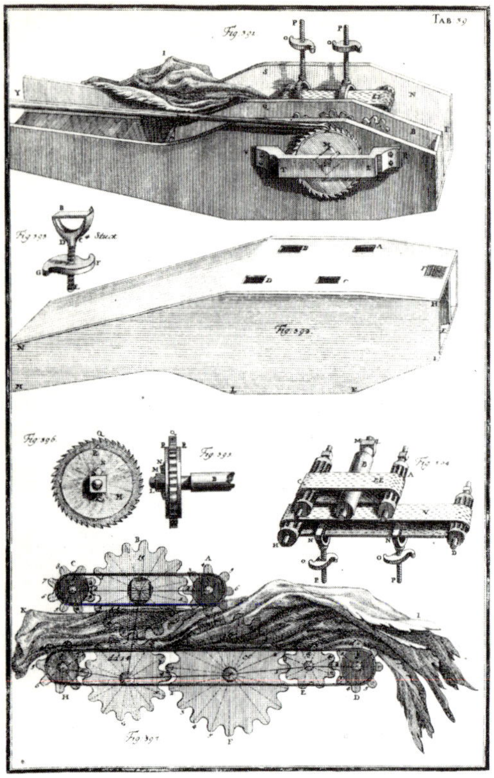

Einzelteile eines Hadernschneider, aus: Johann Jakob Schübler, Sciagraphia artis tigrariae, Nürnberg 1736. Deutsches Museum, München.

mühle zu Elsbach) 1659 unter Berufung auf das bayerische Exportverbot eine Lumpenfuhre des Hagenhauseners beschlagnahmen ließ, ließ dieser den Papierer der Elsbacher Mühle durch eine Versammlung benachbarter Papierer schelten. Dem Nürnberger Rat gegenüber rechtfertigte er sein Vorgehen damit, daß die Papierer sich in erster Linie an ihre Handwerksordnung und Gebräuche zu halten hätten, nicht aber an diesen entgegenstehende landesherrliche Patente.[31] Hiermit war die grundsätzliche Frage nach dem Verhältnis zwischen handwerklichem Gewohnheitsrecht und landesherrlich gesetztem Recht aufgeworfen, die aber keiner Entscheidung zugeführt wurde. Die Bemühungen des Nürnberger Rates um eine Lösung folgen einer eher pragmatischen als grundsätzlichen Linie; welche Bedingungen die 1661 erfolgte Schlichtung enthielt, ist leider nicht bekannt.[32] In einem Lumpenstreit zwischen Nürnberger Papierern und der Papiermühle zu Forchheim wie bereits in einem früheren Wasserzeichenstreit zwischen den Papiermühlen auf der Weidenmühle und zu Doos gelang es dem Rat, sich durchzusetzen und die Unredlicherklärung durch die Papiererversammlung aufzuheben.[33] Dagegen sind ähnlich gelagerte Auseinandersetzungen andernorts oft erheblich heftiger ausgetragen worden. So führte die gleichfalls durch ein Lumpensammelprivileg verursachte Scheltung des Papiermachers zu Greiz zu einem über dreißigjährigen Streit, der – obwohl der Gescholtene von seinem Landesherrn gestützt wurde und auch vor sächsischen Gerichten recht bekam – bis vor das Reichskammergericht und den Reichstag zu Regensburg getragen wurde. Eine Entscheidung ist auch hier nicht bekannt.[34]
Die Verschärfung der Rohstoffknappheit führte schließlich zu immer umfassenderen Regelungen des Lumpensammelns. Im frühen achtzehnten Jahrhundert[35] waren die drei Papiermühlen auf der Kleinen Weidenmühle, der Tullnau und zu Mögeldorf berechtigt, je sechs Lumpensammlerinnen in Nürnberg sammeln zu lassen; diese Zahl wurde 1783 auf sieben erhöht. Diesen 18 beziehungsweise 21 Lumpensammlerinnen, die sich selbst „Lumpenkinder" nannten, waren jeweils eigene Sprengel zugeteilt, in denen sie mit lautem Rufen (jede Lumpensammlerin hatte ihren eigenen Schrei) ihre Lumpen sammelte. „Heimlichen", das heißt nicht berechtigten Sammlerinnen durften sie die Lumpen wegnehmen und den Korb zerbrechen. Die gleiche Strafe hatten sie selbst zu erwarten, wenn der Papierer sie beim Verschleifen von Lumpen erwischte, dazu verloren sie ihr „Schreirecht". Seit 1782 wurde diese Strafe durch eine „empfindliche Leibesstrafe" verschärft.[36] Die „Lumpenkinder" bildeten eine geschlossene Gesellschaft und stammten fast ausnahmslos aus Wöhrd, wo sie auch ihren Gerichtsstand hatten. Ihr bei J. F. Roth überlieferter Berufsstolz unterscheidet sich deutlich von der verachteten Stellung, die Lumpensammler andernorts einnahmen.[37]
Erst im Gefolge der Umgestaltungen nach der französischen Revolution wurden die bisherigen Reglementierungen weitgehend aufgehoben. Einen Einblick in das Lumpensammelwesen des neunzehnten Jahrhunderts gibt ein Streit zwischen dem Papierer Hahn zu Röthenbach und seinem ehemaligen Kommissionär Falcke aus den Jahren

1 Hans Sachs und Jost Amman, Eygentliche Beschreibung aller Stände auff Erden, Frankfurt/M. 1568.
2 In der ersten Papiermühle Deutschlands, der Gleißmühle zu Nürnberg, wurden die Lumpen dem Papierer im Rahmen des Verlagsvertrages von seinem Verlagsherrn Ulman Stromer gestellt. Vergl. Sporhan-Krempel/Stromer-Reichenbach, 1960, S. 4 und neuerdings Maschat, 1988, S. 124–127.

1846–1854.[38] Falcke war aus den Diensten Hahns ausgeschieden und organisierte nunmehr das Lumpensammeln für zwei württembergische Papierfabrikanten, was Hahn durch eine Beschwerde wegen unberechtigten Zwischenhandels mit Lumpen zu verhindern suchte. Tatsächlich ließ der Staat dem „freien" Lumpensammeln durch die äußerst restriktive Vergabe der dafür nötigen Konzessionen nur wenig Raum, um die Rohstoffbasis der Papiermühlen nicht zu gefährden. Da Falcke jedoch in Kommission für zwei württembergische Papierfabriken arbeitete und diesen – als Angehörigen eines Zollvereinsstaates – die gleichen Rechte zustanden wie inländischen Papierern, war gegen seine Tätigkeit nichts einzuwenden, und die Beschwerde wurde abgewiesen. Die Situation im neunzehnten Jahrhundert trägt also deutliche Züge einer Übergangszeit: zwar ist das freie Lumpensammeln noch immer im Interesse der einheimischen Papiermühlen Einschränkungen unterworfen; die Zuteilung spezieller, geschützter Lumpensammelbezirke ist jedoch aufgehoben, und die Freiheit des Lumpensammelns für die Papiermühlen zunächst auf Landes-, dann auf Zollvereinsebene schafft eine Konkurrenz, der die schwächeren bald nicht mehr gewachsen sind. Nicht umsonst verweist Hahn auf die Gefahr, aus Lumpenmangel bald einen Teil oder alle seiner Arbeiter „abschaffen" zu müssen – auch heute noch das wichtigste Argument für jeden Protektionismus!

Trotz aller Reglementierung der Rohstoffversorgung der Papiermühlen im achtzehnten Jahrhundert bestand die Lumpennot nicht nur fort, sondern verschärfte sich noch, wobei zunehmend nicht nur weiße Lumpen, sondern auch der Rohstoff für schlechtes Papier und Pappe zur Mangelware wurden.[39] Infolgedessen erhoben sich Forderungen nach noch weitergehenden Reglementierungen und ihrer noch weitergehenden Überwachung, die zum Teil groteske Formen annahmen. So berichtet J. C. Schäffer von der Forderung eines Herrn Lausitzer nach Aufstellung von „Straßenbereuthern", um die Misthaufen auf die Verwendung von Lumpen zu besichtigen und umzuwühlen und gegebenenfalls den Lumpengebrauch hierfür zu bestrafen.[40] Im Gegensatz zu diesen zeitgenössischen Hoffnungen auf eine verstärkte Reglementierung wird in modernen Untersuchungen eher die Auffassung vertreten, daß die Lumpenknappheit gerade auf die Reglementierung des Lumpenhandels selbst zurückzuführen sei: Die lokalen Abnahmemonopole für Lumpen hätten die Preise niedrig gehalten, was die Lumpensammler dazu verlockt habe, ihre Ware über die Grenze zu schmuggeln.[41] Diese Argumentation läßt sich um den Hinweis W. Schlieders ergänzen, daß die finanziellen beziehungsweise naturalen Gegenleistungen der Papierer für ihre Lumpensammelprivilegien „recht drückend" gewesen seien[42]. Diese Tatsache könnte die Bildung eines angemessenen Lumpenpreises auch von der Zahlungsfähigkeit der Nachfrageseite her behindert haben. Dennoch bleibt zu fragen, ob die inländischen Papierer bei einem freien Markt wirklich in der Lage gewesen wären, den „Weltmarktpreis" für Lumpen zu bezahlen; zumindest zeigt die Entwicklung im neunzehnten Jahrhundert, daß auch der nunmehr weitgehend freie Markt nicht alle Probleme zu lösen vermochte.

3 Günter Bayerl, Die Papiermühle, Vorindustrielle Papiermacherei auf dem Gebiet des alten deutschen Reiches Bonn, New York, Paris, 1987. Der Autor zitiert eine Schätzung der Zahl der deutschen Papiermühlen durch A. Schulte mit den folgenden Zahlen: 1450 10 Papiermühlen, 1500 60, 1600 190.
4 Hermann Stern, Die geschichtliche Entwicklung und die gegenwärtige Lage des Lumpenhandels in Deutschland, Erlangen 1914, S. 12.
5 Lore Sporhan-Krempel, Papiererzeugung und Papierhandel in der Reichsstadt Nürnberg und ihrem Territorium, in: Beiträge zur Wirtschaftsgeschichte Nürnbergs 2, Nürnberg 1967, S. 743 f.
6 Der Papierverbrauch der Nürnberger Kanzlei stieg damals sprunghaft an: von etwa 1–2 Ries (500–1000 Bogen) Papier vor 1390 über 17 Ries auf 1460 auf 55 Ries 1540; 1590 kaufte sie allein von der Weidenmühle (ihrem damals fast ausschließlichen Lieferanten) bereits 280 Ries Papier. Siehe: Lore Sporhan-Krempel,Die Papierwirtschaft der Nürnberger Kanzlei und die Geschichte der Papiermacherei im Gebiet der Reichsstadt bis zum Beginn des 30jährigen Krieges, in: Mitteilungen aus der Stadtbibliothek Nürnberg 8, Heft 2, Juni 1959, S. 7 f. und 11.
7 StAN Ratsbücher Nr. 5 fol. 133b und 135.
8 StAN Ratsbücher Nr. 13 fol. 139b. Zu den Exportverboten siehe auch Sporhan-Krempel, 1967, S. 726–750.
9 StAN Ratsbücher Nr. 15 fol. 44 und 47. Die Zusammenhänge dieser Entscheidung skizziert kurz Lore Sporhan-Krempel, Papiermühlen im Territorium der Reichsstadt Nürnberg II: Die Papiermühle zur Tullnau, in: Archiv für Geschichte des Buchwesens 19, 1978, Sp. 1465–1492.
10 Lore Sporhan-Krempel, Papiermühlen auf Nürnberger Territorium I: Die Papiermühle zur Weidenmühle, in: Archiv für Geschichte des Buchwesens 18, 1977, Sp. 1521f.
11 Zitiert in einem Mandat des Rates der Stadt Nürnberg vom 24. April 1782.
12 StadtAN A 6 1705 Juni 30.
13 StadtAN A 6 1706 Juni 9.
14 Wie Anm. 12.
15 StadtAN A 6 1726 Juli 15.
16 StadtAN A 6 1782 April 24.
17 So spricht das Nürnberger Mandat vom 30. Juni 1705 von „allhiesiger Stadt und Gebiet", das Mandat des fränkischen Kreises vom 9. Juni 1706 nennt die „alt-berechteten Papyr-Mühlen in dem Löbl. Fränckischen Craiß".
18 Vgl. hierzu Bernhard Sicken, Der Fränkische Reichskreis. Seine Ämter und Einrichtungen im 18. Jahrhundert, Würzburg 1970.
19 StadtAN A 6 1782 April 24.
20 Vgl. Bayerl, 1987, S. 372 f. am Beispiel Preußens.
21 Privilegierung der Papiermühle von Treviso; vgl. Bayerl, 1987, S. 370.
22 Ebenda
23 Ebenda S. 370 f.
24 StadtAN B 12 Nr. 234/III fol. 791.
25 StadtAN B 12 Nr. 234/III fol. 792.
26 So war das Nürnberger Exportverbot von 1696 auf die Initiative mehrerer Papiermacher hin zustandegekommen (vergl. Sporhan-Krempel, 1977, Sp. 1521), und die entsprechenden Mandate berufen sich meist auf Beschwerden der betroffenen einheimischen Papierer, einmal sogar der „sämblichen in erwehnten Fränckischen Creyß-Landen - angesessenen Papier-Meistern und Form-Machern" (StadtAN A 6 1726 Juli 15)
27 Lore Sporhan-Krempel, Papiermühlen auf Nürnberger Territorium IV: Die Papiermühlen zu Röthenbach an der

Pegnitz, in: Archiv für Geschichte des Buchwesens 20, 1979, Sp. 802; dies., 1977, Sp. 1492.

28 Dies., 1978, Sp. 1481; dies., 1977, Sp. 1514 f.

29 Dies., 1978, Sp. 1483.

30 Dies., 1977, Sp. 1523.

31 Die ebenfalls vorgebrachte Berufung auf die Papiermacherordnung Ferdinands III. von 1650 war unberechtigt, da diese nur für die Erblande erlassen war. Ein Exemplar dieser Papiermacherordnung befindet sich im Stadtarchiv Nürnberg (E 5 Papiermüller Nr. 1).

32 Der Streit wird ausführlich geschildert bei Lore Sporhan-Krempel, Papiermühlen auf Nürnberger Territorium V: Die Papiermühle zu Hagenhausen, in: Archiv für Geschichte des Buchwesens 21, 1980, Sp. 821–829.

33 Dies., 1977, Sp. 1522, 1508.

34 Wolfgang Schlieder, Die Geschichte der Papierherstellung in Deutschland. 1. Teil: Probleme der Wechselbeziehungen zwischen Produktivkräften und Produktionsverhältnissen in der Papiermacherei in Deutschland in der Zeit bis zum Dreißigjährigen Krieg, Berlin 1963, S. 178 f.

35 Die folgende Schilderung beruht auf Ambros Gabler, Ausruffende Personen in Nürnberg mit den vornehmsten Prospecten der dortigen Hauptstrassen, Märkte, Plätze und öffentliche Gebäude etc. nebst einer Beschreibung, Nürnberg, um 1790, und Johann Ferdinand Roth, Geschichte des Nürnbergischen Handels. Ein Versuch, Leipzig 1801, 3. Teil, S. 153–155. Das „zerlumpte" Aussehen der Lumpensammlerin auf der Abbildung Gablers kontrastiert zu der Aussage Roths, daß die „Lumpenkinder" seidene Kleider trügen; der Widerspruch löst sich bei der Überlegung, daß Gabler die Arbeitskleidung abbildet, während Roth von Feierlichkeiten spricht.

36 StadtAN A 6 1782 April 24.

37 Hierzu vergl. Bayerl, 1987, S. 374.

38 StadtAN C 7/I Nr. 13 703.

39 Laut Jakob Christian Schäffer, Versuche und Muster, ohne alle Lumpen oder doch mit einem geringen Zusatz derselben Papier zu machen, 2 Bde., Regensburg 1765, Bd. 1, S. 4 bestand nach „Äußerungen gewisser Kaufleute" an Lumpen für einfaches Papier „fast noch ein größerer Mangel" als an weißen Lumpen für Schreibpapier.

40 Ebenda, Vorrede zum 2. Band.

41 Diese Argumentation findet sich bei Bayerl, 1987, S. 378.

42 Schlieder, 1963, S. 174. Schlieder bezieht sich auf die Papiermühle zu Greiz, die als Gegenleistung für Lumpensammelprivileg und Verbietungsrecht (für Untergreiz, Obergreiz, Gera und Schleiz) eine jährliche Abgabe von 2 Ballen (20 Ries) gutem Schreib- und Kanzleipapier unentgeltlich abliefern mußte.

43 StadtAN A 6 1782 April 24. Die Formulierung des Mandats erweckt den unzutreffenden Eindruck, als sei der Export von Altpapier bereits in den vorhergehenden Mandaten verboten worden.

44 Bayerl, 1987, S. 391 f.

45 Schon zeitgenössische Prüfungen haben jedoch ergeben, daß ihr Lumpenanteil durchweg höher liegt als von Schäffer angegeben. Vgl. Bayerl, 1987, S. 388.

46 Schäffer selbst begründet dies nicht nur mit den Vorurteilen, der geistigen Trägheit und Wissenschaftsfeindschaft vieler Handwerker (S. 12 f.), sondern auch mit der Voreiligkeit vieler Techniker, die unausgereifte Verfahren propagierten (S. 13–16) und der Tatsache, daß sich viele Handwerker aufgrund ihrer wirtschaftlichen Lage keine Experimente leisten könnten (S. 14).

47 Michael Lösel, Nicht von Pappe. Die Papiermacherei in Nürnberg, in: Räder im Fluß. Die Geschichte der Nürnberger Mühlen, Nürnberg 1986, S. 82.

Einen völlig anderen Weg als die Reglementierung der Lumpenaufbringung bedeutete das Ausweichen auf Ersatzrohstoffe. Hier war die Wiederverwendung bereits vorhandenen Papiers die älteste Methode, die Rohstoffbasis zu erweitern: Schon immer hatten die Papierer mißlungene Bögen ins Stampfwerk zurückgegeben. Die systematische Aufbringung von Altpapier als wichtigem Bestandteil der Rohstoffbasis findet dagegen in Nürnberg erst 1782 Beachtung in der Regelung der Rohstoffaufbringung, als der Rat seine Erneuerung des Lumpenexportverbotes durch die Einbeziehung von „Papier-Abschnitte(n) und Maculaturen" erweiterte.[43] Solange eine praktikable Methode zur Reinigung des Altpapiers von Druckerschwärze und Tinte fehlte, waren seiner Wiederverwendung Grenzen gesetzt: Es konnte nur für Pappe oder Packpapier verwendet werden. Erst die Erfindung eines Verfahrens zum Auswaschen des Altpapiers durch J. Claproth 1774 erlaubte seine Verwendung auch für reines, weißes Schreibpapier.[44] Ob die erstmalige Einbeziehung des Altpapiers in das Nürnberger Lumpenexportverbot im Jahre 1782 auf diese neue Möglichkeit seiner Verwendung zurückzuführen ist, läßt sich allerdings nicht entscheiden.

Seit dem achtzehnten Jahrhundert begannen einzelne Versuche, der Lumpennot durch den direkten Rückgriff auf die pflanzlichen Grundstoffe des Papiers zu begegnen. Ein Zeugnis dieser Versuche ist das Buch des Regensburger Pfarrers Jacob Christian Schäffer, „Versuche und Muster, ohne alle Lumpen oder doch mit einem geringen Zusatze derselben Papier zu machen", aus dem Jahre 1765, das zahlreiche Musterseiten von Papier aus Baumrinde, Wespennestern und ähnlichen Ersatzstoffen enthält.[45] Auch wenn diese Versuche gerade bei den Papierern selbst auf starke Zurückhaltung stießen[46], so war doch der Weg in die richtige Richtung gewiesen. Mit der Erfindung des Holzschliffs 1844/45 und der Zellstoffherstellung 1874 wurden jene Verfahren entdeckt, die der Rohstoffknappheit ein Ende setzen sollten. Für das Nürnberger Papierhandwerk brachten diese Erfindungen keine Erleichterung mehr: Die neuen Techniken verlangten derartige Investitionen, die Anforderungen an den Standort erfuhren derartige Veränderungen, daß die Nürnberger Papiermühlen nicht mehr mithalten konnten. Heute hat sich die bayerische Papierindustrie in den Süden des Landes verlagert.[47]

Und hat die Rohstoffknappheit wirklich ein Ende? Mit dem Rückgriff auf den Grundstoff Holz wurden die Probleme nicht gelöst, sondern nur verschoben. Heute ist die Begrenztheit auch des neuen Rohstoffs deutlich geworden; die zunehmende Wiederverwendung von Altpapier ist ein deutlicher Hinweis auf das Entstehen einer neuen Rohstoffknappheit. Das Rohstoffproblem ist – trotz allen Wandels – noch immer nicht wirklich gelöst.

Frieder Schmidt

# GESCHICHTE DER PAPIERHERSTELLUNG IN DER WÜRTTEMBERGISCHEN UND BADISCHEN FRÜHINDUSTRIALISIERUNG

Im Juli 1817 wandte sich der Ettlinger Papierfabrikant Franz Anton Buhl an das badische Innenministerium. Als Besitzer zweier Papiermühlen sei er stets bestrebt gewesen, seinem Gewerbszweig die möglichste Vollkommenheit zu geben. Doch Mangel an Betriebsmitteln sei das „Haupthinderniß der Vervollkommnung" gewesen, um gegen die überlegenen ausländischen Produkte bestehen zu können. In der Zwischenzeit habe nun ein Franzose die wichtige Entdekkung gemacht, daß man das Papier nicht nur von Hand schöpfen, sondern auch maschinell fertigen könne:

„Als ich die erste Nachricht von dieser Erfindung erhielt, fühlte ich gleich die Revolution, die später dieselbe in der Papierfabrikation machen muß, obschon heute noch die meisten Fabrikanten daran zweifeln. Ich dachte darüber nach, machte Berechnungen und Versuche ... Um in dieser Sache mögliche Gewißheit zu erhalten, entschloß ich mich, nach England zu gehen ... Dort gelang es mir zuletzt nach einem einmonatlichen Aufenthalt, vielen Aufopferungen, Kosten und unsäglicher Mühe, die Eifersucht der Fabrikanten zu überwinden und diese Maschine zu sehen. Hier erhielt ich nun die Gewißheit, daß ich auf dem rechten Wege sey, und fand ein wunderbares Zusammentreffen der Ideen!"[1]

Die Maschine erregte Buhls Staunen: Sie war in der Lage, täglich zehn Ballen oder zwanzig Zentner Papier in Schreibformat herzustellen, konnte also soviel wie acht Schöpfbütten produzieren. Sie lieferte Papier in jeder beliebigen Länge, und während die verschiedenen Arbeitsgänge nach dem alten Fertigungsverfahren einzeln verrichtet werden mußten, konnten diese von der Maschine in „ununterbrochenem Fortgange" geleistet werden. Buhl zeigte sich entschlossen, als erster in Deutschland das Wagnis einzugehen, eine solche Maschinenpapierfabrik zu errichten, und bat daher seinen Landesherrn um ein zehnjähriges Privileg. Die badische Regierung gewährte Buhl „zur Belohnung seines Gewerbfleißes, und zu einigem Ersatz für die ersten Einrichtungskosten"[2] ein Patent auf die Dauer von nur zwei Jahren. Der so klarsichtige Beobachter des stattfindenden Umbruchs schreckte daraufhin von seinem Vorhaben zurück und vollzog diese Innovation erst ein Jahrzehnt später, jedoch auch dann noch als Badens Pionier auf diesem Gebiet. So blieb es einem Engländer vorbehalten, 1818 in Berlin die erste Langsiebpapiermaschine Deutschlands aufzustellen.

## Die Papiermaschine als zentrales Element der Innovation

Seit Jahrhunderten war in Mitteleuropa die Papierfabrikation betrieben worden. Spezialisierte Mühlenbauer hatten sich dabei als sachkundige Verfertiger der technischen Betriebseinrichtungen erwiesen. Wichtigster Werkstoff war Holz, und Eisenteile wie Bodenplatten für die Lumpenstampfwerke oder Lagerzapfen für die Wasserradwellbäume wurden von Eisenhütten und Hammerwerken zugeliefert. Im Verlauf des achtzehnten Jahrhunderts hatte man auch den Bau der nach ihrem Herkunftsland „Holländer" genannten Zerfaserungsmaschinen beherrschen gelernt, konnte mechanische Lumpenschneider und wasserradgetriebene Papierpressen herstellen. Doch nun hielt in der Papierfabrikation eine neue Technik Einzug, bei der man weder die konstruktiven Details kannte noch über die entsprechenden Fertigungstechniken verfügte. Papiermacher und Mechaniker in Frankreich und vor allem in Großbritannien hatten den neuen Weg gewiesen, und wer seine Fertigung auf der Höhe der Zeit halten wollte, benötigte deren Know-how.

Am 18. Januar 1799 wurde Nicolas Louis Robert, der als Aufseher der Papierfabrik in Essonnes bei Paris arbeitete, das französische Patent Nr. 329 mit einer Laufdauer von fünfzehn Jahren erteilt. Die darin dokumentierte Maschinenkonstruktion bedeutete eine revolutionäre Abkehr von der traditionellen europäischen Papiermachertechnologie. Das bisher starre und im Format begrenzte Schöpfsieb wurde zugunsten eines zu einem endlosen Band vernähten Metallgewebes aufgegeben, das sich – horizontal zwischen zwei Walzen gespannt – von Hand kontinuierlich bewegen ließ. Nach wie vor bildete sich das Papierblatt, indem die Fasern aus einer wässerigen Aufschwemmung filtriert wurden, doch tauchte man das neue Sieb nicht mehr in den Papierstoff ein, um es nach dem Herausheben abtropfen zu lassen, sondern der Papierstoff floß gleichmäßig auf das sich langsam bewegende Metalltuch. Die kurze Wegstrecke des insgesamt nur 340 cm langen Siebes reichte, um die entstehende Papierbahn so weit zu entwässern und zu verfestigen, daß man sie nach der Passage eines als Presse wirkenden Walzenpaares am Siebende abnehmen und auf einen Holzzylinder aufwickeln konnte. Damit war ein Weg der Blattbildung beschritten, der sich vom Grundsatz her bis heute als wirkungsvoll erwiesen hat. Das entscheidend Neue an Roberts Maschine war, daß das Sieb nicht nur als Mittel der Blattbildung diente, sondern zugleich als Transportvorrichtung das Bindeglied eines kontinuierlichen Produktionsvorganges bildete. Mußten bisher zwei Papierer, der Schöpfer und der Gautscher, koordiniert Hand in Hand arbeiten, so wurde dieses gezielte Zusammenwirken nun durch die zweckmäßige Kombination einzelner Maschinenelemente erreicht.

Dieser Prototyp taugte noch keineswegs im tagtäglichen, massenhaften Produktionsprozeß. Für die nun erforderliche Entwicklungsarbeit reichten allerdings weder eine Prämie in Höhe von 3000 Francs, die Robert vom französischen Staat gewährt wurde noch das Kapital seines Chefs Leger Didot, an den er sein Patent veräußert hatte. Nicht in Frankreich, sondern in England wurde über die Zukunft der neuen Maschine entschieden. Didots Schwager John Gamble, der als britischer Marineoffizier während eines Parisaufenthalts Roberts Versuche miterlebt hatte, erwarb ein englisches Patent. Gleichzeitig gelang es ihm, die einer Hugenottenfamilie entstammenden Londoner Papiergroßhändler Henry and Sealy Fourdrinier für die Erfindung zu interessieren. Diese hatten enge Kontakte zu der Maschinenbauwerkstatt John Hall in Dartford. Dort wurde die aus Frankreich mitgebrachte Robert-Maschine montiert, und unter der Aufsicht von Didot und Gamble führte man Änderungen durch. Bei diesen Arbeiten wirkte Halls Schwager Bryan Donkin mit, der innerhalb weniger Jahre zum weltweit führenden Papiermaschinenbauer wurde. Erst seine Konstruktionen waren so ausgereift, daß sie für den kontinuier-

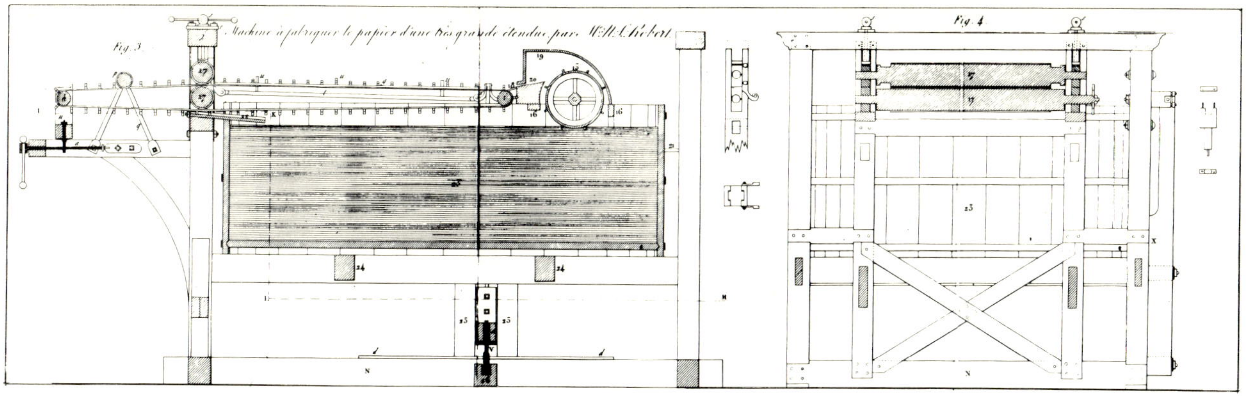


Konstruktionszeichnung zur ersten Papiermaschine aus dem französischen Patent Nr. 329 vom 18. Januar 1799.
Deutsches Museum, München.

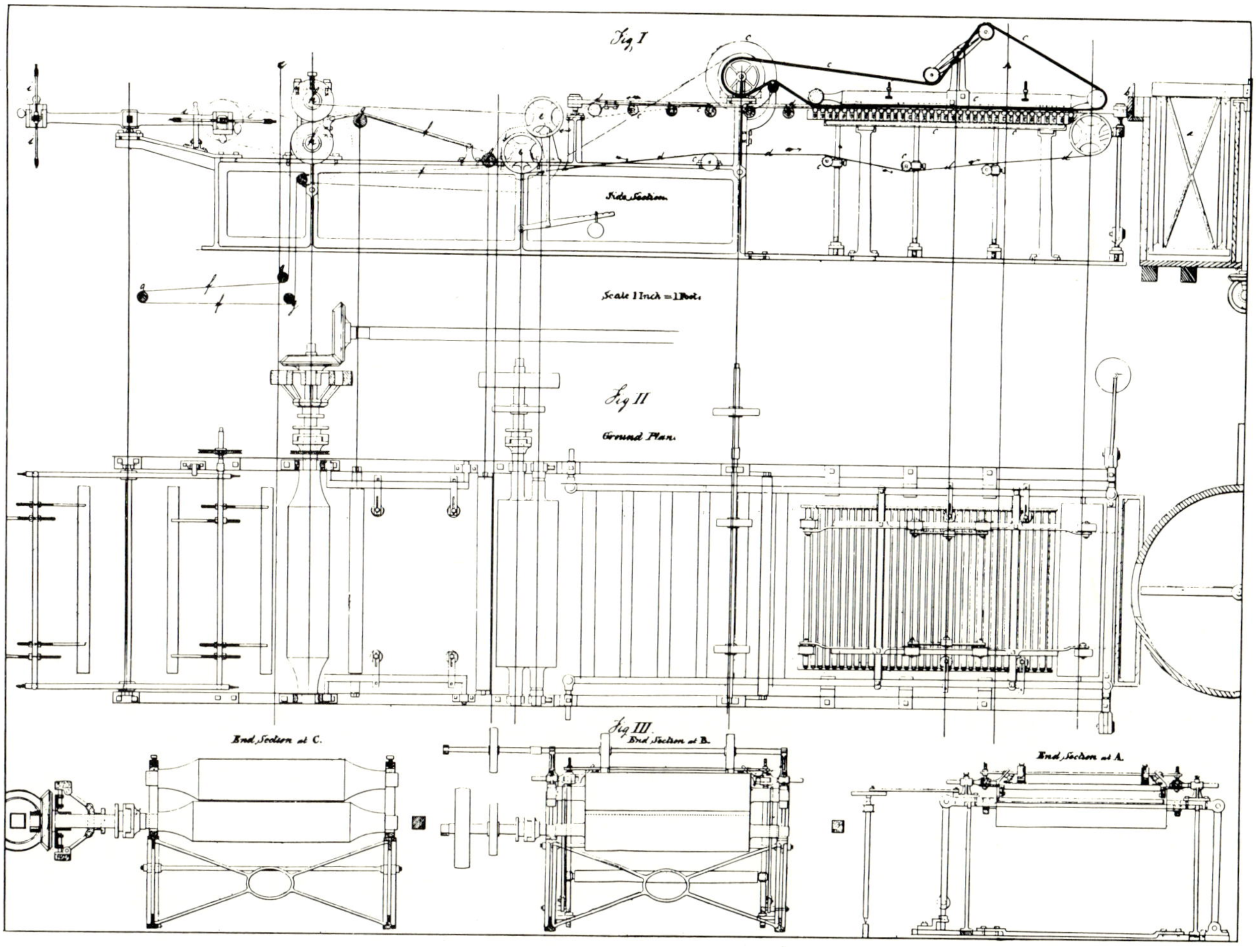


Plan zum preußischen Papiermaschinenpatent des Engländers Joseph Corty vom 23. April 1818.
Nach: Der Papier-Fabrikant 11/1913, Fest- und Auslandsheft.

lichen industriellen Einsatz taugten. Die für diese Entwicklungsarbeiten erforderlichen Aufwendungen überschritten die Finanzkräfte der Brüder Fourdrinier bald erheblich, weshalb sie 1810 in Konkurs gerieten. Dieses Ereignis ließ – wie der eingangs zitierte Antrag des badischen Papierfabrikanten Buhl verdeutlicht – manchen Unternehmer davor zurückschrecken, möglichst rasch den neuen Weg einzuschlagen.

## Die Berliner Patentpapierfabrik

Donkin selbst überstand diesen Bankrott unbeschadet. Seine in Bermondsey bei London ansässige Maschinenfabrik trug innerhalb weniger Jahrzehnte ganz wesentlich zur Revolutionierung der Papiermacherei bei. Nachdem bis 1809 bereits mehr als ein Dutzend Papiermaschinen in England, Schottland und Irland aufgestellt worden waren, setzte im folgenden Jahrzehnt die Verbreitung auf dem europäischen Kontinent ein. In Deutschland wurde die erste Langsiebpapiermaschine in Berlin installiert – nicht, wie längere Zeit vermutet, in Dillingen an der Saar. Der in der preußischen Hauptstadt wohnende Engländer Joseph Corty hatte am 23. April 1818 ein Patent erhalten, das auf die Dauer von fünfzehn Jahren eine Nachahmung der Maschine untersagte. Ein Plan dieser patentierten Maschine hat sich erhalten und bildet ein wichtiges Dokument des frühindustriellen Maschinenbaus. Während die Stuhlungen der frühen englischen Papiermaschinen noch aus Holz zusammengefügt waren, handelte es sich hier um eine Ganzmetallkonstruktion.
Bald erlangte die neuartige Fabrik auch in einer breiteren Öffentlichkeit erhebliche Beachtung. Ein im Juni 1820 zunächst in der „Allgemeinen Preußischen Staatszeitung", kurz darauf auch an anderer Stelle veröffentlichter Artikel verdeutlicht, welches Erstaunen die neue Fabrikanlage bei den Zeitgenossen erregte:
„Die Bildung des Papiers aus dem Lumpenbrey selbst dauert nicht länger als fünfzehn Sekunden; diese höchst bewunderungswürdige Operation geht vor den Augen des ununterrichteten Zuschauers wie ein halbes Zauberwerk vorüber, und selbst dem im Felde der mechanischen Wissenschaften bewanderten Kenner wird die Erscheinung, einen Brey, der jetzt schwimmt, in Zeit von einer viertel Minute und auf der kurzen Reise von einigen Ellen, in so dichtes und trockenes Papier verwandelt zu sehen, das [!] letzteres eine kupferne Rolle von mehreren Pfunden zu tragen vermag, die größte Achtung vor dem Manne abgewinnen, der die Kraft des menschlichen Erfindungsgeistes in diesem hohen Grade bewährte."[3]
Nur wenigen Personen wurde der Besuch der Fabrik gestattet, da man sich vor Nachahmern schützen wollte. So unvollkommen die Informationen sein mochten, die einzelne Besucher der Berliner Fabrik erhielten, so nachhaltig war der Eindruck, daß hier eine neue, zwar kapitalaufwendige und komplizierte, doch auch sehr leistungsfähige Technik zum Einsatz kam, der man wirtschaftlichen Erfolg zutrauen konnte. Während in Berlin die erste Initiative noch von einem ortsansässigen Engländer – dem Kaufmann Corty – ausging, begannen nun auch Deutsche die Initiative zu ergreifen. Nachdem der Schnellpressenerfinder Friedrich Koenig mit seinem Partner

Andreas Friedrich Bauer sich nicht an die Realisierung einer mechanischen Papierfabrik gewagt hatte, blieb der erste erfolgreiche Versuch, die neue Technologie nach Süddeutschland zu verpflanzen, einer württembergischen Firma vorbehalten.

## Süddeutschlands erste Maschinenpapierfabrik

In Heilbronn am Neckar betrieb seit Generationen die Familie Rauch den Großhandel mit Kolonialwaren. Seit 1786 gehörte der Firma Gebr. Rauch eine große Öl-, Tabak- und Farbholzmühle. Die Inhaber Johann Moriz und Gottlieb Christian Rauch wirtschafteten so erfolgreich, daß sie 1799 bei der Erhebung der Kriegssteuer die beiden am höchsten besteuerten Bürger Heilbronns waren. Als der 1808 zusammen mit seinem Bruder geadelte Johann Moriz Rauch 1819 verstarb, hinterließ er den beiden Söhnen Moriz (1794–1849) und Adolf (1798–1882) eine Firma, deren Geschäftsvermögen etwa 300 000 Gulden betrug. Verschiedene politische Maßnahmen, so etwa die 1818 erfolgte Aufhebung des Heilbronner Stapels, veranlaßten die Brüder, nach Diversifikationsmöglichkeiten Ausschau zu halten. Wie bereits drei Jahrzehnte zuvor boten sich die Wasserkräfte des Neckars als Basis für neue gewerbliche Aktivitäten an. Die Mühlen hatten sich als geeignete Investitionsobjekte erwiesen, die den Handelshäusern ein zweites Standbein im warenproduzierenden Gewerbe verschafften. Was die Brüder von Rauch dazu motivierte, eine mechanische Papierfabrik zu gründen, ist nicht überliefert. Die traditionelle Papiermacherei kannte man aus der unmittelbaren Nachbarschaft: Von der Heilbronner Papiermühle des Valentin Ebbecke, die 1822 von Gustav Schaeuffelen übernommen wurde, war das Rauchsche Mühlenanwesen auf dem Hospitalgrün nur durch ein steinernes Wehr im Neckar getrennt.

Mit unternehmerischem Willen und einem erheblichen Finanzpolster allein war es nicht getan, als branchenfremde Kaufleute eine mechanische Papierfabrik in Gang zu setzen. Vielmehr mußten viele Hindernisse beseitigt und nicht unerhebliche Widerstände überwunden werden. Vor allem drei Probleme mußten gelöst werden: der Zugang zur neuen Technologie, die erbitterte Gegnerschaft der württembergischen Papiermühlenbesitzer gegen das Fabrikprojekt und die leidige Rohstoffversorgung. Adolf von Rauch trat unter Vermittlung der Londoner Firma Schmack & Smith mit Donkin in Briefwechsel, doch da man nicht vom Fache war, hatte man Not, die von dem englischen Papiermaschinenbauer erhaltenen Auskünfte richtig zu beurteilen. Hilfesuchend wandte sich im Dezember 1822 der Prokurist der Firma Gebr. Rauch an den ihm persönlich bekannten Andreas Friedrich Bauer in Oberzell und bat ihn um fachmännische Auskunft. Doch seine Anfrage, ob sich solche Maschinen „mit Vortheil auf deutschen Boden verpflanzen lassen“[4], blieb unbeantwortet. Koenig und Bauer nahmen betroffen zur Kenntnis, daß ihrem eigenen Gründungsvorhaben in nicht allzu großer Entfernung Konkurrenz drohte, und waren nicht bereit, ihr Wissen anderen zur Verfügung zu stellen. So mußte man auf die Zuarbeit der durch langjährigen Englandaufenthalt qualifizierten Maschinenbauer verzichten und stattdessen sich selbst in Großbritannien nach geeigneten Fachkräften umtun.

Nro. 30.

Königlich Württembergisches

Staats = und Regierungs = Blatt.

Montag den 9. Juni 1823.

I. Unmittelbare Königliche Dekrete.

Dienst-Nachrichten.

S … retärs-Stelle dem Oberamts-
… Kapff, in Rottenburg,

C.) Des Departements des Innern:

1. des Ministerium des Innern.

Patent-Ertheilung für die Verfertigung einer Maschine zur Bereitung endlosen Papiers.

Seine Königliche Majestät haben vermöge höchsten Dekrets vom 28. Mai d. J. dem Ingenieur J. Gamble, zu London, für die Verfertigung der von ihm erfundenen Maschine zur Bereitung des sogenannten endlosen Papiers ein ausschließendes Patent auf die Dauer von zehn Jahren allergnädigst zu ertheilen geruht.

Stuttgart den 31. Mai 1823.

Schmidlin.

Bekanntmachung des württembergischen Papiermaschinenpatents. Königlich Württembergisches Staats- und Regierungs-Blatt, Nr. 30 vom 9. Juni 1823.

Als kontinentaler Unternehmer war man beim Transfer britischer Technologie auf das Festland nicht nur mit Sprach- und Entfernungsproblemen konfrontiert, sondern auch mit einer Gesetzgebung, die darauf abzielte, der „Werkstatt der Welt" ihre international führende Rolle auf Dauer zu sichern. Bei Androhung schwerer Strafen war nicht nur das Abwerben von Fachkräften, sondern auch der Export einer Vielzahl von Maschinen verboten. Für die württembergischen Innovatoren war es ein Glücksfall, daß Donkin im Gegensatz zu vielen seiner Kollegen und keineswegs uneigennützig die freie Maschinenausfuhr unterstützte. In anderen Branchen mußte oft erhebliches Lehrgeld bezahlt werden, weil man neuartige Maschinen oder Verfahren ohne Unterstützung, ja oft gegen den Willen der Erfinder oder Anwender zu transferieren suchte. Im Falle der Papierfabrikation war man jedoch in der Lage, sich das zeitgemäße britische Know-how gegen entsprechende Bezahlung unmittelbar anzueignen: Donkin hatte wie kaum ein anderer britischer Unternehmer die Gewinnmöglichkeiten erkannt, die sich bei der Komplettausstattung kontinentaler Fabriken ergaben. 1823 hielt sich der englische Maschinenbauer persönlich in Heilbronn auf, um die Planung der neuen Papierfabrik und ihrer Wasserkraftanlage voranzutreiben.
Weit schwerer tat man sich mit den alteingesessenen württembergischen Papierern, die heftig gegen die Gründung der neuartigen Fabrik protestierten. Alle 55 bestehenden Papiermühlen wandten sich gegen das Vorhaben der Heilbronner Kaufleute. In einer der Eingaben hieß es:
„Euer kgl. Majestät allbekannte Liebe für allgemeines Wohl läßt nicht zu, daß eine Menge Staatsglieder der Gewinnsucht solcher, die schon vorher eigene Gewerbe haben und ohnehin vermöglich genug sind, auch dieses Geschäft nur aus Wollust anfangen wollen, unterliegen müssen[5]."
Die Ravensburger Papierfabrikanten zeigten sich „bei der Nachricht von dem Vorhaben der Gebrüder Rauch erschüttert und entrüstet" und baten darum, „ein Begehren niederzuschlagen, das bei der sonstigen Fülle, in welcher die Gebrüder Rauch sich befinden, an Habsucht gränzt"[6]. Diese Eingabe sprach auch offen das Hauptanliegen der württembergischen Papiermacher an: man befürchtete größere Schwierigkeiten bei der Lumpenversorgung, die zu Preiserhöhungen führen würden. Die Regierung des Neckar-Kreises in Ludwigsburg, der das Konzessionsrecht zustand, ließ sich von solchen Argumenten nicht beeindrucken: die Brüder von Rauch hatten versichert, sie wollten sich auf die Herstellung feinerer, bisher vom Ausland bezogener Papiere konzentrieren. Daß gerade diese Sorten zum erheblichen Teil importiert wurden, ließ sich unschwer anhand von amtlichen Statistiken nachweisen. Daher wurde Moriz und Adolf von Rauch trotz der Proteste der württembergischen Papierfabrikanten im Juni 1823 gestattet, ihre Öl- und Tabakmühle in eine Papierfabrik umzuwandeln.
Gleichzeitig bemühten sich die Brüder von Rauch intensiv um einen Patentschutz für ihre in Württemberg neuartige Fertigungsanlage. Im April 1823 erbaten sie „im Namen des Ingenieurs J. Gamble zu

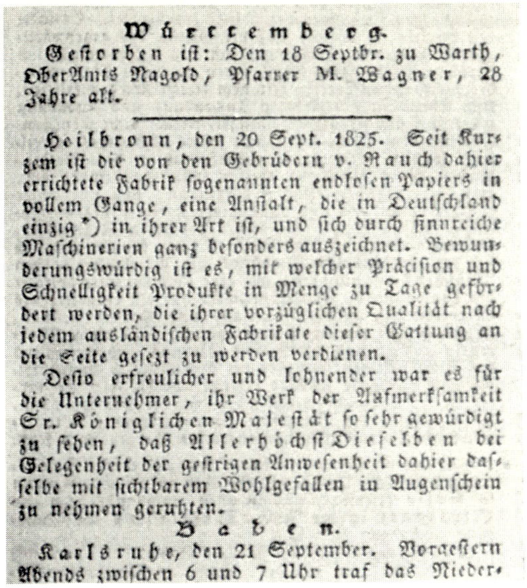

**Würtemberg.**

Gestorben ist: Den 18 Septbr. zu Warth, OberAmts Nagold, Pfarrer M. Wagner, 28 Jahre alt.

Heilbronn, den 20 Sept. 1825. Seit Kurzem ist die von den Gebrüdern v. Rauch dahier errichtete Fabrik sogenannten endlosen Papiers in vollem Gange, eine Anstalt, die in Deutschland einzig *) in ihrer Art ist, und sich durch sinnreiche Maschinerien ganz besonders auszeichnet. Bewunderungswürdig ist es, mit welcher Präcision und Schnelligkeit Produkte in Menge zu Tage gefördert werden, die ihrer vorzüglichen Qualität nach jedem ausländischen Fabrikate dieser Gattung an die Seite gesezt zu werden verdienen.

Desto erfreulicher und lohnender war es für die Unternehmer, ihr Werk der Aufmerksamkeit Sr. Königlichen Majestät so sehr gewürdigt zu sehen, daß Allerhöchst Dieselben bei Gelegenheit der gestrigen Anwesenheit dahier dasselbe mit sichtbarem Wohlgefallen in Augenschein zu nehmen geruhten.

**Baden.**

Karlsruhe, den 21 September. Vorgestern Abends zwischen 6 und 7 Uhr traf das Nieder-

Bericht der Schwäbischen Chronik vom 24. Sept. 1825 über die Betriebsaufnahme der Rauchschen Papierfabrik.

London"[7], ein „Privilegium" mit zehnjähriger Laufzeit, das auch gewährt wurde. Dem Regierungsblatt vom 9. Juni 1823 mußten die überraschten Papierfabrikanten des Landes entnehmen, daß ihnen für ein Jahrzehnt der Zugang zu den neuen industriellen Fertigungsmethoden verwehrt sein sollte. Im Sommer 1825 konnte die Papierfabrik in Heilbronn die Produktion aufnehmen und wurde vom württembergischen König „mit sichtbarem Wohlgefallen in Augenschein"[8] genommen.

Um so erbitterter verteidigten die mit den traditionellen Mitteln arbeitenden Konkurrenten ihre eigenen, das Lumpensammeln betreffenden Vorrechte. Bereits in herzoglicher Zeit hatte die württembergische Regierung einzelnen Papiermühlen Bezirke zugeteilt, in denen ausschließlich von diesen aufgestellte Lumpensammler tätig werden durften. Nachdem das Land während der napoleonischen Zeit zum Königreich aufgestiegen war und sein Territorium und seine Einwohnerzahl mehr als verdoppelt hatte, wurde eine entsprechende Regelung allgemeingültiges Recht. Württemberg hatte somit zu einer Zeit, als andere Staaten den Hadernhandel völlig dem Marktgeschehen überließen, ein streng obrigkeitlich kontrolliertes Verfahren in sämtlichen Landesteilen eingeführt, das durch Androhung harter Sanktionen die aus der Vergangenheit bekannten, gewinnorientierten Geschäftspraktiken der Lumpensammler, also vor allem den Schmuggel in das Ausland, unterbinden sollte. Da die Sammeldistrikte nur in mehrjährigem Abstand behördlich zugeteilt wurden, stand eine derartige Quotenregelung jeglichem dynamischen Wirtschaftsgeschehen außerordentlich hemmend im Wege. Gerade Neulinge wie die Brüder von Rauch hatten daher erhebliche Schwierigkeiten, im Inland die für ihre leistungsfähige Fabrik erforderlichen Rohstoffmengen zu erwerben, und sahen sich deshalb zu umfangreichen Lumpenimporten aus Nachbarstaaten veranlaßt.

Auf die Dauer waren solche Zustände unhaltbar, weshalb die Heilbronner Kaufleute alle politischen Hebel in Bewegung setzten, um eine Freigabe des Lumpensammelwesens zu erreichen. Überließ man jedoch die Rohstoffversorgung der papiererzeugenden Betriebe dem freien Spiel von Angebot und Nachfrage, so war mit erheblichen Preissteigerungen zu rechnen. Die Brüder von Rauch waren aufgrund ihrer weitaus produktiveren Fertigungsweise in der Lage, entsprechende Mehrkosten zu verkraften, für die Konkurrenten, die handgeschöpftes Papier erzeugten, bedeutete dies jedoch eine nicht unwesentliche Ertragsverschlechterung. Es kann daher nicht verwundern, daß diese in ihrer übergroßen Mehrzahl eine Liberalisierung des Lumpenhandels entschieden ablehnten. Im württembergischen Finanzminister Weckherlin fanden sie einen beredten Fürsprecher ihrer Interessen.[9] Erst nach dessen Amtsenthebung hatte das Anliegen der Heilbronner Maschinenpapierfabrikanten eine erneute Chance. So setzte sich die württembergische Ständeversammlung während mehrerer Landtage in hitzigen Debatten mit dieser Frage auseinander.[10] Schließlich sahen sich die Brüder von Rauch zu einer unmittelbaren Intervention beim württembergischen König veranlaßt. Zwischenzeitlich seien in den Nachbarstaaten ähnliche Fabriken entstanden, deren Wettbewerb sie nicht beunruhigen würde, wenn sie ebenfalls „von den Fesseln im Aufkauf des Materials befreiet wären" – so aber müsse „bey dieser mehr begünstigten Concurrenz anderer Fabriken nothwendig der Flor der unsrigen leiden und allmählich untergraben werden".[11] Dieses bisherige Blühen der Geschäfte hatte seinen Niederschlag in einer 12,5 prozentigen Kapitalrendite gefunden: im Jahre 1829 stand 360 000 Gulden Anlage- und Betriebskapital ein Gewinn von nicht weniger als 45 000 Gulden gegenüber.

## Weitere Nachahmer

Tatsächlich hatten innerhalb weniger Jahre in Bayern und Baden, aber auch – trotz des Patents – in Württemberg weitere Papierfabriken den Betrieb aufgenommen. Ein bayerisches Papiermaschinenprivileg mit fünfzehnjähriger Laufzeit wurde 1828 Koenig und Bauer verliehen. Als Geschäftspartner hatte man den Verleger Johann Friedrich Cotta gewonnen, und in Münsterschwarzach konnte 1825 die Klostermühle für 18 000 Gulden erworben werden. Drei Jahre später wurde endlich der Betrieb in der zur Papierfabrik umgebauten Mühle aufgenommen, und während der Leipziger Ostermesse 1829 sprach Koenig etwa 150 Verleger an und empfahl seine Erzeugnisse. Bereits im Dezember 1826 hatte man sich mit einem der Teilhaber der Heilbronner Firma Gebr. Rauch über Preise verständigt, doch bald mußte man mit weiteren Konkurrenten im süddeutschen Raum rechnen.
Buhl in Ettlingen hatte 1828 eine Papiermaschine aus dem Elsaß bezogen. Lieferant war die 1817 in Cernay gegründete Maschinenfabrik Risler Frères & Dixon. Die Ettlinger Papiermaschine war zunächst nur mit einer Gautschpresse und einer Eisenwalzenpresse ausgestattet; sie verfügte weder über eine Rührbütte, einen Stoffregulator oder einen Knotenfänger, noch über eine Trockenpartie. Erst 1830 wurde die Maschine mit fünf Trockenzylindern versehen. Als im Jahre 1829 der Pforzheimer Unternehmer Friedrich Bohnenberger seine Papiermühle im badischen Niefern in eine mechanische Papierfabrik umwandelte, kam erneut Donkin zum Zuge.
Hatten bis zu diesem Zeitpunkt ausländische Maschinenbauer das Geschehen dominiert, so machten sich nun nach einem ersten zaghaften Versuch auch erfolgversprechende inländische Aktivitäten bemerkbar. Der sächsische Papierfabrikant Adolf Keferstein aus Weida reiste schon im Frühjahr 1816 mit Plänen einer selbstkonstruierten Papiermaschine an den großherzoglichen Hof nach Weimar und suchte um eine Unterstützung nach. Seit April 1819 konnte er auf seinem Eigenbau 60 Ellen langes Papier fabrizieren, doch fehlten die finanziellen Mittel, um die Idee weiterzuverfolgen. Im Frühjahr 1825 tat sich der Heilbronner Papiermühlenbesitzer Gustav Schaeuffelen, der in unmittelbarer Nachbarschaft die Rauchsche Maschinenpapierfabrik emporwachsen sah, mit einer Eigenkonstruktion hervor.[12] Tatsächlich gelang es Schaeuffelen, auf einem funktionstüchtigen Maschinenmodell „Papiermüsterchen" zu fertigen. Dem Vorbild der lokalen Konkurrenten folgend, suchte er ebenfalls um ein Privileg mit zehnjähriger Laufzeit nach, das ihm den „aus-

Untere Buhlsche Papierfabrik in Ettlingen.
Stadtarchiv Ettlingen.

Die Papierfabriken Gebr. Rauch (oben) und Gustav Schaeuffelen (unten) in Heilbronn am Neckar. Nach einem Sammelbild „Heilbronn und seine Umgebungen" von Th. Rausche.
Württ. Landesbibliothek Stuttgart.

schließenden Gebrauch" seiner Konstruktion sichern sollte. In seinem Patentantrag vom 11. April 1825 versicherte Schaeuffelen mehrfach, daß er diese Maschine selbst erfunden habe, und fügte als Beleg eine Zeichnung der Maschine und einen darauf hergestellten Papierbogen bei. Ein umgehend erfolgter Einspruch der Brüder von Rauch verhinderte jedoch die begehrte Patenterteilung, was für Schaeuffelen besonders peinlich sein mußte, da er zwischenzeitlich die alten Produktionsanlagen aus seiner Papiermühle entfernt hatte und ungeduldig auf das erhoffte Privileg wartete, um die Neueinrichtung vornehmen zu können.

Nach einem vernichtenden Brand im Oktober 1827 konnte Schaeuffelens Papiermühle 1829 zunächst wieder mit zwei Schöpfbütten produzieren, doch hatte man das Gebäude bereits so geräumig ausgeführt, daß genügend Platz für eine Papiermaschine vorhanden war. Im Oktober 1830 – also gut zweieinhalb Jahre vor Ablauf der Schutzfrist des Gambleschen Patents – konnte auch Schaeuffelen den Maschinenbetrieb aufnehmen. Seine Papiermaschine verdankte sich ganz wesentlich den Leistungen Johann Jakob Widmanns, eines jungen Heilbronner Mechanikers, der vermutlich bei Zuarbeiten für die Rauchsche Papierfabrik erste Einblicke in die neue Technik erlangt hatte. Nur schwer läßt sich im nachhinein der jeweilige Anteil Schaeuffelens und Widmanns an diesem schöpferischen Nachahmungsprozeß bestimmen, fest steht jedoch, daß diese beiden Männer – zunächst gemeinsam, dann in heftiger Konkurrenz – ganz wesentlich zur Verbreitung der industriellen Fertigungsmethoden beitrugen, und Heilbronn in den 1830er und 1840er Jahren nicht nur zu einem wichtigen Zentrum der Papierfabrikation, sondern auch des Papiermaschinenbaus machten. Bereits 1832 konnten die Firmen Rau & Voelter in Heidenheim an der Brenz und Brielmayer in Ravensburg von Widmann gebaute Papiermaschinen in Gang setzen. Schaeuffelens Hinwegsetzen über das württembergische Papiermaschinenpatent hatte andere Unternehmer zur Nachahmung ermuntert und damit eine rasche Ausbreitung der neuen Technik bewirkt. Auch Donkin lieferte noch vor Ablauf der Sperrfrist weitere Maschinen nach Württemberg, so zum Beispiel an die Firma Carl Beckh Söhne in Faurndau bei Göppingen. Im Frühsommer 1831 konnte der in Stuttgart erscheinende „Schwäbische Merkur" vermelden:

„Das Papier, auf welches unsere Zeitung seit 2 Tagen gedruckt wird, ist endloses von Faurndau. Auch von Heidenheim werden wir künftig solches erhalten, und wir hoffen, unsere Leser werden mit beydem zufrieden sein."[13]

Vermutlich stammte auch die Maschine für den Papierfabrikanten Braun in Reutlingen aus Donkins Werkstätten, jedenfalls wurde sie von einem seiner Monteure, dem Engländer William Carver Wheatley, aufgestellt. Dieser schloß sich wenig später mit Braun zusammen und baute in eigener Werkstatt ebenfalls Papiermaschinen. Eine erste Lieferung erfolgte bereits 1832 an die Papierfabrik Laiblin & Elben in Pfullingen.

Vergeblich versuchten die Brüder von Rauch, durch mehrere Patentverletzungsklagen ihre Konkurrenten in die Schranken zu weisen. Die einzelnen Prozesse zogen sich bis nach Ablauf der Patentfrist im Mai 1833 hin und in keinem einzigen Fall wurden die Nachahmer zu Schadenersatz verpflichtet. Als 1834 der deutsche Zollverein zustandekam, hatte sich Württemberg einen erheblichen technologischen Vorsprung verschafft. Ende 1834 waren bereits zehn Papiermaschinen installiert, während in Preußen erst drei Maschinen (Berlin, Treuenbrietzen und Wolfswinkel), in Baden zwei Maschinen (Ettlingen und Niefern) sowie in Sachsen (Sebnitz) und Bayern (Münsterschwarzach) je eine Maschine liefen. Dieser Vorteil konnte gezielt bei der Erschließung neuer Märkte eingesetzt werden. Bald lieferte man erhebliche Mengen Papier nach Sachsen, Hessen und Preußen. Natürlich hatte auch der heimische Markt eine große Bedeutung. Stuttgart entwickelte sich in jener Zeit nach Leipzig und Berlin zum drittwichtigsten Zentrum des Druck- und Verlagswesens in Deutschland. Eine herausragende Rolle spielte dabei die J. G. Cotta'sche Buchhandlung. Der Bedarf an Schreibpapier und gewerblichen Papieren, vor allem an Packpapier, wuchs ebenfalls kontinuierlich.

## Der Heilbronner Papiermaschinenbau

Angesichts dieses wirtschaftlichen Aufwärtstrends konnte es nicht ausbleiben, daß seit Mitte der 1830er Jahre und in besonderem Maße seit 1840 auch in anderen Regionen Deutschlands und im benachbarten Ausland eine Vielzahl neuer Maschinenpapierfabriken entstanden. Der württembergische Papiermaschinenbau trug zu dieser Entwicklung nicht unwesentlich bei. Bereits 1834 hatte Widmann in Friedland bei Waldenburg die erste schlesische Papiermaschine aufgestellt. Im folgenden Jahr lieferte er die erste Papiermaschine Innerösterreichs. Durch den Fabriks-Bilder-Atlas des Carl von Frankenstein ist eine Darstellung dieser Grazer Maschine überliefert – die einzige bekannte Abbildung einer Widmannschen Papiermaschine. Auch die ersten Papiermaschinen der ansonsten industriell weit fortgeschritteneren preußischen Rheinprovinz kamen aus Württemberg.
Doch seit 1837 mußte Widmann mit einem scharfen Konkurrenten rechnen: sein erster Auftraggeber, der Heilbronner Papierfabrikant Gustav Schaeuffelen, hatte zwischenzeitlich ebenfalls den Papiermaschinenbau aufgenommen. Während sich Widmann in einem Werkstattprovisorium abmühte und einen Pferdegöpel als Betriebskraft akzeptieren mußte, konnte Schaeuffelen seine Drehbänke durch die Kraft des vorbeiströmenden Neckars antreiben lassen. Die Firma J. C. Schwarz & Söhne in Göppingen, die 1834 den Übergang zur mechanischen Papierfabrikation noch mit Widmanns Hilfe vollzogen hatte, beauftragte 1838 nicht jenen, sondern Schaeuffelen mit dem Bau einer Maschine für das Filialwerk in Eislingen an der Fils. Während Widmann nach Rheinbayern und Mähren lieferte, hatte sein Konkurrent in Hessen und Böhmen geschäftlichen Erfolg. Bald galt Schaeuffelen als die erste Adresse.
Natürlich blieben auch andere Maschinenfabrikanten nicht untätig. In Westdeutschland fanden vor allem die Maschinen des Fabrikanten Johann Oechelhäuser in Siegen eine gewisse Verbreitung. Vereinzelt gingen die Aufträge auch an die Maschinenfabrik André Koechlin &

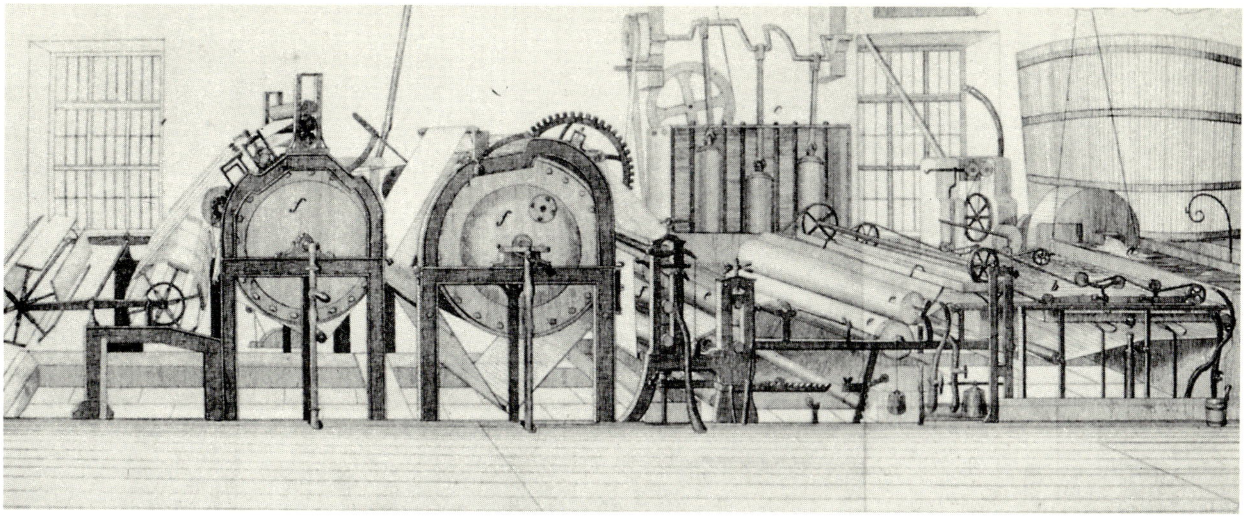

Die bei der Firma Andreas Leykam Erben in Graz aufgestellte Widmannsche Papiermaschine.
Aus: Carl v. Frankenstein, Allgemeiner statistisch-topographischer und technischer Fabriks-Bilder-Atlas der österreichischen Monarchie, Graz 1842.

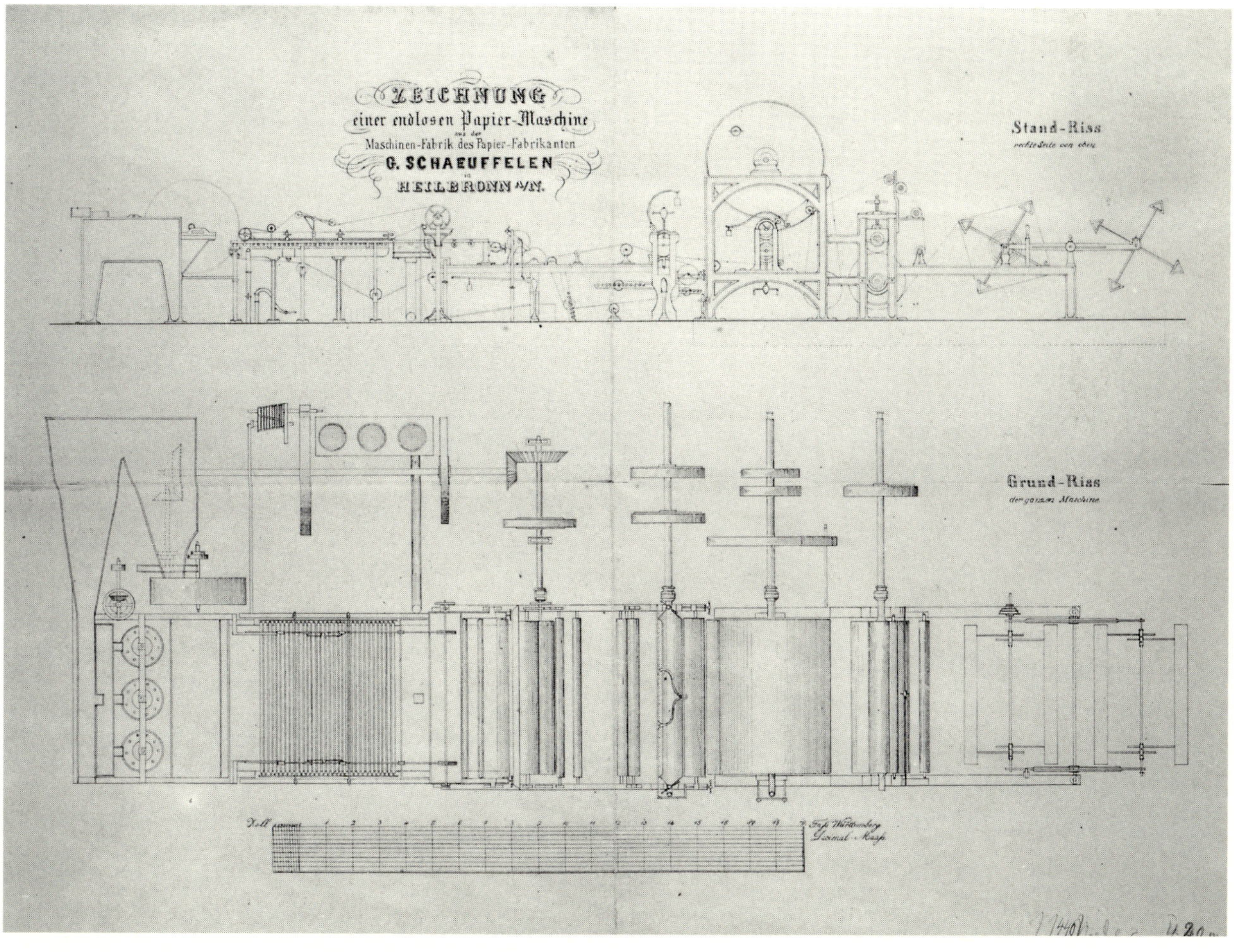


„Zeichnung einer endlosen Papier-Maschine aus der Maschinen-Fabrik des Papierfabrikanten G. Schaeuffelen in Heilbronn a. N."
Nach dem Original des Deutschen Buch- und Schriftmuseums der Deutschen Bücherei, Leipzig.

Cie. in Mülhausen im Elsaß. Im Düren-Jülicher Raum dominierte jedoch nach Widmanns Anfangserfolgen eindeutig die Firma Bryan Donkin das Geschäft, da ihre Erzeugnisse die technisch ausgereiftesten und modernsten waren. In Süddeutschland machte sich zunehmend die Firma Escher Wyss & Cie. in Zürich mit hochwertigen Erzeugnissen bemerkbar, nachdem sie seit Beginn der 1840er Jahre ihren Wirkungskreis auch auf den Bau von Papiermaschinen ausgedehnt hatte. Diesem wachsenden Konkurrenzdruck konnte der Heilbronner Papiermaschinenbau nicht standhalten. Im Krisen- und Revolutionsjahr 1848 fand dieser zunächst so erfolgreiche Ansatz ein rasches Ende. Schaeuffelen verstarb am 17. April 1848 und wenige Monate später ging Widmann, der zwischenzeitlich in Neckargartach eine Maschinen- und Papierfabrik gegründet hatte, in Konkurs. Beide fanden keine Nachfolger, die ihr Werk unmittelbar fortsetzten.

## Voraussetzungen und Konsequenzen der Industrialisierung

Ohne Papiermaschine ließ sich keine mechanisierte Papierfabrikation betreiben: sie bildete den technischen Kern der neuen, industriellen Fertigungsweise. Mit der Papiermaschine ließ sich jedoch nur erfolgreich wirtschaften, wenn auch die übrigen für die Produktion erforderlichen Voraussetzungen erfüllt waren und wenn die sich aus dem Fertigungsprozeß ergebenden Probleme gelöst werden konnten. Man benötigte eine hinreichende Rohstoff-, Energie- und Wasserversorgung, geeignete Räumlichkeiten und genügend Arbeitskräfte, und der Absatz funktionierte nur, wenn die Qualität der Produkte überzeugte und der Preis marktgerecht war. Diese Anforderungen hatten sich auch beim Betrieb einer Handpapiermühle gestellt, doch bei einer mechanischen Papierfabrik war eine andere Größenordnung der Produktion erreicht, und falls eine oder mehrere der genannten Bedingungen nur unzureichend erfüllt werden konnten, so war rasch die Existenz des ganzen Betriebs in Frage gestellt.

## Rohstoffversorgung und chemische Bleiche

Die immer zahlreicheren und leistungsfähigeren Papiermaschinen entwickelten einen wahren Rohstoffhunger. Nur wer über genügend Lumpen verfügte, konnte seine kapitalintensive Fabrik so auslasten, daß sie rentabel funktionierte. Den Zugang zu dem knappen Wirtschaftsgut konnte einzig der Preis regulieren. Auch in Württemberg wurde 1831 die Zuteilung von Sammeldistrikten zunächst ausgesetzt, dann 1834 endgültig gesetzlich aufgehoben. Erhebliche Preissteigerungen waren binnen kurzem die Folge. Vor der Freigabe des Lumpenhandels hatte der Preis für einen Zentner weiße Lumpen etwa fünf Gulden betragen, bereits 1835 hatte er sich zwischen sieben und neun Gulden bewegt, dann führte die starke Nachfrage nach Papier zu weiteren Preissteigerungen.

Durch diese Kostenentwicklung wurde die Einführung der chemischen Lumpenbleiche ganz erheblich gefördert, wobei man sich Verfahren zunutze machte, die im späten achtzehnten Jahrhundert von der Textilindustrie entwickelt worden waren. Mittels der Chlorbleiche war man in der Lage, aus preisgünstigen farbigen Lumpen, die man bisher nur für minderwertige Erzeugnisse einsetzen konnte, weißes Papier herzustellen. Wilhelm Heinrich von Kurrer, Leiter der

Johann Jakob Widmanns Papier- und Maschinenfabrik in Neckargartach. Nach einem Sammelbild „Heilbronn und seine Umgebungen" von Th. Rausche.
Württ. Landesbibliothek Stuttgart.

Werbebroschüre Heinrich Voelters zur Pariser Weltausstellung 1867.
Deutsches Museum, München.

damals größten deutschen Kattundruckfabrik – Schöppler & Hartmann in Augsburg – war rührigster Förderer der neuen Bleichmethoden in Deutschland und trat durch eine Reihe diesbezüglicher Publikationen hervor.[14] Da man das Chlor aus Kochsalz freisetzen mußte, stieg der Bedarf an Schwefelsäure ganz erheblich. Nicht zuletzt die Nachfrage der Rauchschen Papierfabrik trug maßgeblich zur Gründung der ersten württembergischen Schwefelsäurefabrik durch Münzing in Heilbronn bei, die nach dem Bleikammerverfahren arbeitete.

Gleichzeitig boten kräftig steigende Hadernpreise einen gewaltigen Ansporn, bereits im achtzehnten Jahrhundert begonnene Versuche fortzusetzen, die der Suche nach geeigneten Lumpenersatzstoffen gegolten hatten. Man befaßte sich mit der Papiergewinnung aus Laub und Moos oder aus Kartoffelkraut, doch blieben diese Anstrengungen Episode. Eine Reihe von Lumpenersatzstoffen wurden jedoch mit erheblichem Erfolg verarbeitet. Schaeuffelen legte bereits 1833 auf der württembergischen Industrieausstellung aus Stroh gefertigtes Papier vor, wobei er „nach einer von ihm selbst erfundenen Methode Einkorn- oder Gersten- und anderes Stroh ohne Vermischung mit Leinwand-Lumpen"[15] verarbeitete. Heinrich Voelter erprobte in der elterlichen Papierfabrik in Heidenheim die Produktion von Packpapier mit einem Zusatz von gekochtem Stroh. Derartige, aus einer Mischung von Stroh und Lumpen bereitete Papiere hatte der Dillinger Papierfabrikant Piette 1838 ausführlich beschrieben. Auf den Weltausstellungen in Paris (1855) und London (1862) fanden die Strohpapiere der Heidenheimer Firma die gehörige internationale Beachtung.

Seit 1847 enthielt das aus Heidenheim gelieferte Papier des „Schwäbischen Merkur" bis zu 25 Prozent eines aus Holz gewonnenen Faserstoffs. Was es damit auf sich hatte, erfuhr eine breitere Öffentlichkeit erst durch die 1854 veranstaltete Münchner Industrieausstellung: Die Firma Voelter präsentierte nicht nur „Postpapier aus 20 % Aspenholz, 20 % weiss baumwollenen u. 60 % groben weissen Hadern", sondern auch „Fein Druckpapier 20 % Aspenholz, 23 % weissen baumwollenen und 57 % groben weissen Hadern" und „Ord. Druckpapier, 50 % Tannenholz, 50 % ord. bunten Kattun".[16] Das von dem sächsischen Weber Friedrich Gottlob Keller erfundene und von Heinrich Voelter weiterentwickelte Holzschliffverfahren erlangte auf dieser Ausstellung durch die Verleihung der großen Denkmünze seine erste öffentliche Anerkennung. Allerdings fand der neue Hadernersatzstoff nur langsam Eingang in die deutsche Papierfabrikation. Erst nachdem das Verfahren durch eine verbesserte Konstruktion der Schleiferpressen und durch die Zusatzerfindung von Sortiermaschinen und Raffineur weiterentwickelt worden war, erzielte Voelter in seiner Heimat breiteren Erfolg. Die süddeutschen Papierfabrikanten führten 1863 auf ihrer Karlsruher Jahresversammlung eine lebhafte Debatte über die Tauglichkeit des Holzschliffs und nannten ihn „ein treffliches Surrogat für Hadern"[17], doch erst 1865 befürworteten diese Unternehmer die Gründung von Holzschleifereien. Den internationalen Durchbruch brachte 1867 die Pariser Weltausstellung.

## Füllstoffe und Hilfsstoffe



Die traditionelle Papiermacherei war mit wenigen Hilfsstoffen ausgekommen: für die Stoffaufbereitung benötigte man gelöschten Kalk, für die Leimung Schaffüße oder Lederreste sowie Alaun. Mit Smalte, Indigo oder Blauholz konnte man das Papier bläuen. Mit dem Aufkommen der industriellen Papierfertigung wurden eine ganze Reihe weiterer Substanzen eingesetzt, die man entweder für die Stoffaufbereitung oder als Zuschläge für das maschinenfertige Ganzzeug benötigte. Bei den Füllstoffen handelte es sich um mineralische Substanzen, die der Masse im Ganzzeugholländer beigefügt wurden. Sie sollten zur Aufhellung der Papierfarbe beitragen und Unebenheiten der Blattoberfläche ausgleichen, wodurch das Bedrucken des Papiers erleichtert wurde. Gleichzeitig ließen sich durch billige Füllstoffe teure Lumpen einsparen. Übermäßiger Einsatz solcher Mittel ging allerdings zu Lasten der Qualität; Carl Hofmann, einer der führenden Papiertechnologen des neunzehnten Jahrhunderts, geißelte diesen Mißstand mit harschen Worten:
„In demselben Verhältniss wie die Verbraucher geschädigt werden, gewinnt der Fabrikant, wenn er Thonerde als Papier verkaufen kann, und so lange nur wenige sich derselben zu bedienen wussten, wurden grosse Summen damit erworben. Das Geheimniss verbreitete sich jedoch nach und nach, und die Fabrikanten waren . . . durch die Wettbewerbung gezwungen, die meisten Papiere mit so viel Kaolin zu beladen, als sie ohne auffälligen Schaden ertragen können. Dies wird sich auch erst wieder ändern, wenn die Verbraucher darauf aufmerksam werden und thonerdefreies Fabrikat verlangen . . .“[18]
Die Anwendung neuer Leimungsmethoden erforderte ebenfalls den Einsatz bisher in der Papierfabrikation nicht genutzter Substanzen. Die Leimung des Papiers in der Masse, also die Beifügung von Leimstoffen zum Ganzzeug, hatte der aus einer weitverzweigten Papiermacherfamilie stammende Moritz Friedrich Illig zu Beginn des neunzehnten Jahrhunderts erfunden. Eine schriftliche Anleitung zu diesem Verfahren bot Illig den Papierfabrikanten 1805 zum Preis von 21 Gulden 36 Kreuzer zur Subskription an, die dann 1807 erschien. Diese Leimungsmethode basierte im Gegensatz zu dem bisher in der Papiermacherei benützten Verfahren nicht mehr auf dem Gebrauch tierischer Eiweiße, sondern verwendete als Ausgangsstoff pflanzliche Harze. Diese wurden mit einer aus Pottasche oder Soda, also Kalium- oder Natriumcarbonat, gelöschtem Kalk und Wasser hergestellten Lauge gekocht. Dann fügte man die so zubereitete Alkaliauflösung des Harzes dem Ganzstoff bei und sorgte durch eine Zugabe von Alaun dafür, daß sich die Leimteilchen auf den Fasern niederschlugen. Diese Leimung in der Masse hatte den Vorteil, daß tintenfestes Schreibpapier in einem Arbeitsgang fabriziert werden konnte. Erst der kombinierte Einsatz der Harzleimung und der Dampftrocknung auf der Maschine, die die bisher praktizierte Lufttrocknung ablöste, schuf die Voraussetzung für den modernen kontinuierlichen Papierfabrikationsprozeß.
Neue Farbstoffe hielten ebenfalls Einzug in die Papierfabrikation, so zum Beispiel das synthetisch gewonnene Ultramarin. Da teure Pigmente immer wieder durch Beimischungen minderwertiger Stoffe

gestreckt wurden, vertrieb Alwin Rudel, der Herausgeber des Central-Blatts für deutsche Papierfabrikation, seit 1850 zum Preis von fünfzehn Talern ein Mahagonikästchen, das alle zur Untersuchung erforderlichen Gerätschaften und Reagenzien enthielt. Gerade auch die Papierfärberei trug wesentlich dazu bei, daß den Papierfabrikanten in zunehmend stärkerem Umfang chemische Kenntnisse abverlangt wurden. Justus von Liebig vertrat 1855 gegenüber einem befreundeten Papierfabrikanten die Auffassung, das „Mechanische" sei „unbedeutend", vielmehr komme es darauf an, als Geschäftsführer einen „tüchtigen Chemiker zu wählen"[19].

## Die Energieversorgung

Die industriellen Fertigungsmethoden brachten in der Papierfabrikation einen steigenden Energiebedarf hervor. Dieser resultierte aus drei Entwicklungen, die ursächlich eng miteinander verbunden waren: zunehmende Mechanisierung der Produktion, verstärkter Einsatz thermischer Verfahrenstechniken und Ausweitung der Produktion. Rechnete man in den 1840er Jahren bei einer kleinen Fabrik mit drei Holländern und einer Papiermaschine noch mit einem Kraftbedarf von etwa zwanzig Pferdestärken, so empfahl man bereits 1862 für den rentablen Betrieb einer Fabrik mit einer Papiermaschine „eine Kraft von sechzig Pferdekräften als Minimum"[20]. Ein wachsender Bedarf an Prozeßwärme entstand durch das immer häufiger angewandte Kochen der Lumpen mit Alkalien, das Bereiten des Chlors für die chemische Bleiche und das Trocknen des Maschinenpapiers mit dampfbeheizten Zylindern.

Die industriellen Fertigungsmethoden erzwangen somit gegenüber der traditionellen Papiermacherei einen höheren Primärenergieeinsatz pro Masseneinheit. Da gleichzeitig das absolute Produktionsquantum in nicht unerheblichem Umfang gesteigert wurde – manche der Fabrikanten schritten innerhalb weniger Jahre oder Jahrzehnte zur Aufstellung einer zweiten oder dritten Papiermaschine –, potenzierten sich diese beiden Entwicklungen und machten die wirtschaftliche Energieversorgung zu einem wichtigen Feld frühindustrieller Unternehmertätigkeit.

Wasserkraft war die traditionelle Antriebskraft der Papiermacherei in Deutschland, und das Energiepotential der Bäche und Flüsse bildete auch während der Frühindustrialisierung die wichtigste Energiebasis für die Versorgung mit mechanischer Antriebsleistung. Aufgrund der hohen Brennmaterialpreise hielt die Dampfmaschine nur zögernd ihren Einzug: zunächst als Reservebetriebskraft für Trockenperioden, dann auch als Ergänzungsbetriebskraft. Daher bestand für die Fabrikanten ein großer Ansporn, das vorhandene Wasserkraftpotential durch Einsatz besser konstruierter Wasserradanlagen und neuartiger Turbinen sowie durch Veränderungen an den Stauanlagen optimal zu verwerten. Leicht konnte es dabei jedoch zu heftigen Konflikten mit Müllern und anderen Fabrikanten kommen. Mancher jahrelange Streit fand erst ein Ende, als die beeinträchtigte Wasserkraftanlage im Rahmen des Gefälleausbaus aufgekauft und das zusätzliche Energiepotential in die Kraftversorgung der Papierfabrik integriert wurde. Teilweise machte man sich auch nach dem Vorbild des Heilbronner

Papierfabrikanten Schaeuffelen warme artesische Quellen zunutze, um im Winter die Wasserräder eisfrei zu halten, damit der kontinuierliche Fabrikbetrieb gesichert werden konnte.
Während Eisen immer mehr das Holz als Werkstoff für den Wasserradbau verdrängte und sich der hohe konstruktive Standard des britischen Kraftmaschinenbaus zunehmend verbreitete, entstanden Wasserräder bisher nicht gekannter Dimensionen. Gustav Werner zum Beispiel schuf für die neue Fabrik in Dettingen an der Erms eine der eindrucksvollsten Wasserkraftanlagen, die Württemberg im neunzehnten Jahrhundert hervorbrachte: Das oberschlächtige, aus Eisen gebaute Rad hatte einen Durchmesser von 13,2 Metern und war 3,4 Meter breit. Über einen eisernen Zahnkranz konnte das im Jahre 1861 in Betrieb genommene Wasserrad eine Leistung von neunzig Pferdestärken abgeben; es repräsentierte einen Wert von 12 000 Gulden und war damit genauso teuer wie die Papiermaschine dieser Fabrik.
Erste Wasserturbinen wurden in Süddeutschland seit 1834 in Textilfabriken eingesetzt. 1845 lieferte Escher Wyss & Cie. aus Zürich erste Turbinen „nach schottischem System" für die obere Papierfabrik der Firma Franz Buhl Vater in Ettlingen, etwa zeitgleich auch für die Papierfabrik Braun & Kraus in Pfullingen. Einer Statistik aus dem Jahre 1860 läßt sich entnehmen, in welchem Umfang sich die Turbine gegenüber dem Wasserrad bei den mechanischen Papierfabriken Württembergs innerhalb von eineinhalb Jahrzehnten durchgesetzt hatte: Ihr Anteil betrug bereits 32,8 Prozent der 58 eingesetzten Wassermotoren.
Nicht als Kraft-, sondern als Wärmequelle hielt der Dampf in der Papierindustrie seinen Einzug. Aufgrund seiner hohen latenten Wärme erwies sich das Wasser überall dort als geeignetes Energietransportmittel, wo es galt, in Arbeitsräumen aus Sicherheitsgründen offenes Feuer zu vermeiden. Noch 1862 hieß es in einem Ratgeber für Papierfabrikanten ausdrücklich: „Den Dampfbetrieb halte ich in der Regel für unsere Fabrication zu theuer und würde daher nie rathen eine neue Papierfabrik auf Dampfbetrieb anzulegen."[21] In Württembergs Papierfabriken waren 1860 nur zehn Dampfmaschinen mit zusammen 271 Pferdestärken installiert. Bis 1875 nahm die Zahl der Maschinen auf immerhin vierzig zu, deren Leistung 758 Pferdestärken betrug. Der Ausbau des Eisenbahnnetzes und die dadurch ermöglichte Ablösung des teuren Brennholzes durch die Steinkohle begannen Früchte zu tragen. Doch erst im zwanzigsten Jahrhundert wurde im vollen Umfang entdeckt, welchen Vorteil auch und gerade in der Papierindustrie eine sorgsam abgestimmte Kraft-Wärme-Koppelung bietet.

## Die Wasserversorgung

In der Papierfabrikation benötigte man aufgrund der spezifischen Herstellungsverfahren große Mengen an Fabrikationswasser. Carl Hofmann berechnete allein den Waschwasserbedarf einer Papierfabrik, die unter Einsatz von zwei Wasch- und Halbzeugholländern täglich 1500 Kilogramm weißes Papier aus Hadern erzeugte, auf etwa 500 Liter in der Minute. Für das Kochen, die Ganzzeugbereitung und die Blattbildung auf der Papiermaschine setzte er die gleiche Menge an, so daß sich ein täglicher Gesamtwasserverbrauch von 1440 Kubikmetern ergab. Für eine hochwertige Papierqualität war die Wasserbeschaffenheit von ausschlaggebender Bedeutung. Das Wasser sollte weder gröbere Verunreinigungen noch Schwebeteilchen enthalten; zudem sollten in dem Wasser möglichst wenig mineralische Bestandteile gelöst sein. Oberflächenwasser erfüllte diese Bedingungen nur selten, weshalb man mit großem Aufwand Brunnen erbohren mußte. Die Heilbronner Papierindustrie war aufgrund der örtlichen geologischen Verhältnisse in besonderer Weise begünstigt. Für die beiden Papierfabriken von Gebr. Rauch und Gustav Schaeuffelen konnten bereits um 1830 mehrere artesische Brunnen erschlossen werden, die auch in den folgenden Jahrzehnten einer erheblich gesteigerten Produktion hinreichendes Fabrikationswasser zur Verfügung stellten. Dieser Tatsache dürfte es ganz wesentlich zu verdanken sein, daß sich Heilbronn während des gesamten neunzehnten Jahrhunderts als wichtigster südwestdeutscher Standort der Papiererzeugung behaupten konnte. Allerdings beeinträchtigte die erhebliche Wasserentnahme zum Teil die Versorgung der öffentlichen Brunnen, so daß es zu Konflikten mit der Stadtgemeinde Heilbronn kam.[22]

## Die Abwasserbeseitigung

Die Papierfabrikanten waren nicht nur das Opfer der Umwelt- und Gewässerverschmutzungen Dritter, sondern trugen auch selbst ein gerüttelt Maß zur Verunreinigung der Bäche und Flüsse bei. Oft benutzte man den eigenen Mühlkanal als kräftigen Vorfluter, der das mit dem Schmutz der Lumpen, der Kochlauge, dem Alaun sowie den Füll- und Farbstoffen des Ganzzeugs und den das Maschinensieb passierenden feinen Fasern belastete Fabrikationsabwasser talabwärts transportieren sollte. Insbesondere Gewässer mit hohem Gefälle, aber relativ geringer Wassermenge, die als hydraulische Energielieferanten durchaus taugen mochten, gerieten bei der Beseitigung der industriellen Produktionsabfälle rasch an die Grenzen ihrer Kapazität. Besonders kritisch wurde es zum Beispiel im Echaztal, wo der Fluß nicht nur die Wasserver- und -entsorgung mehrerer Papier- und Pappendeckelfabriken zu übernehmen hatte, sondern auch die öffentlichen Trinkwasserbrunnen versorgte. So stellte der Pfullinger Gemeinderat 1845 fest: „Zudem haben wir bis in die neueste Zeit gar nicht gewußt, bis zu welchem Grad das Wasser durch den Betrieb einer Papierfabrik verdorben werden kann.“[23] Doch die um Abhilfe gebetene Verwaltungsgerichtsbarkeit zwang nicht die Industrie zur Reduzierung ihrer umweltbelastenden Abwässer, sondern verpflichtete die Gemeinde Pfullingen zur Anlegung einer eigenen Trinkwasserversorgung, die sich aus sauberen Quellen speisen sollte. Noch war Umweltschutz aufgrund eines erst unzureichend entwickelten Problembewußtseins nicht die Richtschnur öffentlichen Handelns.

## Arbeitsorganisation und Arbeitsbedingungen

Bereits die vorindustrielle Papiermacherei war durch eine in hohem Maße arbeitsteilige Fertigung charakterisiert, wobei sich die Arbeitsvorgänge der Rohstoffaufbereitung, der Darstellung des Produktes und der Veredelung unterscheiden ließen. Die eigentliche Blattbil-

Rechte Seite oben: Arbeiterinnen der Papierfabrik Gebr. Rauch in Heilbronn beim Glätten von Papierbogen (um 1905). Privatbesitz.

Rechte Seite unten: Preisliste der Papierfabrik Gebr. Rauch in Heilbronn vom September 1829. Privatbesitz.

dung blieb dabei den gelernten Papierern vorbehalten, welche in der Lage waren, die Tätigkeit des Schöpfens, Gautschens und Legens zu versehen, und die zudem die Preßarbeit und das Leimen zu verrichten hatten. Gleichzeitig unterhielten diese Männer, soweit es in ihren Möglichkeiten stand, die technischen Betriebseinrichtungen. Alle übrigen Tätigkeiten wurden in der Regel von un- oder angelernten Arbeitskräften versehen. Vor allem bei denjenigen Fertigungsschritten, die durch sorgfältig ausgeführte Handarbeit zu verrichten waren, kamen fast ausschließlich Frauen zum Einsatz. Diese sortierten die Lumpen und entfernten Knöpfe und Nähte, sie hängten die frisch geschöpften und geleimten Papierbögen auf und auch wieder ab, sie verrichteten die Saalarbeiten.

Diese geschlechtsspezifische Form der Arbeitsteilung wurde auch bei der industriellen Papiererzeugung weitgehend beibehalten. Während die Papiermaschine gerade in der klassischen Domäne der Männer – der Blattbildung – erhebliche Produktivitätsfortschritte brachte, wurde von den Frauentätigkeiten nur die Arbeit auf den Hängböden durch die Einführung der Massenleimung und der maschinellen Dampftrocknung überflüssig gemacht. Da durch die große Leistungsfähigkeit der Papiermaschinen der Bedarf an Rohstoffen rasch anstieg und auch die Saalarbeit dementsprechend an Umfang zunahm, erhöhte sich der weibliche Beschäftigtenanteil nicht unerheblich. Die Arbeiterinnen verdienten in der Regel nur halb so viel wie ihre männlichen Kollegen.

In den Papierfabriken war nicht mehr der Handwerkerstolz der Papiergesellen gefragt, die die Geschicke der Papiermühlen in erheblichem Umfang mitbestimmt hatten, sondern man verlangte Pünktlichkeit, Unterordnung und gewissenhafte Pflichterfüllung. Die neue Form der Betriebsverfassung kam in geradezu programmatischer Weise in dem Entwurf einer Fabrikordnung zum Ausdruck, die der in Dillingen an der Saar ansässige Papierfabrikant Louis Piette 1840 publizierte. Die neue industrielle Produktionsweise hatte vielen Menschen Arbeit und Brot gegeben, zugleich aber auch viele soziale Probleme aufgeworfen, die einer Lösung harrten. Nicht unerwähnt bleiben soll hier auch die erhebliche Unfallgefahr, die von rotierenden Riemenscheiben, explodierenden Lumpenkochern und anderen Betriebseinrichtungen ausging.

## Das Produkt und seine Qualität

Als die Brüder von Rauch 1829 in einer Preisliste die Erzeugnisse ihrer Fabrik empfahlen, verzichteten sie auf jeden Hinweis, daß diese mit Hilfe einer Maschine erzeugt wurden. Stattdessen sprach man von Velindruckpapieren. Mit dieser Bezeichnung griff man bewußt den Namen einer speziellen Gattung handgeschöpfter Papiere auf, die strukturelle Ähnlichkeit mit dem maschinell erzeugten Papier hatten. Weshalb diese Mimikry, warum gab sich das maschinelle Erzeugnis nicht als solches zu erkennen? Wichtige Hinweise gibt hier Louis Piettes gleichermaßen an die Konsumenten wie an die Fabrikarbeiter gerichtete Schrift über „Die Nützlichkeit der Maschinen". Dort heißt es, im allgemeinen werde geglaubt, „daß die Maschinenwaaren den durch gewöhnliche Art fabrizirten an Güte und Stärke

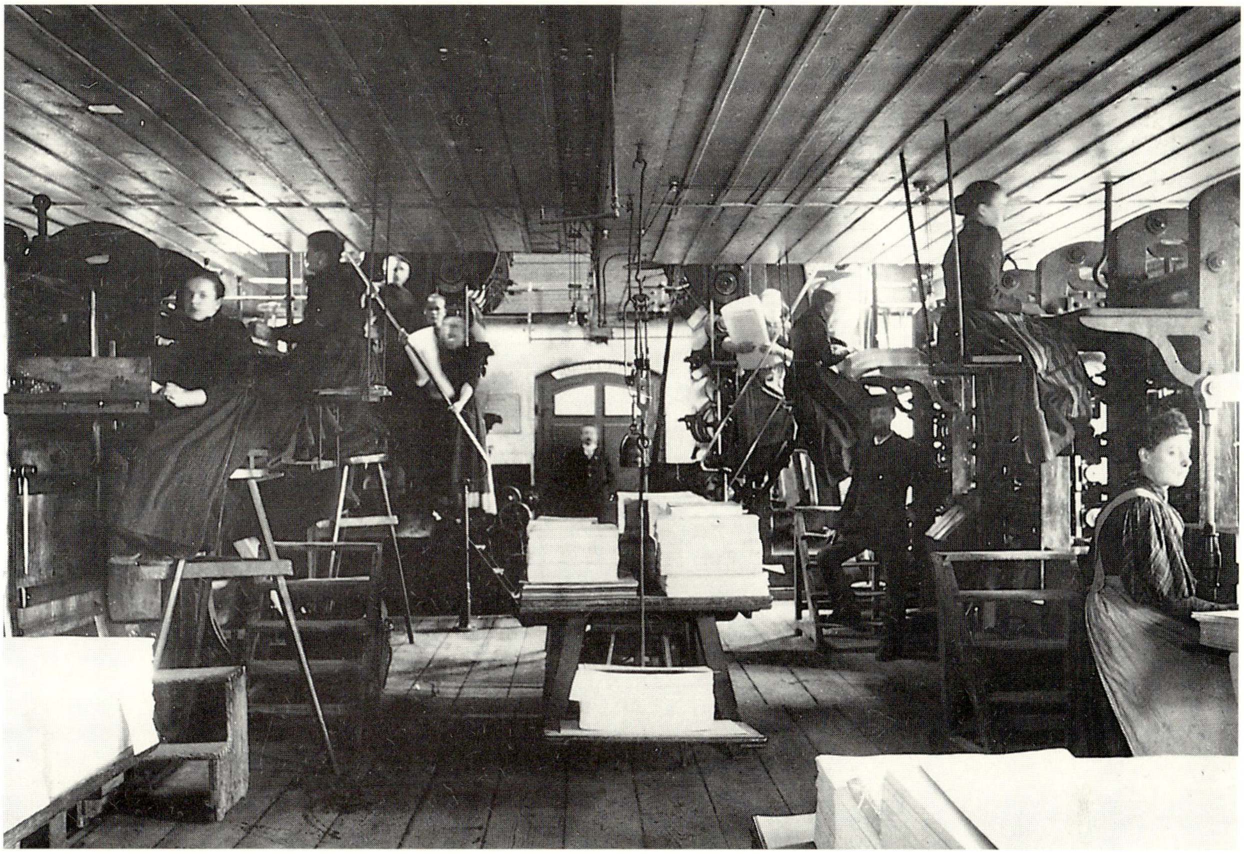

[Sept. 1829]

# Papier=Preise von Gebrüder Rauch in Heilbronn.

| Velin Druckpapiere. | Rheinische Zoll. | Ungeleimt. p Ballen von 5000 Bogen. | Halbgeleimt. p Ballen von 4800 Bogen. |
|---|---|---|---|
| Mittel Leipziger Druck | 14½ zu 17½ | Rh 24.— | fl. |
| dº Median | 16½ " 20 | " 30.— | " |
| dº Groſs Median | 17 " 21¼ | " 32.15 | " |
| dº Royal | 18½ " 23¼ | " 38.— | " |
| dº Super Royal | 18½ " 26½ | " 44.— | " |
| Fein Leipziger Druck | 14½ " 17½ | " 30.— | " |
| dº Median | 16½ " 20 | " 38.— | " |
| dº Groſs Median | 17 " 21¼ | " 42.— | " |
| dº Royal | 18½ " 23¼ | " 50.— | " |
| dº Super Royal | 18½ " 26½ | " 58.— | " |
| Extrafein Leipziger Druck | 14½ " 17½ | " 40.— | " |
| dº Median | 16½ " 20 | " 50.— | " |
| dº Groſs Median | 17 " 21¼ | " 56.— | " |
| dº Royal | 18½ " 23¼ | " 70.— | " |
| dº Super Royal | 18½ " 26½ | " 80.— | " |
| **Kupferdruck.** | | p Ries von 500 Bogen. | |
| Extrafein Groſs Median | 17 zu 21¼ | fl. 11.15 | fl. |
| dº Royal | 18½ " 23¼ | " 16.15 | " |
| dº Super Royal | 18½ " 26½ | " 22.— | " |
| dº Imperial | 21 " 29 | " 28.— | " |
| **Zeichnungspapiere.** | | | p Ries von 480 Bogen. |
| Extrafein Pro Patria | 13¼ zu 17 | " | fl. — |
| dº Löwen | 14½ " 17½ | " | " — |
| dº Groſs Median | 17 " 21¼ | " | " — |
| dº Royal | 18½ " 23¼ | " | " — |
| dº Super Royal | 18½ " 26½ | " | " — |
| dº Imperial | 21 " 29 | " | " — |

| Schreibpapiere. | Rheinische Zoll. | p Ries von 480 Bogen | Guter Ausschuss. |
|---|---|---|---|
| Canzlei, fein mittel | 12½ zu 16 | Rh 2.10 | Rf — |
| dº fein | " " " | " 3.15 | " 3.— |
| dº extrafein | " " " | " 5.— | " 4.— |
| Pro Patria, fein mittel | 13¼ " 17 | " 2.20 | " — |
| dº fein | " " " | " 3.25 | " 3.10 |
| dº extrafein | " " " | " 5.15 | " 5.— |
| Löwen, fein | 14½ " 17½ | " 4.15 | " 4.— |
| dº extrafein | " " " | " 6.25 | " 6.— |
| Median, fein | 16¾ " 20¼ | " 6.— | " 5.— |
| dº extrafein | " " " | " 9.10 | " 8.10 |
| Royal, fein | 18½ " 23¼ | " — | " — |
| Fein Post, klein Format | 15 " 18½ | " 4.10 | " 3.20 |
| dº groſs Format, dünn | 16¾ " 20¼ | " 5.6 | " 4.6 |
| dº dº dick | " " " | " 5.6 | " 4.6 |
| dº dº dünn, bläulich | " " " | " — | " — |
| dº dº dick, dº | " " " | " — | " — |
| Extraf. Post, klein Form., dünn | 15 " 18½ | " — | " — |
| dº dº dick | " " " | " 6.— | " 5.— |
| dº groſs Format, dünn | 16¾ " 20¼ | " 6.— | " 5.— |
| dº dº dick | " " " | " 8.— | " 6.— |
| dº dº dünn, blau | " " " | " 6.15 | " 5.15 |
| dº dº dick, dº | " " " | " — | " — |
| dº extragroſs Form., dünn | 17¼ " 21½ | " 6.15 | " 5.15 |
| dº dº dick | " " " | " 9.— | " 7.— |
| dº dº dünn, blau | " " " | " 7.— | " 6.— |
| dº dº dick, dº | " " " | " — | " — |

Geleimt Papier, auf Rollen, in dünner oder dicker Qualit. p ℔

Postpapiere in Quart beschnitten 15 kr. p Ries höher.
Extrafeine Sorten satinirt fl. p Ries höher.

*In Preuss. Courant franco Leipzig*

Obige Preise verstehen sich im fl. 24 Fuſs, gegen Abgaben, 3 Monate dato, vom Tage der Factura, oder mit ½ % Disconto per Monat, bei früherer Zahlung.
Bei Bestellungen von einiger Bedeutung, kann Format und Stärke aller obigen Sorten nach Vorschrift gefertigt werden.
Verpackungskosten werden besonders berechnet.

nachstehen“ würden, und hieraus resultiere „der Eigensinn einiger Leute, welche die alten Produkte beharrlich den neuen vorziehen“[24]. Das mit industriellen Methoden fabrizierte Papier mußte somit erst den Nachweis erbringen, daß es mit den handgeschöpften Papieren, die über Jahrhunderte hinweg ihre Haltbarkeit unter Beweis gestellt hatten, in ernsthafte Konkurrenz treten konnte.
Hinter dieser Konkurrenz der Produkte stand natürlich der Wettbewerb zwischen den Papierern, die an den traditionellen Fertigungsmethoden festhielten, und den Betreibern der neu entstandenen mechanischen Papierfabriken, die eine angemessene Verzinsung des eingesetzten Kapitals anstrebten. Die während des ganzen neunzehnten Jahrhunderts und bis in die Gegenwart andauernde Diskussion um die Qualität des industriell erzeugten Papiers wurde somit nie nur streng wissenschaftlich geführt, sondern war stets auch in erheblichem Umfang interessengebunden.
Der Ruf des industriell gefertigten Papiers litt vor allem wegen der bei der Anwendung chemischer Bleichmethoden eingetretenen Faserschwächung. Von seiten der preußischen Gewerbeförderung war bereits 1834 ausdrücklich darauf aufmerksam gemacht worden, die Chlorbleiche gebe dem Papier als schnellstes und billigstes Verfahren „eine schönere Weiße, als durch das feinste Material zu erreichen“ sei, jedoch entstehe hierdurch „ein größerer Nachtheil, indem das Chlor den Papieren die Dauer nimmt“[25]. 1842 sah sich der Papierfabrikant Franke aus Wedersleben angesichts der Tatsache, daß Maschinenpapiere „in verschiedenen Ländern von der Anwendung zu Dokumenten bereits ausgeschlossen“[26] seien, zu einer kritischen Prüfung der vorgetragenen Mängel veranlaßt. Sämtliche Elemente des industriellen Fertigungsprozesses mußten in diese Betrachtung einbezogen werden. Man gelangte zu der Feststellung, „daß sich kurz gemahlenes Papierzeug schneller verarbeiten läßt und bei geringerer Güte . . . ein Papier liefert, was durch Gleichmäßigkeit und schöne Form ein sehr gefälliges Ansehen erhält“[27]. Der billigere Preis solcher Papiere war auf Kosten ihrer Haltbarkeit erzielt worden: die Qualität des Maschinenpapiers war somit nicht nur von produktionstechnologischen Faktoren abhängig, sondern auch von dem ökonomischen Aufwand, der bei seiner Herstellung getrieben wurde. Jeder Papierfabrikant stand bei der Stoffaufbereitung vor der Entscheidung, „entweder mit zerschnittenen Fasern eine große Quantität oder mit zerquetschten Fasern eine gute Qualität bei verminderter Quantität zu liefern“[28].
Als der badische Staat 1845 für wichtige Urkunden nur noch handgeschöpftes Papier zuließ, reagierte der Heilbronner Papierfabrikant Gustav Schaeuffelen betroffen: „Wegen manchen Fabrikanten zur Last fallenden Ungeschicklichkeiten das Maschinenpapier verdammen wollen, hieße das Kind mit dem Bade ausschütten . . . Wie empfindlich eine solche Verdächtigung dem Fabrikanten sein muß, der es durch Aufmerksamkeit und Fleiß dahin gebracht hat, ein Maschinenpapier in allen Sorten zu liefern, das nach allen Eigenschaften eines guten Papiers geprüft, als probehaltig anerkannt ist, und dem an Dauerhaftigkeit, Stärke, Gleichheit und Eleganz kein

1 Generallandesarchiv Karlsruhe (GLA), Abt. 199/471, Gesuch des Papierfabrikanten Buhl vom 11. Juli 1817.
Der Verfasser stützt sich bei den nachfolgenden Ausführungen in erheblichen Teilen auf seine Dissertation „Von der Mühle zur Fabrik. Geschichte der Papierherstellung in der württembergischen und badischen Frühindustrialisierung“ (Universität Stuttgart 1990). Auf ausdrücklichen Wunsch der Herausgeber wurde deshalb hier der Anmerkungsapparat auf das Notwendigste beschränkt. Der Stiftung Volkswagenwerk und der Robert Bosch Stiftung sei an dieser Stelle ausdrücklich für die gewährte Unterstützung gedankt.
2 GLA, Abt. 354/730.
3 Zit. nach Kunst- und Gewerbe-Blatt des polytechnischen Vereins im Königreiche Bayern, Nr. 56 vom 12. Juli 1820, Sp. 445.
4 Werkarchiv Koenig & Bauer, Würzburg, Mappe 28, Nr. 1679; Schreiben des Christian Haupt vom 28. Dezember 1822.
5 Zit. nach Stadtarchiv Heilbronn (SAHN), H 2488, Closs, Die Entwicklung der Wasserwerke des Neckars in Heilbronn (Vortragstyposkript), S. 9.

geschöpftes Papier an die Seite gesetzt werden kann, ist leicht zu erachten."[29] Dennoch wollte der Vorwurf nicht verstummen, hauptsächlich die Maschinenpapierfabrikanten würden „weit mehr als die Fabrikanten von Handpapier, mehr auf ‚Menge' als auf ‚gute Qualität' fabriciren", deshalb kämen „wirklich immer noch weit mehr brüchige Maschinen- als Handpapiere in den Handel"[30]. Diese Äußerung konnte man als deutliche Kritik an einem unseriösen Gewinnstreben gewisser Fabrikanten auffassen, doch die Papierfabrik der Brüder von Rauch in Heilbronn reichte die Verantwortung für die mißliche Situation umgehend an die Kunden weiter:

„Die feinen und extrafeinen Papiere sind mehr im Preiß gewichen, als die geringeren, weil die Kunst aus geringem Stoff schöne weiße Papiere zu verfertigen, allgemeiner geworden, und vervollkommnet geworden ist. Daß zuweilen die Haltbarkeit des Papiers darunter leidet, wird nicht in Abrede zu stellen seyn. Der Fabrikant hat aber solches weniger zu berücksichtigen, da der Consument nur schön und wohlfeil kaufen will."[31]

Die Papierfabrikation geriet damit in einen Teufelskreis, der die Bibliothekare und Archivare heute vor kaum lösbare Aufgaben stellt. Der Papierindustrie war es bis zur Mitte des neunzehnten Jahrhunderts gelungen, immer massenhafter Papiere zu produzieren, die dem äußeren Anschein nach dem Geschmack weiter Kundenkreise entsprachen, deren innere Substanz aber immer weniger das Kriterium langjähriger Haltbarkeit erfüllte. Da der parallel dazu erfolgende Preisverfall dem Papier Absatz in immer größeren Mengen sicherte, sein Pro-Kopf-Verbrauch gar zum Gradmesser des Kulturstandes der einzelnen Nationen erklärt wurde, verschärfte sich die Rohstoffsituation immer mehr. Von dieser Marktdynamik her gesehen war die Einführung des Holzschliffs ein völlig konsequenter Schritt. Zieht man jedoch gleichzeitig in Betracht, was diese Innovation für die Qualität der Erzeugnisse bedeutete, so waren die Folgen gravierend. Die Entwicklung einer auf wissenschaftlichen Kriterien basierenden Papierprüfung war nicht mehr zu umgehen. Es mußten genaue Vorschriften zur reproduzierbaren Bestimmung von Festigkeitseigenschaften entwickelt und entsprechende Prüfapparate konstruiert werden. Erst in den 1880er Jahren konnten schließlich „Vorschriften für die Lieferung und Prüfung von Papier zu amtlichen Zwecken" erlassen werden. Durch die genaue Definition von Verwendungsklassen wurden differenzierte Anforderungen an die Haltbarkeit der Papiere gestellt. Mit der Schaffung dieser „Normalpapiere" konnte zumindest im amtlichen Gebrauch dem seit Beginn der industriellen Papierfertigung immer stärker um sich greifenden Qualitätsverfall gegengesteuert werden. Bei der nichtamtlichen Verwendung von Papier hingegen lag es ausschließlich im Ermessen des Verarbeiters und Verbrauchers, ob er sich für den Einsatz von billigen Massenpapieren oder von hochwertiger Qualitätsware, die ohne Zweifel seit Beginn der mechanischen Papierfabrikation ebenfalls hergestellt wurde, entschied.

6 Staatsarchiv Ludwigsburg (StAL), E 179 II, Bü 2474, Einspruch vom 10. Januar 1823.

7 Hauptstaatsarchiv Stuttgart (HStAS), E 146, Bü 5966, Unterfasz. Rauch/Gamble, Eingabe vom 10. April 1823.

8 Schwäbische Chronik vom 24. Sept. 1825, S. 507.

9 Vgl. HStAS, E 33, Bü 812, Bericht vom 4. Okt. 1825.

10 Vgl. z. B. Verhandlungen der Kammer der Abgeordneten des Königreichs Würtemberg vom Jahre 1830. Amtlich hrsg., 4. Heft, Stuttgart 1830, S. 1177–1185.

11 HStAS, E 33, Bü 812, Eingabe vom 25. Januar 1831.

12 Vgl. StAL, E 173 III, Bü 6830, Unterfasz. Schaeuffelen (1825) 1, Eingabe vom 11. April 1825.

13 Schwäbischer Merkur/Schwäbische Chronik vom 23. Juni 1831, S. 387.

14 Vgl. u. a. W. H. v. Kurrer, Über das Bleichen der leinenen Lumpen zur Fabrikation von weißem Papier, in: Verhandlungen des Vereins zur Beförderung des Gewerbfleißes in Preußen 9 (1830), S. 155–163; ders., Die Kunst vegetabilische, vegetabilisch-animalische und rein animalische Stoffe zu bleichen, Nürnberg 1831.

15 Correspondenzblatt des Königlich Würtembergischen Landwirthschaftlichen Vereins, N. F. IV, 1833, Bd. 2, Heft 2, S. 133.

16 Central-Blatt für deutsche Papierfabrikation 5 (1854), S. 165.

17 Zit. nach H. Voelter, Mittheilungen über die Darstellung von Papierstoff aus Holz nach Patent von Heinrich Voelter, 4. Aufl. Heidenheim 1867, S. 22.

18 C. Hofmann, Praktisches Handbuch der Papierfabrikation (aus dem Englischen), 1. Aufl. Berlin 1875, S. 169–170.

19 J. v. Liebig, Briefe an Vieweg. Hrsg. und bearb. von M. und W. Schneider, Braunschweig und Wiesbaden 1986, S. 288 bzw. S. 286.

20 C. A. Schmitt, Principien für den Bau und die innere Einrichtung von Papierfabriken. Eine fachmännische Arbeit, Neustadt a. d. Haardt 1862, S. 8.

21 C. A. Schmitt, Principien, 1862, S. 2.

22 Vgl. StAL, E 173 III, Bü 6787, 1, Eingabe des Stadtrats von Heilbronn vom 21. April 1836; HStAS, E 35, Bü 149, Unterfasz. Stadtrat von Heilbronn, 2, Eingabe vom 2. Oktober 1838.

23 HStAS, E 35, Bü 181, Unterfasz. Beschwerde Braun/Laiblin, 10, Beschwerde des Stadtrats von Pfullingen vom 9. Mai 1845.

24 L. Piette, Die Nützlichkeit der Maschinen für die Abnehmer und Arbeiter nebst einigen Bemerkungen über die gegenseitigen Pflichten der Fabrikherren und Arbeiter, Cöln 1840, S. III.

25 Nitsche, Verfahren, das Papier von Chlor zu befreien, in: Verhandlungen des Vereins zur Beförderung des Gewerbefleißes in Preußen 13 (1834), S. 127.

26 Mängel des Maschinenpapiers, in: Monatsblatt des Großherzoglich Hessischen Gewerbvereins 5 (1842), S. 46.

27 Ueber Maschinenpapiere, in: Monatsblatt des Großherzoglich Hessischen Gewerbvereins 7 (1844), S. 54.

28 W. Oechelhäuser, Über den Stand der Papierfabrikation in Großbritannien und Frankreich, in: Monatsblatt des Großherzoglich Hessischen Gewerbvereins 10 (1847), S. 332.

29 G. Schaeuffelen, Ueber Maschinen- und Büttenpapier, in: Beilage zur Allgemeinen Zeitung, Nr. 86 vom 27. März 1845, S. 686.

30 J. Oechelhäuser, Ueber die Haltbarkeit des Maschinenpapiers, in: Monatsblatt des Großherzoglich Hessischen Gewerbvereins 9 (1846), S. 283.

31 StAL, E 170, Bü 733a, Bl. 303a/b, Schreiben der Firma Gebr. Rauch vom 12. August 1848.

Rechts: Querschnitt der Papiermühle Langlée bei Montargis, aus: Diderot-Bernard 1785.
Papierfabrik Schoellershammer, Düren.

Rechts unten: Plan der Sieberschen Papiermühle zu Augsburg aus dem Jahr 1839.
Haindl Papier GmbH, Augsburg.

Seite 127: Zeichnung einer Donkinschen Papiermaschine von 1841, Siebpartie (oben) und Trockenzylinder (unten).
Papierfabrik Schoellershammer, Düren.

Seite 128: Aufnahmen aus der Firma Gebr. Rauch, um 1905: Mechanische Werkstatt, im Hintergrund ist die Schneidewalze eines Holländers zu erkennen (oben) und Halbzeugholländer (unten).
Privatbesitz.

Seite 129: Blick in den Lumpensortiersaal (oben) und den Holländersaal (unten) der Firma Gebr. Rauch, um 1905.
Privatbesitz.

Seite 130: Maschine zum Leimen des Papiers in der Firma Gebr. Rauch (oben), auf Rollenkalandern wird das endlose Papier geglättet (unten).
Privatbesitz.

Seite 131: Anlauf der ersten Papiermaschine im Werk Schongau im Beisein des Werksgründers Kommerzienrat Friedrich Haindl, 1905 (oben).
Haindl Papier GmbH, Augsburg.

Papiersaal der Firma Gebr. Rauch um 1905: Das Aussortieren und Abzählen der einzelnen Papierbögen war eine typische Frauentätigkeit (unten).
Privatbesitz.

Seite 132: Die Papiermaschinen 4 und 5 in der Gohrsmühle, 1920 (oben).
Zanders Feinpapiere AG, Bergisch-Gladbach.
Kalandersaal der Papierfabrik Scheufelen, um 1935 (unten).
Papierfabrik Scheufelen, Lenningen.

Seite 133: Saal mit Kunstdruck-Streichmaschinen in der Gohrsmühle, 1912 (oben).
Zanders Feinpapiere AG, Bergisch-Gladbach.

Trockenpartie der Papiermaschine 2 der Papierfabrik Scheufelen, um 1935 (unten).
Papierfabrik Scheufelen, Lenningen.

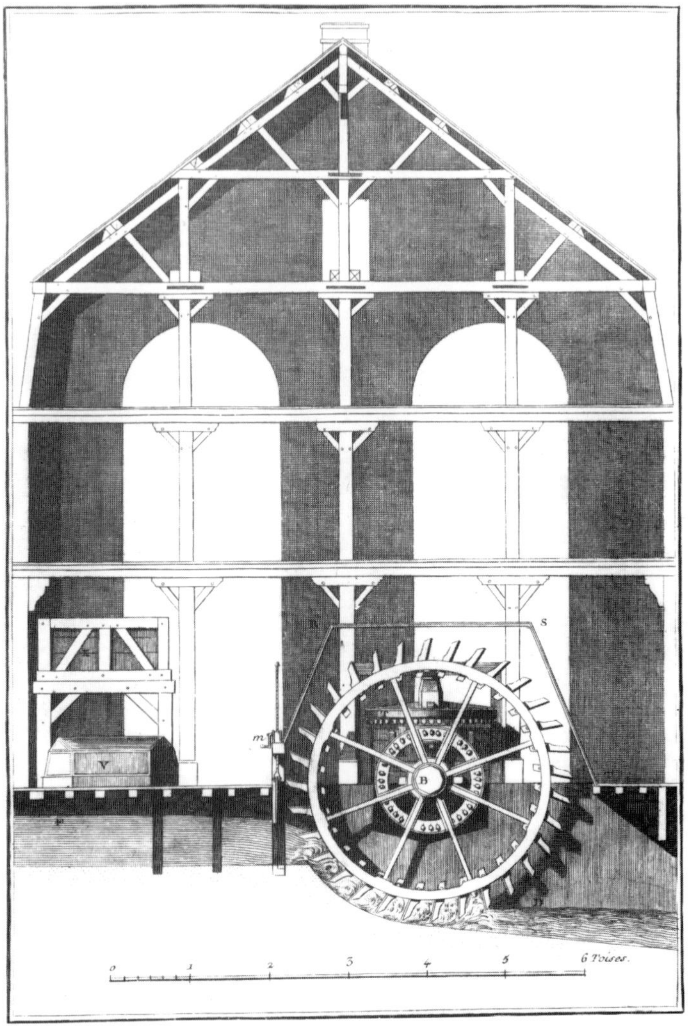

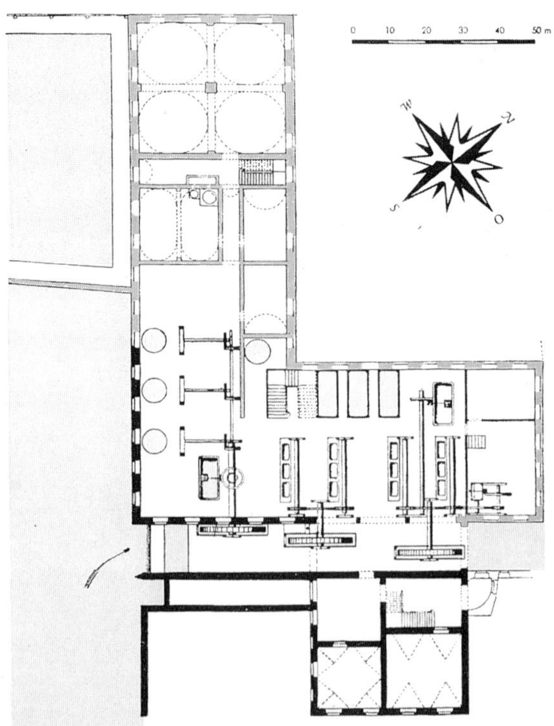

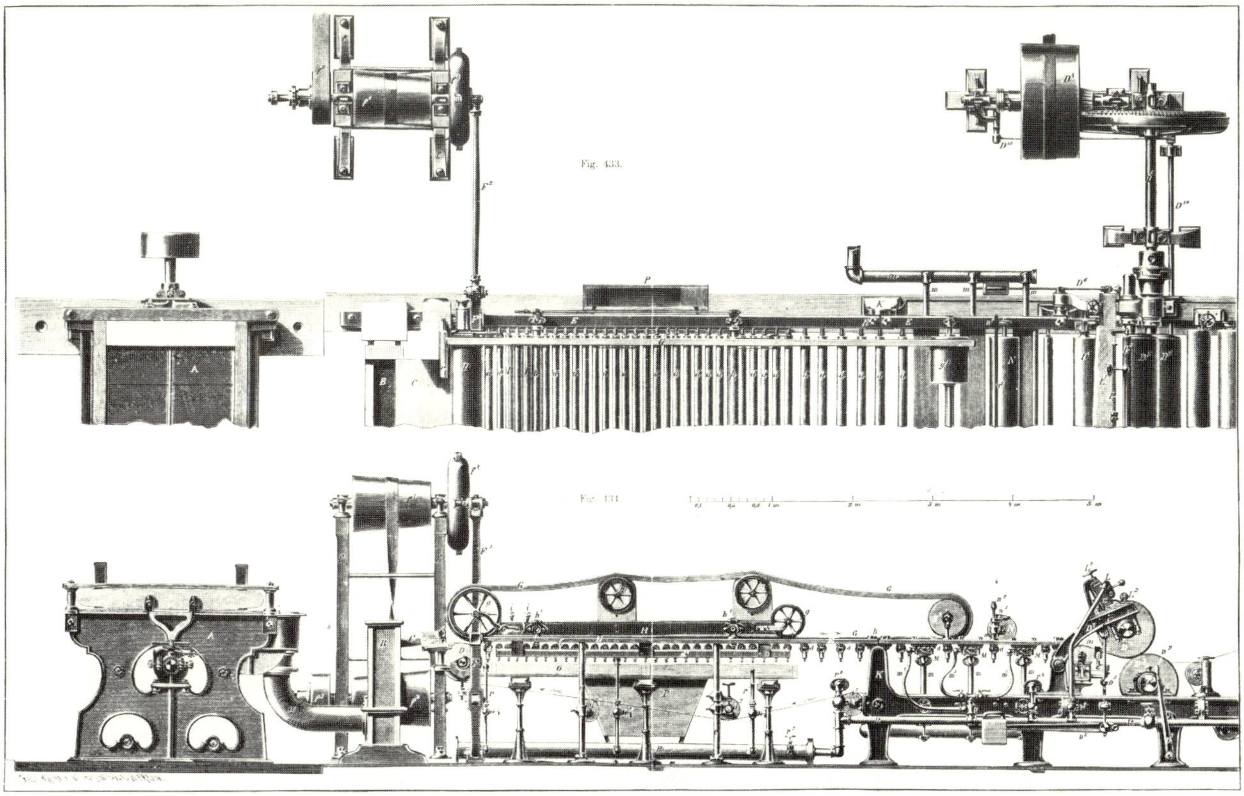
Fig. 433.
Fig. 434.

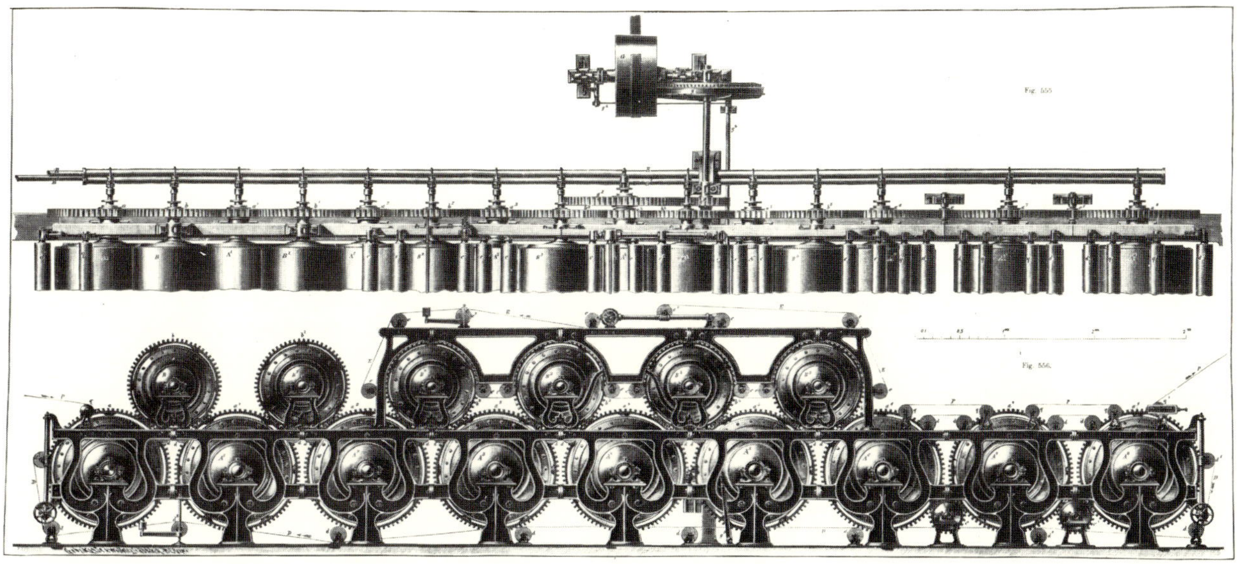
Fig. 555.
Fig. 556.

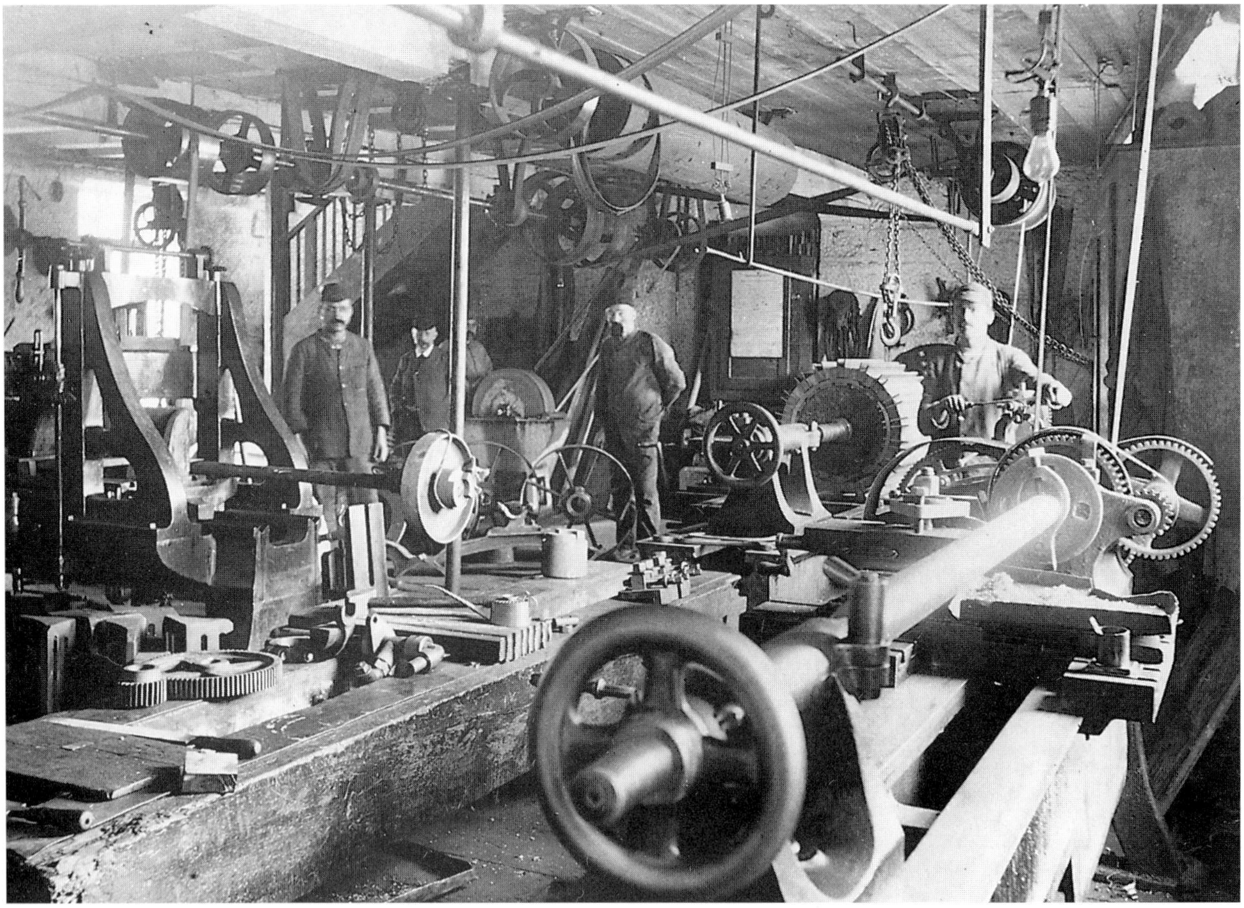

452.

Ausstellungsstand der Firma Haindl auf der Bayerischen Jubiläums-Landes-Industrie-Gewerbe- und Kunstausstellung zu Nürnberg, 1906, von außen (linke Seite) und innen (rechte Seite).
Bibliothek der Landesgewerbeanstalt Nürnberg.

9500 Meter
G. H. N 250751
3300 mm

Dienst am Geist: Buchdruckmaschinensaal des Westermann-Verlags in Braunschweig, um 1890.
Bildarchiv Preußischer Kulturbesitz, Berlin.

**Franz Sonnenberger**

## HOLZSCHNITT UND HOLZSTICH – DIE DEMOKRATISIERUNG DER BILDER

Am Anfang der „vervielfältigenden Künste" stand der Zauberstoff Papier. Er war die materielle Voraussetzung für die Erfindung Gutenbergs und verbindet sich deshalb mit einer der größten Neuerungen in der Kulturgeschichte der Menschheit. Mit Hilfe des Buchdrucks wurde Wissen kommunizierbar, das bis dahin handschriftlich auf kostbarem Pergament tradiert und daher nur wenigen zugänglich gewesen war. Das Papier ermöglichte jedoch nicht nur die Verbreitung von Texten, sondern auch von Bildern. Im sogenannten „Zeugdruck" wurden zwar schon seit frühchristlicher Zeit Holzmodeln verwendet, um Ornamente oder vereinzelt auch bildliche Motive auf Stoff zu drucken, doch erst um 1400, nachdem die Papierproduktion in Deutschland in Gang gekommen war, machte die Vervielfältigung von Bildern sprunghafte Fortschritte.[1] Im Gegensatz zum Zeugdruck spielte hier das dekorative Moment keine Rolle mehr.

Die frühen „Einblattdrucke", einseitig bedruckte Blätter, waren meist Andachtsbilder. In einer Zeit geradezu inbrünstiger Religiosität erfüllten diese eine wichtige Funktion. Darstellungen von Heiligen, deren bloßer Anblick vor Krankheit, Not und Tod schützen sollte, gab es nun nicht mehr ausschließlich in Kirchen und Klöstern. Die neuen, meist bemalten Drucke fanden sich schon bald in vielen Bürgerhäusern; sie wurden als kolorierte „Briefe" an den Wänden der Wohnstuben aufgehängt oder in Reisekoffer, Schatullen, Opferkasten oder Apothekenschachteln eingeklebt. Einer der gefragtesten Schutzpatrone war der Hl. Christopherus, der auch auf dem ersten datierten Holzschnitt aus dem Jahr 1423 dargestellt ist. Auf diesem Heiligen lasteten große Erwartungen. So heißt es in einem zeitgenössischen Spruch: „Wer den ansieht dem geschieht kein leit/des tages, so er sin antlit siht."[2]

An der Herstellung von Holzschnitten waren zur damaligen Zeit mehrere Berufsgruppen beteiligt. Der Künstler fertigte eine Zeichnung an, die er dann auf die geglättete und mit Kreide versehene Holzplatte riß. Er wurde deshalb auch „Reißer" genannt. Der zumeist aus der Schreinerzunft stammende „Formschneider" umschnitt sodann die Linien auf dem Holzstock mit einem Messer und entfernte die Flächen, die im Druck weiß erscheinen sollten, mit Hilfe kleiner Meißel (Stechbeitel, Geißfüße). Der Abdruck erfolgte entweder durch Aufpressen der mit Farbe versehenen Holzplatte auf das Papier oder indem man das Papierblatt auf den Druckstock legte und es dann mit Hilfe eines Lappens oder Falzbeins auf der Rückseite abrieb. Das Kolorieren der fertigen Drucke war Aufgabe der „Briefmaler". Anders als bei den klösterlichen Miniaturenmalern mußte diese Arbeit schnell vonstatten gehen. Eine größere Zahl von Blättern wurde nebeneinander gelegt, dann oft mehr schlecht als recht der Reihe nach mit einer Farbe bemalt, schließlich mit einer zweiten oder dritten.

Neben dem Einblattdruck spielten in der Geschichte des Holzschnitts schon im ersten Drittel des fünfzehnten Jahrhunderts sogenannte „Blockbücher" eine Rolle. Darunter sind Blätter zu verstehen, die an den unbedruckten Rückseiten zusammengeklebt und zu einem Buch gebunden wurden. Die Bilder waren häufig mit einem handschrift-

Johannes Gutenberg, Kupferstich von Theret, Paris 1585.
Bildarchiv Preußischer Kulturbesitz, Berlin.

lichen Text versehen. Bald wurden aber die Schriftzeichen auch in die Holzplatte eingeschnitten und so zusammen mit dem Bild gedruckt. Als Gutenberg um 1440 den Druck mit beweglichen Lettern erfand, wurde dieses Verfahren überflüssig. Warum noch mühevoll jeden Buchstaben aus der Holztafel schneiden, wenn es jetzt aus Blei gegossene Typen gab, die beliebig oft verwendbar waren? Der Buchdruck ermöglichte erstmals eine ökonomische Vervielfältigung von Texten. Es war dementsprechend kein Wunder, daß sich das Bild-Text-Verhältnis im Vergleich zu den Blockbüchern umkehrte. Der Text dominierte, der Holzschnitt wurde zur Illustration und spielte damit eine ähnliche Rolle wie die Miniaturenmalerei im Zeitalter der handschriftlichen Buchherstellung.

Der erste Buchdrucker, der die Kunst Gutenbergs mit dem Holzschnitt kombinierte, war Albrecht Pfister aus Bamberg.[3] 1460 brachte er Johannes von Saaz' „Ackermann aus Böhmen“, einen Rechtsstreit des Menschen mit dem Tod, heraus. Hierfür übernahm er von Gutenberg die für dessen 36zeilige Bibel verwendeten Typen. Im Buch waren fünf blattgroße Holzschnitte enthalten, auf denen der Tod unter anderem als Sensenmann und finsterer Reiter gezeigt wird. Beim Druck von Jakob Boners „Edelstein“, einer Zusammenstellung von Lehrfabeln, den Pfister zwei Jahre später in Angriff nahm, wurde zuerst der Text gedruckt, die 101 Bilder dagegen erst nachträglich in einem weiteren Arbeitsgang eingefügt. Sehr bald aber wurde findigen Köpfen klar, daß Buchdruck und Holzschnitt – beides Hochdruckformen – hervorragend miteinander harmonierten. Die Holzstöcke mußten nur dieselbe Höhe wie die Lettern haben, um mit diesen zusammen gedruckt zu werden.

Ab 1470 wurde es üblich, Bücher mit Holzschnitten zu illustrieren. Deutsche Drucker und Verleger hatten die kommerzielle Chance, die darin lag, als erste erkannt. Besondere Bedeutung erlangte dabei Augsburg, „wo der Typus des illustrierten Buches erst eigentlich geprägt wurde“[4]. Um 1500 existierten in der Stadt über zwanzig Druckereien, die für ihre Bücher jährlich Tausende von Holzschnitten anfertigen ließen. H. Th. Musper bemerkt dazu: „Es bildet sich dort jene 'stenographische Ausdruckskunst', die den kleinen graphischen Diagrammen der Typen korrespondiert und einen durchaus einheitlichen Eindruck der gedruckten Seiten zustande bringt. Der Sinn für das Graphische ist so stark, daß die Kolorierung im allgemeinen entbehrt werden kann.“[5] In Augsburg entstanden unter anderem folgende bedeutende Bücher mit Holzschnitt-Illustrationen: 1475 Konrad von Megenbergs „Buch der Natur“, 1480 Petrarcas „Griseldis“, 1482 Robertus de Remigios „Historie der Türken“ und 1490 Boccaccios Dekameron in deutscher Übersetzung.

Weitere wichtige Druckstätten bestanden in Ulm, Basel, Straßburg, Mainz, Köln und Lübeck.[6] Nürnberg, das zum eigentlichen Zentrum des Buchdrucks in Deutschland werden sollte, trat auf diesem Gebiet vergleichsweise spät in Erscheinung. Noch 1483 übernahm der später berühmte Anton Koberger die Holzstöcke für seine Nürnberger Bibel von einer fünf Jahre zuvor in Köln gedruckten Ausgabe. Für ihn arbeiteten aber schon bald so bekannte Künstler wie Michael Wohl-

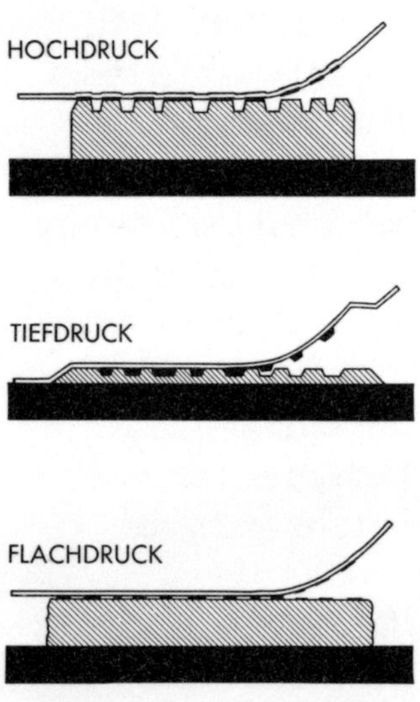


Die Grundformen der Drucktechnik in schematischer Darstellung.
Deutsches Museum, München.

1529 veröffentlichte Johannes Cochlaeus eine Kampfschrift gegen Martin Luther. Der Titelholzschnitt illustrierte seinen Hauptvorwurf gegen Reformator, die Widersprüchlichkeit in dessen Lehre.
Germanisches Nationalmuseum, Nürnberg.

gemut, der Lehrmeister Dürers, und Wilhelm Pleydenwurff. In der Druckerei selbst gab es über zwanzig Pressen, an denen an die hundert Gesellen tätig waren. In Kobergers florierender Werkstatt entstand 1493 die Schedelsche „Weltchronik", eines der überragenden Buchprojekte jener Zeit. Sie enthielt 1806 Holzschnitte, die zum Teil auf Wohlgemut und Pleydenwurff zurückgingen.
Wenig später erfuhr die künstlerische Entwicklung des Holzschnitts einen Höhepunkt, der sich vor allem mit Albrecht Dürer verbindet. Der Nürnberger Goldschmiedssohn hatte schon in Basel, während seiner Wanderschaft, an Holzschnitten gearbeitet und beispielsweise Sebastian Brants „Narrenschiff" illustriert. 1498 legte er eine aus fünfzehn großformatigen Blättern bestehende Holzschnittfolge zur „Apokalypse" des Johannesevangeliums vor. Die mit einem lateinischen und einem deutschen Text versehene Serie machte Dürer schlagartig berühmt. Unter seinen weiteren Holzschnitten ragen vor allem das „Marienleben" sowie die große und die kleine „Passion" heraus. Die Blätter wurden nicht koloriert; ihre klare und doch ausdrucksvoll differenzierte Liniensprache machte diesen Aufwand überflüssig. Der in Kronach geborene Lukas Cranach d. Ä. bevorzugte eine drastische, weniger ausgewogene Darstellungsweise als Dürer, trotzdem verfehlten etwa seine aus dreizehn Blättern bestehende „Passion" oder die Folge von zwölf Martyrien-Blättern die Wirkung auf die zeitgenössischen Betrachter nicht. Dies gilt auch für seine Farbholzschnitte, eine Technik, mit der sich Lukas Cranach als einer der ersten beschäftigte. Fast alle bedeutenden Künstler des beginnenden sechzehnten Jahrhunderts fertigten Entwürfe für Holzschnitte an, so zum Beispiel auch Hans Holbein d. J., Albrecht Altdorfer, Hans Baldung, Hans Burgkmair und Lukas Cranach d. J..

## Revolution auf dem Papier

Zu Beginn des sechzehnten Jahrhunderts erreichte der Holzschnitt nicht nur künstlerisch einen Höhepunkt, vielmehr nahm auch seine Verbreitung in einem bis dahin kaum für möglich gehaltenen Ausmaß zu. Hauptursache hierfür war die Reformation, die die Gemüter der Zeitgenossen wie kein anderes Ereignis erregte. Das Bedürfnis, sich über den Religionsdisput zu informieren, Stellung zu nehmen und Gefolgsleute zu mobilisieren, machte sich an allen Orten und in allen sozialen Schichten bemerkbar. Die Reformation war – modern ausgedrückt – ein Medienereignis ersten Ranges: Bücher, Broschüren und Flugschriften spiegelten den Gang der Ereignisse und fungierten zugleich als wichtige Propaganda-Instrumente für oder gegen die Reformation. Zum ersten Mal zeigte es sich, welche Macht derjenige besaß, der sich der Erfindung Gutenbergs zu bedienen wußte. Einen Eindruck von der publizistischen Revolution, die auf den Thesenanschlag Martin Luthers im Jahre 1517 folgte, vermittelt bereits die Tatsache, daß sich in den folgenden sieben Jahren die Bücherzahl um das Tausendfache erhöhte.[7] Auch theologische Streitschriften erschienen nun in deutscher Sprache und nicht mehr wie bisher üblich in Latein.
Wer lesen konnte, griff nach allem, was dazu publiziert wurde, wer nicht, bemühte sich, es zu erlernen. So nahm im sechzehnten Jahr-

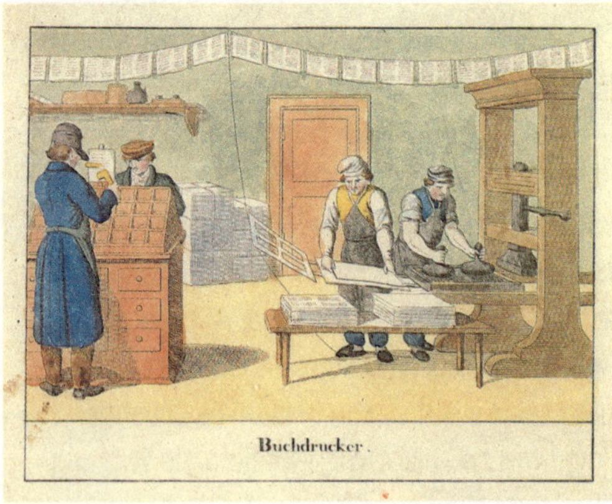

Papiermacher, Buchdrucker und Kupferdrucker auf einer um 1830 in Nürnberg erschienenen kolorierten Darstellung. Germanisches Nationalmuseum, Nürnberg.

hundert das lesekundige Publikum in Deutschland von 400 000 auf 800 000 Menschen zu.[8] Dennoch umfaßte es kaum mehr als fünf bis zehn Prozent der Bevölkerung. Für die Ausbreitung des neuen Glaubens wie für Bewahrung des alten war es deshalb unerhört wichtig, auch die Analphabeten anzusprechen. Das wichtigste Mittel hierzu waren illustrierte Flugschriften und Broschüren. Die Kombination von Buchdruck und Holzschnitt gewährleistete dabei sowohl Aktualität als auch hohe Auflagen und dadurch niedrige Preise. Die Bildmotive entsprachen häufig den auf propagandistische Vereinfachung ausgerichteten Texten: Zum Schlagwort gesellte sich das „Schlagbild".[9] Luther und der Papst erschienen ihren jeweiligen Anhängern als Bewahrer des rechten Glaubens beziehungsweise als Antichrist. In einem 1523 publizierten Flugblatt wurde der Reformator beispielsweise als „Die Wittenbergische Nachtigall", seine Gegner als Löwen und heulende Wölfe dargestellt. Den Text hierzu verfaßte übrigens Nürnbergs Schusterpoet Hans Sachs. Umgekehrt wurde Luther auch als siebenköpfiges Monster gezeigt, eine Anspielung auf die angebliche Widersprüchlichkeit in dessen Lehre. Auch einfache Leute waren damals im Entschlüsseln derartiger Zeichen und Symbole geübt. Die römische Kirche selbst hatte diese Fähigkeit gelehrt.

Das Zeitalter der Reformation fand mit dem Augsburger Religionsfrieden von 1555 einen politischen und rechtlichen Abschluß. Der darin festgelegte Grundsatz „Cuius regio, eius religio", das die Kirchenhoheit der Landesherrn festlegte, beendete den Kampf um den einzelnen Gläubigen. War schon in den Bauernkriegen der politische Wille einer ganzen sozialen Schicht gebrochen worden, so trat mit dem Jahr 1555 der „Gemeine Mann" auf Jahrhunderte als handelndes Subjekt aus der Geschichte aus. Die Unmündigkeit, in der das Volk von den protestantischen wie katholischen Landesherrn fortan gehalten wurde, wirkte auf die Publizistik und das Leseverhalten zurück. Die Zahl der bissigen, eilig herausgebrachten religiösen Streitschriften nahm ab, ebenso übrigens die Lesefertigkeit der Bevölkerung.[10]

Auch die Bedeutung des Holzschnitts ging gegen Ende des sechzehnten Jahrhunderts erheblich zurück. Im aufkommenden Barock galt diese Darstellungsform als ungelenk, ja bäurisch. Möglicherweise haftete ihr auch der Geruch von sozialem Aufruhr und religiöser Unbotmäßigkeit an. Tatsache ist jedenfalls, daß sich der Kupferstich immer größerer Beliebtheit erfreute. Diese Technik erlaubte eine feinere, differenziertere Darstellungsweise als der Holzschnitt. Daß sie in der Herstellung aufwendiger war und deshalb wenig geeignet, aktuelle Ereignisse darzustellen, störte nicht. Im Gegenteil, dies paßte durchaus in das politische Klima der Zeit. Der Kupferstich, der im Gegensatz zum Holzschnitt nur eine relativ geringe Zahl von Abzügen ohne Qualitätsverlust ermöglichte, war im Grunde auf den betuchten Connaisseur ausgerichtet, der ihn sammelte und in eigens eingerichteten „Kabinetten" aufbewahrte. Die teuren Blätter gelangten selten in die Hände von Handwerkern oder Bauern.

## Der Holzstich

Erst im ausgehenden achtzehnten Jahrhundert ergab sich eine historische Konstellation, die der fast schon vergessenen Holzschnitt-Technik eine neue Zukunft bescherte. Wenngleich später als in England oder Frankreich, so vollzog sich auch in Deutschland der Aufstieg des Bürgertums zu einer sozialen und wirtschaftlichen Machtstellung. Diese Schicht wollte informiert, belehrt und unterhalten werden. Bücher und die ersten periodisch erscheinenden Zeitungen und Zeitschriften befriedigten dieses Verlangen und wurden deshalb rasch Ausweis bürgerlicher Lebensart. Der Rückgang des Analphabetismus als Folge der allgemeinen Schulpflicht ließ außerdem ein neues Lesepublikum entstehen.[11] Mit der Erfindung der Papiermaschine im Jahre 1798 und der Entwicklung der Buchdruck-Schnellpresse durch Friedrich Koenig (1812) paßte sich das Druckgewerbe den neuen Erfordernissen an. Die steigende Verbreitung von Büchern und Druckerzeugnissen aller Art schuf einen zunehmenden Bedarf an Illustrationen. Der Kupferstich konnte ihn nicht befriedigen, da er als Tiefdruck-Technik nicht mit dem Buchdruck zu kombinieren war. Dies war die Stunde des „Holzstichs", der durch seine Feinheit und formale Wandlungsfähigkeit zur beherrschenden Illustrationstechnik im neunzehnten Jahrhundert werden sollte.

Vater dieses neuen Verfahrens war der Engländer Thomas Bewick (1753–1828), der statt des von alters her üblichen Langholzes nun Hirnholz, also quer zur Faserrichtung des Stammes geschnittenes Holz, verwendete.[12] Das harte Buchsbaumholz, wegen des geringen Stammdurchmessers oft aus vielen Stücken zusammengeleimt, war besonders geeignet. Eine weitere Neuerung Bewicks war das Arbeiten mit dem Grabstichel statt mit dem Messer, wodurch eine vorher unbekannte Präzision und Feinheit der Darstellung ermöglicht wurde. Die neue Technik war hervorragend zum Umsetzen von Gemälden, Kupferstichen und ähnlichen Darstellungsformen für den Buchdruck geeignet. Obendrein ermöglichte das nunmehr verwendete Holz den Druck höherer Auflagen als bisher. Bald wurde es auch möglich, auf galvanischem Weg von den Originalstöcken Kopien herzustellen, wovon der Massendruck noch einmal profitierte.

In Deutschland vollzog sich die Renaissance des Holzschnitts später als etwa in England oder Frankreich. Erst allmählich standen wieder genügend fähige Holzstecher oder „Xylographen", wie sie sich nun nannten, zur Verfügung. So mußte sich Adolph Menzel, als ihm 1840 der Auftrag erteilt wurde, über vierhundert Illustrationen zu Kuglers „Geschichte Friedrichs des Großen" anzufertigen, zunächst an eine Pariser „Xylographische Anstalt" wenden. Doch der berühmte Zeichner war auch mit den Leistungen der dort beschäftigten französischen und englischen Stecher nicht zufrieden. Verärgert wandte sich Menzel an seinen Verleger: „Denen Monsieurs, welche die Sachen geschnitten oder vielmehr verschnitten, bitte ich meinetwegen wissen zu lassen, daß ich mir eine solche schlingelhafte Mißhandlung meiner Zeichnungen ein für allemal verbitte. Nun die Herren die Bestellung haben, meinen sie wohl lüderlich

Der Xylograph, kolorierte Lithographie von P. C. Geißler, Nürnberg um 1840. Zu dieser Zeit existierten in Deutschland nur ganz wenige „Holzschneide-Anstalten".
Stadtbibliothek Nürnberg.

Adolph Menzel, Bildnis Friedrichs des Großen, in Holz gestochen von A. Vogel, um 1840.
Aus: Max Bucherer, Der Original-Holzschnitt, München 1914.

arbeiten zu dürfen? Was nutzt meine Liebe, mein Studium, die ich an die Sache wende, wenn sie in einer solchen Gestalt vor das Auge der Welt treten?"[13] Die Empörung des Künstlers erscheint verständlich, doch was er von den Xylographen verlangte, war nur schwer erfüllbar. Menzel zwang sie in die Rolle ausführender Organe, die jeden seiner Zeichenstriche im „Faksimile", das heißt in äußerster Treue zum Original, in Holz umzusetzen hatten. Nach und nach gelang es ihm aber, tüchtige Holzstecher für seine Aufträge heranzubilden. Es entstanden Meisterwerke der Buchillustration wie etwa die zweihundert Holzschnitte zu den „Werken Friedrichs des Großen". Große Popularität erreichten ab 1840 auch die von Ludwig Richter mit gemütvollen Idyllen illustrierten Gedichtbände, Märchen- und Liederbücher. Gleiches gilt für Wilhelm Busch, in dessen Humoresken die Illustrationen das wichtigste sind. Die Texte fungieren lediglich als Zutaten.

Zur selben Zeit als in Deutschland Künstler vom Rang Adolph Menzels, in Frankreich Honoré Daumier und Gustav Doré, die Möglichkeiten des Holzstichs für ihre künstlerischen Zwecke nutzten, erlebte diese Technik auch auf dem Gebiet der Unterhaltung einen ungeheueren Aufschwung. Der englische Buchhändler und Schriftsteller Charles Knight hatte als erster die Chance erkannt, mit Hilfe des Holzstichs eine neue Art illustrierter Zeitung zu schaffen. Zusammen mit der „Society for the diffusion of useful knowledge" brachte er 1830 das „Penny Magazine" heraus, das schon im zweiten Erscheinungsjahr eine wöchentliche Auflage von 200 000 Exemplaren erreichte.[14] Drei Jahre später gab der aus Basel stammende Leipziger Buchhändler und Verleger Johann Jakob Weber unter anderem in Zusammenarbeit mit dem Nationalökonomen Friedrich List das „Pfennig-Magazin" heraus. Da es zu dieser Zeit in Deutschland noch zu wenige gute Xylographen gab, stellte Charles Knight die meisten der benötigten Druckstöcke zur Verfügung. Die Zeitschrift mutete deshalb manchmal „wie ein englisches Blatt in deutscher Sprache" an.[15] Erst 1843 faßte Weber, der übrigens auch Kuglers „Geschichte Friedrichs des Großen" verlegte, den Entschluß, eine deutsche illustrierte Zeitschrift zu gründen. Seine Vorbilder waren die im Mai 1842 zum ersten Mal erschienene „Illustrated London News" und deren Pariser Pendent, „L'Illustration", die ein Jahr danach herauskam. Diese neuen Blätter stellten Zeitschriften vom Schlag des „Penny Magazines" in Hinblick auf die Qualität der verwendeten Holzstiche und ihrer Wiedergabe im Druck völlig in den Schatten. Zudem setzten sie das Publikum mit Nachrichten aus allen nur denkbaren Lebensbereichen in Erstaunen. „Was immer sich in der ganzen Welt ereignet", so schrieb Weber in der ersten Nummer seiner „Illustrirten Zeitschrift", „von den Großtaten der Fürsten an bis zu dem Ergebnis verborgenster Forschung, wenn es nur ein allgemeines Interesse darbietet, gedenken wir unseren Lesern in wöchentlichen Berichten vorzulegen und, was von diesen Mitteilungen der bildlichen Darstellung zu genauerem Verständnis oder lebendigerem Eindruck bedarf, in möglichst genauen Holzschnitten ihnen vor Augen zu führen."[16]

Die Gartenlaube

Illustrirtes Familienblatt.

Jahrgang 1884.

Verlag von Ernst Keil's Nachfolger in Leipzig.

Titelblatt der Zeitschrift „Gartenlaube" vom gebundenen Jahrgang 1884.

In der Erstausgabe der „Leipziger", wie das Blatt bald genannt wurde, waren neben 21 englischen und französischen erst fünf deutsche Originalholzstiche enthalten. Kein Wunder, denn in Leipzig mangelte es noch an geeigneten Fachkräften. So mußten viele Druckstöcke in Berlin, Wien oder München angefertigt werden. Die Buchsbaumstöcke und Stichel sowie die Druckfarbe wurden aus Paris herangeschafft. Aus Zeit- und Kostengründen strebte Weber danach, möglichst wenige Druckstöcke von auswärts zu beziehen, sondern die von Zeichnern aus aller Welt angefertigten Vorlagen in Leipzig in Holz stechen zu lassen. Allmählich entstand dort ein Stamm von vierzig bis fünfzig geeigneten Kräften, die zumeist für die „Illustrirte Zeitung" arbeiteten.
Ging eine telegraphisch längst avisierte Zeichnung endlich ein, so war Schnelligkeit oberstes Gebot. Die Xylographen arbeiteten dann auch nachts im Schein einer Schusterkugel, eines wassergefüllten Glasgefäßes, das den Schein des Gas- oder Petroleumlichts bündelte und genau auf die Stelle des Werkstücks warf, das gerade bearbeitet wurde. „Bei seiner Arbeit", so hieß es in einem einschlägigen Handbuch, „hält der Xylograph den Holzstock mit der linken Hand auf einem Sandkissen, wodurch ihm dessen Drehung und zugleich die thunlichst gleichmäßige Führung des Sichels ermöglicht wird; ist der Block so klein, daß er ihn nicht halten könnte, ohne sich selbst beim Schneiden zu hindern, so spannt er ihn in einen kleinen Eisenrahmen, um Arbeitsraum zu gewinnen; große Stöcke werden dagegen für ihre Bearbeitung häufig in die Teile zerlegt, aus denen sie zusammengesetzt sind, und namentlich geschieht dies, wenn ein Bild sehr rasch hergestellt werden muß, wie es oft bei den illustrierten Zeitungen und Zeitschriften der Fall ist. Die einzelnen Teile werden dann verschiedenen Xylographen übergeben; sind sie vollendet, so setzt man sie wieder zusammen und überarbeitet dann die ganze Platte sorgfältig bei den Zusammensetzungen, sodaß genau Linie auf Linie trifft und die stückweise Herstellung selbst von geübten Augen nicht bemerkt werden wird."[17] Bei der „Illustrated London News" ging dabei die Arbeitsteilung so weit, daß sich manche Stecher auf Wolken und Himmel spezialisierten, andere auf Architektur, wieder andere auf Landschaften und Personen.
Dieser Aufwand hatte natürlich seinen Preis. Weber verlangte für die erste Ausgabe der „Leipziger", die sechzehn Seiten im Format 28 mal 40 Zentimeter umfaßte, den für die damalige Zeit enormen Betrag von fünf Groschen. Ab 1847 ließ er sich das Abonnement des Blatts sogar vierteljährlich im voraus bezahlen. So konnte es nicht verwundern, daß sich zuweilen unerwünschte Nutznießer einstellten. Es kam beispielsweise 1847 zu einem Rechtsstreit zwischen dem Münchner Verlag Braun & Schneider, der die bekannten „Fliegenden Blätter" herausgab, und einer Nürnberger Firma. Diese hatte, so der Vorwurf der Münchner, „die picantesten Piecen der fliegenden Blätter" ohne Erlaubnis auf lithographischem Weg vervielfältigt, koloriert und dann „ballenweise auf die größeren Plätze geworfen und verkauft."[18] Offenbar bestand in der Öffentlichkeit großes Interesse an den meist humoristischen Holzstichfolgen des Blattes, für das einige Jahre

# Friedr. Vieweg & Sohn

Fernsprecher Nr. 495 * **Braunschweig** * Telegramme: Viewegs

vor der Burg 18

**Buchdruckerei**
**Buchbinderei**
**Stereotypie**
**Schriftgießerei**

Gegründet 1786

**Xylographische**
**und**
**galvanoplastische**
**Anstalt**

Herstellung von **Werken mit Illustrationen in Schwarz-** und **Mehrfarbendruck, Tabellen-** und **Formelwerken, Wertpapieren, Lotterielosen, Katalogen** und **Prospekten** in Massenauflagen
**(Rotationsdruck, auch zweifarbig)**

## Holzschnitte jeden Genres in vollendeter Ausführung

**Galvanos**
für Druck-
und Prägezwecke
**schnellstens!**

**Stereotypen**
für Flach-
und Rotationsdruck

**Schnelle und pünktliche Lieferung**

Das Braunschweiger Unternehmen Vieweg & Sohn zählte zu den Pionieren des „technischen" Holzstichs in Deutschland, der bis in die dreißiger Jahre unseres Jahrhunderts in Katalogen und technischen Publikationen dominierte. Der Holzstich erlaubte sogar auf schlechtem Papier noch akzeptable Abbildungen. Dies war vor allem im Reklamewesen von großer Bedeutung.
Aus: J. G. Hoch, Die Reproduktionstechnik, o. J.

Ein Holzstock wird von Hand fertiggestellt.
Aus: J. G. Hoch, Die Reproduktionstechnik, o. J.

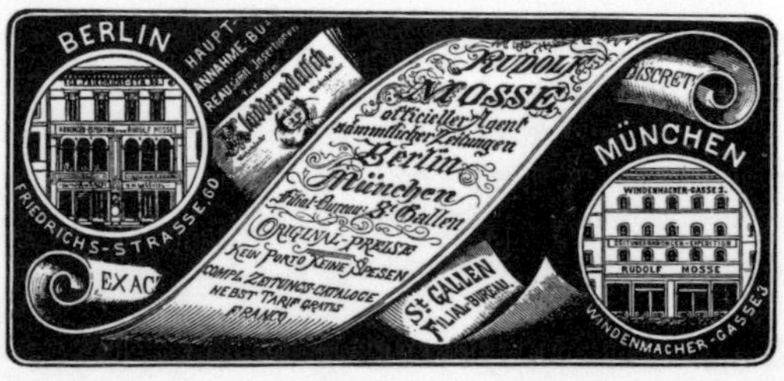


Inserat der „Anzeigen-Expedition Rudolf Mosse" aus der illustrierten Zeitschrift „Über Land und Meer", 1869.

später auch Wilhelm Busch tätig war. Doch für viele potentielle Käufer war es unerschwinglich. Hier gedachten sich nun die Nürnberger Raubritter eine goldene Nase zu verdienen. Die Firma wurde jedoch mit einer Geldstrafe belegt und mußte Schadensersatz leisten. Zur selben Zeit entschloß sich der Nürnberger Verleger und Druckereibesitzer Hillmar Campe, ein illustriertes Witzblatt mit dem Titel „Nürnberger Trichter" herauszugeben. Die dafür benötigten Holzstiche sollte ein aus Braunschweig zugewanderter Xylograph anfertigen. Mit der Aussicht auf diese Verdienstmöglichkeit stellte dieser im November 1949 beim Magistrat ein Niederlassungsgesuch. Selbst wenn sich Campes Projekt als Fehlschlag erweisen würde, so schrieb er, sei für sein Auskommen gesorgt: „. . . ich bin zur Zeit in hiesiger Stadt der einzige, welcher in der neuen englischen Manier zu arbeiten versteht; und erhalte auch Bestellungen aus anderen Städten Bayerns, auch würde mir der Buchdruckereibesitzer Campe andere Beschäftigung geben können, da er Holzschnitte zur Illustration seiner Bücher bedarf."[19] Der Nürnberger Gewerbeverein sowie Bürgermeister Dr. Linck befürworteten das Gesuch, da es „im Interesse der hiesigen Industrie" liege, daß auch in Bayerns Gewerbestadt Nummer Eins ein „Holzschneide-Institut" eröffnet werde. Bislang hatten Nürnberger Firmen ihre Aufträge in Stuttgart, Leipzig, München oder Braunschweig ausführen lassen. Nach dem Braunschweiger Xylographen wurden bald weitere Fachkollegen in Nürnberg ansässig. 1911 zählten dreizehn Firmen zu der Branche[20], von denen die meisten Holzstöcke für Kataloge und Prospekte sowie für sonstige Reklamezwecke lieferten. Wichtige Auftraggeber waren dabei die in der Stadt ansässigen Industrieunternehmen und der Exporthandel.

Das Entstehen der modernen Anzeigenwerbung verband sich übrigens eng mit den illustrierten Zeitschriften des neunzehnten Jahrhunderts. Zehn Tage nachdem Rudolf Mosse 1867 in Berlin seine „Anzeigen-Expedition" eröffnet hatte, schloß er mit den Verlegern des politisch-satirischen Blattes „Kladderadatsch" einen Vertrag über die Beilage eines Anzeigenteils. Drei Jahre später erfolgte eine ähnliche Vereinbarung mit der Firma Braun & Schneider in München, von der die „Fliegenden Blätter" herausgebracht wurden. Mosse hatte nun das alleinige Recht der Anzeigenannahme für diese Publikationen. In den folgenden Jahren traf er weitere Abkommen mit illustrierten Zeitschriften, Fachblättern und Tageszeitungen.[21] Kennzeichnend für das Anzeigenwesen war dabei die wachsende Bedeutung von Inseraten mit Bildelementen. Die bekannten ausgestreckten Zeigefinger waren bald überholt. Geschäftsleute, die auf sich hielten, warben mit ihrer Ladenfront, Fabrikanten mit einem Blick auf ihr gewerbliches Etablissement. Der Holzstich ermöglichte es, die Entwürfe, die zum Teil aus Mosses firmeneigenem Zeichenbüro stammten, für den Druck einzurichten.

Im letzten Drittel des neunzehnten Jahrhunderts nahm die Herstellung „technischer" Holzstiche einen enormen Aufschwung. Noch um 1830 bestanden die Musterbücher der großen Handelshäuser, in

Ein Xylograph bei der Arbeit mit der Liniermaschine.
Aus: J. G. Hoch, Die Reproduktionstechnik, o. J.

Regelmäßige Schraffuren oder Punktierraster, wie sie vor allem im technischen Holzstich üblich waren, konnten mit Hilfe der Tonschneidemaschine (Liniermaschine) angelegt werden. Deutsches Museum, München.

denen diese ihr Warensortiment mit genauen Größen- und Preisangaben zusammenstellten, aus Handzeichnungen beziehungsweise kolorierten Kupferstichen oder Lithographien. Mit der wachsenden Ausdehnung der Handelstätigkeit erwies sich jedoch auch hier der Holzstich als die überlegene Reproduktionsmethode. Im technischen Zweig der Xylographie war der „Tonschnitt", auch „Linienmanier" genannt, üblich. Dabei wurden die Partien der Vorlage, die einen homogenen Grauwert aufwiesen, durch sogenannte Töne, verschieden starke Linien oder Punkte, auf den Druckstock umgesetzt. Da diese meist geometrisch angeordnet waren, zum Beispiel in Schraffuren, bot sich der Einsatz von maschinellen Hilfsmitteln geradezu an. Bei Vieweg & Sohn in Braunschweig, der Wiege des technischen Holzschnitts in Deutschland, wurden nach amerikanischem Vorbild Liniermaschinen aufgestellt, die schon bald aus keiner xylographischen Anstalt mehr wegzudenken waren.[22] Ähnlich verhielt es sich mit der damals noch vergleichsweise jungen Kunst der Photographie, die das Zeichnen der Arbeitsvorlage auf die Buchsbaumplatte wesentlich erleichterte. Was früher mühsam per Hand zu erledigen war, erfolgte nun zumeist auf photochemischem Weg. Trotz dieser modernen Hilfsmittel erforderte die Arbeit des Xylographen nicht nur manuelles Geschick, sondern auch ein ausgeprägtes gestalterisches Einfühlungsvermögen. Eine Fachpublikation aus der Zeit kurz vor Ausbruch des Ersten Weltkriegs beschreibt das Entstehen eines druckfertigen Stocks und macht zugleich deutlich, warum sich gute Holzstecher mehr als Künstler denn als Handwerker fühlten: „Eine Buchsbaumplatte, aus vielen Stücken Holz kunstvoll zusammengeleimt und plan geschliffen wird grundiert. Dieses Grundieren geschieht durch einen Anstrich mit Zinkweiß. Auf diesen Anstrich wird die Zeichnung gebracht. Anstatt der Zeichnung nimmt man stets da, wo ein Original vorhanden ist, die Photographie zur Hand. Das Original wird mit dem Reproduktionsapparat photographiert, indem man sich des alten nassen Verfahrens bedient. Die Negativplatte wird sodann mit Gelatine übergossen, und nachdem die Schicht getrocknet ist, abgezogen. Diese Gelatineschicht wird auf den grundierten Holzstock gelegt, dieser gesilbert, und es findet sodann das Kopieren statt, ähnlich in der Art, wie man sonstige Kopien herstellt. Nachdem das Original auf den Holzstock gebracht ist, bekommt der Xylograph die Arbeit." Daraufhin werden alle Umrißkonturen angestochen, die Photoschicht abgeschabt und der Holzstock mit Druckerschwärze dünn eingefärbt. Schließlich „werden die Töne auf der Liniermaschine gezogen. Schon das Maschinenziehen erfordert die größte Aufmerksamkeit des Xylographen, denn die kleinste Unachtsamkeit kann die ganze Arbeit unbrauchbar machen. Auch spielt hier schon das Empfinden des Xylographen eine Hauptrolle, da dieser empfinden muß, wie die Töne gezogen werden müssen, ob hell, ob dunkel, ob offen, ob zart! Was einmal in das Holz eingeschnitten ist, kann nicht wieder entfernt werden, und aus diesem Grunde muß der Xylograph sicher arbeiten können und darf nicht hin und her überlegen, wie er dieses oder jenes in der Reproduktion wiedergeben soll. Nachdem er mit dem Maschinenziehen

Im Boudoir, Farbenholzschnitt von Hans Neumann, um 1900. Die Tendenz zur Vereinfachung, die den Künstlerholzschnitt dieser Zeit kennzeichnete, ist hier deutlich zu spüren. Beim Farbenholzschnitt müssen für die im Bild enthaltenen Farben jeweils eigene Holzstöcke angefertigt und dann paßgenau übereinander gedruckt werden.
Aus: Max Bucherer, Der Original-Holzschnitt, München 1914.

zu Ende ist, nimmt er seine Stichel zur Hand und arbeitet Stück für Stück seinen Holzschnitt mühsam fertig. Wer einmal gesehen hat, wie ein Holzschnitt entsteht, wird erst einen Begriff davon haben, welche Arbeit und Mühe in dem oft kleinen Holzschnitt zu überwinden ist."[23]

Neben den „Technikern" existierte im Xylographengewerbe eine zweite Gruppe von Spezialisten, die sogenannten „Belletristiker". Ihr Metier war das Umsetzen künstlerischer Darstellungen wie Gemälde, Aquarelle und ähnlichem in druckfähige Holzstöcke. Mit Hilfe feiner Schraffuren, Kammzüge und Punktierraster versuchten die Holzstecher auch die kleinste Eigentümlichkeit der jeweiligen Vorlage zu übertragen. Der hierfür erforderliche Arbeitsaufwand war gewaltig. Die Xylographen wurden dementsprechend nach Quadratzentimetern bezahlt. Selbst wenn für einen qualitätvollen Reproduktionsholzstich die Photographie als Hilfsmittel eingesetzt wurde, konnte es Monate dauern, bis der Druckstock fertig war. Doch solange es kein anderes Verfahren zur Reproduktion von Originalen für den Hochdruck gab, war der Holzstich praktisch ohne Konkurrenz. So stichelte ein Heer von hochbezahlten Spezialisten weiter für ihre Hauptauftraggeber, die illustrierten Zeitschriften. Diese sahen es für ihre selbstverständliche Pflicht an, ihren Lesern neben der aktuellen Bildberichterstattung auch Porträts, Landschaften, Seestücke, Stilleben, Historienbilder und dergleichen mehr zu bieten.

Angesichts des enormen Zeit- und Geldaufwands, den die Anfertigung guter Holzstiche erforderte, konnte es aber nicht verwundern, daß intensiv nach einem billigeren Verfahren gesucht wurde. Die „Zinkographie" („Chemiegraphie") war ein erster Schritt in diese Richtung. Entscheidend wurde jedoch die Erfindung der „Autotypie" durch den Nürnberger Kupferstecher Georg Meisenbach im Jahre 1882. Diese Technik ermöglichte es, Bildvorlagen mit Hilfe der Photographie so auf Zink-, Kupfer- oder Messingplatten zu fertigen, daß sie zusammen mit einem Typensatz gedruckt werden konnten. Eine Rasterplatte, die in die photographische Aufnahme eingeschaltet wurde, zerlegte die Halbtöne eines Bildes in zarte Punkte, die auf dem fertigen Klischee erhaben stehen blieben und dadurch zusammen mit den Bleilettern in einer Buchdruckerpresse gedruckt werden konnte. Die mühsame Arbeit des Xylographen war damit durch ein photochemisches Verfahren ersetzt worden, das schneller und billiger war.

Mit dieser druckgraphischen Revolution zeichnete sich das Ende des Reproduktionsholzstichs ab. Die „Belletristiker" verspürten die neue Konkurrenz als erste. Schließlich eignete sich die Autotypie besonders für die Wiedergabe von Gemälden, Aquarellen, gewischten oder getuschten Zeichnungen, kurz für Vorlagen, die eher in ihrer allgemeinen malerischen Wirkung als in den Details wiederzugeben waren.[24] Die 1890 gegründete „Berliner Illustrirte Zeitung" machte sich die Vorzüge der Autotypie gerade auf diesem Gebiet rasch zunutze. Das Blatt war deshalb aktueller und in der Herstellung erheblich billiger als viele Zeitschriften der Konkurrenz. Im Gegensatz zur „Leipziger", die sich relativ langsam der technischen Neuerung be-

Rechte Seite: Vier Abbildungen aus einem Musterbuch der Nürnberger Vereinigten Pinsel-Fabriken, von 1912, ausgeführt als Farbholzschnitte. Sie zeigen Haarpinsel, Zobel- und Ichneumonpinsel, Krokodil-Pinsel und Dachspinsel.
Vereinigte Pinsel-Fabriken Nürnberg.

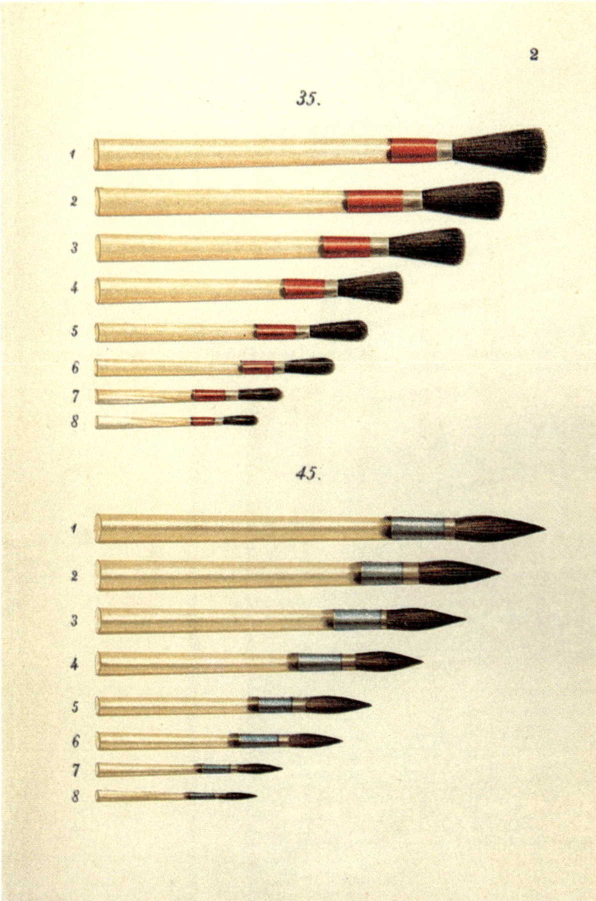
2
35.
1
2
3
4
5
6
7
8
45.
1
2
3
4
5
6
7
8

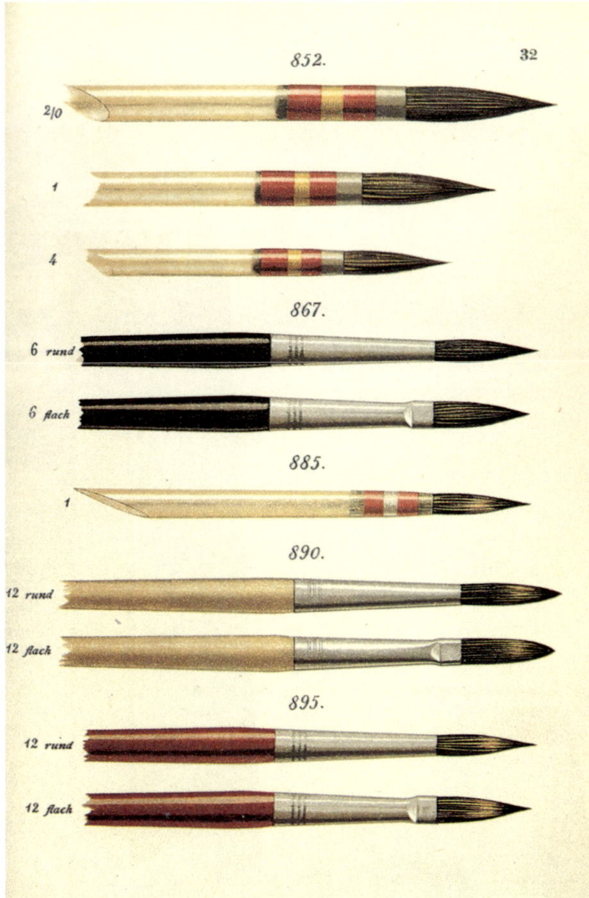
852.
32
2/0
1
4
867.
6 rund
6 flach
885.
1
890.
12 rund
12 flach
895.
12 rund
12 flach

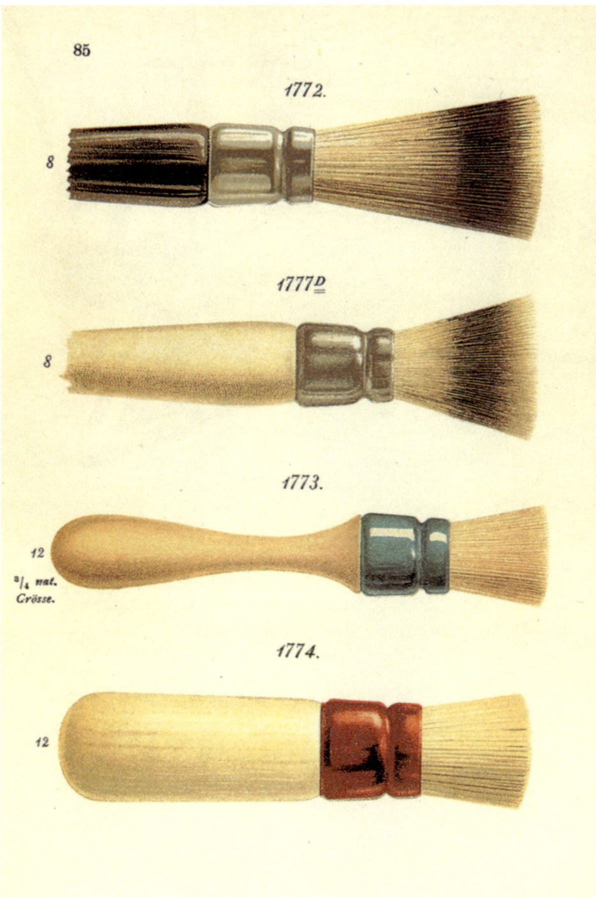
85
1772.
8
1777D
8
1773.
12
3/4 nat. Grösse.
1774.
12

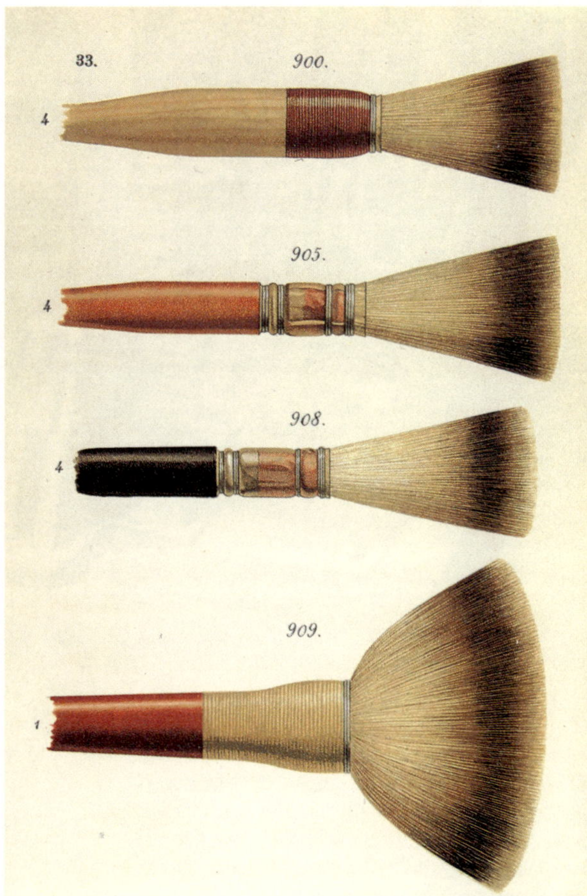
33.
900.
4
905.
4
908.
4
909.
1

Im Verlag Friedrich Vieweg & Sohn, Braunschweig, erschien 1878 eine Abhandlung über die „geschichtliche Entwicklung und Konstruktion" der Papiermaschine. Zur Illustration des Textes wurden vor allem Holzstiche verwendet. Unser Bild zeigt einen Rollencalander der im Bau dieser Maschinen führenden Chemnitzer Firma C. G. Haubold jr.

diente, konnte die „Berliner Illustrirte" neue Käuferschichten erschließen. Schon 1914 erreichte sie eine Auflage von einer Million Exemplaren.[25] Deutlicher konnte wohl nicht demonstriert werden, welcher Technik die Zukunft gehörte.

Die schwindende Bedeutung des Holzstichs stieß jedoch nicht nur auf Bedauern. So hatten beispielsweise Künstler und Publizisten, die sich der kräftigen Liniensprache des alten Holzschnitts verpflichtet fühlten, schon seit langem Vorbehalte gegen die technische Überfeinerung des Holzstichs geäußert. 1914 hieß es in einer entsprechenden Veröffentlichung: „Zweifellos hat die Xylographie in den letzten hundert Jahren im Dienste der immer mehr zum Bedürfnis werdenden Massenreproduktion von Kunstwerken Hervorragendes geleistet . . . dem Holzschnitt als selbständiger Kunstform aber wurde damit mehr und mehr der Boden entzogen."[26] Doch auch die Ansätze für einen Neubeginn waren unübersehbar: „Man erkannte jetzt, daß über all der liebevollen Oberflächenbehandlung übersehen wurde, die Dinge aus ihrem Inneren heraus zu gestalten . . . Nicht, wie man lange geglaubt hatte, durch Hinzufügung immer neuer Details, die nur den wahren, lebendigen Ausdruck verschleierten, sondern durch Weglassen alles Unwesentlichen, Akzessorischen mußte man versuchen, den Charakter aus den Dingen herauszuschälen."[27] Forderungen dieser Art wurden zuerst von den Werken Paul Gauguins und Edvard Munchs erfüllt, die von einem neuen „Primitivismus" erfüllt waren. Munch verwendete Kistenbretter und bearbeitete das Holz mit groben Messern und dem Hohleisen.[28] Für die deutschen Expressionisten bot der Holzschnitt ebenfalls eine ihren künstlerischen Intentionen entsprechende Ausdrucksmöglichkeit. Die Mitglieder der „Brücke" erhoben diese wiederentdeckte Technik beispielsweise zu einem zentralen Medium ihrer Naturphilosophie. Kennzeichnend war dabei für viele Künstler, daß sie neben der Bearbeitung des Holzes auch den Druck selbst ausführten. Die starke Arbeitsteilung, die den Holzstich charakterisierte, war hier aufgehoben.

Der technische Holzstich war von der Konkurrenz der Autotypie und Chemiegraphie anfangs weit weniger bedroht als der belletristische. Bei Sujets, deren Einzelheiten im Druck genau erkennbar sein mußten, erwies sich die Xylographie bis über die dreißiger Jahre hinaus sogar als überlegen. Als sich 1931 die Mitglieder des „Bundes der xylographischen Anstalten Deutschlands" in Nürnberg trafen, demonstrierten sie deshalb großes Selbstvertrauen. Bei Branchen, deren Produkte mit äußerster Präzision wiedergegeben werden mußten, kam überwiegend das alte Verfahren zum Einsatz. So wurden Spielwaren, Schreibgeräte, Reißzeuge, Galanteriewaren, Pinsel und Bürsten oder auch chirurgische Instrumente in Katalogen und Prospekten noch lange in Holzstichen abgebildet.[29] Dennoch stellte einige Monate später die sang- und klanglose Auflösung der Nürnberger Xylographen-Innung ein unübersehbares Menetekel dar.[30] In den folgenden Jahren waren immer mehr xylographische Anstalten gezwungen, sich anderen Zweigen des druckgraphischen Gewerbes zuzuwenden.

1 Vgl. H. Th. Musper, Der Holzschnitt in fünf Jahrhunderten, Stuttgart 1964, S. 15 u. 21.
2 Vgl. ebenda, S. 15.
3 Vgl. ebenda, S. 84 f.
4 Vgl. ebenda, S. 86.
5 Vgl. ebenda.
6 Vgl. Lexikon der Buchkunst und Bibliophilie, hrsg. v. Karl Klaus Walther, Leipzig 1987, S. 216.
7 Vgl. Konrad Hofmann, „Die reformatorische Volksbewegung im Bilderkampf", in: Martin Luther und die Reformation in Deutschland. Ausstellung zum 500. Geburtstag Martin Luthers. Veranstaltet vom Germanischen Nationalmuseum in Zusammenarbeit mit dem Verein für Reformationsgeschichte, Frankfurt a. M. 1983, S. 219.
8 Rolf Engelsing, Analphabetismus und Lektüre, Stuttgart 1973, S. 32.
9 Hofmann, Volksbewegung, S. 219.
10 Vgl. Engelsing, Analphabetismus, S. 36 u. 39 ff.
11 Vgl. ebenda, S. 56–62.
12 Vgl. Herbert Furst, The Modern Woodcut. A Study in the Evolution of the Craft, New York 1924, S. 46 ff.
13 Zit. n. Musper, Holzschnitt, S. 300.
14 Vgl. Nahum Gidalewitsch, Bildbericht und Presse. Ein Beitrag zur Geschichte und Organisation der illustrierten Zeitungen, Phil. Diss. Basel 1956, S. 28.
15 Ebenda, S. 29.
16 Zit. ebenda, S. 29 f.
17 Theodor Goebel, Die graphischen Künste der Gegenwart. Ein Führer durch das Buchgewerbe, Stuttgart 1895, S. 142.
18 Vgl. Stadtarchiv Nürnberg (StadtAN), C 7/I, GR, Nr. 11032.
19 Vgl. StadtAN, C 7/II, NL, Nr. 12146.
20 Vgl. StadtAN, C 7/I, GR, Nr. 17313.
21 Vgl. Festschrift zur Feier des fünfzigjährigen Bestehens der Annoncen-Expedition Rudolf Mosse, zum 1. Januar 1917 gewidmet von den Geschäftsführern, o. O. 1917, S. 94–97.
22 Vgl. Die Reproduktionstechnik und ihre Bedeutung für die Industrie, hrsg. v. J. G. Huch & Co., Braunschweig o. D., S. 28.
23 Ebenda, S. 27. In diesem Zitat wird nicht zwischen „Holzschnitt" und „Holzstich" unterschieden. Überhaupt nahm es die Fachliteratur aus dem neunzehnten Jahrhundert mit dieser Abgrenzung nicht allzu genau.
24 Vgl. Goebel, graphische Künste, S. 164.
25 Vgl. Gidalewitsch, Bildbericht und Presse, S. 33.
26 Max Bucherer und Fritz Ehlotzky, Der Originalholzschnitt. Eine Einführung in sein Wesen und seine Technik, München 1914, S. 17.
27 Ebenda, S. 17 f.
28 Vgl. Musper, Holzschnitt, S. 348.
29 Vgl. Der Holzschnitt. Monatszeitschrift zur Pflege und Förderung des Holzschnitts, Mai–Juni 1931, Nr. 70/71, (= Sonderheft anläßlich der Tagung des „Bundes der xylographischen Anstalten Deutschlands" in Nürnberg), passim.
30 Vgl. StadtAN, C 7/I, GR, Nr. 17313.

Der Verfasser bedankt sich bei Herrn Rudolf Rieß, Nürnberg, für fachliche Beratung und viele wichtige Hinweise.

„Mit y“, 1983 (oben links), „mit a“, 1983 (oben rechts), „Omega“, 1982 (unten links), „eye“, 1985 (unten rechts). Handpressendrucke von Josua Reichert, Stephanskirchen/Simssee.

Jürgen Franzke

# DAS SCHREIBEN DER SCHRIFT

Die Handschrift ist ein selbständiges Zeichen des Temperaments und anderer Charakterzüge ihres Autors. Der kalligraphischen Schrift können wir zielbewußt den Ausdruck einer beliebigen Behaglichkeit, Leidenschaft, Tendenz oder Melodie einprägen, um den Eindruck der gelesenen Inschrift bis zu dem bildenden Erlebnis zu steigern. Für den Kalligraphen ist die Schrift keineswegs nur ein Verständigungsmittel – wenn er auch der Rührung, des Weinens und der Wut fähig ist. In den klassisch einfachen Umrissen der Schrift pulsiert das Leben.
OLDRICH MENHART

Europa, die schöne Tochter des Königs von Thyros, einer phönizischen Handelsstadt an der Ostküste des Mittelmeeres, war vom verliebten Zeus – der die Gestalt eines weißen Stieres angenommen hatte – nach Kreta entführt worden. Ihr gemeinsamer Sohn Minos wurde später König von Kreta. Kadmos, Europas Bruder, war auf der Suche nach seiner Schwester in Griechenland unterwegs und gründete auf Weisung des Orakels von Delphi die Stadt Theben. Dort ließ er sich mit seinem Gefolge zeitweilig nieder und brachte den Griechen das Wissen der Phönizier; dazu gehörte auch das Schreiben der Buchstaben. Diese Sage hat ihren historischen Kern, denn Herodot[1] berichtet im V. Buch der 'Historien' ebenfalls, daß die mit Kadmos eingewanderten Phönizier in Griechenland die bis dahin noch unbekannten Buchstaben eingeführt hatten.
Der Buchstabenvorrat des phönizischen Alphabets umfaßte 22 Konsonanten, jedoch keine Vokale. Diese konnten nur aufgrund besonderer Hinweiszeichen gelesen werden, wie das heute in den arabischen Schriften noch üblich ist. Für die griechischen Mundartsprachen war hingegen kennzeichnend, daß die Vokale besonders betont wurden. Die Griechen entwickelten daher für sie eigene Buchstaben, für die Vokale e und o sogar jeweils zwei Buchstaben – Omikron und Omega für o, Epsilon und Eta für e –, je nachdem, ob der Vokal kurz oder lang gesprochen werden sollte. Das Alphabet wuchs daher auf 27 Buchstaben an[2]. Damit schufen die Griechen eine Lautschrift aus dem phönizischen Alphabet, das eigentlich noch eine Silbenschrift gewesen war. So entstand „ohne grundlegende Änderung der äußeren Form“[3] die Urform des heute gebräuchlichen Alphabets.
Schrift entstand durch Aufzeichnen von Bildern, die abstrahierend dargestellt wurden. Mit diesen Bildzeichen oder Hieroglyphen konnten allerdings keine abstrakten Begriffe oder Eigennamen wiedergegeben werden. Reste solcher Bildschrift haben sich bei uns in Symbolen wie '+', '–', '&' und dem englischen Pfundzeichen '£' erhalten.[4]
Die Weiterentwicklung der Wert- oder Bildschrift führte über die Silbenschrift zur Lautschrift. Die ägyptische Keilschrift, die hethitische Hieroglyphenschrift und die japanische Schrift sind Silbenschriften, erst den Griechen gelang es – etwa im neunten Jahrhundert vor Christi Geburt – die phönizische Schrift zur Lautschrift weiterzuentwickeln. Von Italien und dem römischen Reich verbreitete sich diese Schrift in ihrer lateinischen Abwandlung schließlich über ganz Europa, so daß letztlich alle modernen europäischen Schriften auf das griechische Mutteralphabet zurückgehen.

## Das Schreiben

Schreiben ist heute aus der Mode gekommen. Was man sich mitzuteilen hat, sagt man sich. Eher versucht man, den Gesprächspartner anzurufen, als daß man ihm schreibt. Am Telefon werden die Dinge besprochen, ein Brief hält bestenfalls das fest, was unbedingt bestätigt werden muß. Er wird mit der Maschine geschrieben, das heißt, Hände betätigen Tasten, diese bringen vorgeformte Buchstaben auf das Papier oder auf den Bildschirm, sie setzen sich zu Wörtern zusammen und werden ausgedruckt, endlich geht das Schriftdokument auf Reisen. Und wer liest heute noch? Mancher glaubt, es sich nicht leisten zu können, mehr als eine Seite zu lesen, das dauert etwa drei Minuten, also 180 Sekunden von den 86 400, die uns pro Tag zur Verfügung stehen. Man liest 'quer', 'überfliegt', gibt vor, ganz rasch verstanden zu haben, was geschrieben steht. Oft mag das sogar zutreffen, denn was wir geschrieben erhalten, ist meist in einer Einheitssprache formuliert, die dem verknappten Denken entstammt, mit dem wir unser hektisches Leben zu bewältigen versuchen. Gedanken sind zwar erwünscht, doch sie sollen kurz sein, auf Slogans reduziert, auf den 'Punkt' gebracht. Nur die philosophischen Wissenschaften bemühen sich mancherorts um Ausführlichkeit und werden wegen ihrer Weltabgewandtheit belächelt. Geschrieben werden Gedanken allemal kaum noch, schreiben gar mit der Hand – wer tut das noch?

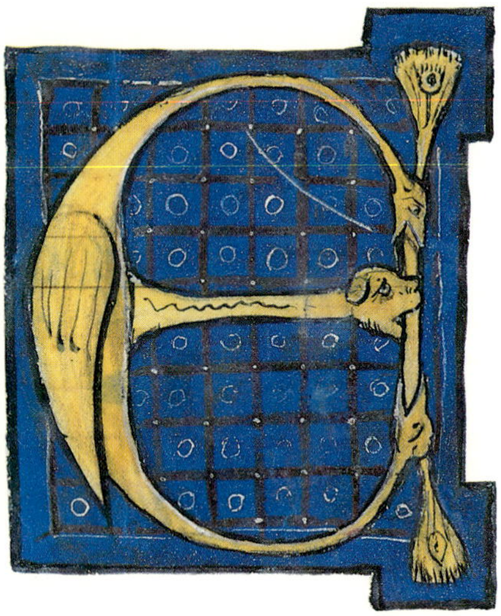

Initialen D und E aus Notenhandschriften des vierzehnten Jahrhunderts.
Germanisches Nationalmuseum, Nürnberg.

In der Schule wird Schönschrift nicht mehr gelehrt, und spätestens ab der zehnten Klasse werden Referate mit der Maschine getippt. Die Lehre von der Fähigkeit der Hand, Buchstaben geformt zu Papier zu bringen, Sprache in Hand-Schriftlichkeit umzusetzen, verkümmert mehr und mehr.

Lehrer unserer Vorgeneration würden wahrscheinlich angesichts unserer holprigen Handhabung der Schriftzeichen vor Scham erblassen. Was gar wäre der Kommentar der Schreibmeister des Mittelalters? Hat nicht der Verlust der Schreibkunst auch zu einer Verarmung des gesprochenen Wortes geführt? Die Tatsache, daß wir von einem neuen Analphabetismus – in den modernen Industriegesellschaften – sprechen und die Beobachtung, daß Hochschulabsolventen die Grammatik ihrer Muttersprache nicht mehr beherrschen, bestätigen diese Annahme.

Wer schreibt, will auch etwas mitteilen. Was geschrieben ist, muß gelesen werden können, über unleserliche Schriften klagt der Leser, zuweilen sogar der Schreiber selbst. Mit der Schrift verbunden war seit jeher – und zwar seit der Entwicklung der Alphabete – die Suche nach einem schönen Schriftbild. Daher entstand ein neuer Berufsstand: der Schreiber, später der Schreibmeister.

Erstaunlicherweise wurde Nürnberg im späten Mittelalter das Zentrum der deutschen Schriftbewegung. Das erste deutsche Schreibmeisterbuch wurde 1519 von Johann Neudörffer d. Ä. (1497–1563) – „Rechenmaister und Modist", wie er sich selbst nannte – herausgegeben. Es war von Hieronymus Andreae in Holz geschnitten und von Neudörffer mit handschriftlichen Initialen versehen worden[5]. Dieses erste Schreibunterrichtsbuch in der neuen Gebrauchsschrift 'Fraktur' trug den Titel: „Als Man zalt nach Christi Jesu unseres lieben Herrn und Seligmachers Geburt Tausendt funffhundert und Im neunzehenden Jare Ist dis Fundament Durch Johann Newdorffer Rechenmaister und Modist zu Nurmberg seinen schülern zu einer Unterweysung gemacht."[6] Dieses „Fundament", wie es heute kurz genannt wird, ist nur in wenigen Exemplaren erhalten geblieben. Das im Germanischen Nationalmuseum in Nürnberg aufgewahrte Werk besteht aus vier hochformatigen Folioblättern, die einseitig mit insgesamt vierzehn Holzschnitten bedruckt sind. Zunächst erfolgt ein kurzer Schriftunterricht in einer Kurrent – dem Vorläufer der Fraktur –, deren Großbuchstaben aber bereits Frakturcharakter tragen. Danach gliedert Neudörffer das

Titelseite des ersten deutschen Schreibmeisterbuches von Johann Neudörffer dem Älteren, 1519, bekannt als das „Fundament".
Handschriftenabteilung der Stadtbibliothek Nürnberg.

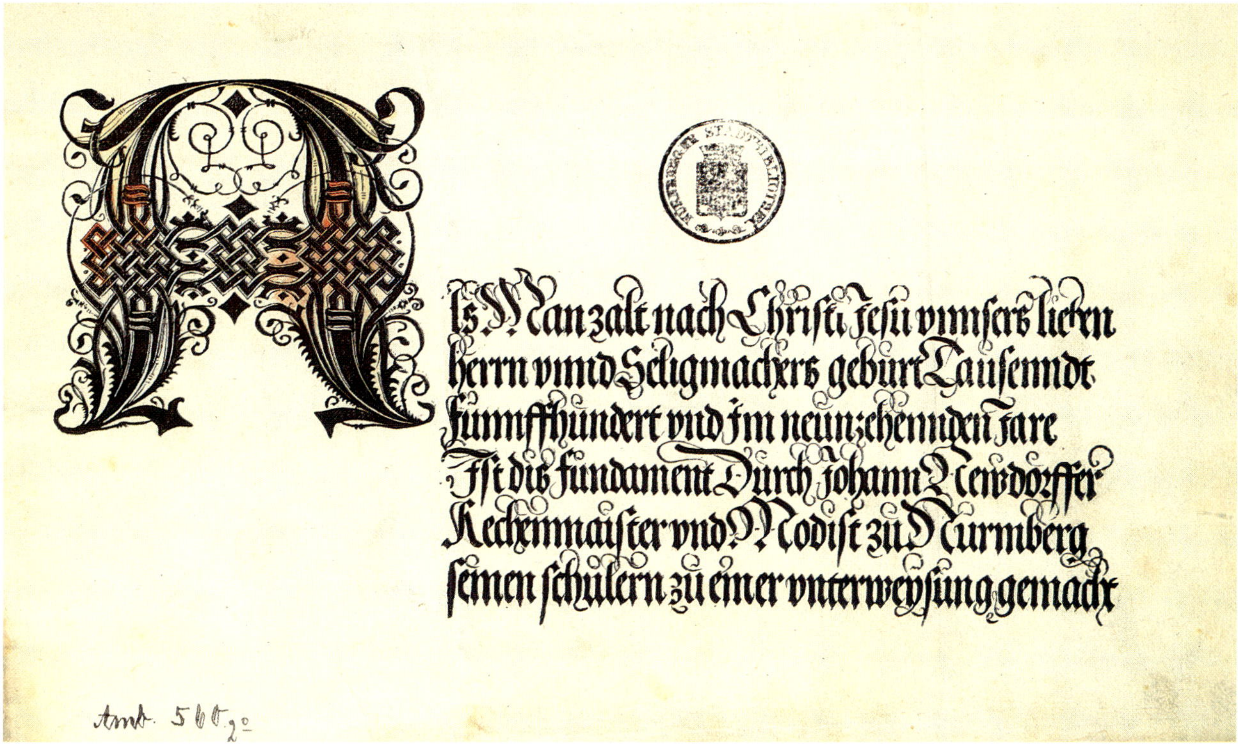
Als Man zalt nach Christi Jesu vnnsers lieben
herrn vnnd Seligmachers geburt Tausenndt
Funnffhundert vnd im neunzehenndten Jare
Ist dis fundament Durch Johann Neudorffer
Rechenmaister vnd Modist zu Nurmberg
seinen schulern zu einer vnterweysung gemacht

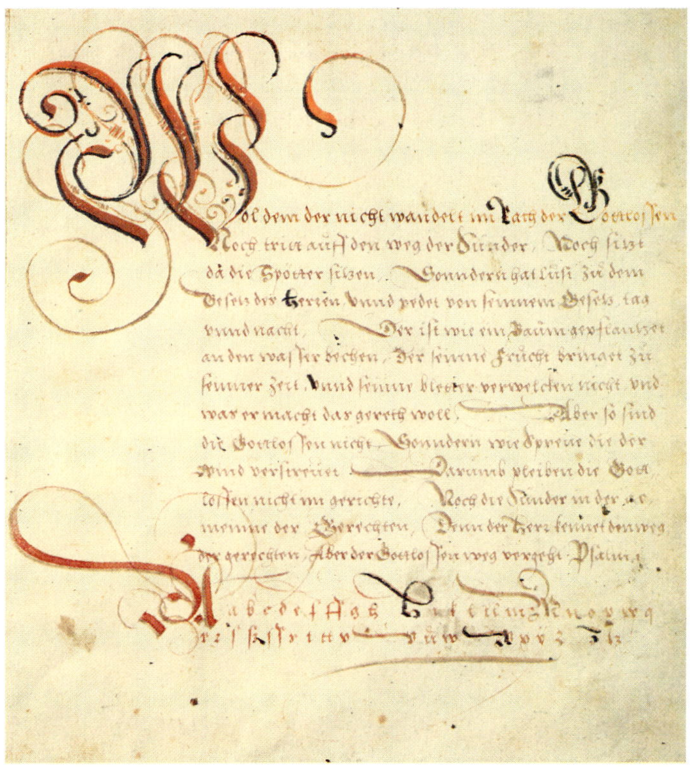
Wol dem der nicht wandelt im Rath der Gottlosen
Noch tritt auff den weg der Sünder, Noch sitzt
da die Spotter sitzen. Sonndern hat lust zu dem
Gesetz des Herren, vnnd redet von seinem Gesetz tag
vnnd nacht. Der ist wie ein Baum gepflantzet
an den wasserbechen, Der seine Frucht bringet zu
seiner zeit, vnnd seine bletter verwelcken nicht, vnd
was er macht das geratt woll. Aber so sind
die Gottlosen nicht, Sonndern wie spreu die der
Wind verstrewet. Darumb pleiben die Gott
losen nicht im gerichte, Noch die Sünder in der ge
meine der Gerechten, Denn der Herr kennet den weg
der gerechten, Aber der Gottlosen weg vergeht. Psalm 1.

Seite aus dem „Fundament": Psalm 1.
Handschriftenabteilung der Stadtbibliothek Nürnberg.

Perspektivische Darstellung von Lettern, Kupferstich, aus: Hans Lencker: Perspectiva literaia, Nürnberg 1596. Deutsches Museum, München.

Alphabet in sechs Gruppen. Der Sinn dieser „Zerstörung" ist es, Buchstaben mit verwandten Formen und vergleichbarer Linienführung zusammenzulegen. Es folgen deutsche Kurrent- und Frakturschriften mit Texten in deutscher und lateinischer Sprache, letztere der Bibel entnommen. Die deutschsprachigen Texte sind Briefentwürfe: Anschreiben an Behörden, hochgestellte und bürgerliche Personen, ein Empfehlungsbrief für einen Schulmeister und weiteres.

1538 erschien Neudörffers Hauptwerk unter dem Titel: „Ein gute Ordnung und kurze unterricht der fürnemsten grunde aus denen die Jungen Zierlichs schreybens begirlich mit besonderer Kunst und behendigkeyt unterricht und geübt möge werden . . .". Dieses Buch, das nicht mehr mit Holzschnitten sondern mit radierten Kupfertafeln gedruckt wurde, enthält einen umfassenden Formenschatz des Alphabetes. Die Technik der Radierung ermöglichte es, die Arbeit des Holzschneiders überflüssig zu machen. Neudörffer konnte eigenhändig mit einer ungespaltenen Feder oder einer Ahle auf die dünne Wachsschicht schreiben, die auf die Kupferplatte aufgetragen war. Durch anschließende Ätzung der Kupferplatte im Säurebad wurde die Handschrift im Metall fixiert, nach Entfernung der Wachsschicht war die Kupferplatte für den Druck fertig bereitet. Unter der Druckpresse erhielt man nun auf dem Papierbogen einen spiegelverkehrten Abdruck der ursprünglichen Handschrift. Neudörffer druckte dann den noch feuchten Bogen auf einem zweiten Bogen Papier ab, so daß er eine seitenrichtige Ansicht erhielt[7]. Auf diese Weise konnte Neudörffer als Schriftlehrmeister eine weite Verbreitung seiner Handschrift erreichen.

Nicht nur die vollendete Formung der Buchstaben, auch die richtige Handhabung der Schreibfeder und ihre Herstellung waren Inhalt der Schreibmeister-Lehre. Daher finden wir im Büchlein der „Guten Ordnung . . ." von 1538 zwei Tafeln, auf denen das „recht fassen und füren" der Feder gezeigt sowie die Herstellung der Feder aus dem Federkiel dargestellt wird. Dies waren notwendige Richtlinien, denn jeder Schreibschüler mußte sein Schreibinstrument aus dem Gänsekiel selbst herstellen.

Neudörffer hatte entscheidenden Anteil bei der Entstehung der Fraktur aus der Kurrentschrift. Schon in seinem ersten Schreibmeisterbuch, dem „Fundament" aus dem Jahr 1519, das vor allem eine Kurrentschriftlehre enthielt, trugen die Großbuchstaben bereits Frakturcharakter.[8] Sein Hauptwerk, die „Gute Ordnung . . .", enthält einen gewaltigen Formenreichtum der Buchstaben des Alphabetes. So gibt es zum Beispiel eine Tafel mit 48 Variationen der Initiale „K". Neudörffer entwickelte die Majuskeln aus geometrischen Grundformen, aus Quadraten, Rechtecken, Kreisen und Kreissegmenten. Gezeichnet wurde dabei zunächst ein Quadrat, dessen Seitenlänge aus neun oder zehn Teilen einer Federbreite bestand. Nun wurde mit geometrischen Hilfslinien und Kreiselementen die Versalie durchkonstruiert. Diese Konstruktionen waren in erster Linie als Hilfsmittel für die Herstellung von Inschriften an Gebäuden gedacht. Es ist von Neudörffer und anderen Schriftmeistern überliefert, daß sie etwa Inschriften an den Triumphbögen anfertigten, wenn die Stadt kaiserlichen Besuch

Rechte Seite: „Wie man ein jede federn recht fassen und füren sol", aus: Johann Neudörffer der Ältere, Ein gute Ordnung und kurze Unterricht . . ., Nürnberg, 1538. Handschriftenabteilung der Stadtbibliothek Nürnberg.

# Wie man ein yede federn recht fassen und füren sol.

Ein gutte fassung und fürung der federn

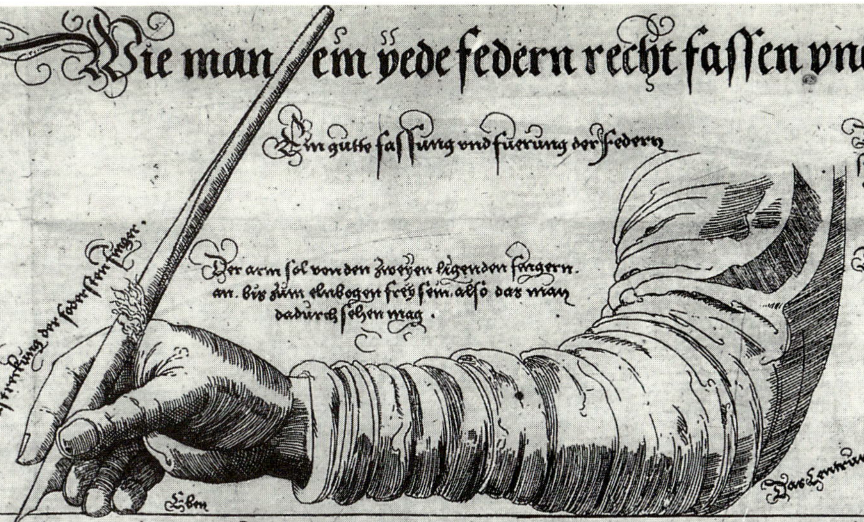


Rechte zusammen haltung und ordnung der finger. Durch dise linien sol man die fleck der taffeln oder des tisch verstehen.

## Ein nutzlicher bericht von rechter fassung und fürung der Federn.

Wie nun ein yeder thail an einer schreibfedern genant, und gegen einander proportioniert sollen werden, ist vorhin genugsam angezaigt. Darumb so du ein federn recht angreiffen oder fassen wilt So setz den daumen auf die linck seitten hinz und den zayger zwischen die Ruck und recht seitten hinz. und halt also die federn mit disen zwayen fingern darnach leg den mittel finger fein seuberlich darunter. Also das die federn auf dem Nagel und flaisch ruhe. und mit disen dreyen fingern, gleich als mit einem triangel beschlossen werd. Doch das die vodersten allein zum halten verordnet sein und der mitler allein. das suden andern. so offt sie im schreiben zu sich selbst gezogen werden mit empfal. Ferner wirt sich auch gezimen das man die fodersten finger oben ausstreck damit sie souil dester grosserer zusamen ziehung. Wie einer weitleufftigen zirckels. Dieweil man der selbigen in mancherley weys bedorffen wirdt. vorsten mugen. Es sollen auch dem mittlern und dem zaiger die andern finger in gleichem strich nachuolgen. Doch also das der mittelst auf dem goldtfinger. und der goltfinger auf dem kleinsten halber zu Ruck lig. also das die gantz handt auf dem golt. und kleinen finger. doch am maisten auf dem kleinsten ruhe. und dasselbig auf das aller leississt damit sie auf alle ort dester leichter mug bewegt werden. Desgleichen sol der arm auch gantz bis zum elbogen frey sein. umb welchen als umb ein Centrum. sich die gantz handt sol bewegen. Ja es wil sich auch nit leiden. das man sich zu hart auf den elbogen wolt sterern Sunder der gantz arm sol seiner schweren nach zum thail auf der taffeln ligen. und zum thail an der achsel hangen. Und gleich also schweben wie die hieoben aufgerissen handt anzaigt und unterricht gibt.

Ein ungeschickte fassung und fürung der federn

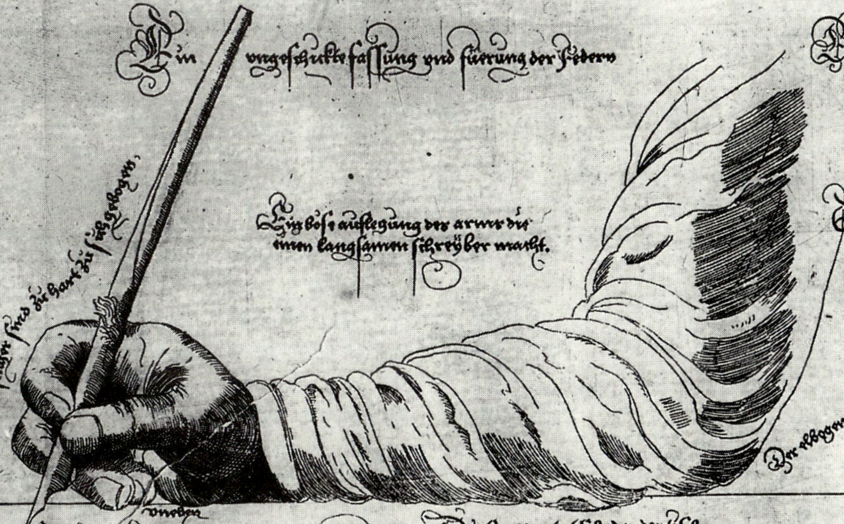


Ein böse ordnung der finger. Die fleck der taffel oder des tisch.

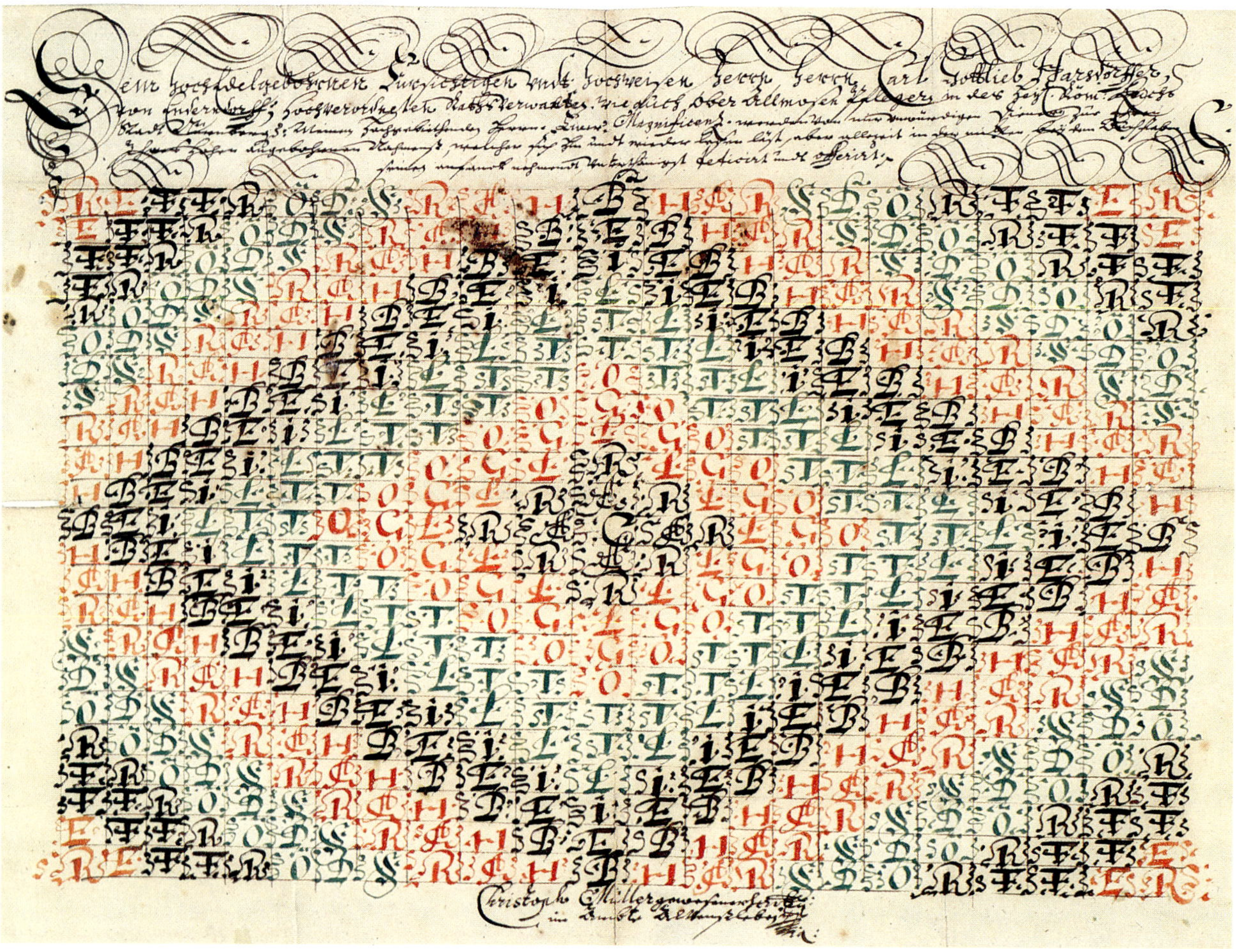

Kunstvolle Darstellung des Namens Carl Gottlieb Harsdörffer, Schreibkunststück von Christoph Müller, Anfang achtzehntes Jahrhundert.
Germanisches Nationalmuseum, Nürnberg.

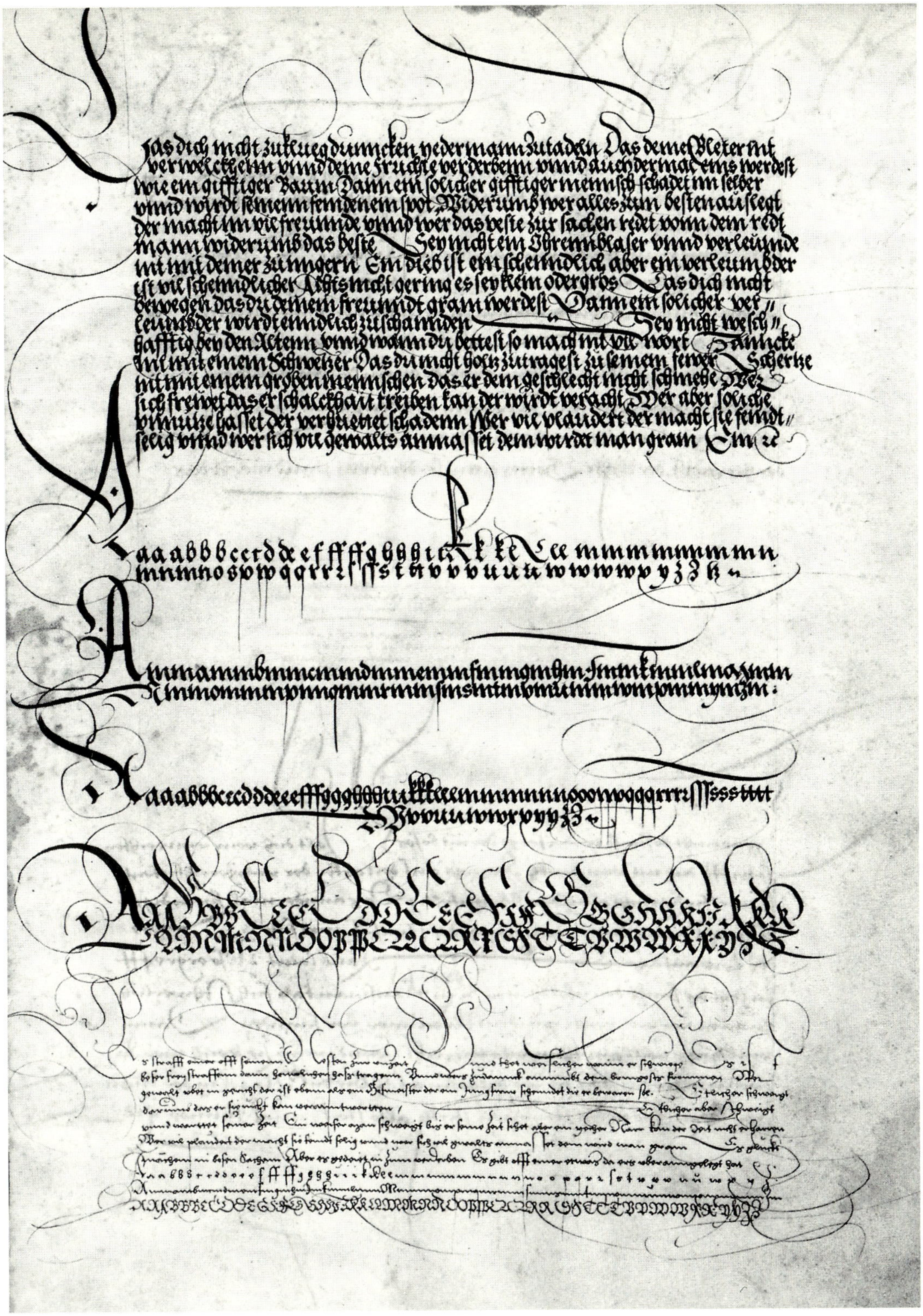

Schriftmuster von Johann Neudörffer dem Älteren, um 1530.
Germanisches Nationalmuseum, Nürnberg.

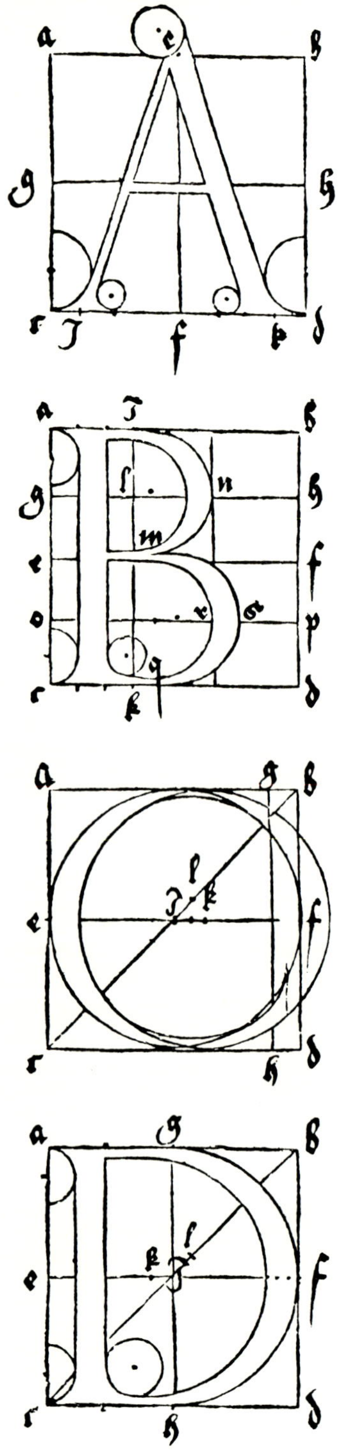

Die Buchstaben von A bis D, aus: Albrecht Dürer, Underweysung der messung . . ., Nürnberg 1525.
Deutsches Museum, München.

erwartete. Auch öffentliche Gebäude oder patrizische Häuser wurden mit solchen Inschriften versehen[9].
Die Schreibkunst wurde im sechzehnten Jahrhundert nicht nur für Neudörffer sondern auch für andere Zeitgenossen zu einem reizvollen und stark beachteten Thema. So brachte Albrecht Dürer 1525 erstmals ein Lehrbuch heraus, das den Titel trug: „Unterweisung der Messung mit dem Zirkel und Richtscheit in Linien, Ebenen und ganzen Körpern“[10]. Es war in erster Linie für die Verwendung durch Bauleute und Handwerker gedacht. Für die Konstruktion seiner Antiqua-Versalien verwendete Dürer ebenfalls das Quadrat als grundlegenden Rahmen. Seine Beschreibung des Buchstabens A lautet:

„Zu dem ersten lateinischen Buchstaben mach zu einem jeglichen eine rechte Vierung, darin er gefaßt wird, aber so du den Buchstaben darin zeigst, so mach seinen größeren Zug breit, ein Zehntel von der Vierung Seitenlänge und den dünneren Zug mach ein Drittel breit von dem Breiten. Das beachte bei allen Buchstaben durch das ganze ABC.
Erstlich mach das A also, bezeichne die Ecken seiner Vierung mit a, b, c, d. Dieses mach bei allen Buchstaben und zerteile diese Vierung mit zwei Kreuzlinien, die aufrechte e, f, die waagrechte g und h. Danach setz unten in der Vierung bei c und d zwei Punkte i und k ein zehntel Teil nach innen und zeichne den dünnen Strich des Buchstabens von dem i hinauf an die Vierung, von dort zeichne den breiten Strich wieder herab also, daß ihre beiden Breiten außen die zwei Punkte i und k berühren. So bleibt in der Mitte ein Dreieck, Punkt e kommt oben mitten in den Buchstaben. Danach zeichne das A unter dem waagrechten Strich g und i zusammen, den Strich mach ein Drittel breit von der größeren Breite. Danach laß an dem breiten Strich oben eine Kreisrundung nach hinten über die Vierung ausstreichen und schließ den Buchstaben oben mit einer Schlangenlinie ab, so daß die Höhlung gegen den dünnen Strich steht und schweife die Buchstabenstriche unten nach beiden Seiten aus, so daß sie die Ecken c und d nach der Vierung berühren, das tu mit einem Kreis dessen halber Durchmesser ein siebenter Teil von den Seiten der Vierung hat, aber nach innen laß den Austritt von der größeren Breite des Strichs zwei Drittel weit vortreten, das führ zu beiden Seiten mit einem Kreis aus, dessen Durchmesser so breit sei wie die Breite des breiten Strichs.
Item dieses A magst du oben mit der Vierung gerade machen und den Buchstaben auf beiden Seiten ausschweifen wie unten, doch daß der längere Teil vorn sei, aber oben müssen die Striche ein wenig näher zusammengerückt werden. Von diesen drei Meinungen mußt du gebrauchen, welche dir am besten gefällt. Und beachte in gleicher Weise wie dieser Buchstabe A oben und unten ausgeschweift wird, also sollst du auch ausschweifen die Buchstaben, deren Striche schräg gezogen werden, als da ist V, R, Y, aber doch ein wenig geändert, wie du hernach hören wirst. Item das A magst du noch anders machen, nämlich oben spitz, so lehnen sich die Striche oben näher zusammen. Danach rück den waagrechten Zug ein wenig mehr herab

Markgraf Ludwig Wilhelm von Baden, Kalligraphischer Kupferstich, um 1700.
Germanisches Nationalmuseum, Nürnberg.

Rechts oben: Silberne Bleistifthalter der Firma Faber-Castell, um 1880.
Firmenarchiv Faber-Castell.

Rechts unten: Feinminenstifte der Firma Faber-Castell von 1960–1990.
Firmenarchiv Faber-Castell.

und mach ihn noch so breit als vorn. Du magst auch den Strich oben stumpf abschneiden oder vorn ausschweifen. Und dieser Buchstabe ist damit aufgerissen."[11]

Dürer ließ, ebenso wie Neudörffer, bei dem Holzschneider Andreae arbeiten. Es gibt sogar die begründete Annahme, daß die „Dürer-Fraktur", wie sie später genannt wurde, von Neudörffer gezeichnet und von Andreae geschnitten worden war.[12] Eine solche „Arbeitsteilung" ist sehr wahrscheinlich, da Dürer vor allen Dingen bildliche Holzschnitte schuf.
Dürer und Johann Neudörffer d. Ä. stehen am Anfang einer Generationsfolge von Schreibmeistern, die im sechzehnten und siebzehnten Jahrhundert das Formgefühl der heranwachsenden Jugend prägten. Neudörffers Lehre blieb bis lange ins achtzehnte Jahrhundert hinein verbindlich. Viele später erscheinende Schreibmeisterbücher, die im Rheinland, dem Oberrhein und in der Schweiz erschienen, lassen deutlich den Einfluß des Nürnbergers erkennen, zahlreiche Beispiele sind buchstäblich übernommen.[13] Die Erstarrung und das Ende der deutschen Schreibmeisterkunst gingen einher mit dem Ende der barocken Kultur. Weder die Forderung nach geistiger Freiheit des Einzelnen noch die allmähliche wirtschaftliche Entwicklung vertrugen sich mit der starren Form der Fraktur. Sie war eine viel zu langsam und schwerfällig zu schreibende Schrift geworden. Daher wurde sie allmählich durch die „Antiqua", das heißt durch die lateinische Schrift ersetzt.

## Schreibgeräte

Klassisches Schreibinstrument seit Beginn der Schreibkunst war die Vogelfeder. Doch bereits 1514 erwähnt Neudörffer eine Metallfeder: „Die Ding aber, daraus man Federn macht, und damit schreibt, sind Genskil, Pfawenkil, Schwanenkil, welsche Calami oder Ror, auch Kupfern und Messinc blechlein."[14] Sehr verbreitet waren diese „Blechlein" aber wohl nicht, es sollte noch einige Jahrhunderte dauern, ehe die Metallfeder üblich wurde. Über tausend Jahre galt die Vogelfeder als das vornehme Schreibinstrument. Napoleon, Beethoven und Goethe verwendeten sie fleißig, ja selbst die Bilanzen der ersten großen Industriebetriebe wurden mit ihr geschrieben. Sie war aber sehr empfindlich, und ihre Schwäche wurde bei häufiger Benutzung deutlich, zu oft brach sie entzwei, zu häufig mußte der Schreiber zum Federmesser greifen, um sie nachzuschneiden, sofern er dies selber konnte. Meist besorgten das Spezialisten, doch das war teuer. Um 1750 kostete das Zuschneiden genauso viel wie die eigentliche Feder. 1833 wurden 24 Millionen Gänsefedern von Deutschland nach England exportiert, die doppelte Menge wurde in Deutschland selbst verbraucht[15]. Um 1820 benötigte allein die Bank von England jährlich etwa anderthalb Millionen Kiele, jeder Schreiber verschliß etwa fünf pro Tag. Um die Mitte des neunzehnten Jahrhunderts begannen daher auch in England Maschinen zu laufen, die Federn aus Metall produzierten. Die Stahlfeder eroberte den Markt.[16]
Bereits seit dem sechzehnten Jahrhundert diente ein anderes Werkzeug zum Schreiben, das der eleganten Form der Feder nichts entge-

Stahlschreibfedern des neunzehnten Jahrhunderts.
Deutsches Museum, München.

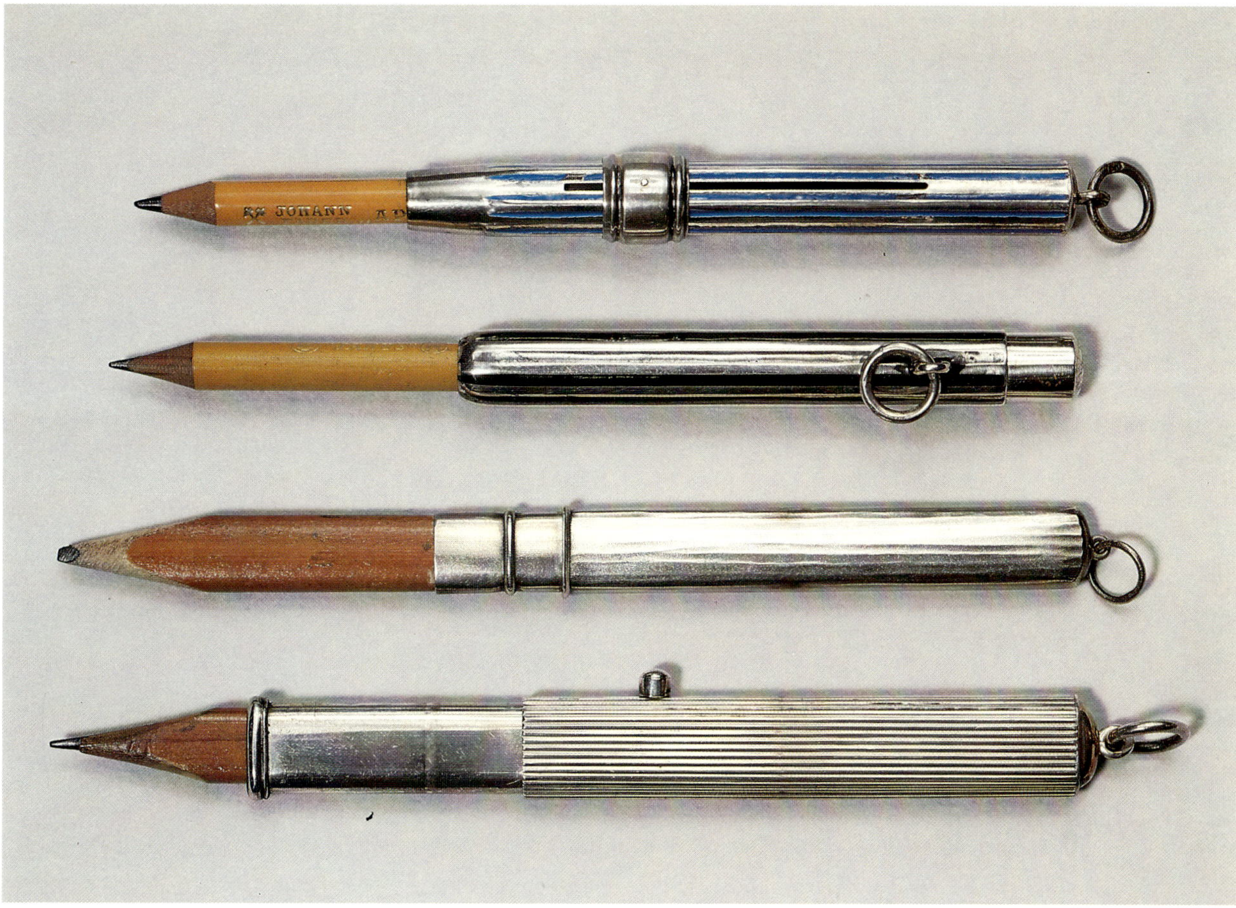
JOHANN

A.W. FABER CASTELL · TK
9400 GERMANY
A.W. FABER-CASTELL
HB
0.5 FABER-CASTELL TK-fine
Castell XFL — TKfine

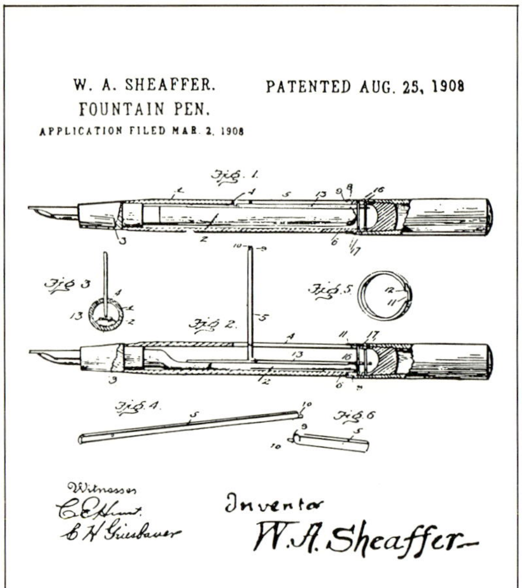


*Das Sheaffer-Patent aus dem Jahre 1908.*

Walter A. Sheaffers Patent für einen „Fountain Pen" vom 25. 8. 1908.
Sheaffer-Pen, Würzburg.

Michael Philipp Helmreichs Patent für eine Tintenregulierung mit Knopfdruck, aus: Dietmar Geyer, Schreibgeräte sammeln, München 1989.

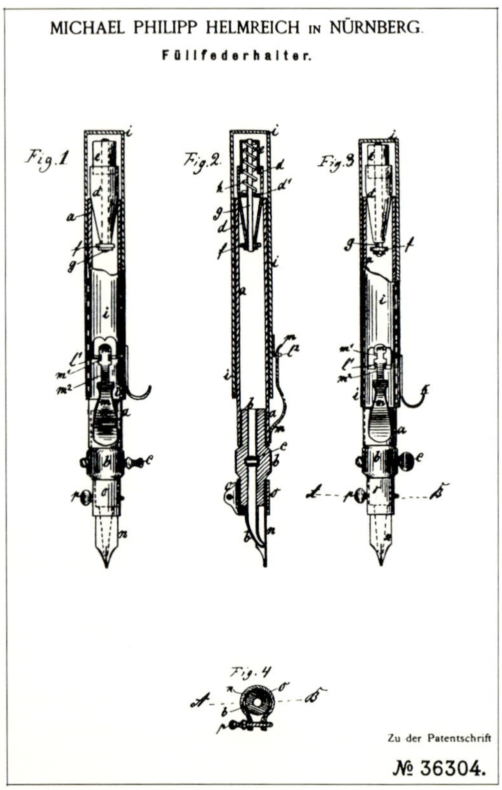


genzusetzen hatte als einen groben Holzstab, in dessen Mitte eine Graphitmine eingelegt war: der Bleistift. Obgleich nun dieses Schreibinstrument seit jeher als unfein galt, bestenfalls geeignet, um eine rasche Notiz oder eine nicht offizielle Mitteilung aufzuzeichnen, überlebte es die Jahrhunderte. Wahrscheinlich ist noch heute der Bleistift das am meisten verwendete Schreibgerät. Neben der Tatsache, daß er billig ist, muß er aber noch andere Eigenschaften besitzen, die dazu verführen, ihn immer wieder zur Hand zu nehmen. Goethe erklärte in „Dichtung und Wahrheit": „In eben diesem Sinne griff ich weit lieber zu dem Bleistift, welcher williger die Züge hergab: denn es war mir einigemal begegnet, daß das Schnarren und Spritzen der Feder mich aus meinem nachtwandlerischen Dichten aufweckte, mich zerstreute und ein kleines Produkt in der Geburt erstickte."[17]

Mit dem leichten Schwung des Bleistiftes ließen sich Gedanken, Formen und Linien auf das Papier übertragen. Er war nicht sperrig wie die Feder und erforderte nicht unbedingt eine disziplinierte Hand und damit soviel Aufmerksamkeit, daß das eigentlich zu Schreibende sich im Kopf wieder verflüchtigte noch ehe man es hingeschrieben hatte. Robert Walser gestand 1927 in einem Brief, daß der Bleistift ihm half, seine Schreibhemmungen zu überwinden: „Für den Schreiber dieser Zeilen gab es nämlich einen Zeitpunkt, wo er die Feder schrecklich, fürchterlich hasste, wo er ihrer müde war, . . .und um sich von diesem Schreibfederüberdruss zu befreien, fing er an, zu bleistifteln, zu zeichneln, zu gfätterlen. Für mich liess es sich mit Hülfe des Bleistiftes wieder besser spielen, dichten: es schien mir, die Schriftstellerlust lebe dadurch von neuem auf."[18]

Einer der Begründer der modernen Bleistiftindustrie in Deutschland war Lothar von Faber. Nach Lehrjahren in Paris und London kam er mit innovativen Ideen im kaufmännischen und technischen Bereich 1839 nach Stein zurück und vermochte es, innerhalb einiger Jahrzehnte aus dem kleinen Handwerksbetrieb zunächst eine Fabrik, schließlich sogar ein internationales Unternehmen zu machen.[19] Andere Nürnberger Unternehmer wie Staedtler, Schwanhäusser und Lyra folgten ihm, so daß Nürnberg zum Zentrum der internationalen Bleistiftherstellung wurde. Von hier aus gingen und gehen die Stifte in alle Welt, auch wenn die Nürnberger Firmen längst Produktionsstätten in Übersee und Asien gegründet haben. Neben den Bleistift traten zahlreiche andere Produkte wie Filzstifte, Roller-Pens, Farb- und Kosmetikstifte, Tuschefüller und Lineale. Allein bei Faber-Castell umfaßt die Produktpalette heute über 2000 Artikel.

Wenngleich dem Bleistift schon mehrfach sein Ende vorausgesagt wurde, ausgedient hat er noch lange nicht. In Partnerschaft mit dem Radiergummi bleibt er das ideale Entwurfsmittel für Architekten und Künstler, an Zuverlässigkeit ist er selbst dem Kugelschreiber überlegen. Das „US-Army Survival Handbook" empfiehlt ihn fürs Notgepäck: Er ist wasserfest, kälteresistent, tropentauglich, immer bereit und schreibt kilometerlang.[20]

Der gelernte Böttcher Alonzo T. Cross produzierte 1864 seinen ersten Drehbleistift. Dieser „Metall-Bleistift" wurde zum Hauptprodukt

Seite 166 oben: Füllfederhalter, von oben nach unten: Waterman 452, 1920; Blue Ribbon, 1920; Parker Duofold, 1921; Sheaffer T8C, 1921; Conklin Endura, 1922; Swan, 1922.

Seite 166 unten: Historische Füller und Druckbleistifte der Firma Pelikan.

der 1846 gegründeten Firma A. T. Cross, auffallend war seine elegante, schmale Form mit Längsgravuren.
In seiner modernen Ausführung als Druck- oder Drehbleistift mit nachfüllbaren feinen und feinsten Minen erscheint er auch in eleganter und vor allem bleibender Form: Mit der Idee der nachgeführten Graphitmine verschwanden die belächelten Bleistiftstummel von den Arbeitstischen.

## Der Füllfederhalter

Die eleganteste Art des Schreibens ermöglicht zweifellos der Füllfederhalter. Eines der ersten Schreibinstrumente dieser Art wurde dem Schwedenkönig Gustav Adolf II. im Jahr 1632 in Augsburg überreicht. Es war ein verschraubtes, silbernes Rohr, in das vorne eine Silberfeder oder ein Federkiel gesteckt wurde, das Rohr selbst wurde mit Tinte gefüllt: „. . . so läuft die Dintge durch das silberne Rohr darin herab und kann einer eine Stunde oder zwei schreiben . . .“.[21] Bis diesem Einzelstück eine marktfähige Version folgte, vergingen aber noch zweieinhalb Jahrhunderte.
Der Pionier des industriell hergestellten Füllfederhalters war Lewis Edson Waterman. Waterman war eigentlich Versicherungskaufmann; eines Tages patzte der mit Tinte gefüllte herkömmliche Federhalter beim Unterschreiben einer Urkunde, und der Kunde war verloren. Dieses Mißgeschick veranlaßte ihn, den „verdammt unzuverlässigen“ Federhalter technisch zu verbessern. 1884 wurde von ihm der erste brauchbare und zuverlässige Füllfederhalter in New York zum Patent angemeldet. Waterman war technisch nicht unbegabt, aber vor allen Dingen Geschäftsmann. Daher wuchs aus der kleinen Erfindung rasch eine Fabrik, und Waterman-Füller wurden zu erstrangigen Schreibgeräten.[22] Lloyd George, der britische Premierminister, unterzeichnete den Versailler Vertrag am 28. Juni 1919 mit einem massivgoldenen Waterman. Europäische Könige und selbst der Kaiser von China schrieben mit Waterman, und Charles Lindbergh hatte während seines berühmten Atlantikfluges einen Waterman zumindest im Gepäck.[23]
Der Erfolg des Füllfederhalters beruhte darauf, daß das Problem des Tintenflusses mit einer ausgetüftelten Anzahl von Kapillarkanälen gelöst wurde. Dadurch floß die Tinte immer gleichmäßig aufs Papier, unabhängig von Temperatur, Luftdruck oder der Kraftanstrengung der schreibenden Hand. Ein gutgemachter Füller hielt diese Kräfte im Gleichgewicht, egal nun, ob man vom Montblanc einen Kartengruß, in einem überhitzten Zimmer einen Aufsatz oder in der Sahara ein Gedicht schreiben wollte: Das lästige Klecksen und Spritzen der Feder gab es nun (kaum) mehr.
Watermans „Ideal Regular Fountain Pen“ wurde der meistgefragte Füllfederhalter am Beginn des zwanzigsten Jahrhunderts. Freilich fehlte es nicht an zahlreichen Nachahmern dieses neuartigen Schreibgerätes. Doch nur wenigen gelang es, dauerhaft erfolgreich zu sein. So machte der junge Lehrer Georg S. Parker mit einer Idee Unternehmerkarriere: Er legte die Tintenleiterkonstruktion kurzerhand unter die Feder, wodurch diese optisch besser zur Geltung kam. Die Marke Parker wurde in Amerika bald ein Verkaufserfolg. 1928 kam dieser

Georg S. Parkers Patent für einen „Fountain Pen“ vom 10. 12. 1889, aus: Dietmar Geyer, Schreibgeräte sammeln, München 1989.

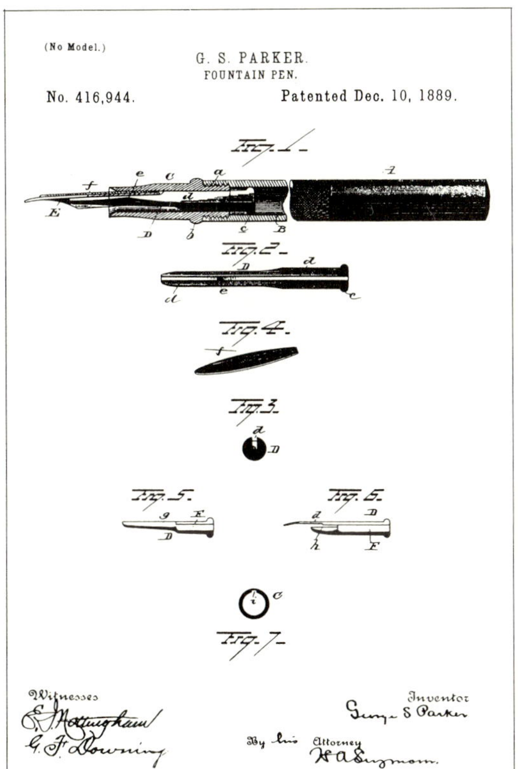

GUSTAV SALOMON
CLIP-CAP
DUOFOLD
SHEAFFER'S

Seite 167 oben: Füllfederhalter aus heutiger Produktion. Von oben nach unten: Cross „Classic Black", Faber-Castell im Porsche-Design, Sheaffer FH 1004, Waterman „Ideal", Parker „Duofold Rubin M", Montblanc Meisterstück Nr. 149.

Seite 167 unten: Druck- und Drehbleistifte, von oben nach unten: Zwei unbekannte Marken, ein Parker Vacumatic von 1933, ein Montblanc und ein Faber-Castell Automatic-Druckstift von 1950.

Markenfüller auch nach Deutschland, wo man ihn zu Preisen zwischen 20 und 35 Mark kaufen konnte. Bereits 1925 war mit der Füllerfabrik Osmia in Dossenheim bei Heidelberg – sie gehörte ab 1935 zu Faber-Castell – eine Verkaufsniederlassung gegründet worden.[24]
1908 erhielt der Juweliersohn Walter A. Sheaffer das Patent für eine neue Hebelmechanik, die das Nachfüllen des Füllfederhalters technisch deutlich verbesserte. 1912 eröffnete er mit Geschäftsfreunden in einem kleinen Nebenraum seines Juweliergeschäftes eine Werkstatt. Fünf Jahre später produzierte die Firma schon über 100 000 Füller im Jahr: „Sheaffer's Self-Filling-Pen" wurde ein großer Erfolg. Die Gestaltung mit Zelluloidmaterial – Pyroxylin – und dem weißen Punkt auf der Kappe machten Sheaffer schließlich zum Marktführer in den zwanziger Jahren.[25]
Ebenfalls 1908 wagten in Hamburg einige Kaufleute und Techniker die Gründung einer eigenen Füllhalterfabrik: Es entstand die „Simplo Filler Pen Company". Nach einigen Turbulenzen in den Anfangsjahren konnte die junge Firma mit ihrer neuen Marke „Montblanc" Furore machen, Markenzeichen war der weiße Stern auf der Füllerkappe.[26] Damit rückte ein in Deutschland hergestellter Füller zu den internationalen Marktführern auf. Die Meisterstück-Serie mit der Goldfeder gehört heute zu den Klassikern der Schreibgeräte.
„Pelikan" war bereits 1878 von dem Chemiker Günther Wagner als eines der ersten deutschen Markenzeichen eingetragen worden. Zunächst mit einem Produktsortiment von Zeichenfarben, Tinten, Tuschen und Leimen bis zu Schreibbändern für Schreibmaschinen ausgestattet, begann das Unternehmen ab 1925 Füllhalter zu produzieren. Das 1929 entwickelte Modell „100" mit der Pelikan-typischen grün-schwarzen Manschette ist bis heute einer der bekanntesten und meistverkauften Füller in Europa, Südamerika und Japan.[27]
Nicht lange nach der breiten Einführung des Füllfederhalters wurde diese Schreibkultur wieder gefährdet. Mit Beendigung des Zweiten Weltkrieges kam ein Schreibinstrument aus den Maschinen, das schlagartig die schreibenden Hände, insbesondere der Jugend, eroberte: der Kugelschreiber. Jeder wollte dieses schnellschreibende, unkomplizierte, nicht klecksende, billige Ding haben. Bei Schülern war er schick und begehrt, so wie es heute Filzstifte und Faserschreiber sind. Dem Schreiben freilich kamen die neuen Schreibmittel nicht mehr entgegen: Erforderte die Stahlfeder, in gewissem Grade selbst der Füller, noch eine geübte Hand, um eine lesbare oder gar feine Schrift auf das Papier zu bringen, so ging dies mit „Kuli" oder Filzstift verloren. Sie schreiben in allen Richtungen und vollführen jeden gewünschten oder ungewollten Zacken – selbst unter Wasser. Die „Immerschreiber" dienen damit nicht der Schreibkultur, im Gegenteil – mit ihnen verfällt sie. Kinder wissen nicht mehr, wie Buchstaben schön geformt werden. Erwachsene sind darin kaum vorbildhaft, denn wer schreibt heute noch mit der Hand. Ich kann zumindest von mir selbst sagen, daß dieser Text, den der Leser nun gedruckt vor sich sieht, Zeile für Zeile mit der Hand geschrieben wurde, in ziemlich unleserlicher Schrift.

1 Herodot, Historien, Bd. I bis V, München 1963.
2 Volker Aschoff, Vom Buchstaben-Alphabeth, in: Kultur & Technik, Zeitschrift des Deutschen Museums München 3/1989, S. 161.
3 Meyers Enzyklopädisches Lexikon, Bd. 21, Mannheim 1977, S. 266.
4 Meyers Bd. 21, 1977, S. 265.
5 Werner Doede, Schönschreiben, eine Kunst. Johann Neudörffer und seine Schule im 16. und 17. Jahrhundert, München 1966, S. 12 ff.
6 Doede 1966, S. 13.
7 Doede 1966, S. 18–20.
8 Doede 1966, S. 17.
9 Doede 1966, S. 56/57.
10 Albrecht Dürer, Konstruktion der Antiqua-Majuskeln Faksimilewiedergabe aus der „Unterweisung der Messung mit dem Zirkel und Richtscheit". Mit einer Betrachtung von Elisabeth Geck, Frankfurt/Main 1971.
11 Geck, in: Dürer 1971, o. S.
12 Geck, in: Dürer 1971, o. S.
13 Doede 1966, S. 37.
14 Johann Neudörffer d. Ä., Unterweisung . . ., Nürnberg 1514, S. 16.
15 Jörg-Peter Huber, Griffel, Feder, Bildschirmstift. Eine Kulturgeschichte der Schreibgeräte, Stuttgart 1985, S. 34
16 Huber 1985, S. 34.
17 Zitiert nach Huber 1985, S. 39.
18 Huber 1985, S. 39.
19 Hans-Christian Täubrich, Bis in die fernsten Zeiten. Zur Geschichte des Unternehmens Faber-Castell, in: Jürgen Franzke (Hrsg.), Das Bleistiftschloß. Familie und Unternehmen Faber-Castell in Stein, München 1986, S. 76 ff.
20 Huber 1985, S. 46.
21 Zitiert nach: Dietmar Geyer, Schreibgeräte sammeln. Vom Faustkeil zum Griffel vom Federhalter zum Füllfederhalter und Faserschreiber, München 1989, S. 67.
22 Huber 1985, S. 52.
23 Geyer 1989, S. 72.
24 Geyer 1989, S. 78.
25 Geyer 1989, S. 84 ff.
26 Grobecker, Kurt, Meisterstücke für die Kunst des Schreibens. Kleine Chronik des Hauses Montblanc, Hamburg 1989.
27 Geyer 1989, S. 22 ff.

**Alan Shields**

Sun Moon Title Page, 1971

ca. 66 X 66 cm

Farbsiebdruck, Stempeldruck, genäht, farbige und gepreßte Papiermasse, Collage (Vorder- und Rückseite)

Staatliche Museen Preußischer Kulturbesitz, Kupferstichkabinett, Berlin.

Alan Shields
1944 geboren in Harrington, Kansas, USA
Studium an der Kansas State University
Ausstellungen in New York, Paris, Zürich, Tokio
lebt in Shelter Island, New York

**Marnie Burns**
Serie: Socken, o. J.
ca. 30 x 40 cm
Geschöpfte und gepreßte Papiermasse, Pastellfarbe

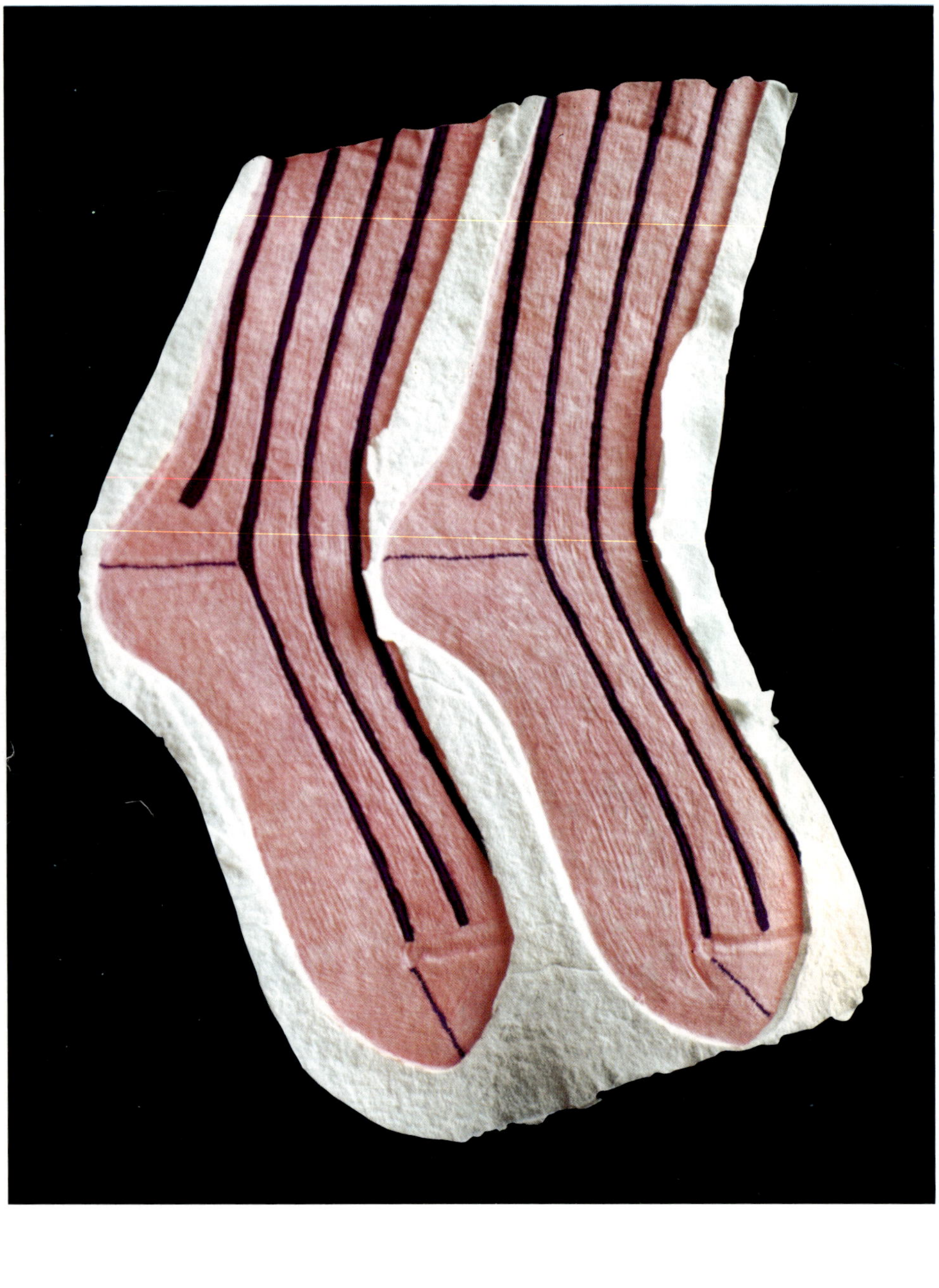

Marnie Burns
1946 geboren in Toronto/Kanada
Studium in Toronto, New Jersey, Kyoto
Ausstellungen in Kanada und USA
lebt in Toronto

**Joseph Beuys**
Painting Version 19, 1976
ca. 76 x 56 cm
Ölfarbe und Fett auf Papier, gerissenes Loch
Staatliche Museen Preußischer Kulturbesitz, Kupferstichkabinett, Berlin.

Joseph Beuys
1921 geboren in Kleve
Studium Kunstakademie Düsseldorf
Ausstellungen in Hamburg, Nürnberg, London, New York
1986 gestorben

**Christo**
Wrapped Sylvette, 1973
ca. 65 x 50 cm
Lichtdruck, Siebdruck, Collage
Staatliche Museen Preußischer Kulturbesitz, Kupferstichkabinett, Berlin.

Christo (Christo Javacheff)
1935 geboren in Gabrovo/Bulgarien
Studium an der Akademie der Schönen Künste in Sofia
Projekte und Ausstellungen in Paris, Berlin, London,
New York, Kassel, Sydney, Miami
lebt in New York

**Dorothea Rockburne**
Locus, 1972–1975
ca. 101 x 76,2 cm
Blatt aus einer Folge von sechs Aquatinten, gefaltet
Staatliche Museen Preußischer Kulturbesitz, Kupferstichkabinett, Berlin.

Dorothea Rockburne
1934 geboren in Verdun, Quebec
Ausstellungen in New York, Den Haag, Houston, Washington, Chicago
lebt in New York

**Ellsworth Kelly**
Colored Paper Images, Blatt VI, 1976
ca. 81 x 78 cm
Papierbild, hergestellt aus gefärbter und gepreßter Papiermasse
Staatliche Museen Preußischer Kulturbesitz, Kupferstichkabinett, Berlin.

Ellsworth Kelly
1931 geboren in Newburgh, NY, USA
Kunststudium in Boston und Paris
Ausstellungen in New York, London, Paris, Tokio
lebt in New York

**Ellsworth Kelly**
Colored Paper Images, Blatt VII, 1976
ca. 80 x 79 cm
Papierbild, hergestellt aus gefärbter und gepreßter Papiermasse
Staatliche Museen Preußischer Kulturbesitz, Kupferstichkabinett, Berlin.

**Kenneth Noland**



Horizontal Stripe I–17, 1978
ca. 132 x 89 cm
Papierbild, hergestellt aus gefärbter und gepreßter Papiermasse
Staatliche Museen Preußischer Kulturbesitz, Kupferstichkabinett, Berlin.

Kenneth Noland
1924 geboren in Asheville, North Carolina, USA
Studium am Black Mountain College, N.C., und Paris
Ausstellungen in New York, Paris, Tokio, London, Düsseldorf
lebt in South Shaftesburg, Vermont

**Kenneth Noland**
Horizontal Stripe III–21, 1978
ca. 130 x 83 cm
Papierbild, hergestellt aus gefärbter und gepreßter Papiermasse.
Staatliche Museen Preußischer Kulturbesitz, Kupferstichkabinett, Berlin.

**Helmut Frerick**
Beschützte Wärme, 1988/89
95 x 70 x 32 cm
Pflanzenpapier, handgeschöpft, laminiert, Spuren von Sonnenblumenstämmen

Helmut Frerick
1952 geboren in Neustadt/Schwarzwald
Studium der Kunstgeschichte in Bonn
Ausstellungen in Bern, Nysted/Dänemark, Berlin, USA
lebt in Berg/Nideggen

**Norbert Pfeiffer**
Bootshügel, 1989/90
42 x 128 cm
handgeschöpftes Papier

**Norbert Pfeiffer**
Erde-Boot, 1989/90
32 x 125 cm
handgeschöpftes Papier, Ton, Graphit

Norbert Pfeiffer
1941 geboren in Ulm
Studium an der Akademie der bildenden Künste in Nürnberg
bei Professor Wendland
Seit 1965 Einzelausstellungen und Ausstellungsbeteiligungen
im In- und Ausland
lebt in Nürnberg

**Hermann Waibel**
Strukturstörung 74, 1974/75
135 x 82 cm
Pappe, weiße Farbe, Montage, Collage

Hermann Waibel
1925 geboren in Ravensburg
Studium an der Staatlichen Akademie Freiburg
Ausstellungen in Düsseldorf, Basel, München
lebt in Ravensburg

**Lore Bert**
Stille, 1989
160 x 162 cm
Japanpapier auf Holz

Lore Bert
1936 in Gießen geboren
Studium in Darmstadt und an der Hochschule für Bildende Künste in Berlin
Ausstellungen in Basel, Aachen, Wien, Mainz, Seoul
lebt in Osnabrück

**Gerd O. Stegner**
Üpsilon, 1988
ca. 240 x 170 cm
Holz, Packpapier, Kartonage, Schnur, PVC-Gaze, Pigment

Gerd O. Stegner
1951 geboren in Höhenöd/Pfalz
Studium der Kunsterziehung in Mainz
Ausstellungen in Salzburg, Mainz, Stuttgart, Saarbrücken, Düren
lebt in Mainz

**Andreas von Weizsäcker**
Großstadtmusikanten, 1984–1987
350 x 230 x 200 cm
Büttenpapier

Andreas von Weizsäcker
1956 geboren in Essen
Studium der Bildhauerei bei Eduardo Paolozzi/London
Ausstellungen in Sarajevo, München, Bonn, Wien, Kyoto
lebt in München

**Elisabeth Krampe**
Halskette, 1989
Papierschmuck, Durchmesser ca. 25 cm
gefaltetes Papier

Elisabeth Krampe
1953 geboren in Münster/Westf.
1976–1979 Goldschmiedelehre
1982–1988 Studium an der Akademie der Bildenden Künste
in Nürnberg bei Professor Hößle
1989 Lehrauftrag „Schmuckgestaltung"

**Isolde M. Th. Kohl**

## ES IST MEHR ALS „NUR" PAPIER

Der Knoten im Taschentuch ist noch immer die symbolträchtigste Lösung, sich Dinge zu merken, die man nicht vergessen sollte. Worum es sich eigentlich wirklich handelt, sagt der Knoten im Taschentuch nicht. Hier bedarf es einer geschriebenen Botschaft, die dann meist in der Form eines mehr oder minder verknüllten Zettels existiert, der neben andere Notizzettel sortiert wird und so manche Hosen-, Jackett- oder Handtasche zu einem „mobilen Büro" werden läßt. Dieser einfache Zettel, vielleicht die Rückseite einer alten Gaststättenquittung, einer fremden oder eigenen Visitenkarte, eines alten Straßenbahnfahrscheines oder auch nur ein schräg abgerissener Fetzen irgendeines größeren Stücks Papier, stützt das strapazierte Gedächtnis und beruhigt gleichzeitig die oftmals noch strapazierteren Nerven. Eine schlichtere und doch sichtbar bleibende Art der Mitteilung gibt es nach wie vor offensichtlich nicht. Der Telefonanruf kann erinnern, die Information selbst ist ohne die Fixierung auf einen bleibenden Träger wie dem Papier nicht beständig.

Dieses einfache Beispiel zeigt, welch zentrale Rolle Papier nach wie vor spielt und in welch unterschiedlichen Formen es uns erscheinen kann: Wir begegnen ihm beschrieben, bedruckt, gefaltet, gestanzt, beschnitten, zerknüllt, im DIN-Format, gerissen, geprägt, gerollt, gefalzt, gebunden, geklebt, gestapelt, hochglänzend, matt, weiß, farbig, durchsichtig, gebleicht, edel, alltäglich. Papier fühlt sich mal weich und samtig, mal hart und rauh an. Glattgestrichenes Papier blättert sich „edler" als rauhes Papier. Papier hat auch akustische Qualitäten: Es raschelt, es knistert, man vernimmt das Blättern, das Knüllen, das Reißen. Ein schweres Papier verursacht andere Geräusche als ein leichtes. Die Geräuschkulisse der Büros mit ihrem Schreibmaschinenklappern, dem Surren der Computerdrucker hat immer mit der Bearbeitung von Papier zu tun, ist ohne Papier nicht vorstellbar. Dolf Sternberger formulierte dazu: „. . . notiert man bisweilen beim Lesen, zumal beim Umblättern, die sinnlichen Eigenschaften des Papiers, man tut es beiläufig, und wenn sich solch ein Papiergefühl auch nicht notwendig in das literarische Urteil über den Romanautor oder in das wissenschaftliche Urteil über den Wert der gelehrten Abhandlung eindrängt, so mag es doch das Lese-Erlebnis immerhin einfärben, zum wenigsten die Neigung entweder fördern oder hemmen, den Band am nächstfolgenden Abend wieder in die Hand zu nehmen, um die Lektüre fortzusetzen, oder ihn nach geraumer Zeit überhaupt von neuem aus dem Regal zu holen."[1]

Aber die sinnliche Qualität des Papiers faßt noch nicht den gesamten Bedeutungsumfang, den es in seinen vielen Erscheinungsformen im alltäglichen Leben erlangt hat. Welches Ausmaß der Papierverbrauch erreicht hat, läßt sich an den Produktionszahlen ablesen: In der Bundesrepublik wurden 1988 mehr als 10 Millionen Tonnen Papier, Karton und Pappe hergestellt. Der Pro-Kopf-Verbrauch liegt in der Bundesrepublik bei über 200 kg im Jahr. Eine dreiköpfige Familie produziert jährlich durchschnittlich 780 kg Abfall, davon sind 110 kg Papier und Pappe.[2]

## Papier ist nützlich



So nützlich uns das Papier im alltäglichen Leben auch ist, gewöhnlich wird es nach Gebrauch weggeworfen, denn die so beliebten Produkte sind auf einmalige Verwendung angelegt. Erst mit der massenhaften Fertigung wurde dieser einst so wertvolle Stoff zum „Wisch-und-weg"-Artikel. Unterschied man früher nur zwei Sorten von Papier, nämlich das feine Hadernpapier, das als Schreib- und Druckpapier verwendet wurde, vom groben Packpapier unterschiedlicher Farbe, so werden heute 3000 verschiedene Sorten von Papier hergestellt, die unterschiedlichen Anforderungen genügen.

Das klassische Schreibpapier wurde fast zur Ausnahme, die Bedeutung im alltäglichen Leben wird vielmehr durch die zahlreichen Verpackungs- und Hygieneprodukte bestimmt: die Beispielreihe reicht hier vom Papiertaschentuch über Toilettenpapier und Papierserviette bis hin zur Babywindel.

Eine der umwälzenden Erfindungen im Bereich der täglichen Hygiene führte zur Ersetzung des Stofftaschentuchs durch das Papiertaschentuch. 1929 hatte eine Nürnberger Firma beim Reichspatentamt in Berlin das Warenzeichen TEMPO angemeldet und sechs Jahre später wurde bereits 35 millionenmal zum Tempo-Taschentuch gegriffen. 1977 überschritt die Produktion allein der unter dem Markenzeichen TEMPO hergestellten Papiertaschentücher die 10 Milliarden-Grenze.[3] Trotz zahlreicher Mitbewerber am Markt steht noch heute der Begriff Tempo-Taschentuch für den Artikel schlechthin. Papierserviette und Papiertaschentuch, hygienisch verpackt, weich und billig, oft in Weiß, erledigen heute die „Schmutzarbeit". Sie haben die Damast- und Batisttücher zwar nicht vollends verdrängt, aber sich im alltäglichen Gebrauch scheinbar unersetzlich gemacht.

Auch Papierkleidung hat eine längere Tradition: Im Fernen Osten wurde Oberbekleidung und Unterwäsche schon vor Jahrhunderten aus Papier gefertigt und getragen. Papier ist seit Mitte des neunzehnten Jahrhunderts zu Papierkrägen, Papiermanschetten und Vorhemden verarbeitet worden, wobei es allerdings oftmals mit Gewebe beklebt wurde, um das Aussehen von Textilien nachzuahmen. Vorrangige Bedeutung hat Papierkleidung heute im Arbeitsbereich, wie zum Beispiel in Krankenhäusern. Erstaunlicherweise hat sie sich aber im Alltag nicht in dem Maße durchsetzen können, wie es eigentlich aufgrund der leichten Handhabbarkeit zu erwarten wäre. Selbst Andy Warhol machte sich über dieses Phänomen bereits Gedanken: „Ich habe mir immer gewünscht, ich hätte die Papierunterhosen erfunden, obwohl ich genau weiß, daß sie überhaupt nicht eingeschlagen haben, als sie auf den Markt kamen. Ich bin immer noch der Meinung, daß Papierunterhosen eine gute Idee sind, und ich weiß auch nicht, warum die Leute keine wollen, wo sie sich doch längst mit Papierservietten und Papiertischtüchern, mit Papiervorhängen und Papierhandtüchern angefreundet haben - es wäre doch sinnvoller, keine Unterhosen waschen zu müssen, als keine Handtücher waschen zu müssen."[4]
Zeitungen und Zeitschriften werden aber völlig selbstverständlich

Elektrolytkondensator, gewickelt aus je zwei Schichten Elko-Papier aus Manilafaser und hochgereinigtem Zellstoff und zwei Schichten Aluminiumfolie.
Papierfabrik Schoeller & Hoesch, Gernsbach.

Rechte Seite: Werbefoto für Tempo-Taschentücher.
VP-Schickedanz AG, Nürnberg.

Rundsieb mit Markenwasserzeichen,
Foto: Hermann Claasen, Köln.
Papierfabrik Zerkall Renker & Co. GmbH, Hürtgenwald-Zerkall.

Rechte Seite: Sulfat-Zellstoff aus Faserholz in geöffnetem Ballen, Foto: Gert Körner.
Feldmühle AG, Düsseldorf.

immer wieder neu produziert und weggeworfen, täglich oder wöchentlich. Auch die Illustrierten, die die Chance haben, mehrmals gelesen zu werden, werden ständig durch neue Auflagen ersetzt. Hinzu treten diejenigen Druckerzeugnisse, die uns als Nachschlagewerke ständig begleiten. In der Zeitdauer ihrer Aktualität und ihrer „Allwissenheit" sind sie unabdingbar geworden: Telefonbuch, Flugplan, Adreßbücher, Kursbuch. Dünndruckpapiere ermöglichen viel Informationsspeicherung bei relativ geringem Gewicht. Die Telefonbuchhersteller tragen der Tatsache der begrenzten Nutzung mittlerweile insofern Rechnung, als diese mit leichter ablösbaren Druckfarben, problemloseren Klebestoffen und wiederverwertbaren Einbänden ausgestattet und dadurch einfacher gereinigt und wiederverarbeitet werden können. Von den 11 Millionen Tonnen hergestellten Papiers gelangen rund 8 Millionen in den Recycling-Kreislauf, wovon aber nur knapp die Hälfte in den Papierfabriken wiederverwendet wird.[5]
Papier wird nicht nur verbraucht, seine anspruchsvollste Aufgabe liegt im Bewahren. Ein hervorragendes Beispiel dafür sind Bücher jedweder Art. Auch wenn kritische Geister mittlerweile das Bücherlesen durch das Fernsehen als verdrängt annehmen, ändert das nichts an der Tatsache, daß mehr Bücher denn je gedruckt und auch gekauft werden. Doch mancher liest die Bücher nicht mehr, über die er redet. Angesichts der Überinformation durch stetig anschwellende Papierberge von Verordnungen und Rundschreiben greift der so Belastete wieder zu den unmittelbaren Informationswegen: Mündlich läßt er sich den Inhalt zusammenfassend erzählen. Das Gedruckte verschwindet im Aktenordner, das Buch wandert ungelesen ins Bücherregal. Das Wegwerfen von Büchern gilt noch heute nahezu als Sakrileg.
Eine Sonderstellung nehmen die Lexika ein: Der unersetzliche „Duden" für die Rechtschreibprobleme, das Fremdwörterbuch, das enzyklopädische Lexikon. Sie sind nicht zum Wegwerfen bestimmt, aber dennoch zum allmählichen Verlust der Aktualität verurteilt.
Der Verlag Brockhaus erläuterte seine Leitidee in der siebenten Auflage des 1808 erstmals herausgebrachten Konversationslexikons folgendermaßen: „. . . das Wissenswürdigste für allgemeine Bildung, aus dem Umfange der Wissenschaft, der Natur, der Kunst und des öffentlichen Lebens auf eine Gestalt, dem Charakter und dem Bedürfnisse der neuesten Zeit entsprechende Art kurz und deutlich darzustellen." In der jetzigen Auflage füllt dieser Anspruch 17 000 Seiten Papier mit 260 000 Stichwörtern, illustriert mit 35 000 Abbildungen, Karten und Tabellen.
Die allgemeine Zugänglichkeit und Verbreitung von Wissen wird nach wie vor durch Papier ermöglicht, auch wenn in nicht wenigen Bibliotheken und Archiven die Benutzer zunächst am Bildschirm das verfilmte Wissen einsehen und sich statt an langen Katalogreihen mittels der postkartengroßen „Microfishes" Überblick verschaffen. Bei der endgültigen Verarbeitung bleibt der stoffliche Charakter von Papier, das Blättern und Lesen, unerläßlich. Noch wichtiger wird oft das fotokopierte Duplikat: Das Zeitalter der Xerozivilisation läßt gewinnträchtige Wachstumsraten im Bereich der Kopierpapiere er-

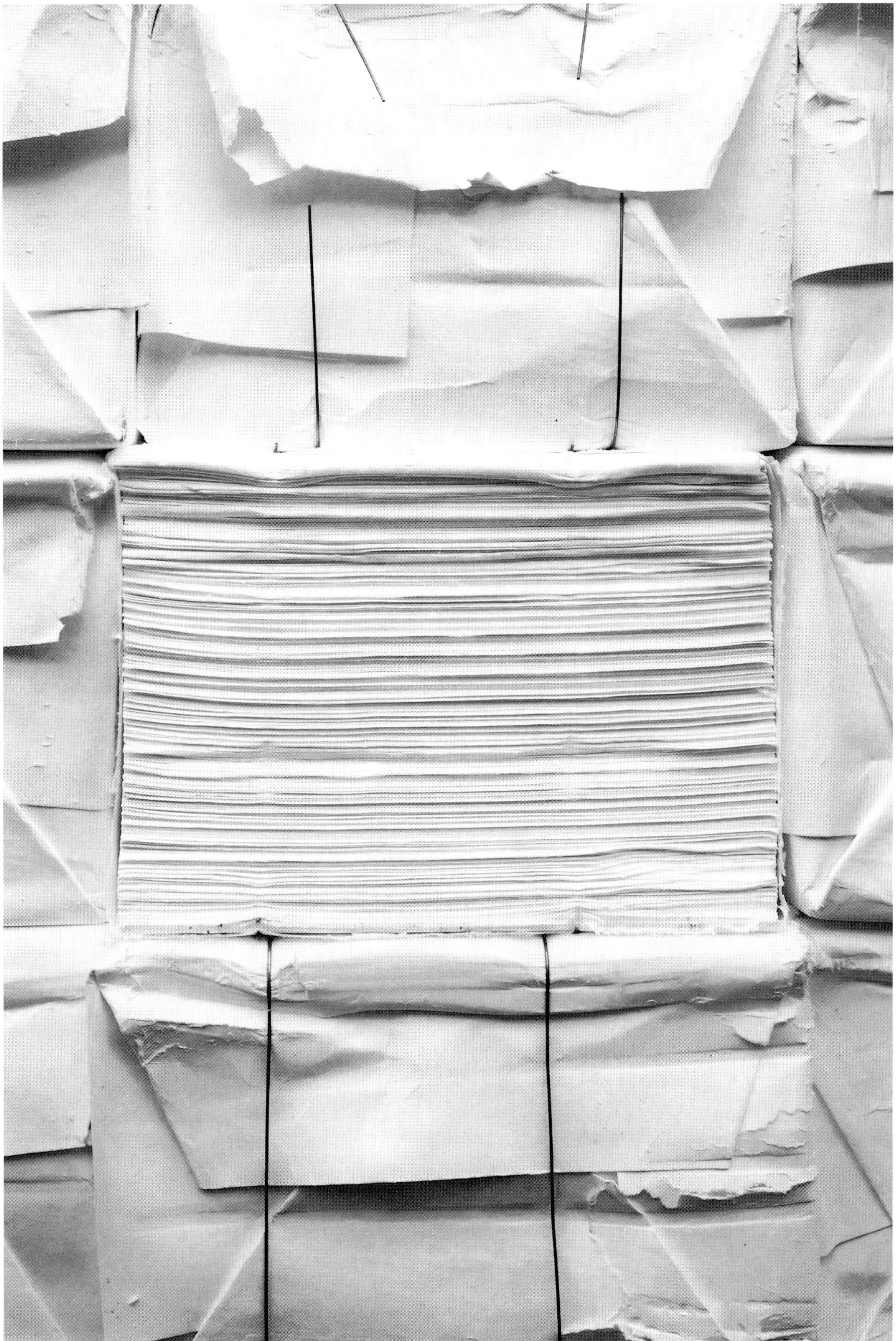

Tisch aus Wellenwerkstoff, Design: Spreemade, Lorenz & Stange, Berlin, 1985 für Europa Carton AG, Hamburg, aus: IDZ Berlin, Berliner Wege. Produkt und Design aus Berlin, Berlin 1987.

Rechte Seite: Kartons kommen aus der Schneidemaschine, Foto: Gerd Aumeier, Kassel.
C. D. Haupt Papier- und Pappenfabrik.

Falthocker aus Wellenwerkstoff, Design: Spreemade, Lorenz & Stange, Berlin, 1985 für WEBOPA Wellpappenfabrik GMBH, Berlin, aus: IDZ Berlin, Berliner Wege, Produkt und Design aus Berlin, Berlin 1987.

warten. Doch können die unschätzbaren Vorteile der Reproduzierbarkeit auch von negativen Erscheinungen begleitet sein: „Die Fotokopie ist etwas sehr Nützliches, aber oft stellt sie auch nur ein geistiges Alibi dar: Wer die Bibliothek mit einem Stapel Fotokopien verläßt, hat in der Regel die Gewißheit, daß er sie nie alle wird lesen können, ja er wird sie nicht einmal alle wiederfinden, da sie leicht durcheinandergeraten, aber er hat das Gefühl, sich den Inhalt der Bücher angeeignet zu haben. Vor dem Aufkommen der Xerozivilisation hatte er sich lange handschriftliche Exzerpte in riesigen Lesesälen gemacht, und davon war stets etwas in seinem Kopf hängengeblieben. Mit der Fotokopierneurose wächst die Gefahr, daß man ganze Tage in Bibliotheken vergeudet, um Bücher zu fotokopieren, die man nie lesen wird."[6]
Mag sich tatsächlich ein Negativresultat für die Qualität wissenschaftlichen Arbeitens durch die Techniken allzu einfacher und vordergründiger Aneignung ergeben, so sind die Vorteile im Alltag, insbesondere in der Arbeitswelt, nicht zu übersehen. Trotz Computer und Telefax – oder vielleicht auch gerade deswegen – ist Papier nicht entbehrlich geworden. Auch Telefaxgeräte schlucken und spucken Papier aus. Computer verschlingen „endlose" Mengen von Papier: Der ausgedruckte Text ist nach wie vor nicht zu ersetzen und stellt die beruhigende Garantie gegen ständig befürchtete Datenverluste dar.
Eine weitere nützliche Funktion erfüllen Papierprodukte im Verpackungsbereich. Von den 1985 in der Bundesrepublik und Westberlin hergestellten Verpackungsmittel entfallen über 40 % auf Pappe, Karton und Papier. Weitere Packmittel sind Glas (27,6%), Kunststoff (12,5%), Metall (11,3%) und in kleinerem Umfang Holz, Textil-Gewebe, Keramik und Weichgummi.[7] Die Verpackungen dienen dem Schutze der Ware, lösen Transportprobleme und machen sie lagerfähig.
Die Geschichte der Papierverpackungen ist eng mit der Entwicklung der Herstellungsmöglichkeiten verbunden. Die erste Papierverpackung war das Ries, welches seit dem vierzehnten Jahrhundert das in den Papiermühlen hergestellte Papier vor Verschmutzung schützte. Der Begriff „Ries" ist noch heute gebräuchlich und bezeichnet die im Ries eingeschlagene Papiermenge. Neben Holzspanschachteln wurden um 1650 auch Pappschachteln verwendet. Die Gestaltung der Verpackung hatte früher noch keinen Bezug zum Inhalt der Packung, sondern schmückte lediglich. Durch die Erfindung der Wellpappe, die 1871 in New York zum Patent angemeldet wurde, änderte sich die Nutzbarkeit von Papier für Verpackungszwecke erheblich: Die stabilen Wellen schützten empfindliches Gut vor Stoß und fanden schnell große Verbreitung. Ein weiterer Schritt ergab sich durch die erste Rundsiebkartonmaschine, die 1903 in Arnsberg in Betrieb genommen wurde. Durch die industriell nun relativ günstige Verfügbarkeit von Packmitteln, die in exakt gleichbleibender Aufmachung gestaltet wurden, erreichte die Verpackung neue Qualität und trug zur Produktdifferenzierung bei. Durch ihre unterschiedliche und jeweils typische Hülle wurden die Waren voneinander unter-

scheidbar, entstand der ästhetische und gleichzeitig verführerische Charakter der Verpackung: der Reiz der Hülle. Die Zeit der Markenartikel war angebrochen: 1887 kommt Maggis Suppenwürze auf den Markt, 1889 Knorrs Erbswurst, 1891 Oetkers Backpulver und Bahlsens Leibniz-Keks, 1893 die Odol-Flasche, 1907 die Persil-Faltschachtel. Das „Handbuch für den täglichen Gebrauch in Handel und Industrie" definierte 1926 die nützliche Aufgabe der Verpackung folgendermaßen: Sie „soll die Ware teils schützen vor den Gefahren des Transports, teils soll (sie) sie verschönen, um sie leichter verkäuflich zu machen, teils soll (sie) dazu dienen, die Ware nach handelsfähigen Größen oder Mengen zu unterteilen".[8]
Verpackungen nützen nicht nur der Warenwerbung, sie geben auch Auskunft über Inhalt und Qualität, Zusammensetzung und Haltbarkeit, Gewicht und Menge. Gleichzeitig ermöglicht es jetzt der auf den Verpackungen oftmals mit aufgedruckte Strichcode, genannt EAN (Europäisches Artikel-Numerierungssystem), den Preis direkt einzulesen und den Lagerbestand mitzuverwalten. Immerhin sind Papierverpackungen recyclingfähig und erweisen sich in Anbetracht der stetig wachsenden Müllberge als umweltschonend: Bei den Verpackungsmaterialien ist Altpapier mit mehr als 90% Anteil der wichtigste Rohstoff. Auf der anderen Seite werden fast 80% des gesamten Altpapiers in Deutschland für Verpackungen verwendet.[9]

## Papier ist vergnüglich

Nicht nur praktisch will der Mensch die Welt. Kreativ und kommunikativ sein heißt auch immer wieder, ein Blatt Papier zur Hand zu nehmen, sei es beim „Schiffe-Versenken" oder beim Falten von Papierschwalben. Papier ist bei vielen Spielen für Kinder wie auch für Erwachsene nicht wegzudenken: Kartenspiele und Puzzles ebenso wie viele Gesellschaftsspiele leben vom Papier. Ohne Drachen und Papierflieger ist kaum ein Kinderzimmer vorzustellen. Auch die großen Familienfeste und Ereignisse im Jahresverlauf sind von allerlei obligatorischen Papierprodukten begleitet: von der Faschingsdekoration bis zum Papp-Osterei, vom Adventskalender zur ersten Schultüte. Kommentiert werden diese Festivitäten dann von den unerläßlichen, mehr oder weniger kitschigen Glückwunschkarten.
Die letzten Jahre erlebten eine Renaissance der Modellbaubögen, die von einigen Firmen in großer Vielfalt wieder hergestellt werden. Thematisch an der Spitze stehen Schlösser, Kirchen oder berühmte Bauwerke, Fahrzeuge aller Art, Tiere und eine Vielzahl von Kuriositäten. Die unterhaltsame Beschäftigung mit Ausschneidebögen geht ins achtzehnte Jahrhundert zurück, wobei die damaligen Bögen allerdings noch keine dreidimensionalen Objekte entstehen ließen. Über die Guckkastenbilder und Papiertheater, die sich im neunzehnten Jahrhundert großer Beliebtheit erfreuten, ging der Schritt in die dritte Dimension. Heute lockt ein lebensgroßes Skelett aus Papier die Bastelwütigen.
Die Reihe der Bastelarbeiten zum Kleben und Falzen, zum Flechten und Knicken wäre hier noch unendlich fortzusetzen, festzuhalten bleibt dabei jedoch letztlich nur ein wesentliches Faktum: Ein Stückchen Papier kann wohl das vielfältigste Spielzeug sein, das über-

Drachensteigen auf dem Tempelhofer Feld, 1908,
Foto: Gebrüder Haeckel.
Archiv für Kunst und Geschichte, Berlin.

haupt vorstellbar ist – all die dem Papier innewohnenden optischen, akustischen und haptischen Eigenschaften können im spielerischen Umgang genutzt werden.

## Papier ist wertvoll

Den Wert von Papier zu thematisieren, ohne dabei seine künstlerischen Qualitäten zu berücksichtigen, wäre unvollständig. Gemeinhin wird unter Papierkunst ein besonderer Umgang mit dem Material verstanden, hier steht Papier als Trägerstoff für künstlerisches Schaffen im Vordergrund. Als Bildträger, das heißt zum reinen Gebrauchszweck, wird Papier für die verschiedenen künstlerischen Techniken schon seit Jahrhunderten gebraucht. Zu nennen sind Handzeichnungen aller Art, Malerei mit Wasserfarben, graphische Verfahren oder auch der Scherenschnitt. Büttenpapiere mit gerippter Oberflächenstruktur sind Bestandteil von Kohle-, Rötel und Kreidezeichnungen. Auch in der Buchdruckerkunst profitiert die illustrative Gestaltung vom entsprechend abgestimmten Papier.
Mit den Kubisten wurde Papier erstmals als eigenes künstlerisches Medium gebraucht. Als vorgefundenes, bereits benutztes Material begegnet es uns in Collagen wieder. Beispielhaft zu nennen sind Arbeiten von Pablo Picasso und Kurt Schwitters. Auch signierte und numerierte Publikationen, Flugblätter, Postkarten, Fotos, Drucksachen wie Eintrittskarten oder Formulare bis hin zum einfachen Papp-Kuchenteller werden im Sinne von Beuys und seinem „erweiterten Kunstbegriff" zu Kunstobjekten.[10] Die Kunst nutzt Papier auch in seiner plastischen Formbarkeit, von vielerlei Falttechniken wie zum Beispiel im japanischen Origami bis hin zur Auswertung der unterschiedlichen Klangqualität. Papier kann zum Musikinstrument werden: Der Münchner Musiker Josef Anton Riedl komponierte aus über achtzig Sorten Papier „paper music".
Dinge aus Papier werden gerne gesammelt und finden auch in ihrer ursprünglich eigentlich trivialen Bestimmung Eingang in Museen. Ansichtskarten, Plakate, Menükarten, Bierfilze, Eintrittskarten, Spielkarten, Geldscheine, Fotos, Etiketten – all dies sind Produkte aus Papier, die zunächst zu bestimmten Zwecken hergestellt und – ein oder mehrmals – gebraucht wurden, um dann entweder weggeworfen zu werden oder als Sammelobjekte eine neuen Wert zu erlangen. Gesammelt, getauscht und behütet werden etwa Serien von Apotheken-Etiketten, Koffer-Etiketten, die mit verführerischen Landschaften und Städtebildern Werbung für Hotels machten, und Wein-Etiketten, die bereits frühzeitig sehr gediegen gestaltet wurden, da sie möglichst genau Rückschlüsse auf Qualität und Inhalt des darin enthaltenen Weines geben sollten. Andere Sammelspezialisten haben sich auf Konservendosen-Etiketten, Likör- und Spirituosen-Etiketten, Marzipan-Etiketten und Obstkisten-Etiketten, die oft kleine graphische, geschmacksanregende Kunstwerke darstellen, verlegt.
Wie bei den Briefmarkensammlern regiert bei den Sammlern von Reklamemarken und Serienbildern die Vollständigkeit der Serie oder des Satzes. Eine zentrale Rolle im Bereich der Sammelbilder spielen die von der Firma des Chemikers Justus Liebig herausgegebenen

500 Deutsche Mark, Rückseite des neuen Geldscheins der Deutschen Bundesbank, 1990.
Deutsche Bundesbank, Frankfurt.

Reklamemarken für Fleischextrakt der Firma Liebig aus der Serie „Wie ein Liebig-Bild entsteht", Nummer 6: Schneiden und Verpacken.
Archiv für Kunst und Geschichte, Berlin.

Rechte Seite: Pergamentiermaschine im Feldmühle Werk Lahnstein. Foto: Gert Körner.
Feldmühle AG, Düsseldorf

Bilder, die heute zahlreiche private Sammler ihr eigen nennen und auch zum Sammlungsgut von Museen zählen. Liebig hatte 1847 durch Eindampfen von Rindfleisch den Fleischextrakt entdeckt. Da dieser zur damaligen Zeit ein relativ teures Produkt war, wurde das Sammeln der „Liebigbilder", die ab 1872 den Firmenprodukten beilagen, zu einer Beschäftigung für wohlhabende Erwachsene. Zum Teil nahm dies so überhand, daß das Bildchen wichtiger wurde als das Produkt selbst. Die Preise für seltene Serien sollen um die Jahrhundertwende sogar bis auf 300 Goldmark gestiegen sein.[11] Die Motive waren vielfältig, das Spektrum der Serien reichte von „Hühnerrassen" über „deutsche Bühnendichter" zu den „Göttern des Altertums."

Auch die Schokoladenfabrik Stollwerck erreichte durch eine populäre Werbestrategie mit Sammelbildern hohen künstlerischen Niveaus im Jahr 1898 Umsatzsteigerungen von vierzig Prozent.[12]

Der greifbarste und gleichzeitig eigentlich unbegreifbare Wert von Papier liegt in seiner Verwendung für Geldscheine und Wertpapiere (Aktien, Sparbriefe, Schecks und Sparbücher). Zum Einsatz kommen hier hochwertige Papiere, die vor Fälschungen geschützt werden durch Magnetstreifen, Wasserzeichen und die Guillochier-Technik, mit deren Hilfe jene Muster aus regelmäßig ineinanderverschlungenen Linien entstehen, die Geldscheine und Wertpapiere zieren.

Eine weitere Facette im Wert des Papiers ist seine Fähigkeit zu legitimieren. Auf Papier werden Identitätsdokumente gedruckt, die für jeden einzelnen von unschätzbarem Werte sind. Wie abhängig man von ihnen ist, erfährt man meist erst dann, wenn Paß, Führerschein, Kraftfahrzeugschein, Scheckkarte sowie Mitgliedsausweise für Bibliotheken und Vereine, die in der Brief- oder Handtasche gemeinsam verstaut waren, auch zusammen verloren gehen. Genauso ist bei der Betrachtung dieses zugeschriebenen Wertes von Papier zu denken an Zeugnisse, Zulassungsnachweise, Heirats- und Scheidungsurkunden, Geburts- und Sterbeurkunden, Versicherungsnachweise, Impfzeugnisse, deren Vorhandensein beziehungsweise Nichtvorhandensein den Besitzer in peinliche Situationen bringen kann. Im Grenzbereich von „wertvollen" Papieren hin zu den „vergnüglichen" liegen Lose und Lotteriescheine. Hier ist das Papier ein Dokument, dessen Wert nur einem verschwindend geringen Prozentsatz der Eigner zuteil wird. Ob das „Glückspapier" sein Versprechen einlöst, steht in den Sternen.

Papier wurde bei der Betrachtung seiner Verwendungsvielfalt unter drei Aspekten beleuchtet: Papier kann nützlich, vergnüglich und wertvoll sein. Diese Betrachtungsweise ging nicht von den stofflichen Gegebenheiten aus, fragte nicht nach unterschiedlichen Sorten oder Qualitäten, sondern nur nach der Bedeutung im alltäglichen Leben. Es gibt keinen Lebensbereich, in dem Papier nicht in irgendeiner Form gegenwärtig wäre. Es hat auch in die Sprache Eingang gefunden und gerade hier ist dann noch eine vierte Bedeutungsebene von Papier, die das Papier wieder im gewohnten Rechteckformat zeigt: Papier ist geduldig – und vielleicht ist diese die wichtigste seiner Eigenschaften.

1 Zit. aus: Das Papier. Ausstellung im Leopold-Hoesch-Museum in Düren, Düren 1981.
2 In: DIE ZEIT, Nr. 47, vom 17. November 1989 unter dem Titel: Keine Pampers für Leon. Was eine ganz normale Familie für die Umwelt tut.
3 VP-Schickedanz AG Nürnberg (Hrsg.), Tempo 60 Jahre. Die Geschichte einer bahnbrechenden Idee, Nürnberg 1989.
4 The Philosophy of Andy Warhol, New York, 1975, zitiert nach: Zeit Magazin Nr. 47 vom 17. November 1989.
5 Aus: Verband deutscher Papierfabriken (Hrsg.), Recycling, Bonn o. J., S. 30.
6 Umberto Eco, Die Bibliothek, München, Wien, 1987, S. 32–33.
7 Informationen des vdp von 1985, Verpackung, Materialien, Märkte, Möglichkeiten.
8 E. Sachsenberg, Wirtschaftliches Verpacken. Handbuch für den täglichen Gerauch im Handel und Industrie, Berlin 1926, S. 1.
9 Aus: Verband deutscher Papierfabriken (Hrsg.), Recycling, Bonn o. J., S. 35.
10 Dafür zwei Beispiele: DDR-Tüten, verschiedene Papiertüten (in verschiedenen Größen) oder Kunst = KAPITAL (Schein), 1979, 10 DM-Schein, mit handschriftlichem Text, 6,5 x 13 cm, verzeichnet in: Jörg Schellmann, Bernd Klüser (Hrsg.), Joseph Beuys, Multiples, Werkverzeichnis und Druckgrafik 1965–1985, München, New York, 1985, Nr. 230 und 233.
11 Christa Pieske, Das ABC des Luxuspapiers. Herstellung, Verarbeitung und Gebrauch 1860 bis 1930, Berlin 1983, S. 234.
12 Franz Rudolf Menne, Kulturgeschichte der Schokolade. Begleitheft zur Ausstellung im Gürzenich zu Köln vom 8. Juli bis 20. August 1989, Köln 1989, S. 44.

**Helmut Bansa**

# WAS TUN MIT ALL DEM BRÜCHIGEN PAPIER?



Im Rahmen eines Jubiläums der Papierindustrie braucht man nicht das Loblied des Papiers zu singen. Als Einleitung zu einem Bericht über seine Restaurierung, als Erklärung warum man altes Papier mit viel Aufwand in seiner originalen Form erhält und wiederherstellt, muß man es aber doch tun. Dieses vor 600 Jahren in Deutschland unter Mitwirkung italienischer Entwicklungshelfer, die der Nürnberger Unternehmer Ulman Stromer ins Land geholt hatte, zuerst hergestellte Produkt ist ein Werkstoff von ganz wunderbarer Vielfalt und von ganz wunderbaren Eigenschaften. In Italien, auch in Frankreich, in Spanien, damals islamisch, und in den islamischen Ländern des vorderen Orients gab es Papier schon Jahrhunderte früher, ganz zu schweigen von China, wo es vor mehr als 2000 Jahren erfunden wurde.
Zu den wunderbaren Eigenschaften des Papiers gehört sein Verhalten gegenüber der Zeit. Papier bleibt bestehen, so lange der Mensch, der es herstellt und benutzt, es will.
Im Feuer verbrennt Papier, unter sehr geringer und nahe an Null zu bringender Belastung der Umwelt, in wenigen Minuten; auf der Müllhalde verrottet es in wenigen Monaten; wenn es auf langfristige Dauerhaftigkeit ankommt, wenn bei der Herstellung, bei der Verarbeitung und bei der Aufbewahrung entsprechende Vorkehrungen getroffen werden, dann kann Papier in perpetuum halten. In perpetuum, das heißt, ohne daß ein Ende abzusehen ist. Es gibt Papier, das so alt ist, wie es irgend sein kann: Es gibt Papier aus der Zeit seiner Erfindung beziehungsweise dem Beginn seiner Herstellung. In deutschen Bibliotheken ist das sogar der ganz normale Fall: Bücher aus dem späten vierzehnten Jahrhundert, Handschriften aus der Zeit um 1390 finden sich in jeder besseren Sammlung. Das Papier dieser Bücher ist fest; es ist flexibel, glatt und gleichmäßig und in diesen zuletzt genannten Eigenschaften dem Pergament, aus dem die älteren Bücher bestehen, deutlich überlegen. Vielleicht ist das Papier ein wenig vergilbt, das erhöht das Flair des Alten; vielleicht ist es an der linken unteren Ecke ein wenig beschmutzt von den vielen Händen, die es im Laufe von 600 Jahren umblätterten. Das tut seiner Benutzung keinen Abbruch. Bücher aus Papier, die 600, 400, 200 Jahre alt sind, lassen sich in der Regel problemlos benutzen.
Bei Büchern, die erst 100 Jahre alt sind, ist das allzu oft ganz anders. Deren Papier ist so morsch, daß es beim Blättern bricht: Der Leser hält ein loses Blatt in der Hand, von dem ihm, wenn er es nicht ganz vorsichtig wieder in das Buch hineinlegt, weitere Teile abbrechen. Hängt der Buchbinder das lose Blatt mit einem Falzstreifen wieder in das Buch ein, so bricht das Papier beim nächsten Blättern genau neben diesem Streifen erneut. Bald ist der Bundsteg weg, bald Teile vom Text. Das Buch ist nicht mehr benutzbar und es droht verlorenzugehen.
Die Ursachen dieses Phänomens am Papier des neunzehnten und zwanzigsten Jahrhunderts im Gegensatz zum sechsfach älteren sind bekannt. Der erste Vorbote trat bereits im siebzehnten Jahrhundert auf: die Erfindung der nach dem Land ihres Ursprungs benannten Stoffmühle, die Erfindung des Holländers machte das Lagern des Papierrohstoffs, das Lagern der Hadern in Kalkbrühe, damit sie durch Stampfen aufbereitet werden konnten, entbehrlich und verringerte dadurch den Gehalt des Papiers an Kalk, an alkalischer Substanz, an Calciumcarbonat. Die Folgen dieser Erfindung sind zur Zeit noch nur analytisch und stati-

Brüchiges Papier.

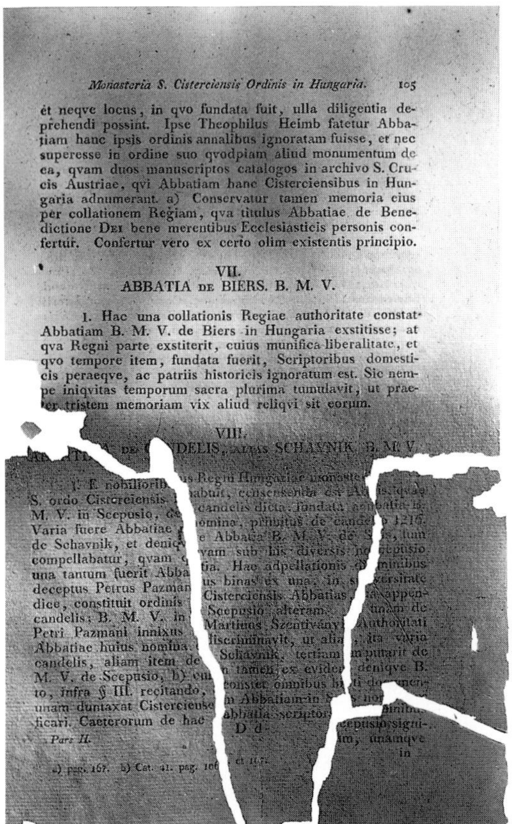
*Monasteria S. Cisterciensis Ordinis in Hungaria.* 105

ét neqve locus, in qvo fundata fuit, ulla diligentia deprehendi possint. Ipse Theophilus Heimb fatetur Abbatiam hanc ipsis ordinis annalibus ignoratam fuisse, et nec superesse in ordine suo qvodpiam aliud monumentum de ea, qvam duos manuscriptos catalogos in archivo S. Crucis Austriae, qvi Abbatiam hanc Cisterciensibus in Hungaria adnumerant. a) Conservatur tamen memoria eius per collationem Regiam, qva titulus Abbatiae de Benedictione Dei bene merentibus Ecclesiasticis personis confertur. Confertur vero ex certo olim existentis principio.

VII.
ABBATIA de BIERS. B. M. V.

1. Hac una collationis Regiae authoritate constat Abbatiam B. M. V. de Biers in Hungaria exstitisse; at qva Regni parte exstiterit, cuius munifica liberalitate, et qvo tempore item, fundata fuerit, Scriptoribus domesticis peraeqve, ac patriis historicis ignoratum est. Sic nempe iniqvitas temporum sacra plurima tumulavit, ut praeter tristem memoriam vix aliud reliqvi sit eorum.

VIII.
[illegible] de [illegible]DELIS, alias SCHAVNIK. B. M. V.

1. E nobiliorib[illegible] Regni Hungariae monaste[illegible] habuit, censenda est [illegible] S. ordo Cisterciensis [illegible] candelis dicta fundata [illegible] M. V. in Scepusio, [illegible] nomina, primitus de cande[illegible] Varia fuere Abbatiae [illegible] Abbatia B. M. V. de [illegible] de Schavnik, et deniq[illegible] sub his diversis [illegible] compellabatur, qvam [illegible] Hac adpellationis [illegible] una tantum fuerit Abba[illegible] binas ex una [illegible] deceptus Petrus Pazman [illegible] Cisterciensis Abbatias [illegible] appendice, constituit ordinis [illegible] Scepusio alteram [illegible] de candelis; B. M. V. in [illegible] Martinus Szentiványi [illegible] Authoritati Petri Pazmani innixus [illegible] discriminavit, ut alia [illegible] varia Abbatiae huius nomina [illegible] Schavnik, tertiam [illegible] de candelis, aliam item de [illegible] denique B. M. V. de Scepusio, b) [illegible] omnibus [illegible] to, infra § III. recitando, [illegible] Abbatiam in [illegible] unam duntaxat Cisterciense [illegible] Scepusio signi- ficari. Caeterorum de hac [illegible] unamqve in

*Pars II.* D d

a) pag. 167. b) Cat. 41. pag. 106 [illegible]

stisch faßbar; die überwiegende Masse des Papiers des achtzehnten Jahrhunderts ist heute noch in sehr gutem Zustand. Es ist aber denkbar, daß unsere Nachfahren es nicht nur mit dem brüchigen Papier des neunzehnten und zwanzigsten Jahrhunderts, sondern mit einem um ein Jahrhundert zurückverlegten konservatorischen Problem zu tun haben werden. Der erste Riesenschritt zur Verschlechterung war die Erfindung der Harzleimung mit dem Einsatz des sauren Salzes Alaun in der Masse durch Moritz Friedrich Illig im Jahre 1806 beziehungsweise die allgemeine Annahme dieser Technologie durch die Papiermacher in der Mitte des Jahrhunderts. Der zweite war die Erfindung des Holzschliffs, der das rasch zu Säuren abbauende Lignin in das Papier bringt, durch Johann Gottfried Keller im Jahre 1844. In gewissem Sinn sind diese Ursachen überwunden, denn heute ist es möglich, unter Einsatz aller Mittel der modernen industriellen Technologie und damit zu vergleichbaren Kosten Papier zu machen, das alkalische Substanz enthält und das deshalb so lange hält wie ein Papier aus der Zeit des Ulman Stromer.
In den Bibliotheken befinden sich nun aber einmal Hunderttausende von Büchern aus dem neunzehnten Jahrhundert, vielfach so brüchig, daß man sie nicht mehr benutzen kann. In den Bibliotheken sind Millionen von Büchern aus dem zwanzigsten Jahrhundert, von denen vorauszusehen ist, daß ihr Papier genauso brüchig wird. Wie kann man dieser Katastrophe begegnen? Was wird de facto gegen sie getan?

## Alkalische Papierherstellung

Allen Maßnahmen, die im folgenden beschrieben und allen Strategien, nach denen sie in der Bibliothek eingesetzt werden, haftet nur dann nicht die Aura des Aussichtslosen, der Charakter einer Sisyphusarbeit an, wenn es gelingt, den Nachschub zu stoppen: wenn es gelingt, die immer noch wachsenden Massen der Bücher, die heute und morgen in die Bibliothek kommen, aus dauerhaftem, aus alkalisch hergestelltem, calciumcarbonathaltigem und keine verholzten Fasern enthaltendem Papier zu fertigen; wenn es gelingt zu verhindern, daß an die Stelle eines jeden mit Mühe und Aufwand konservierten Buches des neunzehnten Jahrhunderts drei konservierungsbedürftige des einundzwanzigsten treten.

## Konservatorisches Alkalisieren

Betrachten wir zunächst die jüngeren, die nur gefährdeten, noch nicht so stark geschädigten Stücke, daß sie nicht mehr benutzbar sind. Bei ihnen genügt eine Maßnahme, welche den weiteren Verfall aufhält oder zumindest stark verlangsamt. Das Nichtvorhandensein einer alkalischen Substanz und das Vorhandensein von Säuren ist die Hauptursache des Papierzerfalls: Säure aus dem Alaun des Moritz Friedrich Illig, Säuren aus den Abbauprodukten des Lignins, aus der Cellulose selbst, denn die von Säure katalysierte Hydrolyse, in deren Verlauf Säuren entstehen und den weiteren Abbau beschleunigen, ist ihr naturgesetzlicher Abbaumechanismus. In unserer Zeit muß man auch an die Umweltverschmutzung, an Schwefeldioxid und Stickoxide aus der Luft als Ursachen für Säure im Papier denken. Um Säure im Papier zu begegnen, bringt man Alkali hinein. Es neutralisiert die Säure und schafft einen Puffer gegen neu eindringende oder entstehende.

## Wäßrige Methoden

Das Baden von Papier in der wäßrigen Lösung eines milden Alkali, das Baden von Papier in einer Lösung von Calcium- oder Magnesiumhydrogencarbonat, anders definiert das Baden von Papier in extrem hartem, in künstlich hart gemachtem Wasser, ist die älteste Methode der Konservierung von verfallsbedrohtem Papier. Sie wurde vor rund fünfzig Jahren entwickelt und ist heute selbstverständliche Routine in allen Papierrestaurierwerkstätten der Welt. Bei der Papiertechnischen Stiftung in München wird, finanziert vom Bundesforschungsministerium, eine Fließbandanlage hierfür gebaut. Wäßriges Behandeln von Papier hat einen gravierenden Nachteil: Das Papier quillt im Wasser und verändert seine Dimension. Klebstoffe, mit denen das Papier zum Buch verarbeitet ist, lösen sich; die Pappe des Buchdeckels, das Papier oder das Gewebe des Bezugs quellen anders als der Buchblock; beim Trocknen schrumpft alles anders und hinterläßt statt eines Buches ein unhantierbares, verzogenes, welliges und krummes Ding. Wäßrige Bäder lassen sich nur blattweise, lassen sich in keinem Fall am ganzen Buch anwenden. Die Österreichische Nationalbibliothek in Wien hat für den Bereich dazwischen eine Modifikation entwickelt: Hier werden Buchblocks oder Blattstapel behandelt. Sie kommen in eine Vakuumkammer, wo zuerst Luft und adsorbiertes Wasser so weit aus ihnen entfernt werden, daß die Neutralisierungslösung eindringen kann. Dann wird die Kammer geflutet; der wiederhergestellte atmosphärische Druck drückt die Lösung in die innersten Teile der Blattstapel. Entscheidend ist, daß nicht offen an der Luft, sondern gefriergetrocknet wird, so daß die Blätter ihre Form behalten. Gefriertrocknen ist eine relativ aufwendige und zeitintensive Technik. Sie bestimmt die Kapazität der ganzen Anlage. Die Wiener ist so ausgelegt, daß in ihr pro Woche bis zu 25 000 Blatt behandelt werden können. Dem Wasser ist nicht nur alkalisches Erdalkalihydrogencarbonat beziehungsweise -hydroxid zum Neutralisieren der Säure beigegeben, sondern auch ein papierverträglicher Filmbildner aus Methylcellulose und etwas Polyvinylacetat. Der trocknet auf die Fasern auf und bewirkt einen gewissen Zuwachs an Festigkeit für das Papier. Er ist zwar nicht so groß, daß die Methode auf brüchiges Papier anwendbar wäre, aber er erhöht doch die Benutzbarkeit von leicht geschädigtem.

## Methoden mit Lösemitteln

Die Suche der konservierungskundlichen Forschung galt nichtwäßrigen Methoden, mit denen das alterungshemmende Alkali in ganze Bücher gebracht werden kann, ohne daß diese zerlegt werden müssen. Zwei solche Methoden konnten bis zur Praxisreife entwickelt werden. Die eine arbeitet mit einer Verbindung, die Magnesium enthält und nicht beständig ist, sondern sich zu Magnesiumcarbonat umwandelt, wenn sie erst einmal im Papier ist. Sie löst sich in Methanol und kann auf diese Weise in das Papier, das heißt in die Bücher gebracht werden. Mit Methanol kann man ganze Bücher tränken. Es wird von seinen Werkstoffen, von Papier, Pappe, Gewebe, Fäden und Klebstoff nur geringfügig aufgenommen und es verdunstet, ohne ihre Dimension zu verändern. Auch hier kommen die Bücher zunächst in ein Vakuum, damit durch Entfernen von Luft und Wasser in ihrem Innern Platz für die Neutralisierungslösung ge-

Dasselbe Blatt wie auf Seite 200, nach dem Papierspalten.

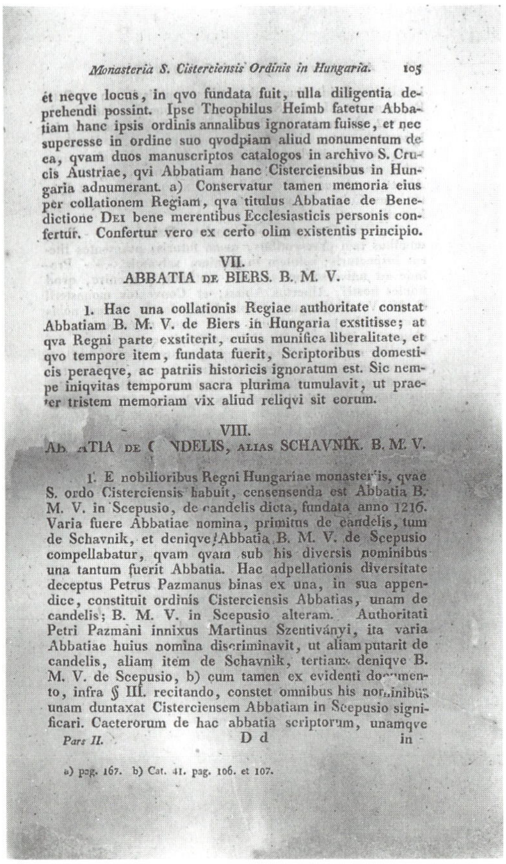

*Monasteria S. Cisterciensis Ordinis in Hungaria.* 105

ét neqve locus, in qvo fundata fuit, ulla diligentia deprehendi possint. Ipse Theophilus Heimb fatetur Abbatiam hanc ipsis ordinis annalibus ignoratam fuisse, et nec superesse in ordine suo qvodpiam aliud monumentum de ea, qvam duos manuscriptos catalogos in archivo S. Crucis Austriae, qvi Abbatiam hanc Cisterciensibus in Hungaria adnumerant. a) Conservatur tamen memoria eius per collationem Regiam, qva titulus Abbatiae de Benedictione Dei bene merentibus Ecclesiasticis personis confertur. Confertur vero ex certo olim existentis principio.

VII.

ABBATIA de BIERS. B. M. V.

1. Hac una collationis Regiae authoritate constat Abbatiam B. M. V. de Biers in Hungaria exstitisse; at qva Regni parte exstiterit, cuius munifica liberalitate, et qvo tempore item, fundata fuerit, Scriptoribus domesticis peraeqve, ac patriis historicis ignoratum est. Sic nempe iniqvitas temporum sacra plurima tumulavit, ut praeter tristem memoriam vix aliud reliqvi sit eorum.

VIII.

Ab. atia de C. ndelis, alias SCHAVNIK. B. M. V.

1. E nobilioribus Regni Hungariae monasteriis, qvae S. ordo Cisterciensis habuit, censensenda est Abbatia B. M. V. in Scepusio, de candelis dicta, fundata anno 1216. Varia fuere Abbatiae nomina, primitus de candelis, tum de Schavnik, et deniqve Abbatia B. M. V. de Scepusio compellabatur, qvam qvam sub his diversis nominibus una tantum fuerit Abbatia. Hac adpellationis diversitate deceptus Petrus Pazmanus binas ex una, in sua appendice, constituit ordinis Cisterciensis Abbatias, unam de candelis; B. M. V. in Scepusio alteram. Authoritati Petri Pazmani innixus Martinus Szentiványi, ita varia Abbatiae huius nomina discriminavit, ut aliam putarit de candelis, aliam item de Schavnik, tertiam deniqve B. M. V. de Scepusio, b) cum tamen ex evidenti documento, infra § III. recitando, constet omnibus his nominibus unam duntaxat Cisterciensem Abbatiam in Scepusio significari. Caeterorum de hac abbatia scriptorum, unamqve

*Pars II.* D d in

a) pag. 167. b) Cat. 41. pag. 106. et 107.

schaffen wird. Nach dem Fluten und dem Abpumpen der überschüssigen Lösung muß das verdunstende Lösemittel aufgefangen und zurückkondensiert werden. Dies muß vollständig geschehen und hier liegt ein Haken dieser Methode: Methanol ist zwar ein leichtes, aber immerhin ein Gift. Außerdem – der zweite Haken – kann es Farben und Kunststoffe im Einband des Buches und auch im Druck schädigen. Um diese Gefahr zu verringern, wird nicht mit reinem Methanol gearbeitet, sondern mit einer Mischung aus Methanol und Fluorchlorkohlenwasserstoff. Deren vollständige Rückgewinnung ist heute, da man die Gefahr erkannt hat, die von diesen Stoffen für unser Klima ausgehen kann, unbedingte Voraussetzung für ihre Anwendung.

Es gibt weltweit drei Anlagen zur konservatorischen Behandlung ganzer Bücher mit der methanolischen Lösung einer magnesiumorganischen Verbindung: eine, die älteste, seit 1984 in Ottawa für die Kanadische Nationalbibliothek, die andere seit 1987 in Sablé 200 km südwestlich von Paris in einer Außenstelle der Bibliothèque Nationale, die dritte auf dem Gelände des Battelle-Instituts in Frankfurt. Diese letztere ist die einzige, welche dem genügt, was als unabdingbare Voraussetzung für die Anwendung der methanolischen und FCKW-Methode gelten muß, nämlich der vollständigen Lösemittelrückgewinnung. Sie wurde in dreijähriger Arbeit im Auftrag der Deutschen Bibliothek und finanziert vom Forschungsministerium in Bonn auf der Basis der Anlagen in Sablé und in Ottawa entwickelt und enthält eine ganze Batterie von Rückgewinnungsaggregaten, deren letztes Aktivkohle ist, die letzte Reste absorbiert. Die Anlage wird in den Tagen, da die Deutsche Papierindustrie ihr 600jähriges Bestehen feiert, ihren Betrieb aufnehmen. Ihre Kapazität beträgt 130 000 Bücher pro Jahr, bei Schichtdienst entsprechend steigerbar. Ottawa schafft 40 000, Sablé etwa mehr als das Doppelte.

Eine vierte Anlage zur prophylaktischen Behandlung ganzer Bücher mit einer löslichen magnesiumorganischen Verbindung ist bei der chemischen Industrie im Entstehen, nämlich bei der Firma Lithco in den U.S.A. Die Verbindung, mit der hier gearbeitet wird, ist nicht die gleiche wie in Ottawa, Sablé und Frankfurt. Sie ist komplizierter aufgebaut, hat größere Moleküle, und ihr wird die Fähigkeit zugeschrieben, daß sie nicht nur Säure im Papier neutralisieren und ein alkalisches Depot im Papier aufbauen, sondern daß sie auch mit der Cellulose des Papiers eine Verbindung eingehen und dadurch diesem einen gewissen Festigkeitszuwachs geben kann. In Laborversuchen wurde die Restfestigkeit von bereits geschädigtem Papier auf das Drei- bis Fünffache gesteigert. Es ist noch zu untersuchen, ob dieser Effekt zeitstabil ist.

### Gasförmiges Alkalisieren

Das Neutralisieren von Büchern mit lösemittellöslichen Verbindungen ist eigentlich nicht das, was die Bibliothekare, Verwalter ganzer Magazine voll verfallsbedrohter Bücher, sich erträumen. Kunststoffe und Farben können wie gesagt bei der Behandlung Schaden leiden; trotz aller Gegenmaßnahmen wird es wohl immer Bücher geben, bei denen ein solcher Schaden zu erwarten ist, die deshalb aussortiert und in einem aufwendigeren Sprayverfahren neutralisiert werden müssen. Die Library of Congress, größte Bibliothek des reichsten Landes der Welt, hat sich deshalb mit diesen Verfahren nicht zufrieden gegeben und die Konservierungschemiker nach gasförmigen Verfahren suchen lassen, welche die unterschiedlose Behandlung von Büchern aller Art erlauben. Eines wurde gefunden und bis zur Praxisreife weiterentwickelt. Es arbeitet mit Diäthylzink, ebenfalls einer metallorganischen Verbindung, aber einer, die bei erhöhter Temperatur – so leicht erhöht, daß sie den Büchern nicht schadet – als Gas vorliegt und die in dieser Form ohne Lösemittel in die Bücher eindringen kann. Sie zersetzt sich dort und bildet Zinkoxid, wie Magnesium- und Calciumcarbonat ein mildes Alkali. Das Verfahren hat zwei Haken; der eine liegt in der Verfahrenstechnik. Diäthylzink (DEZ) ist hochreaktiv. Mit Luft, mit Wasser und mit Säuren reagiert es blitzschnell und unter sehr starker Wärmeentwicklung, gleichsam wie eine Explosion. Dieses Problem darf wohl, nach mancherlei Rückschlägen, jetzt als gelöst gelten. Es macht einen sehr großen technischen Aufwand erforderlich und zwingt zu Großanlagen, die erst bei einer Kapazität von mindestens einer Million Bücher pro Jahr rentabel arbeiten und die nur auf dem Gelände und in Regie der chemischen Großindustrie denkbar sind und keinesfalls, wie die magnesiumorganischen Anlagen in Ottawa und Sablé, als Teil der Restaurierungsabteilung einer Bibliothek. In Deer Park, einem Vorort von Houston in Texas wurde 1987 eine Versuchsanlage gebaut. Soweit bekannt und berichtet, arbeitet sie zuverlässig und wirkungsvoll. Der zweite Haken des DEZ-Verfahrens ist vertrackter. Er liegt in der Chemie. Das Verfahren bringt nicht Calcium- oder Magnesium-, sondern Zinkverbindungen in das Papier, und es gibt Gründe zu der Annahme, daß diese dort nicht nur und nicht immer positiv wirken, das heißt vorhandene und entstehende Säuren neutralisieren; es gibt Gründe zu der Annahme, daß sie unter bestimmten Umständen den Abbau von Papier sogar fördern können. Eine von Zinksalz ausgehende Photolyse, das heißt eine Schädigung von DEZ-behandeltem Papier unter der Einwirkung von Licht, wurde in Houston nachgewiesen. Es heißt, man könne sie vernachlässigen, weil Bücher nicht dem Licht ausgesetzt, sondern im Dunkeln aufbewahrt werden. Zur Zeit laufen Versuche, welche die Befürchtungen ausräumen oder bestätigen sollen, daß an bestimmten Papieren auch im Dunkeln Schäden auftreten können.

### Restauratorisches Festigen

Alle Verfahren, von denen bisher berichtet wurde, verhindern zwar, daß Papier brüchig wird, oder besser, noch brüchiger, als es bereits ist. Sie können aber brüchiges Papier nicht wieder festigen. Das Wiener Vakuumtränk- und Gefriertrocknungs- und das magnesiumorganische Verfahren der Firma Lithco sind nur scheinbar Ausnahmen: Beide bewirken zwar bei leicht geschädigtem Papier eine gewisse Festigung, können aber wirklich brüchiges, wirklich unbenutzbares oder durch Benutzung akut gefährdetes Papier nicht wieder in einen Zustand versetzen, der die normale Benutzung in der Bibliothek erlaubt.

### Klassische Entwicklungen und neue Experimente

Zum Festigen von wirklich brüchigem und akut gefährdetem Papier gibt es eine ganze Reihe von Verfahren. Einige sind schon seit langem, mit fortschreitender Entwicklung aber eigentlich immer weniger in Gebrauch, und zwar aus zwei Gründen. Einmal sind sie angesichts der behandlungsbedürftigen Massen viel zu wenig leistungsfähig; sie arbeiten blattweise und kommen deshalb nur für seltene und wertvolle Einzelstücke in Betracht. Zum anderen gelingt es nicht, die ihnen anhaftenden Mängel ästhetischer Art zu beseitigen, die gerade beim Einsatz für seltene und wertvolle Einzelstücke ein schwerer Nachteil sind. Solche „klassischen" Verfahren sind zum Beispiel das Einbetten, das heißt das beidseitige Aufkaschieren von dünnem, langfaserigem Japanpapier, und das Laminieren, bei dem das Japanpapier mit einer Kunststoff-Folie aufgesiegelt wird oder bei dem diese aufgesiegelte Kunststoff-Folie selbst als Festiger wirkt.
Mit Kunststoff wird in der British Library experimentiert. Er wird hier nicht in fertiger Form, das heißt als Folie auf oder in das Papier gebracht, sondern als Monomeres. Das Monomere ist die Proto-Form des Kunststoffs. Monomere sind kleine Moleküle, die sich nach einer Initialzündung, zum Beispiel durch Bestrahlung, miteinander zu den großen des Kunststoffs verbinden. Monomere lassen sich, ähnlich wie Löse- und darin gelöste Neutralisierungsmittel, in nicht zerlegte Bücher hineinbringen, wo sie zu dem festen Kunststoff polymerisieren (Polymerisation in situ), vielleicht dort sogar, ähnlich wie der Hypothese zufolge die magnesiumorganische Verbindung der Firma Lithco, mit den Bruchstücken von abgebauter Cellulose eine Verbindung eingehen (Pfropfpolymerisation). Ob der damit zu gewinnende Festigkeitszuwachs ausreicht, wirklich brüchiges Papier wieder benutzbar zu machen, ist nicht geklärt.
Mit Monomeren arbeitet auch ein anderes Verfahren, das von der Firma Union Carbide bzw. ihrer Tochter Nova-Tran entwickelt wurde. Hierbei entsteht auf der Oberfläche des Papiers ein dünner Film aus dem Kunststoff Parylene. Das Monomere von Parylene ist gasförmig und läßt sich deshalb in gebundene Bücher bringen, die hierzu nur leicht aufgefächert werden müssen. Die Dicke des Films läßt sich exakt steuern, kann also der Restfestigkeit des Papiers angepaßt werden, jedenfalls soweit es der Dickenzuwachs erlaubt, der in einem bereits gebundenen Buch ein gewisses Maß nicht übersteigen darf. Parylene-beschichtetes Papier fühlt sich wachsig an und unterscheidet sich in Griff und Aussehen merklich von nicht behandeltem. Das Verfahren ist also für seltene und wertvolle Bücher nicht geeignet. Um es für den Masseneinsatz geeignet zu machen, konzentriert sich die Entwicklungsarbeit der Firma Union Carbide darauf, es so zu verbilligen, daß es mit der einzigen derzeit praktizierten Methode konkurrieren kann, von der Masse der brüchigen und gefährdeten Büchern wenigstens den Inhalt zu bewahren. Diese einzig praktizierte Methode ist das Verfilmen.
Für seltene und wertvolle Bücher ist das Verfilmen keine Alternative zum Restaurieren. Der Mikrofilm bzw. das Mikrofiche ist bei solchen Stücken kein Ersatz für das Original, sondern eine Entlastung. Bei diesen Büchern muß das Original in seiner materiellen Form erhalten und wiederhergestellt werden. Für diesen anspruchsvollsten Bereich hat die Konservierungskunde zwei Methoden entwickelt.

### Papieranfasern

Die eine ist das Anfasern beziehungsweise eine variante Anwendung, die man als „Auffasern" bezeichnen kann.

Beim An- und Auffasern ist der Restaurator Papiermacher. Er arbeitet mit Fasern, hochwertigem Zellstoff und Hadern, die er so vorbereitet und vorgefärbt hat, daß aus ihnen durch Mischen und durch Variation bei der Blattbildungs- und der Nachbehandlungstechnik jedes gewünschte, jedes in einem brüchig gewordenen seltenen und wertvollen Buch begegnende Papier nachgeahmt werden kann. Längeres Arbeiten in der Anfasertechnik läßt in einer Restaurierwerkstatt, die diese Technik anwendet, eine Sammlung von Mustern und Rezepten entstehen, die angeben, welche Fasern gemischt werden müssen, um eine Einheitsgröße Papier von einer Einheitsdicke und exakt der Farbe und Struktur des Musters herzustellen. Aus der Sammlung wird dasjenige Muster herausgesucht, welches dem zu restaurierenden brüchigen Papier am nächsten kommt; ist kein solches vorhanden, muß experimentiert werden; das erweitert die Mustersammlung für die Zukunft. Die Länge, die Breite und die Dicke des brüchigen Papiers werden gemessen, das Rezept wird notiert. Alles andere ist ein Rechenexempel, heute eine Sache für den Computer. Die Mengen der verschiedenen Fasern, die dieser dem Restaurator für ein bestimmtes Objekt ausrechnet, müssen sehr genau abgewogen, aufgeschlagen, mit Retentionsmittel (kationischer Stärke) versehen und in das Anfasergerät gegeben werden, in dem das brüchige Papier auf einem Papiersieb liegt. Ein Sog im Anfasergerät bewirkt, daß sich die Fasern um das brüchige Blatt herum absetzen und dort neues Papier bilden: ein sehr festes, weil aus hochwertigen und langen Fasern bestehendes Papier von genau der Farbe und der Dicke des brüchigen. Von diesem neuen Papier läßt der Restaurator später, wenn er aus dem Anfaserstück wieder ein Buch macht, einen schmalen Rand stehen. Er dient zur Erhöhung der Einreißfestigkeit, einer für die Benutzbarkeit sehr wichtigen Meßgröße. Der Sog im Anfasergerät wirkt nur am Anfang so stark, daß er die Fasern dorthin zieht und nur dort neues Papier entstehen läßt, wo kein altes ist. Am Ende eines Anfaservorgangs wird er so stark reduziert, daß sich die Fasern durch ihr Eigengewicht überall, also auch auf dem brüchigen Papier absetzen. Den Schriftspiegel, wo sie optisch stören würden, muß man hierbei abdecken. Auf der freien Fläche um die Schrift herum, auf den Stegen entsteht ein spinnwebdünnes, aber doch – den eingesetzten Fasern entsprechend – ziemlich festes Vlies. Im Falle von mäßig geschädigtem Papier genügt der so erzielte Festigkeitszuwachs für das ganze Blatt. Es kommt hierbei die Tatsache zum Tragen, daß das Brüchigwerden von den Rändern her beginnt, insbesondere beim Holzschliffpapier. Das noch etwas festere Papier im Schriftspiegel wird durch die kationische Stärke im Wasser des Anfasergeräts weiter gefestigt, etwa im gleichen Maß wie bei dem Wiener Vakuumtränk- und Gefriertrocknungsverfahren; künftigem weiterem Abbau wird dadurch vorgebeugt, daß im Anfasergerät mit wäßriger Neutralisierungslösung, extrem hartem, künstlich hart gemachtem Wasser, gearbeitet wird. Der Bundsteg, wo die stärkste Falzbeanspruchung beim Benutzen stattfindet, kann ganz aus neuem Papier gemacht werden. Das An- oder Auffasern ist die ästhetisch höchstwertige Restauriermethode für brüchiges Papier. Der mit ihr erreichbare Festigkeitszuwachs ist allerdings begrenzt. Für total abgebautes Papier, bei dem ein Stück abbricht, wenn man es einmal knickt, reicht er nicht aus.

## Papierspalten

Für solches Papier wurde das Papierspaltverfahren entwickelt. Führend waren hier die Restauratoren der DDR; an der Universitätsbibliothek in Jena und an der Deutschen Bücherei in Leipzig wird das Spalten in solcher Meisterschaft praktiziert, daß einige westdeutsche Bibliotheken ihre einschlägigen Fälle dorthin geben. Zum Spalten eines jeden Blattes aus brüchigem Papier braucht man drei Blätter eines Trägerpapiers; dieser Träger kann mehrfach verwendet werden. Sodann braucht man ein Ausfüllpapier. Es soll dem zu spaltenden Objekt möglichst ähnlich sein: Hierin liegt ein Nachteil des Spaltens, denn es ist kaum möglich, so viele verschiedenfarbige Ausfüllpapiere bereitzuhalten wie es verschiedenfarbig vergilbte brüchige Bücher gibt. Zum Spalten braucht man sodann zwei papierverträgliche Klebstoffe von verschiedenartiger Wasserlöslichkeit; bewährt haben sich Gelatine und Methylcellulose. Man braucht ein Enzym, um die Gelatine möglichst restlos wieder zu entfernen, wenn sie ihre Dienste getan hat. Und man braucht kunststoffbeschichtete Arbeitsplatten, auf denen diese Klebstoffe nicht kleben. Es ist praktisch, diese Arbeitsplatten an einer Kante zu „Büchern" miteinander zu verbinden.

Im ersten Arbeitsgang des Spaltverfahrens werden die zu spaltenden Blätter auf den nichtklebenden Arbeitsplatten auf je ein Blatt Ausfüllpapier gelegt und ganz leicht punktuell fixiert. Sie dürfen dort nicht kleben. Oben darauf wird ein einseitig mit Gelatine beschichtetes Trägerpapier gelegt und angepreßt. Das Ganze wird umgedreht, und von der anderen Seite wird ebenfalls ein gelatinebeschichtetes Trägerpapier angepreßt. Nach einigen Stunden, wenn die Klebung fest genug, im Innern aber noch soviel Feuchtigkeit vorhanden ist, daß der Faserverbund des Ausfüllpapiers gelockert ist, werden die beiden Trägerpapiere auseinandergezogen. Auf dem einen, dem zuletzt genannten, klebt, von der Gelatine gehalten, vollflächig das Ausfüllpapier: an manchen Stellen ganz, an anderen, nämlich dort, wo es nicht durch das Spaltgut von dem anderen Trägerpapier getrennt war, nur mit einer Seite: Vorder- oder Rück-, wie immer man definiert, abgespalten von der anderen. Auf dem anderen Trägerpapier klebt ganzflächig das Spaltgut, und dort, wo kein Spaltgut war, das heißt an den Stellen um dieses herum und wo ihm Teile fehlen, klebt die andere Seite des Ausfüllpapiers. Das erstgenannte Trägerpapier, dasjenige, auf dem vollflächig das Ausfüllpapier klebt, wird verworfen. Das andere, das mit dem Spaltgut und um dieses herum der abgespaltenen Seite des Ausfüllpapiers, wird mit dem dritten gelatinebeschichteten Trägerpapier beklebt. Diese Einheit wird nach Einpressen und angemessenem Trocknen noch einmal gespalten. Jetzt klebt auf jedem Träger jeweils die Vorder- beziehungsweise die Rückseite des Spaltguts und darum herum beziehungsweise an seinen Fehlstellen das noch einmal gespaltene Ausfüllpapier. Mit Methylcellulose werden die beiden Teile über einem Kern aus dünnem, festem Papier wieder zusammengefügt; das Trägerpapier wird abgelöst, wobei das Enzym zum biologischen Zerstören der Gelatine dient. Nach Trocknen und Beschneiden ist das brüchige Papier durch den eingelegten Kern wieder fest, voll hantier- und zu einem Buch verarbeitbar. Das Papierspalten ist die einzige Methode, mit der extrem brüchiges, total abgebautes Papier wieder benutzbar gemacht werden kann.

Edwin Führlbeck

# PAPIER IM JAHRE 1990

Seit mehr als sechs Jahrhunderten kennen und verwenden wir in unserem Land das Papier. Sein Siegeszug wurde ausgelöst durch den im Laufe der Zeit stetig zunehmenden Bedarf an beschreibbarem und später auch bedruckbarem Material. Tatsächlich ermöglicht wurde der wachsende Verbrauch dieses beschreib- und bedruckbaren Gutes allerdings erst, als es im Laufe der Zeit gelang, die für die Papierherstellung notwendigen Rohstoffe in ausreichender Menge bereitzustellen und auch die Produktionsverfahren entsprechend weiter zu entwickeln. Zu dem historischen Hauptverwendungszweck des Papiers, dem Beschreiben, sind im Laufe der Jahrhunderte sehr viele weitere Anwendungsarten gekommen.

Analysiert man etwas näher, wo wir tatsächlich überall Papier verwenden, so sprechen alle Anzeichen unserer heutigen wirtschaftlichen und technologischen Entwicklung dafür, daß das Papier auch in der Zukunft ein für uns alle unersetzliches Material sein und bleiben wird. Dieser Aufsatz soll im Zusammenhang mit dem Gedenken an die vor sechshundert Jahren in Nürnberg in der Stromerschen Papiermühle begonnene Papierherstellung – es war die erste in Deutschland – einen Überblick über die heutige Papierindustrie in unserem Land geben und dabei aufzeigen, wie in unserer Zeit Papier hergestellt und verwendet wird.

## Der Papiermarkt in Deutschland

In der Bundesrepublik werden im Jahr derzeit etwa 13 Millionen Tonnen Papier verbraucht, wobei der Begriff „Papier" in diesem Fall auch alle Karton- und Pappesorten mit einschließt. Von dieser Menge kann man sich bestimmt nur sehr schwer eine Vorstellung machen. Wesentlich deutlicher und eindrucksvoller wird es aber, wenn man den durchschnittlichen jährlichen Papierverbrauch pro Kopf unserer Bevölkerung betrachtet. Im Jahre 1988 betrug er 201 kg. An jedem einzelnen Tag des ganzen Jahres verbrauchte jeder Einwohner etwas mehr als ein halbes Kilogramm. Dabei ist besonders bemerkenswert, daß dieser spezifische Verbrauch in der Vergangenheit von Jahr zu Jahr laufend gestiegen ist, und alle Anzeichen deuten darauf hin, daß der Anstieg sich auch in Zukunft weiter fortsetzen wird. Der Zuwachs betrug bisher etwa 5 Prozent pro Jahr. Schlüsselt man den Bedarf nach verschiedenen Papiersorten auf, so entfallen auf Druckpapiere etwa 41 Prozent, auf Verpackungspapiere ebenfalls 41 Prozent, auf Büropapiere 7 Prozent, auf Hygienepapiere 6 Prozent und auf Papiere für den technischen Bereich etwa 5 Prozent.

Mit Papier versorgt wird unser Markt im wesentlichen von der inländischen papiererzeugenden Industrie. Etwa 140 Firmen mit über 200 Produktionsstätten und mehr als 48 000 Beschäftigten erzeugen derzeit pro Jahr circa 11 Millionen Tonnen Papier. Dies entspricht 85 Prozent der 13 Millionen Tonnen, die heute pro Jahr bei uns verbraucht werden. Von diesen 11 Millionen Tonnen werden 4 Millionen Tonnen exportiert, zur Abdeckung unseres Bedarfes müssen also 6 Millionen Tonnen wieder importiert werden.

Um den stetig wachsenden Papiermarkt versorgen zu können, muß die Papierindustrie ihre Produktionseinrichtungen fortlaufend erweitern. Bei der außerordentlichen Größe der heutigen Anlagen und der

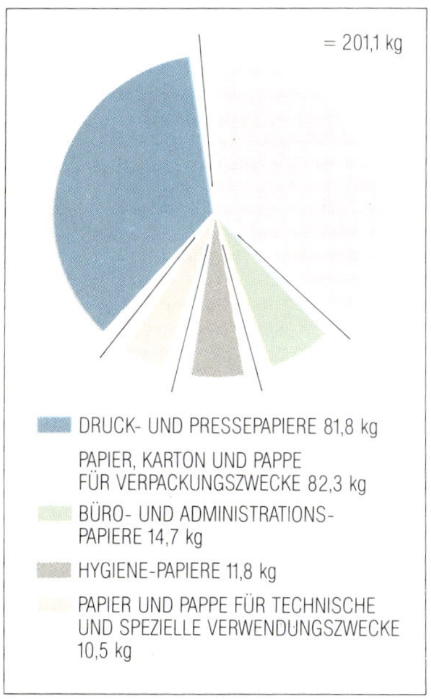


Verbrauch von Papier, Karton und Pappe je Einwohner in der BRD 1988.
Verband Deutscher Papierfabriken, Bonn.

dazugehörigen Maschinen sind dafür ganz erhebliche Investitionen erforderlich. So wurden allein 1988 von der Papierindustrie 1700 Millionen DM zur Erweiterung und Modernisierung ihrer Anlagen investiert. Die Investitionsquote (Investitionen bezogen auf den Umsatz) liegt damit bei 10 Prozent und somit weit über dem Durchschnitt der deutschen Industrie, der nur 5 Prozent beträgt.

## Die Rohstoffe

Seitdem der chinesische Staatsbeamte Ts'ai Lun im Jahre 105 n. Chr. seinem Kaiser berichtete, daß es ihm gelungen sei, aus Baumwolle, Hanf und Lumpen brauchbares Papier herzustellen, hat sich am Prinzip der damaligen Rohstoffbasis bis heute nichts Grundsätzliches geändert. Pflanzliche Faserstoffe bilden nach wie vor die Rohstoffgrundlage aller Papiere, viel Wasser ist als Hilfsmittel bei der Papierherstellung noch immer unerläßlich und das technologische Grundprinzip der Papierherstellung ist ebenfalls erhalten geblieben. Allerdings werden heute andere Pflanzen als damals zur Gewinnung der benötigten Fasern verwendet. Auch die Aufbereitung dieser pflanzlichen Rohstoffe ist eine ganz andere geworden.
Die heute als Papierrohstoff verwendeten Faserstoffe werden fast ausschließlich aus Holz gewonnen. In der Hauptsache werden Fichte und Kiefer, aber auch andere Holzarten wie zum Beispiel Buche, Birke und Eukalyptus, eingesetzt.
Um die für die Papierherstellung benötigten feinen Fasern aus dem Holz zu gewinnen, muß das Holz aufgeschlossen, das heißt in seine einzelnen Fasern zerlegt werden. Dies kann einmal mechanisch durch ein Verschleifen des Holzes erfolgen, dabei erhält man den sogenannten Holzstoff. Das Aufschließen kann zum anderen aber auch mit Chemikalien und unter Zufuhr von Wärme geschehen. Im letzteren Fall entsteht ein wesentlich hochwertigerer, aber auch erheblich teuerer, als „Zellstoff" bezeichneter Faserrohstoff.
Der heute aber bedeutendste Anteil der für die Papierherstellung eingesetzten Faserstoffe wird durch Recycling aus Altpapier gewonnen. Während in früheren Jahrhunderten nur der bei der Papierherstellung direkt angefallene Ausschuß wiederverwendet wurde, ist man im zwanzigsten Jahrhundert dazu übergegangen, Papiere nach ihrem Gebrauch als sogenanntes „Altpapier" wieder einzusammeln und durch neu entwickelte Recyclingverfahren in den Papierfabriken die im Altpapier enthaltenen, noch nutzbaren Faserstoffe zurückzugewinnen.
Die vierte und letzte große Rohstoffgruppe, die zur Herstellung der verschiedensten Papiersorten benötigt wird, besteht aus nichtfaserigen Hilfsmitteln und Füllstoffen. Diese Zutaten werden in unterschiedlichsten Zusammensetzungen den Faserstoffen beigefügt, um so die vorgesehenen Papiere mit den gewünschten und vorbestimmten Eigenschaften ausstatten zu können. Eines der bekanntesten Hilfsmittel ist sicher der Leim, dessen Zusatz von alters her das Verlaufen der Tinte auf dem Schreibpapier verhindert.
Der gesamte Rohstoffbedarf der Papierindustrie setzt sich heute aus folgenden Anteilen zusammen: 14 Prozent Holzstoff, 29 Prozent Zellstoff, 39 Prozent Recyclingfasern und 18 Prozent Hilfsmitteln und Füllstoffen. Betrachtet man den Verbrauch an Faserstoffen für sich

Rohstoffverbrauch für die Papiererzeugung in der BRD. Verband Deutscher Papierfabriken, Bonn.

alleine, also ohne die Hilfs- und Füllstoffe, so wird deutlich, daß heute die Recyclingfasern mit einem Anteil von 48 Prozent fast die Hälfte des gesamten Faserrohstoff-Bedarfes abdecken.
Die graphische Darstellung „Vom Rohstoff zum Papier" gewährt einen umfassenden Überblick über den Ursprung und den Einsatz aller Rohstoffe sowie über die im Jahr produzierten Papiermengen einschließlich der Import- und Exportanteile.

## Die Technologie der Papierherstellung

Betrachtet man den technologischen Prozeß der Papierherstellung in seiner Gesamtheit, beginnend beim Aufschluß des Rohmaterials Holz bis zum fertig gerollten oder geschnittenen und verpackten gebrauchsfertigen Papier, stellt man fest, daß er sich aus drei aufeinander folgenden, aber voneinander unabhängigen Teilprozessen zusammensetzt: der Freilegung und Gewinnung der faserigen Rohstoffe, der Verarbeitung der Faser- und Hilfsstoffe zu Rohpapier und schließlich der Verarbeitung des Rohpapieres zum fertigen Gebrauchsgut „Papier". In den nun folgenden Abschnitten sollen diese drei Teilprozesse etwas näher beschrieben und erläutert werden.

## Die Freilegung und Gewinnung der faserigen Rohstoffe

Es wurde bereits dargelegt, daß es drei Gruppen von Faserrohstoffen, – Zellstoff, Holzstoff und Recyclingfasern – sind, die bei der Papierherstellung zum Einsatz kommen und daß zu ihrer Gewinnung die unterschiedlichsten Technologien eingesetzt werden. Zellstoff stellt hierbei die für die Erzeugung von Papier am besten geeigneten Fasern zur Verfügung. Vor 120 Jahren hat man erstmals industriell begonnen, Holz durch chemische Kochprozesse in seine Einzelfasern, die Längen zwischen 0,7 mm und 4,4 mm aufweisen, zu zerlegen. Dabei wurden und werden auch noch heute die nichtfaserigen Bestandteile des Holzes, und zwar vor allem Lignin und Hemizellulose, unter Zusatz von Chemikalien bei höheren Temperaturen in einem unter Druck stattfindenden Kochprozeß aufgelöst und die Einzelfasern ziemlich unbeschädigt freigesetzt. Dazu sind industriell zwei verschiedene Verfahren im Einsatz: das Sulfat- und das Sulfitverfahren. Diese beiden Verfahren unterscheiden sich voneinander dadurch, daß unterschiedliche Chemikalien eingesetzt werden, wodurch die jeweiligen Kochprozesse etwas anders verlaufen.
Das Sulfitverfahren ist vor allem für harzarme Hölzer geeignet. Mit dem Sulfatverfahren können dagegen alle Hölzer und auch Einjahrespflanzen aufgeschlossen werden. Welche Methode in den einzelnen Zellstoffabriken jeweils zur Anwendung kommt, hängt einmal von den gewünschten Eigenschaften des herzustellenden Zellstoffes ab, daneben aber auch von wirtschaftlichen Überlegungen im Zusammenhang mit der Rückgewinnung von Chemikalien aus dem Kochprozeß. Sulfitzellstoff wird zum Beispiel dort eingesetzt, wo man Papiere mit sehr hoher Weiße erhalten möchte, ferner bei der Herstellung von Kunstseidefasern auf Cellulosebasis. Sulfatzellstoff kommt dann zum Einsatz, wenn es auf besonders hohe Papierfestigkeiten ankommt.
Die Ausbeute an Fasern liegt bei diesen chemischen Aufschlußprozessen im Bereich zwischen 40 Prozent und 55 Prozent. Die so

Seite 210 oben: Holzlager bei der MD-Dachau Papierfabrik. MD Papierfabriken, Dachau.
Unten: Zellstoffbrei. Schleicher und Schuell GmbH, Dassel.

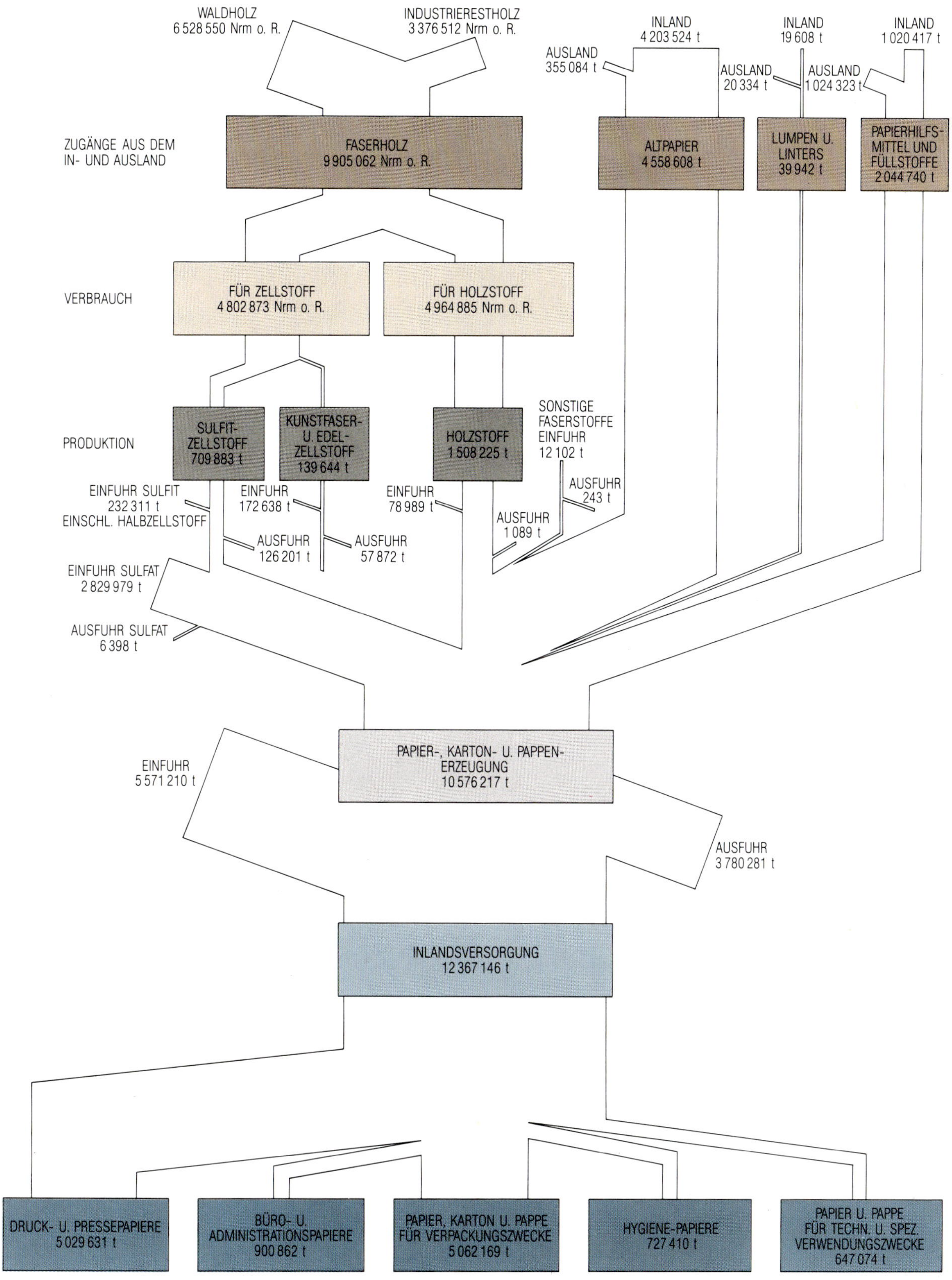


Vom Rohstoff zum Papier 1988.
Verband Deutscher Papierfabriken, Bonn.

Schema der Zellstofferzeugung. Deutsches Museum, München.

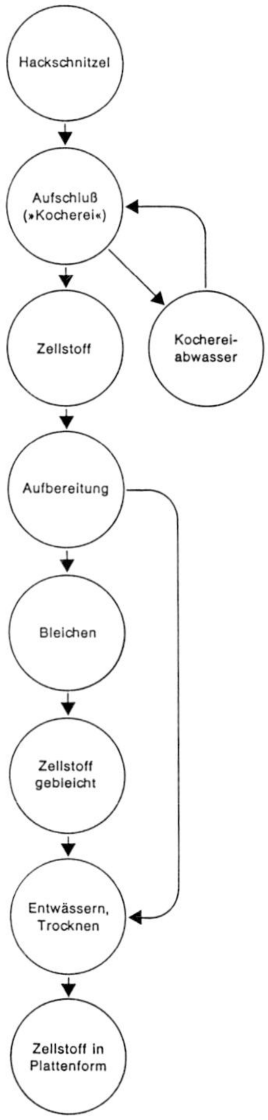


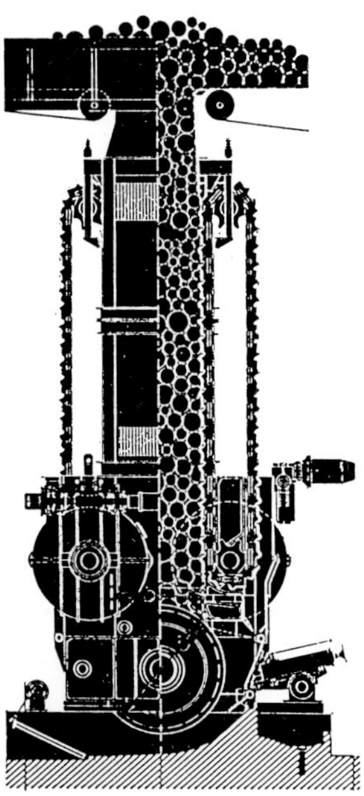

Schemazeichnung eines Holzschleifers. J. M. Voith GmbH, Heidenheim.

gewonnenen Fasern haben eine gelbliche bis braune Farbe. In einem sich anschließenden Bleichprozeß können sie je nach Bedarf bis zu reiner Weiße, wie wir sie zum Beispiel von Papiertaschentüchern her kennen, gebleicht werden. Bei beiden Verfahren werden heute die während des Aufschlußvorganges anfallenden gelösten Holzbestandteile Lignin und Hemizellulose verbrannt und liefern auf diesem Wege gleichzeitig einen Teil der notwendigen Strom- und Wärmeenergie für den Holzaufschlußprozeß. Während in früheren Jahren die Abfälle dieser chemischen Prozesse der Zellstoffabriken eine nicht unerhebliche Belastung der Umwelt mit sich brachten, kann man heute die technologischen Vorgänge in Kreisprozessen so führen, daß sie umweltfreundlich sind.

Einige Jahre älter als das chemische Verfahren zur Herstellung von Zellstoff ist die Methode der Holzstofferzeugung. Bereits vor 145 Jahren erfand F. G. Keller das Holzschliffverfahren. Bei diesem Prozeß zur Fasergewinnung werden entrindete Holzprügel von ca 1,5 m Länge gegen einen rotierenden Schleifstein gepreßt, wobei viel Wasser zur Kühlung der Schleifzone und zum Wegspülen der abgeschliffenen Fasern zugegeben werden muß. Man erhält so brauchbare Fasern und Faserbruchstücke, daneben aber auch ungeeignete dicke Faserbündel und Holzsplitter, die aussortiert werden müssen. Holzschliffasern sind natürlich infolge des mechanischen Schleifvorganges im Durchschnitt weniger lang und weniger elastisch als Zellstoffasern aus dem gleichen Holz, dafür ist aber ihre Herstellung billiger und die Ausbeute liegt mit über 90 Prozent ganz erheblich höher als bei Zellstoffen. Alle Papierfabriken in Deutschland, die Holzschliff in erheblichem Umfang einsetzen, erzeugen ihn direkt in ihren eigenen Werken. Auch Holzschliff kann, um die Helligkeit des zunächst sehr gelblichen Fasermaterials zu verbessern, in einem zweiten Verfahrensschritt gebleicht werden. Im Gegensatz zu Zellstoff neigt Holzschliff sowohl ungebleicht als auch gebleicht sehr stark zum Vergilben. Wir alle kennen diesen Nachteil von Zeitungen, die länger in der Sonne liegen und dabei gelb werden.

Die dritte, heute außerordentlich bedeutsame Faserstoffquelle für die Herstellung von Papieren, das Altpapier, ist in großem Umfang erst in der zweiten Hälfte dieses Jahrhunderts erschlossen worden. Ursachen für den fortschreitenden Einsatz sind unter anderen notwendige Kosteneinsparungen, angestrebter geringerer Holzeinschlag, größerer Schutz für die Umwelt und letztlich generell die Sicherung des Faserrohstoffbedarfes für den von Jahr zu Jahr steigenden Papierverbrauch. In allen Punkten sind im Laufe der Jahre große Erfolge erzielt worden. Besonders deutlich wird dies, wenn man den Einsatz von Recyclingfasern betrachtet. Man stellt dann fest, daß noch 1950 nur 24 Prozent der insgesamt eingesetzten Faserstoffe aus dem Altpapier kamen, heute sind es dagegen fast 50 Prozent. Altpapier ist ein übergeordneter Sammelbegriff für eine ganze Reihe von verschiedenen, sich qualitativ stark unterscheidenden einzelnen Altpapiersorten. So gibt es sehr reine, weiße Sorten, wie sie in Buchdruckereien anfallen, die man dann wieder zur Herstellung besserer Papiere einsetzen kann. Dunklere, häufig auch sehr verschmutzte Altpapiersorten dage-

gen werden für mindere Packpapiere und Papiere zur Erzeugung von Wellpappe verwendet.
Für die Aufbereitung von Altpapieren zu wiederverwendbaren Fasern mußten neue spezielle technologische Verfahren entwickelt werden. Dabei sind es in der Hauptsache mechanisch-hydraulische Vorgänge, durch die das Altpapier in die Einzelfasern zerlegt wird. Für die Verarbeitung wird es in großen Behältern mit viel Wasser gemischt und von schnellaufenden großen Rotoren aufgelöst. Mit Sieben und anderen Sortiereinrichtungen werden anschließend störende Verunreinigungen aussortiert. Eine Verbesserung des so erhaltenen Fasermateriales kann man erzielen, indem man von Recyclingfasern, die aus bedruckten Altpapieren, insbesondere von Zeitungen, stammen, die alte Druckerschwärze entfernt. Bei diesem sogenannten De-Inking-Verfahren wird in einem Waschprozeß die Druckerschwärze von den Fasern abgewaschen und abgeführt. Wenn erforderlich, kann auch hier durch einen sich anschließenden Bleichprozeß die Weiße noch etwas verbessert werden, was jedoch bis heute, allein schon aus wirtschaftlichen Gründen, nicht sehr häufig der Fall ist.

## Die Verarbeitung der Faser- und Hilfsstoffe zu Rohpapier

Im zweiten Teilprozeß, der sich nun innerhalb der eigentlichen Papiermaschine abspielt, wird aus den Faserroh- und Hilfsstoffen die Papierbahn gebildet und am Ende der Maschine endlos aufgerollt. Zunächst werden die erforderlichen Faser- und Hilfsstoffe zusammengestellt. Jede Papiersorte benötigt ihre eigene spezifische Rohstoffmischung. Die verschiedenen Rohstoffe werden in viel Wasser suspendiert und in Mahlmaschinen homogenisiert. Nach einer weiteren Wasserzugabe hat man schließlich in einem Kubikmeter Suspension zwischen 5 und 15 kg Fasermaterial.
Dieses Gemisch gelangt in die Papiermaschine, wo auf endlosen, über Walzen umlaufenden feinen Sieben der größte Teil des Wassers abgeführt wird und sich dadurch auf dem Sieb ein feines, feuchtes Faservlies bildet. Auf ebenfalls endlosen Filzen wird dieses Faservlies weiter durch die Maschine getragen, in rotierenden Walzenpressen verdichtet und dabei weiteres Wasser entfernt. Zum Fertigtrocknen führt man das so entstandene Papier anschließend schlangenförmig um eine große Anzahl dampfbeheizter Zylinder – fünfzig und mehr solcher Zylinder in einer Maschine sind heute keine Seltenheit mehr – und rollt es danach am Ende der Maschine kontinuierlich auf.
Papiermaschinen werden heute mit Breiten bis zu zehn Metern gebaut, die fertige Papierbahn kommt mit Geschwindigkeiten bis zu 1200 Meter pro Minute aus solchen Maschinen heraus, umgerechnet sind dies 72 km/h. Heute erzeugen solche Anlagen über 600 Tonnen Papier in 24 Stunden. Mit dem so an einem Tag hergestellten Papier könnte man eine endlose Bahn von Berlin bis nach Sizilien auslegen. Muß eine solche Maschine einmal für längere Zeit abgestellt werden, so ist die Wiederinbetriebnahme ein sehr komplizierter, zeitaufwendiger und natürlich sehr teurer Vorgang. So ist es verständlich, daß derartige Anlagen rund um die Uhr betrieben werden müssen und auch an den Wochenenden nicht abgestellt werden können. Nur an wenigen Tagen im Jahr, insbesondere an hohen Feiertagen, werden

Seite 214 oben: Papiermaschine mit Doppelsiebformer zur Herstellung von Druckpapieren.
MD Papierfabriken, Dachau.

Seite 214 unten: Doppelscheibenrefiner-Mahlanlage für Zellstoff.
Sulzer-Escher Wyss GmbH, Ravensburg.

Seite 215 oben: Langsiebpapiermaschine zur Herstellung von Fotorohpapieren.
Sulzer-Escher Wyss GmbH, Ravensburg.

Seite 215 unten: Teilansicht einer Recycling-Anlage für Altpapier, Flotationszellen zur Druckfarbenentfernung.
Sulzer-Escher Wyss GmbH, Ravensburg.

VOITH

ESCHER WYSS

Seite 217 oben: Werk Schongau der Haindl Papier GmbH. Luftbild Elsäßer. Freigegeben durch Reg. Präs. Stuttgart Nr. 9/78737.
Haindl Papier GmbH, Augsburg.

Unten: Streichgruppe in der ikono-Streichmaschine.
Foto: Esser/Baus, Köln.
Zanders Feinpapiere AG, Bergisch-Gladbach.

die Maschinen stillgesetzt, um Wartungsarbeiten durchführen zu können. Auf Grund ihrer Größe – solche Maschinen erreichen Längen von über einhundert Metern – sind für eine Papiermaschine und die notwendigen Nebenanlagen und Gebäude Investitionen bis zu 500 Millionen DM erforderlich.
Natürlich gibt es auch eine Vielzahl kleinerer Anlagen, die erheblich schmaler sind und wesentlich langsamer laufen. Auf ihnen werden Papiersorten, die in geringeren Mengen benötigt werden, sowie Spezialpapiere, wie zum Beispiel Banknotenpapiere und Fotorohpapiere, hergestellt.

## Die Verarbeitung der Rohpapiere zum fertigen Verbrauchsgut

Das am Ende der Papiermaschinen in riesigen, bis zu zweieinhalb Meter hohen und bis zu zehn Meter breiten Rollen anfallende Rohpapier muß nun, bevor es dem endgültigen Verbrauch zugeführt werden kann, noch „ausgerüstet" werden, wie der Papierfachmann den folgenden Arbeitsgang nennt, das heißt, es muß je nach vorgesehener Verwendung geglättet, in kleinere Rollen oder in Bogen geschnitten und verpackt werden. Verschiedene Papiere werden auch vor dem Ausrüsten noch veredelt; hierzu gehören Vorgänge wie das Streichen, Imprägnieren, Beschichten und Kaschieren. Erst dann sind die Papiere tatsächlich fertig und können ihrer endgültigen Bestimmung beim Verbraucher zugeführt werden.

## Ausblick

Wie in den meisten Industrienationen hat auch die Papierindustrie in Deutschland in den vergangenen Jahrzehnten und besonders auch in den letzten Jahren einen stetigen Aufschwung genommen. Dabei wurden die Produktionskapazitäten zur Versorgung des Marktes laufend ausgebaut. Im Rahmen der fortschreitenden allgemeinen wirtschaftlichen und technischen Entwicklung wurden von den Verbrauchern auch zunehmend umfassendere und höhere Ansprüche an die Papiere gestellt.
Die Papierindustrie hat diese Anforderungen aufgenommen und durch laufende Forschung und Entwicklung sowohl in den eigenen Werken als auch unterstützt durch Lehre und Forschung am Institut für Papierfabrikation der Technischen Hochschule Darmstadt, im Bereich Verfahrenstechnik-Papier an der Fachhochschule München und am Industrieinstitut „Papiertechnische Stiftung" in München die Weiterentwicklung der verschiedensten Papiersorten vorangebracht. Neben den markttechnischen Vorgaben wird aber in der Papierindustrie auch dem Umweltschutz zur Reinhaltung der Luft und des Wassers die ihm zukommende Beachtung geschenkt. Mehr als 10 Prozent der jährlichen Investitionen dieser Industriegruppe, das waren 1988 über 170 Millionen DM, werden zur Zeit für den Umweltschutz aufgewendet.
Man darf wohl sagen, daß unsere Papierindustrie mit Sicherheit auch in Zukunft sowohl im europäischen Raum als auch im gesamten internationalen Wettbewerb hinsichtlich Produktivität und Qualität ihrer Erzeugnisse weiterhin eine führende Rolle spielen wird.

Schalt- und Überwachungszentrale einer modernen Papiermaschine.
J. M. Voith GmbH, Heidenheim.

## Die VP-Schickedanz AG in Nürnberg

Produktion der Camelia-Binden, Foto: Peter Salek. VP-Schickedanz AG, Nürnberg.

Rechts: Automatisches Verpacken der Tempo-Taschentücher. VP-Schickedanz AG, Nürnberg.

Rechts unten: Computergesteuertes Hochlager. VP-Schickedanz AG, Nürnberg.

Sechshundert Jahre nach Gründung der ersten Papiermühle setzt ein Unternehmen in Nürnberg die Tradition der Papierherstellung in dieser Stadt fort. Die VP-Schickedanz AG ist einer der größten Hersteller von Hygienepapieren auf dem europäischen Markt. Die bereits 1908 gegründeten Vereinigten Klosettpapierfabriken wurden 1923 in Vereinigte Papierwerke AG umbenannt. Mit der ersten in Europa produzierten Binde „Camelia" auf Zellstoffbasis konnte das Unternehmen ab 1927 deutliche Umsatzsteigerungen erzielen. Im Zeichen der Hygiene wurde für das regelmäßige Problem der Frauen eine moderne und praktische Lösung gefunden.

Am 29. Januar 1929 meldeten die Vereinigten Papierwerke AG das Warenzeichen Tempo als erstes Papiertaschentuch Europas in der Warenzeichenrolle an. Die Marke wurde zum „Renner": Zehn Jahre nach Einführung wurden bereits 400 Millionen Tempo-Taschentücher „verschnupft". Ein steigendes Hygienebewußtsein war der entscheidende Grund für den hohen Verbrauch. Bereits in den dreißiger Jahren gehörte das Papiertaschentuch zum alltäglichen Gebrauchsgegenstand vieler Haushalte. Produziert wurde zunächst in Heroldsberg bei Nürnberg. Spezialmaschinen schnitten die Taschentücher im klassischen Format 23 cm x 23 cm plan; danach erhielten sie die charakteristische Randstanzung. Das zweifache Falten geschah anfangs noch in Heimarbeit; ein Päckchen enthielt 18 Tücher. 1935 erwarb Gustav Schikkedanz die Vereinigten Papierwerke AG; 1937 wurde aufgrund ständig steigenden Produktionsvolumens ein zweites Werk in Forchheim gegründet. In den Kriegsjahren verschwanden die Tempo-Taschentücher allerdings aus den Verkaufsregalen, weil die Produktion vollständig eingestellt werden mußte. Das Verwaltungsgebäude wurde 1945 ein Opfer der Bomben. 1947 lief die Produktion wieder an und bereits 1955 war das Herstellungsvolumen auf eine Milliarde Papiertücher gestiegen. „Auf Schnupfennächten liegt ein Fluch, da hilft das Tempo-Taschentuch" – so lautete ein Werbespruch der fünfziger Jahre. Mittlerweile schneuzten nicht nur die Deutschen in das Papiertaschentuch. Das blütenweiße, wattenweiche Tüchlein aus reinem Zellstoff war zum unentbehrlichen, alltäglichen Produkt geworden.

Die beiden klassischen Marken Camelia und Tempo haben den Erfolg des Nürnberger Unternehmens begründet. Nach über sechzig Jahren halten sie marktführende Positionen in Deutschland und in Europa. Die VP-Schickedanz AG verfügt heute über eine komplette Produktionspalette bei den Hygienepapieren: Tempo-Küchen- und Kosmetiktücher, Camelia-Slipeinlagen, Tampona-Tampons, bess-Toilettenpapier, Moltex-Windeln, alle aus reinem Zellstoff hergestellt und

schließlich noch Demak 'up-Wattepads aus 100% Baumwolle. Im Geschäftsjahr 1989/90 betrug der Gesamtumsatz rund 1,35 Milliarden Mark. Mit den Tochtergesellschaften in Österreich, der Schweiz, Holland, Belgien, Italien, Spanien und Frankreich sowie insgesamt zwölf Produktionsstätten im In- und Ausland beschäftigt das Unternehmen rund 4000 Mitarbeiter, davon etwa 1260 im Ausland.
In den letzten Jahren wurde das Problem „Saubere Umwelt" immer stärker auch in der Papierindustrie behandelt. Mehr und mehr Unternehmen gehen dazu über, Chlorbleiche, die bisher zur Herstellung von weißem Papier notwendig war, wegzulassen. Die VP-Schickedanz AG verwendet jetzt für die Produktion von Hygienepapieren sauerstoff- und wasserstoffperoxidgebleichten Zellstoff. Das Ergebnis ist ein ebenso weißes, jedoch umweltschonenderes Hygienepapier von gleicher Qualität. Noch einen Schritt weiter ging das Unternehmen mit dem Markenprogramm Bel · uga. Diese neuen Hygieneprodukte sind vollständig ohne Bleichmittel und Chemikalien hergestellt und frei von Farbzusätzen. Dadurch werden erhebliche Einsparungen an Energie und vor allen Dingen Wasser erreicht. Diese naturbraunen Hygienepapiere gehören zu den Produkten, die den Anforderungen der umweltaktiven Verbraucher unserer Zeit entsprechen. J. F.

**Harald Lamprecht**

## KOHLER-DESIGNPAPIER IN ALLER WELT

Drei Fotos aus der Papierfabrik Kohler in Gmund am Tegernsee: Kollergang (oben), Farbzugabe am Holländer (Mitte) und die alte Papiermaschine, die seit 1886 in Betrieb ist (unten), Fotos: Bauer, Nürnberger Nachrichten.

Die Gegend verdient die Bezeichnung malerisch, was immer man darunter versteht, doch eine Idylle ist die Landschaft rund um den Tegernsee nur für die Zugereisten, die hier ihre Villen erbaut haben. Die Einheimischen haben immer schon hart arbeiten müssen; früher mehr als heute, wo der Tourismus den Taler in den Beutel springen lässt.
Schon früh nutzten findige und fleißige Oberbayern die Kraft des Flüßchens Mangfall. Ihr Tal endet in Gmund, am Nordende des Tegernsees. Hier wurde geschmiedet, gewalzt und gehämmert; heutzutage wird in mehreren Fabriken Papier hergestellt. Einer dieser Betriebe heißt Louisenthal. Dort wird das Papier für Banknoten fabriziert. In der Nachbarschaft befindet sich die Büttenpapierfabrik Gmund, ein Unikum unter den Papierherstellern der Welt.
Auf dem hart umkämpften Markt des Papiers hat sich der Familienbetrieb in einer Nische eingenistet. Hier werden nach alten Rezepturen und Verfahren auf alten Maschinen Papiere und Kartons hergestellt, wie dies in den modernen Fabriken gar nicht mehr möglich ist. Im Trend zur Massenfabrikation sind Werkzeug und Wissen verloren gegangen. Der Stolz der Firma ist eine Papiermaschine, die im Jahr 1886 aufgestellt worden ist. Seit dieser Zeit arbeitet das treue Instrument und stellt Papiere her, die von Designern in aller Welt gesucht und gepriesen werden. Der Inhaber der Gmunder Fabrik, Ludwig Kohler, und sein Sohn Florian kriegen leuchtende Augen, wenn sie das gute Stück loben.
Auf dem Grundstück im Tal der Mangfall stand früher ein Kupfer-Walz- und Hammerwerk, ein metallverarbeitender Betrieb, wie man heute sagen würde. Er brannte 1827 ab. Ein Hans Haas kaufte die Ruine und begann 1829 Papier zu produzieren. Nach dessen Tod 1854 übernahm die Fabrik Gregor Fichtner, der auch Reichstagsabgeordneter in Berlin war. 1860 hat es wieder gebrannt, schon im nächsten Jahr war der Wiederaufbau vollendet. Von 1904 an sind die Kohlers die Herren, und von da an heißt 'die Firma ‚Maschinen- und Bütten- Papierfabrik Gmund'. Vor dem ersten Weltkrieg wurden außer den handgeschöpften Papieren mit verschiedensten Wasserzeichen vor allem filzgenarbte Foto-, Passepartout- und Umschlagkartons hergestellt. Nach dem Krieg spezialisierte sich die Firma auf weiße und farbige Papiere und Kartons mit den verschiedensten Oberflächen, die sie durch Markierfilze in der Papiermaschine herstellte. Damals schon wurde damit begonnen, Büttenvorsatzpapiere für besonders exquisite Drucksachen, hadernhaltige Behördenpapiere, Schreibmaschinen- und Wertzeichenpapiere mit Wasserzeichen in das Programm aufzunehmen. Die Papierprägerei wurde aufgebaut. Sie macht heute einen guten Teil des Rufes der Firma aus. Reliefartige Strukturen werden über gravierte Stahlwalzen auf das Papier gebracht. Während des zweiten Weltkrieges wurde die Produktion mit Hilfe von Landkartenpapieren, Gasmaskenfilterpapieren und rußgeschwärzten Fotoschutzpapieren aufrecht erhalten.
Heute ist die Gmunder Papierfabrik eine Art Maßschneiderei, wo Formate, Farben und Gewichte auf Wunsch der Kunden schon für kleine Mengen mit beliebigen Oberflächen angefertigt und geliefert werden. So werden selbst die ausgefallensten Wünsche befriedigt, manchmal sogar erst geweckt. Flexibilität und Oberflächenqualität sind höher, wenn zunächst farbige Papiere gefertigt und anschließend die Oberflächen geprägt werden. Hier kommt einer der Vorteile der alten Papiermaschine ins Spiel. Weil es nämlich auf die Geschwindigkeit der Papierherstellung nicht so sehr ankommt, wird das Wasser aus dem Papierbrei mit Walzen ausgepresst und nicht abgesogen, wie es heute allgemein üblich ist. Der Vorteil: Das Papier ist auf beiden Seiten gleich farbig. Stets werden neue Motive entworfen und entwickelt. In Verbindung mit dem Gmunder Heißdampf-Prägeverfahren werden mit über 100 verschiedenen Stahlwalzen die verschiedensten Strukturen angeboten. In Gmund ist eine der weltweit umfangreichsten Papierprägereien. Die Firma kann aus dem Stand etwa 50 000 Kombinationen aus Papier, Farbe und Prägung anbieten. Mit Hilfe einer Lackier- und Klebemaschine können alle Farben mit allen Prägungen bis zu einem Gewicht von 1000 Gramm pro Quadratmeter bearbeitet werden.
Ludwig und Florian Kohler betonen, daß nur erlesenste Rohstoffe aus aller Welt für die Produktion verwendet werden. Ausgangsmaterialien sind Faserstoffe, die sich durch höchste Reinheit und hohe Festigkeit auszeichnen. Dies sind dioxinfreie Spezialzellstoffe, die ohne Chlor gebleicht werden, und natürliche Baumwollhadern. Besonderes Augenmerk wird auf die Auswahl geeigneter, möglichst lichtechter Farben und Pigmente gelegt. Mineralien und Füllstoffe tragen ihren Teil zu einer neutralen, alterungsbeständigen Qualität bei.
Die Faserstoffe werden noch mit Mahlholländern sorgfältig aufgeschlossen. Bis zu zwei Stunden werden die Fasern unter Beigabe von Farben, Füllstoffen und Leim nach individuellen Rezepten schonend gemahlen. Die gleichmäßige Bearbeitung wird durch Zugabe von Kollerstoff nochmals verbessert. Im sogenannten Kollergang wird aussortiertes Papier der letzten Fertigung wieder aufgeschlossen. Dies ist eine aufwendige aber wirksame Methode, um eine gleichbleibende Farbqualität zu erreichen. Eine wichtige Rolle spielt der 'Holländer-Müller', ein Handwerker, der mit den in vielen Jahrzehnten entwickelten Rezepturen umzugehen weiß.
Mit etwa vierzig Angestellten und Arbeitern beträgt der Umsatz der Gmunder Papierfabrik an die achtzehn Millionen Mark. Die stetige Aufwärtsentwicklung ist nur durch die beiden Kriege unterbrochen worden. Der Export macht heute über fünfzig Prozent des Absatzes aus. Er erstreckt sich auf über fünfzig Länder in allen fünf Erdteilen. Obwohl der Umsatz in den letzten vier Jahren um 25 Prozent gestiegen ist, betonen die Firmeninhaber, daß sie auf reines Wachstum keinen Wert legen. Ihr Hauptaugenmerk gilt der Herstellung und dem Verkauf feinster Sorten. Dem Kunden bleibt gar nichts anderes übrig: In Verbindung mit dem Namen Gmund denkt er nur an edle und teure Papiere.
Soweit erforderlich, wird investiert, jedoch ohne Fremdgeld. Mittlerweile spenden drei betriebseigene Wasserkraftwerke mit Hilfe der Mangfall Energie; Strom wird also umweltfreundlich und kostengünstig erzeugt. Natürlich gibt es zur alten auch eine neue Papiermaschine. Nachdem bereits über 500 Tonnen Rohpapier dazu gekauft werden mußten, wurde die Maschine Anfang der achtziger Jahre mit dem notwendigen Zubehör aufgestellt.
Die Gmunder Bütten- und Maschinen-Papierfabrik versendet pro Tag 10 bis 25 Tonnen Papier oder Karton. Kein Bogen verläßt die Fabrik, ohne kontrolliert worden zu sein. Diese Arbeit wird von Frauen gemacht, wobei eine Kontrolleurin 15 000 Bogen pro Tag anschaut und, wenn notwendig, verwirft. Der Ausschuß wird der Produktion wieder zugeführt, was Geld spart und die Qualität verbessert.

Verpackungen der Papierfabrik Kohler, Foto: Richard Krauss, Nürnberg.
Büttenpapierfabrik Gmund/Tegernsee.

Karla Fohrbeck

## PRODUKTKULTUR UND MÄZENATENTUM AM BEISPIEL PAPIERINDUSTRIE

Geringfügig modifizierter Auszug aus dem Buch der Autorin: Renaissance der Mäzene? Interessenvielfalt in der privaten Kulturfinanzierung, Dumont, Köln, 1989.

Es scheint so, als ob Kunst und Kultur zunehmend zur Profilbildung im Leben von Staat und Gesellschaft beitragen. Kulturelle und künstlerische Arbeit wird auch in Zukunft in erheblichem Maße auf staatliche Förderung angewiesen sein. Doch mehr und mehr kommt den privaten Mäzenen und Sponsoren aus der Wirtschaft Bedeutung zu. Dieser Beitrag versucht aufzuzeigen, wodurch diese Teilnahme gewachsen ist, woraus sie sich rechtfertigt und welche Beispiele – insbesondere aus dem Bereich der Papierunternehmen – bisher vorbildhaft gewirkt haben.

Nehmen wir einmal den Rohstoff Papier ... denn „Papier war (nicht nur) für Zanders schon immer mehr als Papier". Die ästhetische Herausforderung reizte viele Papierunternehmen, übers Verpackungsdesign hinaus Brief- und Buchkunst, Kalender und Papierobjekte, Preise für Papier-Kunst und Stadtzeichner, Galerien, Kunstsammlungen und entsprechende Museen zu fördern. Selbstverständlich ist diese „eng an den Unternehmenszweck" gebundene Liebhaberei keineswegs; hinter den Kulissen fehlt es selten an Stimmen, die auch diese Formen der „Veredelung" eher als Luxus denn als umsatzfördernd betrachten. Das mehr oder weniger pointierte „mäzenatische Bewußtsein", die größere oder kleinere Selbstverständlichkeit im Umgang mit der künstlerischen oder kulturgeschichtlichen Seite des firmenspezifischen Rohstoffs geht jedoch in den meisten Fällen nicht auf die Konkurrenz um eine möglichst öffentlichkeitswirksame „Corporate Identity" sponsorbewußter Firmen der späten achtziger Jahre zurück. Die diesbezüglichen Firmen- und Familientraditionen sind häufig älteren Datums, auch die zeitgenössische Kunst- und Künstlerförderung ist oft schon ein gutes Jahrzehnt alt und war anfangs wenig am überregionalen Echo ausgerichtet.

Die MD Druckpapier in Dachau ist der Kunst seit langem durch verschiedene Maßnahmen verbunden. Seit 1970 erscheinen die MD-Kunstkalender, die selber in diversen Wettbewerben prämiert wurden und die daher auch über den Buchhandel und als Kunstbuch (Auswahl) vertrieben werden. Die MD-Galerie, eine Edition, mit der junge Künstler gefördert und grafische Techniken bewußter nachvollziehbar gemacht werden sollen, besteht seit 1975. Die Firma förderte Kunst im regionalen Bereich auch durch Spenden und beträchtliche Sachleistungen, so bei der Herausgabe dreier Bildbände über die Dachauer Malerschule beziehungsweise eines Katalogs der Dachauer Gemäldegalerie oder anläßlich der Jahresausstellung der Künstlervereinigung Dachau durch Stiftung eines Kunstpreises. Broschüren zur „Kunst des Papiermachens" oder zur „elektronischen Herausforderung" sowie der Aufbau eines eigenen MD-Papier-Museums charakterisieren die Initiativen der letzten Jahre. Steingravur, Lithographie, Laviermanier, Federlitho, Kombinationsdrucke, Zinkographie, Algraphie, Offsetlitho, manuelle Hochdrucktechniken, Holzstich, Linolschnitt und andere Techniken bleiben so im historischen Rückblick wie in der aktuellen künstlerischen Anwendungsform in ihrer Differenziertheit präsent.

Auch die Kalender der Papierfabrik Haindl in Augsburg sind verschiedentlich auf nationalen und internationalen Wettbewerben aus-

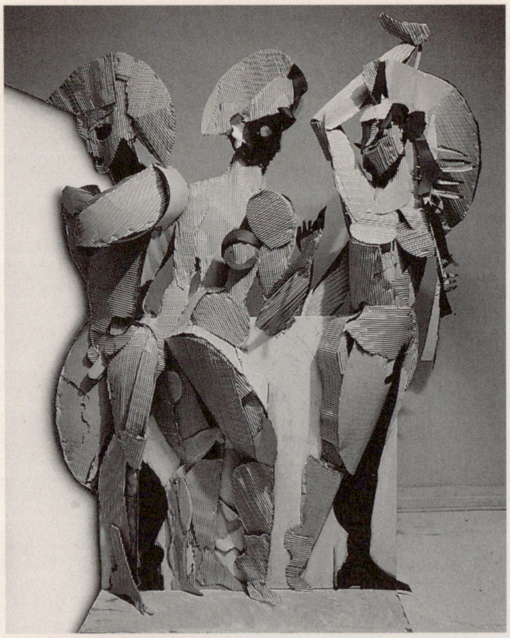

Kunstobjekt aus Wellpappe von der Bildhauerin Petra Ellert, aus dem Geschäftsbericht von 1988.
Feldmühle AG, Düsseldorf.

Ausschnitt aus dem oberen Bild.

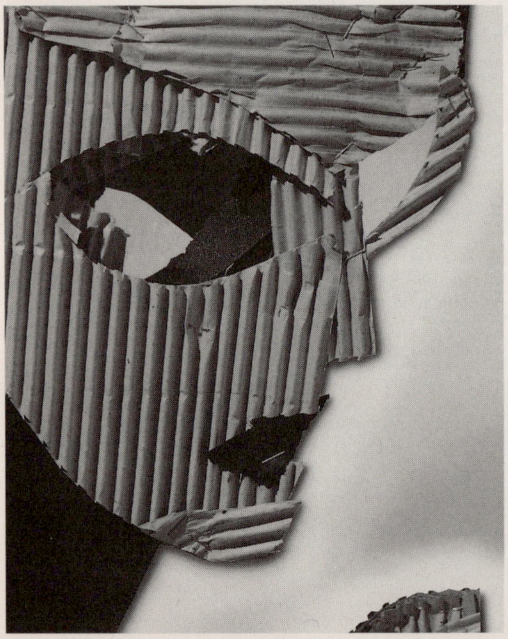

gezeichnet worden ... „Papier verewigt den Augenblick", ob in der Forschung: das „Wagnis der Entdeckung", in der Mode: die „Extravaganz", ob im Sport: die „Sensation", in der Kunst: die „Genialität" oder in der Literatur: die „Ansicht". Solches Engagement zieht Aufträge an Fotografen nach sich und fördert ästhetische Sensibilität. „Der große Zauber eines kleinen Blatt Papiers" war auch der Titel einer Broschüre, die Haindl zur 2000-Jahrfeier der Stadt Augsburg herausbrachte, und aus gleichem Anlaß baute die Firma eine originalgetreue Papiermühle aus dem siebzehnten Jahrhundert auf, mit der Papier wie in alten Zeiten hergestellt werden konnte.

Die Feldmühle AG in Düsseldorf stellt in ihren Geschäftsberichten seit vielen Jahren die Arbeiten von Künstlern vor, 1979 schon Objekte und Experimente von Oskar Holweck, 1980 verschiedene Papierfaltungen von Irmgard Kneißler, 1981 Papierkostüme, mit denen Elisabeth Umberg-Vary und ihre Klasse an der Fachhochschule für Kunst und Design in Köln Aufsehen erregten, und so ging es weiter bis hin zu Karton-Metamorphosen (Wolf Ebener), Treppen (Rein Jansma), Schmuck aus Papier und anderen Herausforderungen.

Zanders aus Bergisch-Gladbach, für hochwertige Chromolux-Papiere bekannt, zieht für seine Kalender international renommierte Fotografen wie David Hamilton, Sam Haskins, Art Kane, Erwin Flieger oder Ernst Haas heran. Die Firma spendete das Papier für die Plakataktion des Fördervereins Bundeskunsthalle Bonn, für die sich ein Dutzend Avantgardekünstler – ebenfalls „mäzenatisch" – mit eigenen Beiträgen einsetzte. Und schon Sammlerwert hat die 1980 edierte Kunstmappe Art Zanders, für die sechs international renommierte Künstler das Thema „Bewegung" bildhaft umsetzten, darunter der Verpakkungskünstler Christo, außerdem Daniel Spoerri, Bernard Schultze, Eduardo Paolozzi, Jiři Kolař und Günther Uecker.

Schneider & Söhne in Ettlingen fördern von Zeit zu Zeit Ausstellungen mit Regionalbezug.

Die Firma Scheufelen in Lenningen wurde mit ihrer Ausstellung „Papierideen" bekannt, die aus einem Auftrag an die Staatliche Akademie der Bildenden Künste in Stuttgart hervorging, aber auch durch Ausstellungen und Aktionen in der Galerie der J. G. Weißschen Drukkerei in München (Weißsche Galerie), die der Technik und Kunst des grafischen und des Druckgewerbes gewidmet ist.

Europa carton in Hamburg unterstützt Künstler, die mit Pappe arbeiten, und präsentiert die Arbeiten dem eigenen Kundenkreis.

Tetra Pak in Hochheim/Ts., unter anderem Milchtüten-Hersteller, ist nicht nur für seine erstklassige konstruktivistische Kunstsammlung bekannt, sondern ebenso durch den hochdotierten Kunstpreis zur Förderung dieser Kunstsparte.

Auch der Verband Deutscher Papierfabriken in Bonn ist 1984 mit einem Wettbewerb unter den mittleren und höheren Semestern der bundesdeutschen Grafikdesign-Schulen zum Thema „Papier und Kommunikation – Papier verbindet Menschen" an die Öffentlichkeit getreten.

Die Ausstellung „Zauberstoff Papier", der dieses Buch gewidmet ist, verdankt ihr Entstehen nahezu ausschließlich dem finanziellen Enga-

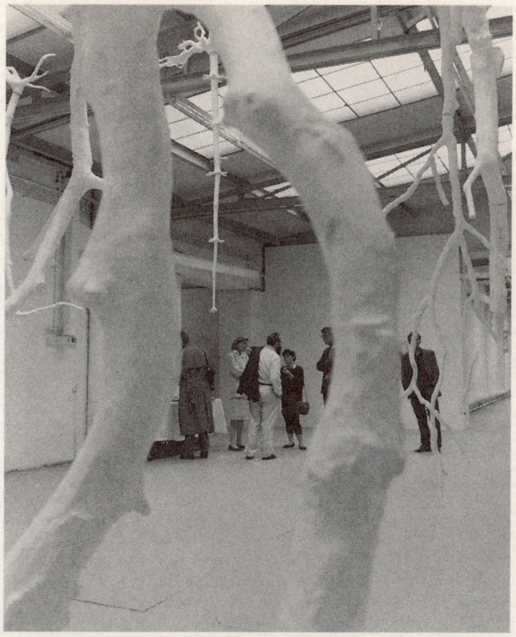

Ausstellung „Wertpapier", 1989 in München in der Künstlerwerkstatt Lothringer Straße. Die Firma Scheufelen stellte das Papier für Einladung und Katalog zur Verfügung und bewirtete die Gäste der Vernissage. Das Bild zeigt eine Installation von Andreas von Weizsäcker, der auch die Ausstellung organisiert hatte: Bäume und Äste aus Papiermasse, die umgekehrt von der Decke hängen.
Papierfabrik Scheufelen, Lenningen.

gement verschiedener Papierhersteller und anderer Sponsoren. Vor allem der Verband Deutscher Papierfabriken in Bonn sowie die Unternehmen Haindl, MD-Dachau, VP-Schickedanz AG Nürnberg, Sebaldus-Verlag Nürnberg, Verlag Nürnberger Presse und andere haben es möglich gemacht, dieses kulturgeschichtliche Jubiläum angemessen zu begehen. Damit wurde in Nürnberg erstmals ein Modell praktiziert, Kulturhistoriker und Industrie zusammenzuspannen. Als Vorläufer gilt hier die Ausstellung „Das Bleistiftschloß" zum 225jährigen Firmenjubiläum von Faber-Castell.

Es wird im weiteren Feld der Produktkultivierung sicher auch weiterhin eher „assoziative" und auf den Markt bezogen nicht allzu ausbaufähige Fall-zu-Fall-Beziehungen zwischen Kunst und Produktwirtschaft geben, die als Farbtupfer wirken wie eine Aufführung von Ionesco's Einakter „Die Stühle" 1986 im Galeriegebäude des Schlosses Hannover-Herrenhausen anläßlich einer Ausstellung von dreißig Jahren Wilkhan (Stuhl-)Design (und der gleichzeitigen Jahrestagung des Verbands Deutscher Industriedesigner). Und die Berichterstattung ernährt auch komische Glossen, so wenn Blendax 1984 für 7000 DM eine Zahnarzt-Edition aus elf Grafiken und einer Wandplastik unter dem Titel „Der Zahn, behandelt durch den Künstler" herausgibt (Begleittext Fritz J. Raddatz): „Versteht sich, daß für ein solch hehres Ziel auch der Interpret der Werke nur vom Feinsten sein darf. Und so kam man auf den Rilke-Kenner, Wunderlich-Bewunderer und Feuilletonchef einer großen deutschen Wochenzeitung Fritz J. Blendax oder Raddax oder so ähnlich."[1]

Und häufig stammen derlei mehr oder weniger wundersame oder natürlich wirkende „Interessenzusammenhänge" gar nicht aus dem Kontext eines Unternehmens, sondern aus der listigen Phantasie von Künstlern und Kulturleuten, die hier mal eine Chance oder einfach eine „Schnapsidee" wittern. Erst aus der Soziologenperspektive Jahrzehnte ex post sieht das dann so systematisch ex ante aus. Und mancher Firma, die in ihrer Produktvielfalt nicht beliebig expandieren kann, sind damit auch kulturelle Grenzen gesetzt. So wird die Holzbauindustrie eben vorwiegend Holzbaupreise vergeben, und die Dachstein produzierende Braas GmbH in Oberursel/Ts. weiß jetzt schon: „Was immer wir auch in Zukunft auf dem Sektor Kultur tun können oder wollen, in erster Linie wird es naturgemäß das Thema 'Dach' umfassen."

Die Verflechtung zwischen wirtschaftlicher und kultureller Entwicklung wird sich aber auf breiter Front überall da verbreitern und normalisieren, wo es nicht mehr um „objektive Grundbedürfnisse", sondern um subjektive Differenzen und Präferenzen geht, sei es in ästhetischer oder ideeller Hinsicht. Und damit ist zu rechnen wie in allen Zeiten der „Hochblüte", ob man das dann noch Mäzenatentum nennt oder nicht.

Diese Entwicklung und die augenöffnende Erkenntnis, daß die Künste auch im Rückblick immer schon Produktivfaktoren für Technikgeschichte und Naturwissenschaften, Kunststoff- und Medienpatente, als Software-, Formen- und Geschmackslieferanten wie als Wahrnehmungsveränderer und soziale Avantgarde waren, wischen „ideologi-

sche Bedenken“ gegen die Kooperation von Wirtschafts- und Kultursektor rascher hinweg als die Diskussion anfangs vermuten ließ. Die Vereinnahmung jeglicher Avantgarde und ihr Verschwinden im großen Steinbruch der unendlich vielen ästhetischen Möglichkeiten scheint nicht mehr aufzuhalten, der Begriff selbst hat längst seine Funktion verloren, zumal die Gesellschaft auch ansonsten sich nicht mehr fraglos dem „Fortschritt“ verpflichtet fühlt, es mehr um Verflechtung und die Balance zwischen kurz- und langfristigen Prioritäten geht.
Die Künste sind zur Zeit kaum ein Widerstandsfaktor, und trotzdem haben sie zu kämpfen – dort, wo sie keine auf den Tag bezogene Nützlichkeit oder Gefälligkeit nachweisen können, sich dem kulturellen „Verschleißzirkus“ entziehen, die Interpretation verweigern, ihren eigenen Zeit- und Wertmaßstäben verpflichtet bleiben. Daß heute jeder glaubt, seine Kinder „könnten das auch“ – ohne zu sehen, daß es eben Jahrzehnte der „Entschlackung“ in der öffentlichen Wahrnehmung bedurfte, um für die freigesetzten Bausteine und Techniken im Umgang mit der Wahrnehmung bereit zu sein, diese Denk-, Hör- und Sichtweisen für „normal“ anzusehen –, macht es den professionellen Künstlern trotz wachsenden Kulturinteresses und vor allem Geredes nicht leichter. Ideenklau ist nur begrenzt geschützt; die Verwertungsmaschinerie im elektronischen und Chip-Zeitalter verselbständigt sich; und gegen kollektive Verdrängungsmechanismen ist so schnell kein Kraut gewachsen.
Man muß dem öffentlichen Gedächtnis schon auf die Sprünge helfen, wenn es – zum Beispiel – um die „künstlerische Werbung“ geht. So erinnert das Bahlsen-Keks-Museum in Hannover an Plakate, Dosen und kunstgewerbliche Arbeiten vom Anfang dieses Jahrhunderts, die von Heinrich Vogeler, Peter Behrens, Bernhard Hoetger, Ludwig Vierthaler, Emil Preetorius und Olaf Gulbransson stammen. Aber am Ende des Jahrhunderts ist demnächst jedermann „ein Künstler“ und vergißt möglichst schnell, aus welchen Quellen man sich ernährte – und deshalb ist kein Verlaß auf die „Utopie“ der marktgesteuerten Kulturgesellschaft, und deshalb bedarf es mehr denn je des öffentlich garantierten Freiraums für die Entwicklung der Künste, es bedarf des bewußten Auftrags und der bezahlten Verwertung künstlerischer Arbeit und auch des privaten Mäzenatentums und Sponsoring.
Autos, Zigaretten und viele andere Massenartikel unterscheiden sich heute kaum mehr auf qualitative oder gar natürliche Weise, sondern eher in ihren „kulturellen“ Ausdrucksformen. Gestaltung habe auch emotionale Werte auszudrücken, hört man immer wieder, solle sich auf den „Lifestyle“ und aufs „Environment“ beziehen, lasse sich nicht aufs funktionale Design allein reduzieren. Das 21. Jahrhundert bahnt sich als eines an, in dem zunehmend immaterielle, „unsichtbare“ Güter und Werte verkauft und gehandelt werden.
Das sind Zukunftsvisionen, die heute nicht nur die „postmodernen“ Kulturphilosophen und Werbeleute beschäftigen, sondern die das originäre Interesse produkterzeugender und -vertreibender Unternehmen am „Rohstoff Kultur“ wecken. Allerdings: Für die Kulturwirtschaft und Medienindustrie – beides Wachstumsbranchen mit volkswirtschaftlich keineswegs irrelevanter Größenordnung – ist die

Der Haindl-Kalender 1989 mit dem Titel „Papier ist eine Zier“ erhielt die Bronze-Medaille bei einem internationalen Wettbewerb in Tokio.
Haindl Papier GmbH, Augsburg.

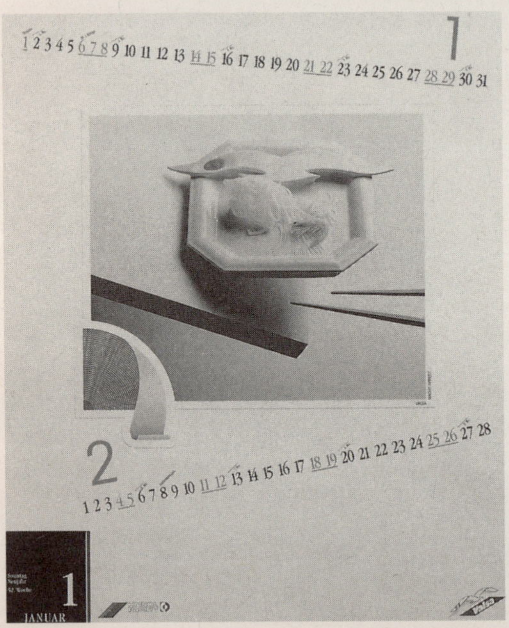

Zeitschriftenwerbung der Firma Scheufelen mit einer Arbeit des Projekts „Papier-Ideen", 1984 auf der Euro-Con in Düsseldorf, präsentiert in einer Kooperation zwischen der staatlichen Akademie der bildenden Künste, Stuttgart, und der Papierfabrik Scheufelen.
Aus: novum 11/1987.

(Re-)Investition in geistige Produktion und Kreativität eigentlich schon lange überlebensnotwendig, nur war man sich der eigenen „komplementären" Rolle im Kulturleben bisher weniger bewußt. Der kulturellen Dimension unterschiedlichster Produktarten sind kaum Grenzen gesetzt. Papier ist dabei nur ein Produkt von vielen, wenngleich es den kulturellen Impetus in besonderer Weise trägt: einmal in seiner eigenen Stofflichkeit, zum anderen als Träger von Kultur (-Information). Nicht nur die unerschöpfliche Fundgrube des „Design" und der Produktgestaltung künstlerisch auszuweiten, sondern Wohn- und Eß- und Reisekultur, Ich-Kunst und den ganzen Reichtum des kulturgeschichtlichen Vergleichs gilt es in Erinnerung zu rufen, präsent zu halten und mit neuem Anschauungsmaterial und Leben zu erfüllen.

Niemand erwartet, daß dies „wertfrei" geschehe. Aber wie sehr unsere Geschichte unter anderem auch Technik-, Industrie-, Produkt-, Arbeiter- und Alltagskulturgeschichte ist, dafür eröffneten uns häufig erst die Firmenarchive und außerordentlich vielfältigen Werksmuseen die Augen und die Depots. Nicht nur Autofirmen und Autoliebhaber haben hier inzwischen eine ganze Museumslandschaft entstehen lassen. In hohem Maße ist das öffentliche Geschichtsbewußtsein gerade von diesem materialisierten Erinnerungspotential in privater oder privatwirtschaftlicher Trägerschaft abhängig. Heute ist ein Museum Ludwig in Köln froh, daß es die große Sammlung „Foto-Historama" von Agfa-Gevaert aus Leverkusen herüberholen durfte und somit dem Medium Fotografie (und Holografie) im Spektrum der übrigen bildenden Künste einen Platz einräumen konnte. Heute läuft auch ein Zinnfiguren- oder Dampfbräu-, ein Schreibmaschinen- oder Tabakmuseum nicht mehr nur unter „Kuriosa" oder als heimatkundliches Raritätenkabinett: Das großartige Deutsche Museum in München – von Industriespenden reich bestückt – steht also heute keineswegs einsam auf weiter Flur. Die „Privaten" tragen hier ihr Stückchen Last am öffentlichen Erbe mit, wobei Firmenjubiläen häufigen und beliebten Anlaß bieten.

Notorische Sammler- und Nostalgieinteressen mit einem Faible für historische Produktvielfalt sind also nur eine Seite dieser Medaille. Auf der anderen sieht es generell so aus, „als ob die Warenästhetik in die Lücken vorstoße, welche Kunst und Architektur heute hinterlassen. Mit der herkömmlichen Kulturkritik am Verführungscharakter der Waren ist diesem Phänomen allein nicht mehr beizukommen".[2]

In den verschiedenen Umfragen zum aktuellen Mäzenatentum kommt diese, gleichsam „natürliche", Interessenverbindung zwischen Kunst, Kulturgeschichte und Wirtschaft als Motiv jedoch kaum vor. Dabei beschäftigen sich immer mehr Theorien mit dem Phänomen der kulturellen Differenzierung, die den bisher in die Schubladen Luxus und Ideologieproduktion abgedrängten „Überbau" plötzlich als materielle „Basis" mit Scheinwerferlicht versehen.

Allen voran sind es die Franzosen, die statt des „deutschen Kulturbegriffs" immer schon den der Civilisation, der Verfeinerung der Sitten, bevorzugten, die den Avantgardeblick schärfen helfen. Pierre Bourdieu mit seiner Soziologie der Symbolischen Formen und der „feinen

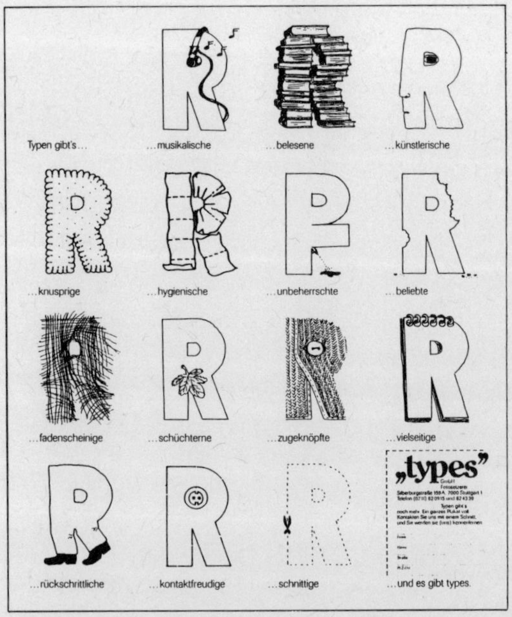


Verwaltung von Persönlichkeitstypen: Zigarettentotemismus, Werbung der Fotosetzerei „types" GmbH.
Aus: Brock/Reck (Hrsg.), Stilwandel, Berlin 1986.



Unterschiede", die den sozialen Raum der sich auflösenden Klassengesellschaften neu füllen helfen, knüpft hier an den Avant- und Derriére-Garde-Blick der großen französischen Anthropologen Marcel Mauss und Claude Lévi-Strauss an. Letzterer verkündete am Studienbeispiel von australischen und Indianergesellschaften[3], was sich heute jeder Werbefachmann am „Zigaretten-Totemismus" klarmachen könnte, daß Gesellschaften mit vergleichsweise geringer ökonomischer Differenzierung dazu tendieren, sich in kultureller Hinsicht stärker zu segmentieren.

Im deutschsprachigen Raum sind es eher Theorien und Essays über die postmoderne Kultur oder den Weg zur Kulturgesellschaft, die Veränderungen der Produktionskultur im Wandel von der Industrie- zur Dienstleistungs-, von der Arbeits- zur Freizeit-Gesellschaft prognostizieren und die heute von einer „Wirtschaftskultur" sprechen, in der neben der auch weiterhin benötigten „männlichen", hierarchiebetonten, disziplinfordernden und endproduktbestimmten Industriekultur die kommunikativen, komplexen und kontextuellen Züge einer eher immateriell bestimmten – eher „weiblichen" – Produktionskultur eine Rolle spielen könnten.[4]

Ende der 80er Jahre studieren die Waren- und Kulturpolitiker, die sich für diese produktiven Beziehungen zwischen wirtschaftlicher und kultureller Entwicklung interessieren, nicht – wie im neunzehnten Jahrhundert – die Museumsbestände oder die hochkulturellen Schätze kultureller Differenzierung früherer Epochen, der Renaissance zum Beispiel in den oberitalienischen oder holländischen Städten, in Nürnberg oder Lyon. Sie laufen lieber weiter auf dem Kopf und nutzen weidlich die „kritische Vorarbeit" einiger junger Wissenschaften, Semiotik, Medien- und Warenanalyse inclusive.

„Die Kritik wurde für sie (die Werbung) zur Gebrauchsanweisung. Die subtile Rhetorik und Semiologie der Werbung – in Sprache, Bild und Film – ist völlig undenkbar ohne die theoretischen Vorarbeiten der modernen Technik, die die Funktion des Symbolischen, die Bezüge zu den unbewußten Schichten, die Beziehungen zwischen den Zeichen und die Entstehung von Sinn untersucht haben – mit dem ganzen Arsenal der Human- und Sozialwissenschaften. Frankreichs avantgardistische Werber haben nicht nur Lacan und Roland Barthes gelesen, sie sind bei ihnen auch ins Seminar gegangen. Bei ihnen haben sie neben dem ironischen Spielen mit dem 'deuxième degré' – der zweiten Ebene –, das vieles erst sagbar verständlich macht, nicht zuletzt den sehr freizügigen Umgang mit Methoden und das subversive Unterwandern von Gattungen gelernt. Und von ihnen haben sie auch eine gehörige Portion schöpferischer Phantasie auf den überraschenden Weg mitbekommen. Werbung als Praxis einer umgeleiteten Theorie . . .

Und mit 'la pub' (public relations) halten es die Franzosen wie die Gallier mit den Göttern: Sie lieben (und sie hassen) sie; sie hören ihr zu, sie mögen ihre täglichen Geschichten wie ihre vertrauten Figuren, nehmen ihr sogar die scheinbar naive Unschuld ab, die in Tat und Wahrheit raffiniert-pervers ist. Aber glauben wollen sie ihr so wenig wie sie je an die Götter glaubten . . . Werbung ist wirklich alles ande-

„Life-Style" als Gesellschaftsspiel.
Otto Maier Verlag, Ravensburg.

re als ein Akt der (heimlichen) Verführung zum Kauf – sie ist im Gegenteil ein 'service après-vente', eine gratis nachgereichte, jedenfalls im Kauf eingeschlossene Dienstleistung, die den Kauf belohnt – und permanent bestätigt . . ."[5]

Der deutsche Werbeprofi Michael Schirner, der sein Know-how unter anderem direkt aus seiner Ausbildung als Künstler bezieht und in Tat und Wort sowie im Plan einer noch zu gründenden Akademie für alle kreativen Berufe seiner Überzeugung Ausdruck gibt: „Werbung ist Kunst", geht sogar noch weiter in seiner Prognose. Er behauptet nämlich, daß Produkte immer mehr des Kaisers neuen Kleidern ähneln werden, und zwar gerade weil das Publikum nicht dumm sei, aber eben Gesten, Kleidung, Musik und Tanz als Kommunikationsmittel neben Gesprächskultur und anderen Ausdrucksformen nutze.

Die subjektive Vorstellung, die man von sich hat, wenn man sich in die offene Gesellschaft „hineinboxt", ohne Rollenkorsett, ohne Arbeitsmarkt mit seinen festen Typisierungen, ohne von daher bestimmte klare Aufstiegsmöglichkeiten und Zuweisungen zu erhalten, spielt im Styling eine große Rolle. Die Alltagskultur ist voll mit diesem Phänomen, die Ichkunst hat sich durchgesetzt. Der Einzelne erweist sich derzeit keineswegs nur als Opfer von „Sitten und Gebräuchen", sondern als höchst aktiv in der Stilisierung auf dieser Alltagsbühne, in der Abgrenzung und Konkurrenz von Ausdrucksformen, um darin Profil zu gewinnen, um in den Markt hineinzukommen, um Identität durch Abgrenzungsproben zu stabilisieren. Originalität und Unterscheidungsfähigkeit spielen in den Altersgruppen zwischen zehn und neunzig Jahren eine überproportional große Rolle.

Ist man dann aber im Markt drin, dann wird der andere Aspekt der Stilbildung wesentlich interessanter, nämlich die Stilsicherung. Das bezeichnet man dann mit Identität, nicht nur mit Identifizierbarkeit oder Identifizierung. Mann oder Frau über vierzig, deren Altersklassenprofil sich in der Jugendkulturgesellschaft langsam durchzusetzen beginnt, brauchen eben mehr als nur die „persönliche Note". „Zeitlos, klassisch" ist allerdings nur eins der Werbemuster, das in dieser Phase Dauer verspricht.

Dieser gegensätzliche Interessenhintergrund ist als strukturelles Phänomen der Wirtschaftskommunikation oder dem Konkurrenzkampf von Städten und Gemeinden oder anderen politischen Einheiten genauso eigen wie der subjektiven Biografie. Wer in kleineren Marktlücken lebt, wer sich erst einmal über Alternativen durchsetzen muß, für den sind Begriffe wie Originalität und Avantgarde sowie solche, die stärker an die Persönlichkeit anknüpfen, immer noch sehr nützliche Begriffe. Wer gewisse Markt- oder Systemblöcke aber schon besetzt hat, nutzt die scheinbar schon völlig verschlissenen und gleichmäßig verwendeten Begriffe von Stil- und Identitätsbildung zu ganz anderen Zwecken.

Also weg von der Markenwerbung und hin zur Verbundwerbung, zur ästhetischen Aufwertung und Milieueinbindung des Produkts und zum Lifestyle, way of life, savoir vivre, zur Lebenskultur. Wer gestern noch zur gleichmachenden Chancengleichheit beitrug, wirbt 1987 schon für den kleinen Unterschied, für die „expressive Ungleichheit"

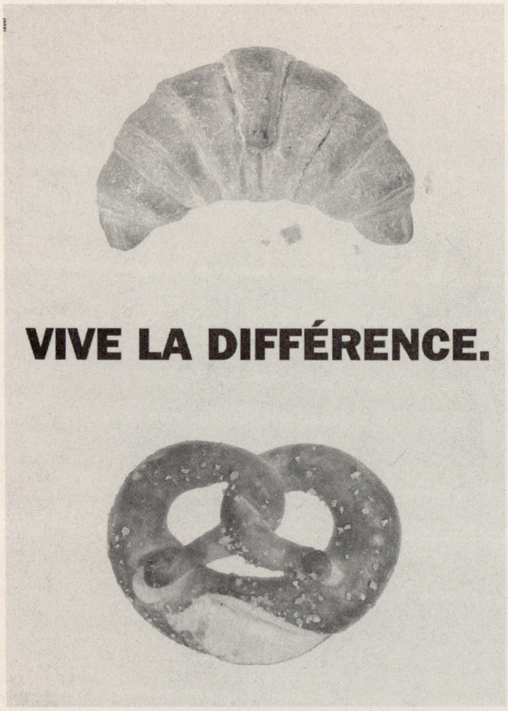


„Es ist doch schön": „Der kleine Unterschied zwischen Menschen ...", Werbung der Bayerischen Vereinsbank.
Aus: impulse 12/1989.

Zwischen Design und Kunsthandwerk: Werbung der Firma Rosenthal.
Aus: architektur und wohnen, 7/1982.

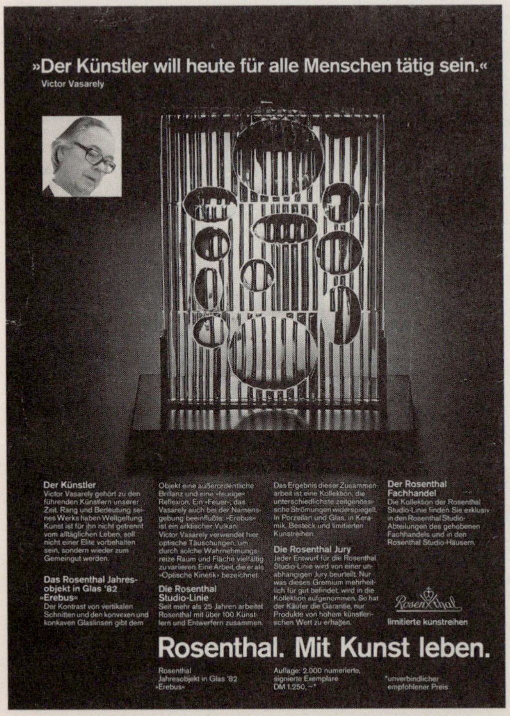


(Hartmut Lüdtke): „Wohnen ist eine Frage des Geschmacks. In einer Welt, in der die Dinge immer ähnlicher werden, hat nur der persönliche Stil Zukunft. IKEA. Nicht für die Gleichgültigen."

Daß man sich nicht nur im Hinblick auf Selbstdarstellung und Repräsentation, sondern auch kulturell zu unterscheiden pflegt, nicht nur zwischen, sondern auch innerhalb gesellschaftlicher Klassen, weiß mittlerweile jedes Marktforschungsinstitut und nutzt diese Tatsache für seine diversen Konsumententypologien. Kulturmanager wissen das auch und versuchen, neue „Zielgruppen" und Publikumsschichten anzusprechen. Der „Verbraucher" der achtziger Jahre läuft zwar – in den Augen der Absatzforscher – nicht mehr Gefahr, sich wie in den siebziger Jahren „außerhalb der Konsumwelt zu verwirklichen", aber er nutzt eben sprung- und wechselhaft die verwirrende Stilvielfalt und die unberechenbare Individualisierung des Konsums als Hilfsmittel für die eigene mehr oder weniger schillernde „Identity" – so jedenfalls 1988 das Ergebnis einer Mammut-Tagung des GfK-Instituts in Nürnberg über „Die neuen Bausteine des Konsums".

In den Rahmen multinationaler wie kleinwirtschaftlicher unternehmerischer Konzeptionen passen heute kulturelle Aktivitäten gleichermaßen – in welcher Form auch immer propagiert oder finanziert –, wobei die vom Marketing angepeilten Adressatengruppen zugleich den Maßstab dafür abgeben, wie breit oder spezialisiert der jeweilige Kulturbegriff ausfällt. So war es bei den großen Firmen längere Zeit üblich, jugendliche Zielgruppen vorwiegend über Film- oder Pop-Musik anzusprechen (Tabak- und Getränkeindustrie, internationale Handelsketten für Trend-Bekleidung, Auto- und Zweiradhersteller etc.). Solche eher eng gefaßten Lifestyle-Konzepte zeigen inzwischen aber wieder eine Tendenz der Erweiterung, mindestens der Differenzierung, was auch dazu führt, daß ganz unterschiedliche firmeneigene Kulturkonzeptionen nebeneinander bestehen können. Schließlich – so wird allgemein und immer selbstverständlicher erwartet – muß die Wirtschaft – an den Grenzen eines quantitativen Wachstumsbegriffs angekommen – ein verstärktes Interesse an einer Vielfalt von Produkten haben, am qualitativen Wachstum und an der kulturellen Interessenvielfalt der Bevölkerung. Mit der These „Konsum als ästhetischer Mehrwert" und dies sogar humanistisch begründet, löste der Porzellanfabrikant Philip Rosenthal noch 1965 in seiner „Brandrede gegen die Atomisierung des Design" Wellen des Widerspruchs aus: „Mit Banalem möchte ich beginnen: der Entdeckung des ganzen Menschen und der Einheit des Leben durch die Griechen, einfach, weil die meisten Gegensätze zwischen den puritanischen Funktionalisten und den dekorativen Emotionalisten daher kommen, daß wir unser Zeitalter nicht nur zu einem der Atome, sondern auch der Atomisierung machen ... Es ist diese Balance zwischen Disziplin und Individualität, zwischen Strenge und Chaos, die jeder einzelne nach seinem eigenen Bedürfnis und auch nach dem Anlaß anstreben muß ... Die Argumente um die Qualität des Dekorativen (werden außerdem) verteufelt durch eine Kluft, die alle großen Zeitalter und insbesondere die Griechen vermieden haben: die Kluft zwischen der reinen und angewandten Kunst, zwischen der einmaligen Leinwand,

Vorbildliche Gestaltung: von der Produktion direkt ins Museum, ein Eßbesteck von W. Moll. Werbung von Robbe & Berking.

dem Holzschnitt, der zwanzigmal gedruckt, und dem Stuhl, der zu Tausenden produziert wird . . . Die chinesischen und attischen Vasen, die als hohe Kunst in unseren Museen stehen, waren oft fast Massenprodukte . . . Die große Kunst vergangener Zeiten war zu einem guten Teil angewandte Kunst."[6]

Die Firma Rosenthal in Selb hat Produktgestaltung in enger Zusammenarbeit mit in- und ausländischen Künstlern als Weg der „Synthese zwischen Kunst und Design" seit Jahrzehnten konsequent durchgehalten und führt auf diesen Qualitätsanspruch, aber auch auf die zentrale Vorreiterrolle der zahlreichen Rosenthal-Studio-Häuser und -Galerien, einen Gutteil des Markterfolgs zurück. Als „Mäzen" sieht man sich aber nicht unbedingt dort, wo es um die Aufwertung und Gestaltung des Industrieprodukts selber geht. Die kulturelle Patronage hat am Ort und in Sonderaktivitäten ein davon unabhängiges Profil entwickelt. Der offenbar immer noch tiefe Graben im Streit darum, ob das Design nun die Kunst brauche oder ob Design selber Kunst ist, kann und soll an dieser Stelle nicht zugeschüttet werden. Aber auf beiden Seiten besteht der Anspruch, daß der ästhetischen Dimension im Reich der Dinge ein anderer Stellenwert zukommt als er durch sporadisches „Sponsern" von Kunst erreicht werden kann: „Es ist zwar richtig, daß ein Gebrauchsgegenstand vergänglich und dazu bestimmt ist, immer wieder anderen, fortschrittlicheren Produkten Platz zu machen, während ein Kunstwerk auf Dauer, wenn nicht für die Ewigkeit, gedacht ist. Aber innerhalb des Rahmens seiner begrenzten Existenz stellt ein solcher Gegenstand doch mehr als nur die Funktion und den Gebrauchswert dar, für die er geschaffen wurde. Er ist immer und unvermeidlich auch Form und verkörpert somit einen geistigen Wert, ein Strukturierungsbemühen, die Verwirklichung einer Idee zur Ordnung des Raumes. An ihm bricht sich und in ihm verdichtet sich ein winziger Bruchteil jener Kultur, die auch er mitbestimmt. In ihm nimmt sie Gestalt an, kann sie sich weiterentwikkeln und verändern."[7]

Die Museumsreife ihrer Objekte haben Weltfirmen wie Olivetti, Siemens, Agip oder Braun nicht nur mit Ausstellungen und Donationen im Rahmen der Münchner Neuen Sammlung bewiesen. Die Firma Braun, deren Pionierleistungen aus der Kunst- und Kulturgeschichte des Design nicht wegzudenken sind, die sich immer auch auf die Tradition „gesamtkunstwerklicher" Anstrengungen und Utopien stützte – wie sie das Bauhaus oder die Ulmer Hochschule für Gestaltung verkörperten –, lehnt es konsequenterweise ab, sich „als Mäzen" zu sehen: „Wir empfinden uns in den von Ihnen gesetzten Maßstäben eigentlich nicht als Mäzen. Das Unternehmen hat im Laufe der letzten 30 Jahre zweifellos Design-Geschichte geschrieben. Das dokumentiert sich einmal in der Tatsache, daß wir mit unseren Geräten am häufigsten im Museum of Modern Art in New York vertreten sind. Durch die vom Bundespresseamt/Inter Nationes erfolgte Herstellung mit internationalem Vertrieb des Films 'Dieter Rams' wurde die Produktgestaltung der Firma Braun in dem genannten Zeitraum als Kulturbeitrag der Bundesrepublik Deutschland anerkannt. Es ergab sich gleichsam schon 1967 für uns die Verpflichtung, etwas

Frank Gehry, Sessel „Little Beaver", Wellpappe, aus der Vitra Edition 1987, Foto: Balthasar Burkhard/Vitra.

Stehpult aus gepreßtem Papier, im Geschäftsbericht der Technozell AG von 1988, mit dem Text: „Das Design: Spiegelbild und Indikator des Konsumentenwunsches. ‚Selbstverwirklichung' ist das Leitmotiv modernen Lebens. Die Suche nach tatsächlicher individueller Identität verlangt nach äußerlicher Darstellung: ‚Lifestyle' rückt das Design ins Zentrum der Konsumentenaufmerksamkeit."
Technocell AG, München.

auf diesem Sektor zu tun. Das erfüllten wir mit der Ausschreibung des einzigen international anerkannten Förderpreises für junge Designer. In den Unterlagen finden Sie das Ausschreibungsformular zum 8. Braun Preis und die Pressemeldung über die 1. Jurysitzung. Jeder Braun Preis kostet uns über 300 000 DM. Wir verstehen ihn aber vor allem als Förderpreis. Mehr noch als die Kostenübernahme steht bei uns die Verpflichtung im Vordergrund, unsere eigene Stellung in der internationalen Design-Szene so bedeutend zu halten, daß man es uns zugesteht, die Design-Leistungen des Nachwuchses beurteilen zu können."[8]

Gleichgültig, ob die Verbindungen zwischen Design und Kunst nun über den Werkbund, den Jugendstil oder das Kunsthandwerk laufen, selbstverständlich sind die aktiven Querbezüge per Auftrag, Dialog oder Sammlung keineswegs und verdienen daher wache Aufmerksamkeit, auch wenn einiges dafür spricht, daß es sich erst um den Anfang eines (wieder) breiter werdenden Bündnisses handelt.

Der Übergang von historischer, thematischer, künstlerischer und experimenteller Einbindung des eigenen Produkt„rohstoffs" ist in der Unternehmensphilosophie vieler Firmen eher fließend. Das vergleichende Denken hilft die eigene Tradition anders wahrnehmen, macht aber auch Mut und Lust auf Neues und aufs Risiko. Ähnlich fließend sind daher auch die Übergänge zwischen „Mäzenatentum", Risiko und gezieltem „Investment".

Auch das Stöbern in Museumshandbüchern öffnet hier die Augen neu, gleich, ob es sich um die optischen Museen von Leitz in Wetzlar oder Zeiss in Oberkochen handelt, oder ob es um die zahlreichen Glasmuseen in Verbindung mit der örtlichen Glasindustrie in und um Zwiesel im Bayerischen Wald, in Wertheim, im Grünenplan (Deutsche Spiegelglas AG) oder in Rheinbach, um Brot- und Bäckereimuseen in Kraichtal oder Ulm oder um das neue Stollwerck-Schokoladen-Museum in Köln geht, (für das im Jubiläumsjahr 1988 rund 10 Millionen DM Investitionen veranschlagt wurden). Nachdem es heute nicht mehr nur Spezialisten und „Liebhaber" interessiert, was die Kulturgeschichte des Reisens, des Spazierstocks oder eines „Musée Sentimentale" (Daniel Spoerri/Marie-Louise Plessen) zu bieten haben, nachdem nicht nur Modehäuser, sondern auch klassische Museen dies schöpferische Reservoir zu nutzen beginnen – und damit wieder innovative „Wellen" in der aktuellen Mode auslösen helfen –, löst sich der Strom von Beobachtungen mehr und mehr aus der derzeit noch vorherrschenden Diskussion über „Mäzene", um in den „Trend zur Kulturgesellschaft" einzumünden.

„Kunst braucht Raum. Und einen Boden, der sie zur Geltung bringt. Einer der Gründe, warum DLW der Kunst verbunden ist . . . Künstlerischem Wirken Boden zu verschaffen . . ." (wobei einige Museumsbesucher vom festen DLW-Boden aus die Kunst betrachten) . . .

Die Teppichfirma Vorwerk aus Hameln lud 1986 schon ganz groß in den „Ort Teppichinszenierung" ein, die Hamburger Fischhalle, wo der Architekturspezialist Heinrich Klotz eine Eröffnungsrede zum Thema „Teppichboden, Kunst, Architektur" hielt, bevor das „Premierenereignis" mit der Kollektion „Dialog" auf 2000 $m^2$ eröffnet wurde, an

Titelblatt der Vorwerk-Kollektion „Dialog 2“ vom Frühjahr 1990 mit einem Design von Zaha Hadid.
Vorwerk Teppichwerke AG, Hameln.

der sich Stars wie Roy Lichtenstein, David Hockney, Gerhard Richter, Sol Lewitt, Sam Francis, Arata Isozaki, Norman Foster, Hans-Ulrich Bitsch, Oswald Mathias Ungers, Matteo Thun und Michael Graves beteiligten. Den Luxus-Vorwurf läßt man sich hier aber ebensowenig gefallen: „Elf der großen Künstler und Architekten unserer Zeit haben in Zusammenarbeit mit Vorwerk eine neue Kollektion entwickelt, die über den bisherigen Anspruch an Teppichbodengestaltung weit hinausgeht. Es ist keine elitäre Edition für einen kleinen Kreis von Design- und Kunstliebhabern, sondern die Absicht, mit Anspruch und Qualität ein Serienprodukt für den Wohn- und den Objektbereich zu entwickeln. Die Kollektion ist zu einem vernünftigen Preis jedem zugänglich und soll neuen Mut zu neuen Einrichtungsideen machen.“

Derartige Symbiosen dürften auch ansonsten üblicher werden, nicht nur, wenn Olivetti Glas im Kölner Museum Ludwig groß herausbringen hilft. Genauso freut sich der Bremer Kunstverein, wenn er 1988 Stahlskulpturen von elf Künstlern im Rahmen eines internationalen Symposiums der Firma Kleinewefers aus Krefeld präsentieren kann, und in viel größerem Umfang spekulieren Städte und Länder nicht nur mit der Wirtschaftskraft und dem Farbtupfer von Branchen wie der Mode, sondern auch mit deren Eigeninteresse, kulturelle Veranstaltungen mit einzubringen oder zu „sponsern“.

Gemessen an den nicht unerheblichen Umsätzen, die in all diesen Wachstumsbranchen von Mode, Kosmetik und anderer Ich-Kunst getätigt werden, sind die verschiedenen kulturellen Selbstverpflichtungen und mehr oder weniger exhibitionistischen Experimente mit der Kunst – bei allem Respekt für die häufige Außenseiterrolle und den persönlichen Einsatz derer, die solche Ideen in ihren Unternehmen realisieren und durchhalten helfen – unter dem Aspekt der kulturpolitischen Arbeitstellung zwischen öffentlich und privat trotzdem eher mager zu nennen.

Man wird in Zukunft weniger auf ein angeblich „mäzenatisches“ Ethos als auf den Konkurrenzdruck des Marktes selbst setzen können und müssen, insbesondere eben auf das Differenzierungsinteresse der Produkthersteller und der Produktkonsumenten. Und diesem Differenzierungsinteresse bereiten ja weniger postmoderne Theorien – die diesmal sehr früh ein waches Auge auf dergleichen Zeitgeist-Trends richten –, sondern vor allem die Verbundwerbung mit ihren Stil- und Lifestyle-Kreationen auf der einen, der Einfluß der Mikroelektronik auf der anderen Seite den Boden. So wie man vor fünfzehn Jahren die Pionierleistungen im Durchbruch zum „erweiterten Kulturbegriff“ nicht nur bei „alternativen Subkulturen“ einzeln zählte, ja selbst den Düsseldorfer Friseur, der „als Kunstmäzen“ Bilder in seinen Salon hing, mit großen Illustriertengeschichten feierte, so wird man angesichts der zu erwartenden strukturellen Veränderungen auf den immer mehr kulturell und ideell bestimmten Märkten der Industriegesellschaften nicht mehr jeden als Mäzen preisen, der zur Weihnachtszeit die einkaufsfördernde Straßenillumination mit „sponsert“.

1 Alfred Welti in der Zeitschrift art 4/1984.
2 Renate Schostack in einer Rezension zweier Münchner Veranstaltungen unter dem Titel „Die Schachtel und die Gefühle“ in der Frankfurter Allgemeinen Zeitung vom 10. 10. 1987.
3 Claude Lévi-Strauss, Le Totémisme d'aujourd'hui, Paris 1962.
4 Peter Koslowski, Die postmoderne Kultur, München 1987.
5 Jürg Altwegg: „Auf, preiset die Ware“ im F.A.Z.-Magazin vom 26. 2. 1988.
6 Süddeutsche Zeitung 282/25. 1. 1965.
7 Renzo Zorzi, Leiter der Abteilung Corporate Image bei Olivetti in Mailand, anläßlich der „Donation Olivetti“ an die Neue Sammlung im Staatlichen Museum für angewandte Kunst, München 1986.
8 Firma Braun, Corporate Public Relations, 1986 in einem Schreiben zum Thema an das Zentrum für Kulturforschung, Bonn.

**LITERATURVERZEICHNIS**


Archiv der Freiherren Stromer von Reichenbach auf Burg Grünsberg. Bayer. Archivinventare Heft 33 und 34. Neustadt/Aisch 1972.

Barnikel, Helfried: Friedrich Koenig, ein früher Industriepionier in Bayern. Die Gründung der ersten Druckmaschinenfabrik der Welt (Oberzell bei Würzburg 1817) und der ersten Maschinenpapierfabrik in Bayern (Münsterschwarzach 1828). München, Ludwig-Maximilians-Universität, Phil. Fak., Diss. 1965.

Bayerl, Günter: Die Papiermühle. Vorindustrielle Papiermacherei auf dem Gebiet des alten deutschen Reiches – Technologie, Arbeitsverhältnisse, Umwelt. Teil I und II. Frankfurt am Main, Bern, New York und Paris 1987 (Europäische Hochschulschriften. Reihe 3, Geschichte und ihre Hilfswissenschaften. 260). Zugl. Hamburg, Univ. Diss. 1983.

Ders. und Karl Pichol: Papier. Produkt aus Lumpen, Holz und Wasser. Reinbek bei Hamburg 1986 (Kulturgeschichte der Naturwissenschaften und der Technik).

Beck, Theodor: Moritz Friedrich Illig. In: Hessische Chronik 3/1914, Heft 8, S. 229–247.

Benedello, Adolf: Keller-Voelter. Die Einführung des Holzschliffs in der Papierindustrie. Hrsg. v. der Papierfabrik Kabel. Hagen-Kabel 1957.

Blechschmidt, Erich: Das Stangenglättwerk Untersachsenfeld ein technisches Denkmal der Papiermacherei. In: Papiergeschichte Jg. 11, 1961.

Bockwitz, Hans H.: Zur Kulturgeschichte des Papiers. In: Die Chronik der Feldmühle, Stettin 1935.

Buchmann, Gerhard: Geschichte der Papiermacherei zu Oberweimar. Weimar 1936.

Ders.: Die Remdaer Papiermühle. In: Das Thüringer Fähnlein, 1939, H. 7.

Claas, Wilhelm: Von Windpapiermühlen der Vergangenheit. In: Papiergeschichte, Jg. 5, 1955, S. 1–15.

Clapperton, Robert Henderson: The Paper-making Machine. Its Invention, Evolution and Development. Oxford und Braunschweig 1967.

Die erste Langsiebmaschine in Preußen. Aus den Quellenforschungen zur Geschichte der Technik und Naturwissenschaften, Berlin-Friedenau. In: Der Papier-Fabrikant 11/1913, Fest- und Auslandsheft, S. 43 u. Taf.

Donkin, Sydney B.: Bryan Donkin, F.R.S., M.I.C.E. 1768–1855. In: Transactions of the Newcomen Society for the Study of the History of Engineering and Technology 27 (1949–51), S. 85–95 und Taf. XX–XXIV.

Dropisch, Bernhard: Die Papiermaschine. Braunschweig 1878.

Fecker, Edwin: Die Buhl'sche Papierfabrik in Ettlingen und ihre Papierlieferungen zum Druck der badischen Briefmarken. In: Ettlinger Hefte. Sonderheft 1. Festgabe der Stadtgeschichtlichen Kommission zur 1200-Jahrfeier der Stadt Ettlingen. Ettlingen 1988, S. 93–105.

Fischer, Wolfram: Der Staat und die Anfänge der Industrialisierung in Baden. 1800–1850. Erster Bd.: Die staatliche Gewerbepolitik. Berlin 1962.

Frankenstein, Carl v.: Allgemeiner statistisch-topographischer und technischer Fabriks-Bilder-Atlas der österreichischen Monarchie, oder Authentische Beschreibung und getreue Abbildung der vorzüglichsten Fabriken und Gewerkschaften in den österreichischen Provinzen, deren Lage, Umgebung, geschichtliche Entstehung, Betriebs-Verhältnisse, Erzeugung, Firmen, Werkszeichen, Productenpreise usw., nebst Beschreibung und Abbildung einzelner im Gebrauche stehender Maschinen und merkwürdiger Vorrichtungen usw., nach verläßlichen Daten bearbeitet. Grätz 1842 (Beilage zum innerösterr. Industrie-Blatte).

Franzke, Jürgen (Hrsg.): Räder im Fluß. Die Geschichte der Nürnberger Mühlen. Nürnberg 1987. Herausgegeben vom Centrum Industriekultur, Nürnberg.

Gabler, Ambros: Ausruffende Personen in Nürnberg mit den vornehmsten Prospecten der dortigen Hauptstrassen, Märkte, Plätze und öffentliche Gebäude etc. nebst einer Beschreibung. Nürnberg, um 1790.

Gauenich, Josef: Geschichte der Papierindustrie im Düren-Jülicher Wirtschaftsraum. Hrsg. von der Düren-Jülicher Papierindustrie. Düren 1959.

Goebel, Theodor: Die graphischen Künste der Gegenwart. Ein Führer durch das Buchgewerbe. Stuttgart 1895.

Ders.: Friedrich Koenig und die Erfindung der Schnellpresse. 3. Aufl. Würzburg 1956.

Herzberg, Wilhelm: Papierprüfung. Eine Anleitung zum Untersuchen von Papier. 2. Aufl. Berlin 1902.

Hills, Richard L.: The Development of the First Papermaking Maschines. In: IPH-Jahrbuch der Papiergeschichte 6/1986, S. 17–36.

Hößle, Friedrich v.: Alte Papiermühlen-Gründungen im ehemaligen Großherzogtum Baden. In: Zellstoff und Papier 8/1928, S. 405–414.

Ders.: Alte Papiermühlen der Provinz. In: Der Papier-Fabrikant, Jg. 31, 1933.

Hofmann, Carl: Handbuch der Papierfabrikation. Berlin 1875.

Hofmann, Hannes: Die Anfänge der Maschinenindustrie in der deutschen Schweiz. 1800–1875. Zürich 1962 (Geist und Werk der Zeiten. Arbeiten aus dem Historischen Seminar der Universität Zürich. 7).

Illig, Moritz Friedrich: Anleitung, auf eine sichere, einfache und wohlfeile Art Papier in der Masse zu leimen als Beitrag zur Papiermacherkunst. Nachdruck der Originalausgabe von 1807. Mainz 1959.

Karmarsch, Karl: Art. „Papierfabrikation". In: Technologische Encyklopädie oder alphabetisches Handbuch der Technologie, der technischen Chemie und des Maschinenwesens. Zum Gebrauche für Kameralisten, Ökonomen, Künstler, Fabrikanten und Gewerbetreibende jeder Art. Hrsg. v. Johann Joseph Prechtl. 10. Bd., Mühlen – Papierfabrikation. Stuttgart 1840, S. 414–655 und Taf.

Kirchner, Ernst: Das Papier. I. Teil. Die Geschichte der Papierindustrie und Allgemeines über Papier. Hrsg. vom Verleger des Güntter-Staib'schen Wochenblattes für Papierfabrikation in Biberach. Als Gratisbeilage des Wochenblattes. Vollendet 1897.

Ders.: Die Papierfabrikation in den Ländern der Sektion III der Papiermacher-Berufsgenossenschaft, das Großherzogtum Baden und das Reichsland Elsaß-Lothringen umfassend. In: Wochenblatt für Papierfabrikation 43/1912, S. 1979–2030.

Klagholz, Bernd: Die Industrialisierung der Stadt Heilbronn von den Anfängen bis zum Jahre 1914. Heilbronn 1986 (Kleine Schriftenreihe des Archivs der Stadt Heilbronn. 17). Zugl. Tübringen, Eberhard-Karls-Universität, Geschichtswiss. Fak., Diss. 1986.

Leuchs, Johann Carl: Darstellung der neuesten Verbesserungen in der Verfertigung des Papiers, enthaltend insbesondere die Beschreibung und Abbildung der Maschine zur Verfertigung des Papiers ohne Ende, zum Glätten und Schneiden desselben, ferner die Mittel verschieden gefärbtes Papier zu machen, und die Angabe aller Ersatzmittel der Lumpen. Nürnberg 1821.

Ludwig, Johann Christoph: „Papierfabrikant und Kartenhändler zu Leipzig": Beschreibung und Abbildung meiner unweit Leipzig im Jahre 1801 durch den Zimmermeister Lüders erbaute Windpapiermühle nach holländischer Art. 2. Aufl. Leipzig 1920.

Mährlen, Johannes: Die Darstellung und Verarbeitung der Gespinnste und die Papierfabrikation in Württemberg. Statistische Notizen im Auftrage der K. Centralstelle für Gewerbe und Handel erhoben durch die vier Handels- und Gewerbekammern Heilbronn, Reutlingen, Stuttgart und Ulm. Stuttgart 1861.

Maier, Gottfried: Gedenkblätter zum hundertjährigen Jubiläum der Papierfabrik Gebrüder Laiblin in Pfullingen. 1801 bis 1901. Stuttgart 1901.

Marabini, Edmund: Die Papiermühlen im Gebiete der weiland freien Reichsstadt Nürnberg. Nürnberg 1894.

Maschat, Herbert: Technik, Energie und Verlagswesen. Das Beispiel der spätmittelalterlichen Reichsstadt Nürnberg. München 1988.

Müller, L.: Die Fabrikation des Papiers. Berlin 1877.

Murr, Christoph Gottlieb von: Beschreibung der vornehmsten Merkwürdigkeiten in der H. R. Reichs freyen Stadt Nürnberg und der Hohen Schule zu Altdorf . . . Nürnberg 1778.

Musper, H. Th.: Der Holzschnitt in fünf Jahrhunderten. Stuttgart 1964.

Musson, Albert Edward: The 'Manchester School' and Exportation of Machinery. In: Business History 14 (1972), S. 17–50.

Das Papier. Ausstellung im Leopold-Hoesch-Museum in Düren. Düren 1981.

Papier. Katalog der Ausstellung. Herausgegeben vom Deutschen Museum München, 1986.

Papier '89. Ein Leistungsbericht der deutschen Zellstoff- und Papierindustrie. Herausgegeben vom Verband Deutscher Papierfabriken e.V. Bonn 1989.

Piccard, Gerhard: Zur Geschichte der Papiermacherei in Ravensburg. In: Neue Beiträge zur südwestdeutschen Landesgeschichte. Festschrift für Max Miller. Stuttgart 1962. S. 88–102.

Ders.: Die Findbücher der Wasserzeichen, Bd. II, 1–3, Ochsenkopf, Stuttgart 1966, Bd. XIII, Lilie 1983, Bd. XV, 3, Vierfüßler, 1987.

Piette, Louis: Die Fabrikation des Papiers aus Stroh und vielen anderen Substanzen im Großen nach zahlreichen Versuchen beschrieben und mit 160 Mustern von verschiedenen Papiermustern bewisen, nebst einer Beschreibung der neuesten Erfindungen in der Papierfabrikation, für Fabrikanten und alle Freunde der Fortschritte in Cultur und Industrie. Cöln 1838.

Pieske, Christa: Das ABC des Luxuspapiers. Herstellung, Verarbeitung und Gebrauch 1860 bis 1930. Berlin 1983.

Preger, Max: Wilhelm Brielmayer und die erste Papiermaschine in Oberschwaben. In: Schwäbische Heimat 29/1978, S. 234–242.

Ders.: Die Ravensburger Papiermacher (Ravensburger Stadtgeschichte, hrsg. von der Ulmer Volksbank Heft 9). Ravensburg 1979.

Ders.: Ravensburger Wasserzeichen. In: Schwäbische Heimat 33, 1982, S. 28.

Raithelhuber, Ernst: Heinrich Voelter und die Entwicklung des Holzschleifers. In: Papiergeschichte 16/1966, S. 1–18.

Ders.: Die Konstruktionen der ersten Papiermaschinen mit geschütteltem Langsieb. In: Papiergeschichte 21/1971, S. 22–52.

Rarisch, Ilsedore: Industrialisierung und Literatur. Buchproduktion, Verlagswesen und Buchhandel in Deutschland im 19. Jahrhundert in ihrem statistischen Zusammenhang. Berlin 1976 (Historische und Pädagogische Studien. 6).

Rauch, Moriz v.: Geschichte der Familie von Rauch in Heilbronn. Geschrieben für die Familie. Heilbronn 1919.

Die Reproduktionstechnik und ihre Bedeutung für die Industrie. Hrsg. v. J. G. Huch & Co. Braunschweig o. J.

Roth, Johann Ferdinand: Geschichte des Nürnbergischen Handels. Ein Versuch. Leipzig 1801.

Sachs, Hans und Jost Amman: Eygentliche Beschreibung aller Stände auff Erden. Frankfurt/M. 1568.

Sachsenberg, E.: Wirtschaftliches Verpacken. Handbuch für den täglichen Gebrauch in Handel und Industrie. Berlin 1926.

Schaden, Franz Henning: Entwurff und Beschreibung von der Papiermacherey . . ., Erffurth Verlegts Johann Andreas Becker. Papiermacher zu Inversgehofen 1740.

Schäffer, Jakob Christian: Versuche und Muster, ohne alle Lumpen oder doch mit einem geringen Zusatz derselben Papier zu machen, 2. Bde. Regensburg 1765.

Schaeuffelen, Richard: Zum Fünfundsiebzigsten Jubiläum der Gustav Schaeuffelen'schen Papierfabrik in Heilbronn. 1823–1898. Heilbronn 1898.

Schlieder, Wolfgang: Aus der Jugend der Papiermaschine. In: Zellstoff und Papier 8/1959, S. 61–63.

Ders.: Die Geschichte der Papierherstellung in Deutschland. 1. Teil: Probleme der Wechselbeziehungen zwischen Produktivkräften und Produktionsverhältnissen in der Papiermacherei in Deutschland in der Zeit bis zum Dreißigjährigen Krieg. Berlin 1963.

Ders.: Zur Einführung der Papiermaschine in Deutschland. In: Jahrbuch der Deutschen Bücherei 6 (1970), S. 101–126.

Schlosser, Leonard B.: Papermaking and the Industrial Revolution. The Search for New Fiber. In: IPH-Information 15 (1981), S. 106–118.

Schmidt, Frieder: Die Auswirkung der ersten deutschen Papiermaschine bei Gebrüder Rauch auf die Entwicklung der Papierindustrie Südwestdeutschlands. In: Die Entwicklung der Papierindustrie in Heilbronn und ihr Einfluß auf die Industrialisierung der Stadt. Festreden anläßlich des 225jährigen Bestehens der Firma Gebrüder Rauch am 5. November 1987. O.O., o. J. (Heilbronn 1988), S. 17–22.

Ders.: „Merkwürdiger Fall zur Beachtung für Mühlen-Besitzer" – ein Wasserrechtsstreit während der Frühindustrialisierung der Stadt Heilbronn. In: Wind- und Wasserkraft. Die Nutzung regenerierbarer Energiequellen in der Geschichte. Hrsg. von Günter Bayerl. Düsseldorf 1989 (Technikgeschichte in Einzeldarstellungen), S. 178–218.

Schmolz, Helmut: Johann Jakob Widmann aus Heilbronn. Der erste Papiermaschinenfabrikant Deutschlands. In: Veröffentlichungen des Historischen Vereins Heilbronn 26/1969, S. 181–189.

Schober, Manfred: Die Sebnitzer Papierfabrik in den Jahren 1826 bis 1860. Ein Beitrag zur Wirtschaftsgeschichte Sachsens. In: Sächsische Heimatblätter 27/1981, H. 1, S. 23–27.

Schulte, Alfred: Wir machen die Sachen, die nimmer vergehen. Zur Geschichte der Papiermacherei. Bearb. von Toni Schulte. Wiesbaden 1955.

Sicken, Bernhard: Der Fränkische Reichskreis. Seine Ämter und Einrichtungen im 18. Jahrhundert. Würzburg 1970.

Sittauer, Hans L.: Friedrich Gottlob Keller. Leipzig 1982 (Biographien hervorragender Naturwissenschaftler, Techniker und Mediziner. 59).

Sporhan-Krempel, Lore: Ochsenkopf und Doppelturm. Die Geschichte der Papiermacherei in Ravensburg. Stuttgart o. J. (1952).

Dies.: Die Gleissmühle zu Nürnberg. Eine kritische Untersuchung der verschiedenen Versionen von Ulman Stromers „Püchl von mein geslecht und abentewern". In: Archivalische Zeitschrift. 49/1954.

Dies.: Die Papierindustrie in Baden-Württemberg zur Zeit der Einführung der Papiermaschine. In: Wochenblatt für Papierfabrikation 84 (1956), S. 573–575.

Dies.: Kleine Geschichte der Papiermacherei in Südwestdeutschland. In: Die Welt lebt mit dem Buch. Aus der Geschichte des Buchdrucks und der Papierherstellung in Schwaben. Von Franz Hammer und Lore Sporhan-Krempel. Geleitwort von Gustav Barthel. Festgabe zum fünfundsiebzigjährigen Bestehen des Graphischen Klubs Stuttgart. Stuttgart o. J. (1956), S. 49–98.

Dies.: Das Ende der Ravensburger Papiermacherei. In: Wochenblatt für Papierfabrikation 4/1958, S. 126–128.

Dies.: Geschichte der Papierfabrikation im Filstal. In: Archiv für Geschichte des Buchwesens, Bd. V/1964, Sp. 461–522.

Dies.: Papiererzeugung und Papierhandel in der Reichsstadt Nürnberg und ihrem Territorium. In: Beiträge zur Wirtschaftsgeschichte Nürnbergs 2, Nürnberg 1967, S. 726–750.

Dies.: Die Rosshaupter-Fehde 1433–1439. In: Nürnberger Mitteilungen. Bd. 61/1974.

Dies.: Papiermühlen auf Nürnberger Territorium I: Die Papiermühle zur Weidenmühle. In: Archiv für Geschichte des Buchwesens 18/1977, Sp. 1483–1536.

Dies.: Papiermühlen im Territorium der Reichsstadt Nürnberg II: Die Papiermühle zur Tullnau. In: Archiv für Geschichte des Buchwesens 19, 1978, Sp. 1465–1492.

Dies.: Papiermühlen auf Nürnberger Territorium IV: Die Papiermühlen zu Röthenbach an der Pegnitz. In: Archiv für Geschichte des Buchwesens 20, 1979, Sp. 795–832.

Dies.: Papiermühlen auf Nürnberger Territorium V: Die Papiermühle zu Hagenhausen. In: Archiv für Geschichte des Buchwesens 21, 1980, Sp. 791–848.

Dies.: Papier als Handelsware – dargestellt am Beispiel der Reichsstadt Ravensburg zwischen 1400 und 1730. In: Exportgewerbe und Außenhandel vor der Industrialisierung. Festschrift für G. Zwanowetz. Innsbruck 1984, S. 36 f.

Dies. und Stromer, Wolfgang von: Das Handelshaus der Stromer von Nürnberg und die Geschichte der ersten deutschen Papiermühle. Nach neuen Quellen. In: Vierteljahresschrift für Sozial- und Wirtschaftsgeschichte 47/1960.

Dies. und Stromer, Wolfgang von; Piccard, Gerhard: Die früheste Geschichte eines gewerblichen Unternehmens in Deutschland. Ulman Stromers Papiermühle in Nürnberg. In: Archiv für Geschichte des Buchwesens IV/1961–63, Sp. 187–212.

Stemmermann, Paul Hans: Die badisch-pfälzische Familie Buhl. Biographie einer Familie von Industriepionieren und liberalen Politikern. In: Oberrheinische Studien. Bd. 2: Neue Forschungen zu Grundproblemen der badischen Geschichte im 19. und 20. Jahrhundert. Hrsg. von Alfons Schäfer im Auftrag der Arbeitsgemeinschaft für geschichtliche Landeskunde. Karlsruhe 1973, S. 285–334.

Stern, Hermann: Die geschichtliche Entwicklung und die gegenwärtige Lage des Lumpenhandels in Deutschland. Erlangen 1914.

Stromeir, Ulman: Püchel von meim geslecht und von abentewr. Hrsg. v. Karl Hegel. Die Chroniken der deutschen Städte Bd. I. Leipzig 1862.

Stromer, Wolfgang von: Die Nürnberger Handelsgesellschaft Gruber-Podmer-Stromer im 15. Jahrhundert. Nürnberger Forschungen Bd. 7/1963.

Ders.: Ein Wirtschaftsprojekt des deutschen Königs Siegmund. In: Vierteljahresschrift für Sozial- und Wirtschaftsgeschichte 51/1964, S. 374–382.

Ders.: Das Schriftwesen der Nürnberger Wirtschaft vom 14. bis 16. Jahrhundert. In: Beiträge zur Wirtschaftsgeschichte Nürnbergs, Bd. 2/1967, S. 751–799.

Ders.: Oberdeutsche Hochfinanz 1350–1450. Beiheft 55–57 zur Vierteljahresschrift für Sozial- und Wirtschaftsgeschichte. Wiesbaden 1970.

Vock, W. E.: Ulman Stromeir (1329–1407) und sein Buch. In: Mitteilungen des Vereins für Geschichte Nürnbergs 29/1928, S. 85–164.

Weckbach, Hubert: Zur Geschichte der Heilbronner Papiermühlen. In: Papiergeschichte 15/1965, S. 45–59.

Weiß, Karl Theodor: Vom Velin- und Kupferdruckpapier. In: Wochenblatt für Papierfabrikation 77/1949, S. 483–486.

Weiß, Wisso: Thüringer Papiermühlen und ihre Wasserzeichen. Weimar 1953, Nr. 1.

Ders.: Die ältesten Quellen zur Geschichte des Papierwerks Heiligenstadt. In: Thüringer Heimat, Jg. 1, 1956, H. 1, S. 48–53.

Ders.: Die erste Zeitung auf Holzschliffpapier. In: Neue Deutsche Presse 20/1970, Berlin.

Weissenborn, Bernhard: Die Cröllwitzer Papierfabrik in den 200 Jahren ihres Bestehens. Halle an der Saale 1914.